普通高等教育"十三五"规划教材

（风景园林/园林）

园林植物造景

唐　岱　熊运海　主编

中国农业大学出版社

·北京·

内 容 简 介

　　本教材分为总论、各论、实训指导三篇。总论主要阐述植物造景基本理论和技能，主要包括绪论、园林植物造景基本原则与原理、园林植物分类及其观赏特性、园林植物景观设计程序与方法、园林植物选择与配置形式、园林其他景观要素与园林植的配置等内容；各论介绍不同类型风景园林绿地植物造景，主要包括居住区附属绿地植物造景、公园绿地植物造景、城市道路绿地植物造景、城市广场绿地植物造景、机关与企事业单位附属绿地植物造景、城市废弃地植物造景等内容；实训指导部分则通过课程的实训活动巩固所学知识，促进理论与实践结合，培养学生认识问题、分析问题和解决问题的能力，进一步掌握园林植物造景方法，获得植物造景能力和审美素养。教材以植物造景理论和实训为主要脉络，内容涵盖园林植物、园林生态、园林景观规划设计、园林工程、园林美学等多学科知识。本书基于理论与实践的一体化教学目的，设有内容导读、思考题和技能实训，兼具基础性与应用性，图文并茂，可供高等院校风景园林、园林、观赏园艺、环境艺术、城市规划与设计及相近专业使用，也可供从事城市园林规划设计、城市绿化、城市规划、旅游规划等行业人员参考。

图书在版编目(CIP)数据

园林植物造景/唐岱,熊运海主编.—北京:中国农业大学出版社,2018.12(2022.5 重印)
ISBN 978-7-5655-2141-6

Ⅰ.①园…　Ⅱ.①唐…②熊…　Ⅲ.①园林植物—园林设计　Ⅳ.①TU986.2

中国版本图书馆 CIP 数据核字(2018)第 261878 号

书　名	园林植物造景		
作　者	唐　岱　熊运海　主编		
策划编辑	梁爱荣	责任编辑	梁爱荣
封面设计	郑　川		
出版发行	中国农业大学出版社		
社　址	北京市海淀区圆明园西路 2 号	邮政编码	100193
电　话	发行部 010-62818525,8625	读者服务部	010-62732336
	编辑部 010-62732617,2618	出　版　部	010-62733440
网　址	http://www.caupress.cn	E-mail	cbsszs @ cau.edu.cn
经　销	新华书店		
印　刷	涿州市星河印刷有限公司		
版　次	2019 年 1 月第 1 版　2022 年 5 月第 3 次印刷		
规　格	889×1 194　16 开本　21 印张　570 千字		
定　价	68.00 元		

图书如有质量问题本社发行部负责调换

普通高等教育风景园林/园林系列
"十三五"规划教材编写指导委员会

（按姓氏拼音排序）

车震宇	昆明理工大学	彭培好	成都理工大学
陈　娟	西南民族大学	漆　平	广州大学
陈其兵	四川农业大学	唐　岱	西南林业大学
成玉宁	东南大学	王　春	贵阳学院
邓　赞	贵州师范大学	王大平	重庆文理学院
董莉莉	重庆交通大学	王志泰	贵州大学
高俊平	中国农业大学	严贤春	西华师范大学
谷　康	南京林业大学	杨　德	云南师范大学文理学院
郭　英	绵阳师范学院	杨利平	长江师范学院
李东微	云南农业大学	银立新	昆明学院
李建新	铜仁学院	张建林	西南大学
林开文	西南林业大学	张述林	重庆师范大学
刘永碧	西昌学院	赵　燕	云南农业大学
罗言云	四川大学		

编写人员

主　编　唐　岱　熊运海

副主编　严贤春　杜　娟　郭春喜

编　者（按姓名笔画排序）

刘　敏（云南师范大学文理学院）

严贤春（西华师范大学）

杜　娟（云南农业大学）

张淑娟（内蒙古民族大学）

杨利平（长江师范学院）

郭春喜（铜仁学院）

薛彦斌（重庆三峡学院）

杨淑梅（重庆师范大学）

唐　岱（西南林业大学）

熊运海（重庆文理学院）

出 版 说 明

进入 21 世纪以来，随着我国城市化快速推进，城乡人居环境建设从内容到形式，都在发生着巨大的变化，风景园林/园林产业在这巨大的变化中得到了迅猛发展，社会对风景园林/园林专业人才的要求越来越高、需求越来越大，这对风景园林/园林高等教育事业的发展起到巨大的促进和推动作用。2011 年风景园林学新增为国家一级学科，标志着我国风景园林学科教育和风景园林事业进入了一个新的发展阶段，也对我国风景园林学科高等教育提出了新的挑战、新的要求，也提供了新的发展机遇。

由于我国风景园林/园林高等教育事业发展的速度很快，办学规模迅速扩大，办学院校学科背景、资源优势、办学特色、培养目标不尽相同，使得各校在专业人才培养质量上存在差异。为此，2013 年由高等学校风景园林学科专业教学指导委员会制定了《高等学校风景园林本科指导性专业规范（2013 年版）》，该规范明确了风景园林本科专业人才所应掌握的专业知识点和技能，同时指出各地区高等院校可依据自身办学特点和地域特征，进行有特色的专业教育。

为实现高等学校风景园林学科专业教学指导委员会制定规范的目标，2015 年 7 月，由中国农业大学出版社邀请西南地区开设风景园林/园林等相关专业的本科专业院校的专家教授齐聚四川农业大学，共同探讨了西南地区风景园林本科人才培养质量和特色等问题。为了促进西南地区院校本科教学质量的提高，满足社会对风景园林本科人才的需求，彰显西南地区风景园林教育特色，在达成广泛共识的基础上决定组织开展园林、风景园林西南地区特色教材建设工作。在专门成立的风景园林/园林西南地区特色教材编审指导委员会统一指导、规划和出版社的精心组织下，经过 2 年多的时间系列教材已经陆续出版。

该系列教材具有以下特点：

（1）以"专业规范"为依据。以风景园林/园林本科教学"专业规范"为依据对应专业知识点的基本要求组织确定教材内容和编写要求，努力体现各门课程教学与专业培养目标的内在联系性和教学要求，教材突出西南地区各学校的风景园林/园林专业培养目标和培养特点。

（2）突出西部地区专业特色。根据西部地区院校学科背景、资源优势、办学特色、培养目标以及文化历史渊源等，在内容要求上对接"专业规范"的基础上，努力体现西部地区风景园林/园林人才需求和培养特色。院校教材名称与课程名称相一致，教材内容、主要知识点与上课学时、教学大纲相适应。

（3）教学内容模块化。以风景园林人才培养的基本规律为主线，在保证教材内容的系统性、科学性、先进性的基础上，专业知识编写板块化，满足不同学校、不同授课学时的需要。

（4）融入现代信息技术。风景园林/园林系列教材采用现代信息技术特别是二维码等数字技术，使得教材内容更加丰富，表现形式更加生动、灵活，教与学的关系更加密切，更加符合"90后"学生学习习惯特点，便于学生学习和接受。

（5）着力处理好4个关系。比较好地处理了理论知识体系与专业技能培养的关系、教学体系传承与创新的关系、教材常规体系与教材特色的关系、知识内容的包容性与突出知识重点的关系。

我们确信这套教材的出版必将为推动西南地区风景园林/园林本科教学起到应有的积极作用。

编写指导委员会

2017.3

前　言

　　随着社会经济与城市化进程的快速发展，人们以更科学、更现代、更严谨的眼光和态度审视与环境建设直接相关的风景园林学科的理论与实践，风景园林学科也因此获得大踏步的前进，出现了许多新的理念和新的发展趋势。我国曾相继提出"园林城市""生态园林城市""生态城市""森林城市"等建设目标。从城市生态系统基本组成要素和生态系统要素间的基本物质循环、能量流动关系而言，城市植物及其景观构成是城市生态系统协调平衡中自然成分的主体，具有生态效益、社会效益、经济效益和景观效益，越来越受到社会各界的普遍关注，植物景观也在现代风景园林建设中扮演了越来越重要的角色，同时对植物造景也提出了更高的要求，不仅要满足城市绿化、美化需要，更要具备生态功能、社会理念。为适应新的变化和要求，高等教育相关专业的培养目标、教学内容等也出现了新的变化和要求，与"园林城市""生态园林城市"建设理论研究与实践应用密切相关，阐述植物景观学特征、造景理论和技能的"植物造景"因此成为了风景园林、园林、观赏园艺、环境艺术等专业的专业课程。

　　本教材在阐述园林植物景观学特征、造景基本理论和基本技能基础上，重点介绍了不同类型园林绿地植物造景。全书分为总论、各论、实训指导三篇。总论包括绪论、园林植物造景基本原则与原理、园林植物分类及其观赏特性、园林植物景观设计程序与方法、园林植物选择与配置形式、园林景观要素与园林植物的配置等内容；各论包括居住区附属绿地植物造景、公园绿地植物造景、城市道路绿地植物造景、城市广场绿地植物造景、机关与企事业单位附属绿地植物造景、城市废弃地植物造景等内容；实训指导部分则通过课程的实训活动巩固所学知识，促进理论与实践结合，培养学生认识问题、分析问题和解决问题的能力，进一步掌握园林植物造景方法，获得植物造景能力和审美素养。教材编写以植物造景基本理论和技能为主要脉络，内容涵盖园林植物、园林生态、植物景观规划设计、园林工程等多学科知识，基于理论与实践的一体化教学目的，设有内容导读、思考题和 19 个技能实训项目，兼具基础性与应用性，图文并茂，可供高等院校风景园林专业、园林专业、观赏园艺专业、环境艺术专业、城市规划与设计专业等及其他相近专业使用，也可作为从事城市风景园林规划设计、城市绿化、城市规划、旅游规划等行业从业人员参考。

　　本书由多位从事园林植物、园林生态、园林植物景观规划设计、园林工程专业教学的教师，以多年教学与实践工作积累为基础，参考大量国内外相关教材和案例编撰而成。由于植物造景形式及种类的选择有明显的自然地域特征，本书编撰是在全面阐述园林植物景观学特征、造景理论和技能基础上，偏重我国西南地区园林造景实践，景观植物介绍也重点在南方普遍应用的种类，以便结合地域特征选用教材和理论结合实际进行学习和实训。

　　本书编写分工如下：唐岱编写第1章、附录；熊运海编写第2章、第12章；杨淑梅编写第3章；杜娟编写第4章、第9章；严贤春编写第5章；杨利平编写第6章；刘敏编写第8章；郭春喜编写第7章；张淑娟编写第11章；薛彦斌编写第10章；熊运海、唐岱编写下篇园林植物造景实训指导。参加教材资料查阅、文字录入、插图绘制等工作的还有西南林业大学风景园林硕士研究生李晨曦、王蓝、高飞龙、陈清清。

　　本书插图丰富，多为作者绘制、拍摄或网络采集，并参考引用了其他相关书籍、文章有价值的资料，限于篇幅和部分照片难以追溯出处，部分图中未能——标出，特此向原作者致谢。

编　者

2018 年 10 月

目　录

中篇　园林植物造景各论

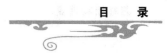

下篇　园林植物造景实训指导

附　　录

上 篇

园林植物造景总论

本章内容导读：园林植物是构成世界的基本要素之一，广泛分布于陆地、河流、湖泊和海洋，在自然界中具有不可替代的作用。园林植物种类繁多，每种植物都有自己独特的形态、色彩、风韵、芳香等美的特色。而这些特色又能随季节及年龄的变化而有所丰富和发展。例如，春季梢头嫩绿，花团锦簇；夏季绿叶成荫，苍翠欲滴；秋季果实累累，色香齐俱；冬季白雪挂枝，银装素裹。四季各有不同的风姿妙趣。园林设计中，常通过各种不同的植物之间的组合配置，创造出千变万化的不同景观。因此，和谐、科学地营造园林植物，在现代园林景观设计中越发得到重视，园林植物配置与造景在园林景观设计中的需求及地位也越来越显著。

1.1 园林植物造景概念

无论是东方文化还是西方文化，"景观（landscape）"最早的含义更多具有视觉美学方面的意义，即与"风景"（scenery）近义。园林学科中所说的景观一般指具有审美特征的自然和人工的地表景色，意指自然或人工的风光、景色、风景。所谓植物景观，也可简单理解为园林景观中植物风光、景色、风景部分。作为一种学科概念，国内有多种相关或近义表述，例如植物造景、植物配置、种植设计等不同提法，内容都与植物造景有关，主要表现在侧重点不同。

植物造景是涉及园林植物学、园林规划设计、园林生态学、园林工程学、植物学、美学、文学等多学科知识与技术综合应用的综合性学科。对植物造景定义的具体表述，不同的教材和文献有不同提法。《中国大百科全书》表述为：按植物生态习性和园林布局要求，合理配置园林中各种植物（乔木、灌木、花卉、草皮和地被植物等），以发挥它们的园林功能和观赏特性。《园林基本术语标准》表述为：利用植物进行园林设计时，在讲究构图、形式等艺术要求和文化寓意的同时，考虑其生态习性及植物种类的多样性，注重人工植物群落配置的科学性，形成合理的复层混合结构。无论何种表述，其内容总是以园林植物为基本元素按照一定自然或人工法则构建而成的景观空间。

单纯从字面理解，植物景观也可以视为自然或人工的植被，植物群落、植物个体空间构成，通过人们的感觉器官传到大脑产生的一种感观形象。作为园林学科概念，其概念内涵和外延的演化如同园林学科概念一样，是一个不断丰富、发展、充实、完善的动态概念。从中外园林发展历史看，传统园林中的植物景观所表达的形式和内容以乔木、灌木、藤本及草本园林植物载体，发挥植物本身形体、线条、色彩、气味等自然美特征和文化意蕴，营造一种人的感官感受的形式审美对象，其服务对象，特别是其中的人工造园的服务对象，其设计理念、实践尺度范围和对象范畴是比较受限制的。随着科学的发展，社会的进步和人类文化形态由农业文明到工业文明再到生态文明的演化，也导致近、现代园

林学科理论和设计理念、实践尺度范围和对象范畴产生不断发展演化，在服务对象方面拓展到为人类及其栖息的生态系统服务，在价值观方面拓展为生态和文化综合价值取向，在实践尺度方面拓展为大至全球、小至庭院景观的全尺度。园林植物造景的概念，也伴随园林学科概念的演变，从传统偏重强调美学价值，到强调植物造景，要将植物的生物学特性与美学价值结合起来考虑，再到近年来强调兼顾生态效益和美学价值，创造既符合生物学特性，又能充分发挥生态效益，同时又具美学价值的景观，其内涵从风景而言，是形式审美对象；从人居环境及城市形式而言，是理想人居空间和城市形态的重要表达形式和构成要素；从生态系统而言，是能量流动与物质循环的生产者，是完善的人居环境及城市生态系统结构和功能一个重要的不可或缺的组成部分；从文化而言，是一种记载历史、表达希望和理想，赖以认同和寄托的语言和精神空间。

1.2　园林植物景观功能

在园林植物造景中，园林植物的景观功能主要分为建造功能、美学功能、生态功能以及生产功能。

1.2.1　园林植物的建造功能

建造功能是指植物能在景观中充当限制和组织空间的因素，如建筑物的地面、天花板、墙面等。这些因素影响和改变着人们视线的方向，在涉及植物的建造功能时，植物的大小、形态、封闭性和通透性也是重要的参考因素。

植物的建造功能对室外环境的总体布局和室外空间的形成非常重要。在设计过程中，首先要确定的因素之一，便是植物的建造功能，之后才考虑其观赏特性。"建造功能"一词并非是将植物的功能仅局限于机械的、人工的环境中。自然环境中，植物同样能成功地发挥它的建造功能。

1.2.1.1　植物构成空间

所谓空间感的定义是指由地平面、垂直面以及顶平面单独或共同组合成的具有实在的或暗示性范围的围合。植物可以用于空间中的任何一个平面。

（1）与其他要素配合共同构成空间轮廓　首先，植物与地形的结合，强调或消除了由于地平面上地形的变化所形成的空间。如果将植物植于凸地形或山脊上，便能明显地增加地形凸起部分的高度，随之增强了相邻的凹地或谷地的空间封闭感（图1-1）。与之相反，植物若被植于凹地或谷地内的底部或周围斜坡上，它们将减弱和消除最初由地形所形成的空间（图1-2）。因此，为了增强由地形构成的空间效果，最有效的办法就是将植物种植于地形顶端、山脊和高地，与此同时，让低洼地区更加透空，最好不要种植物。

图1-1　强调空间

图1-2　弱化空间

（2）改变建筑物构成的空间　植物的主要作用，是将各建筑物所围合的大空间再分割成许多小空间。例如，在城市环境和校园布局上，在楼房建筑构成的硬质的主空间中，用植物材料再分割出一系列亲切的、富有生命的次空间（图1-3）。如果没有植被，城市环境无疑会显得冷酷、空旷、无人情味。乡村风景中的植物，同样有类似的功能，在那里的林缘、小林地、灌木树篱等，都能将乡村分割成一系列空间。

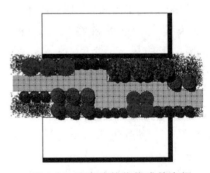

图1-3　改变建筑物构成的空间

(3)围合、连接建筑物 从建筑角度而言,植物也可以被用来完善由楼房建筑或其他设计因素所构成的空间范围和布局(图1-4)。主要包括围合、连接两种方式。围合是指完善由建筑物或围墙所构成的空间范围。当一个空间的两面或三面是建筑和墙,剩下的开敞面则用植物来完成整个空间的"围合"或完善。连接是指植物在景观中,通过将其他孤立的因素以视觉将其连接成一完整的室外空间。像围合那样,运用植物材料将其他孤立因素所构成的空间给予更多的围合面。连接形式是运用线型地种植植物的方式,将孤立的因素有机地连接在一起,完成空间的围合。

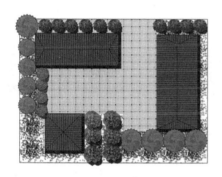

图1-4 围合、连接建筑物

(4)障景漏景屏蔽视线 植物材料如直立的屏

图1-5 障景

园林植物本身具有三维的形态、色彩与风韵之美,并受植物的生长发育、气候的四季交替变化等影响,随时间的推移呈现出不同的形式特征,因此园林植物构建的软质景观空间通常被认为是四维空间景观,具有动态变化性。

1.2.1.3 植物空间类型

植物景观设计是应用各种植物材料,以不同的种植方式与种植距离组成各种类型的空间,以满足人们对绿化空间的功能需求。在种植设计时,须按绿地的实际功能要求,根据植物的生物学特性来考

障,能控制人们的视线,将所需的美景收于眼里,而将俗物障之于视线以外。障景的效果依景观的要求而定,若使用不通透植物,能完全屏障视线通过(图1-5),而使用不同程度的通透植物,则能达到漏景的效果(图1-6)。由于植物的屏蔽视线作用,因而私密控制的程度,将直接受植物的影响。如果植物围合的高度高于视平线以上,则空间的私密感最强。齐胸高的植物能提供部分私密性(当人坐于地上时,则具有完全的私密感)。而齐腰的植物是不能提供私密性的,即使有也是微乎其微的。

1.2.1.2 植物空间特点

园林植物就其本身是一个三维实体,园林植物构建的景观是软质景观,与硬质景观有同样的功能,可以构成和组织空间。但就三维空间概念而言,园林植物以其特有的形态、习性、色彩多样性在对园林空间的界定、功能空间的连接,独立构成或与其他园林要素共同构成景观空间中发挥着充满生机的建造功能。根据设计要求和空间性质来选用适合的植物,利用其高矮大小、株距、密度与观赏者的相对位置等进行配置,可组合成许多不同特征的空间。因此,园林植物的合理配置可以构建多样的、充满生机活力和美感的空间形式。

图1-6 漏景

虑种植的方式与种植距离,从而构成所需要的空间类型与尺度。一般来说,园林植物构建的景观空间形式可以分为以下几种:

(1)开敞空间 指在一定区域范围内,人的视线高于四周景物的植物空间,观者可向远处眺望。一般用低矮的灌木、地被植物、草本花卉、草坪形成开敞空间(图1-7)。开敞空间是为开敞、外向型的,限定性和私密性较小,隔离感最低。在较大面积的开阔草坪上,除了低矮的植物以外,有几株高大乔木点缀其中,并不阻碍人们的视线,也称得上开敞

空间。

开敞空间在开放式绿地、城市公园等园林类型中多见，像草坪、开阔水面等，视线通透。而视野宽阔的空间容易让人心胸开阔、自由舒畅、轻松满足，在庭园中，如果尺度较小，视距较短，四周的围墙和建筑高于视线，就整个景观结构而言，植物配置较难形成视野宽阔的开敞空间。

（2）半开敞空间　半开敞空间就是指在一定区域范围内，植物部分高于视线，部分则低于视线，一面或多面受到较高植物的封闭，挡住视线的穿透，使空间形成四周不完全开敞、有方向性的空间（图1-8）。对观者而言，对外起引导的作用，对内起障景、控制视线的作用。

半开敞空间视线被控制的程度与植物配置的形式、数量、方位直接相关。根据功能和设计需要，开敞的区域有大有小，它也可以借助地形、山石、小品等园林要素与植物配置共同完成。这种空间可隐藏与遮挡某一面或多面不宜观赏、需要隔挡的物体，从而引导空间的方向，达到"障景"的效果。

（3）封闭空间　封闭空间是指人停留的区域范围内，用植物材料遮蔽，阻挡水平和垂直视线的植物空间（图1-9）。在封闭空间中，人的视距和听觉受到制约，具有极强的隐蔽性、隔离感，同时近景的感染力加强，容易产生亲切感、宁静感和领域感。小庭园和一般的绿地中的植物配置采用封闭空间造景手法，适宜于人们独处和安静休憩。

图1-7　开敞空间

图1-8　半开敞空间

图1-9　封闭空间

封闭空间按照封闭位置的不同还可分为覆盖空间和垂直空间。覆盖空间通常位于树冠下与地面之间，通过植物树干分枝点的高低层次和浓密的树冠来形成空间感。树冠庞大，具有遮荫效果的常绿大乔木是形成覆盖空间的良好材料。攀援植物攀附在花架、拱门、木廊等上生长，也能够构成有效的覆盖空间。用植物封闭垂直面，开敞顶平面的空间称为垂直空间。分枝点低、树冠紧凑的中小乔木形成的树列，高树篱都可以构成垂直空间，也可以用攀援、蔓生的植物附在建筑或构筑物垂直面上形成。具有远近透视关系的狭长垂直空间形式容易产生"夹景"效果，具有突出轴线顶端景观，界定游人的行走路线，加强景深的效果。例如，纪念性

园林中，通向纪念碑的园路两边栽植柏类植物，从垂直的空间中走向纪念碑，会有庄严、肃穆感。

（4）动态空间　随着岁月和季相变化，植物形成的空间特征也会产生演变，从而形成一系列的动态空间变化。园林植物景观中的动态空间变化包括随季相变化和生长动态变化。随着时间的推移和季节的变化，由于植物自身要经历年龄、生理变化过程，从而形成了形态与风貌上的演变，也因此丰富了园林景观的空间类型。例如，落叶植物在春夏季节形成的是一个覆盖的绿荫空间（图1-10），秋冬季则变成了一个半开放空间（图1-11）。动态空间也是园林植物构建的软质景观与硬质景观的区别之一。

图1-10　绿荫空间

图1-11　半开放空间

1.2.2 园林植物的美学功能

美学功能主要涉及其观赏特性,包括植物的大小、色彩、形态、质地以及与总体布局和周围环境的关系等,都能影响设计的美学特性。不能将植物的美学作用仅局限在将其作为美化和装饰材料的意义上。

1.2.2.1 创造观赏景观

许多风景优美的城市,不仅有优美的自然地貌和良好的建筑群体,园林绿化的好坏对城市面貌常起决定性作用。园林植物作为营造园林景观的主要材料,本身具有独特的姿态、色彩和风韵之美。不同的园林植物形态各异,变化万千,既可孤植以展示个体之美,又能按照一定的构图方式配置,表现植物的群体美,还可根据各自生态习性,合理安排,与山石、水体、园路、建筑等造景元素巧妙搭配,营造出和谐优美而独具特色的植物空间景观。

色彩缤纷的草本花卉是创造观赏景观的好材料,由于花卉种类繁多,色彩丰富,株体矮小,园林应用十分普遍,形式也是多种多样。既可露地栽植,又能盆栽摆放组成花坛、花带,或采用各种形式的种植钵,点缀城市环境,创造赏心悦目的自然景观,烘托喜庆气氛,装点人们的生活。

不同的植物材料具有不同的景观特色,棕榈、大王椰子、假槟榔等营造的是一派热带风光;雪松、悬铃木与大片的草坪形成的疏林草地展现的是欧陆风情;而竹径通幽,梅影疏斜表现的是我国传统园林的清雅。

许多园林植物芳香宜人,能使人产生愉悦的感受。如桂花、腊梅、丁香、兰花、月季等香味的园林植物种类非常多,在园林景观设计中可以利用各种香花植物进行配置,营造成"芳香园"景观,也可单独种植成专类园,如丁香园、月季园。也可种植于人们经常活动的场所,如在盛夏夜晚纳凉场所附近种植茉莉花和晚香玉,微风送香,沁人心脾。

1.2.2.2 形成地域景观特色

植物生态习性的不同及各地气候条件的差异,使植物的分布呈现地域性。不同地域环境形成不同的植物景观,如热带雨林及阔叶常绿林相植物景观、暖温带针阔叶混交林相景观等具有不同的特色。根据环境气候等条件选择适合生长的植物种类,营造具有地方特色的景观。各地在漫长的植物栽培和应用观赏中形成了具有地方特色的植物景观,并与当地的文化融为一体,甚至有些植物材料逐渐演化为一个国家或地区象征。如日本把樱花作为自己的国花,大量种植。樱花盛开季节,男女老少涌上街头公园观赏,载歌载舞,享受樱花带来的精神愉悦,场面十分壮观。我国地域辽阔,气候迥异,园林植物栽培历史悠久,形成了丰富的植物景观。例如北京的国槐和侧柏,云南大理的山茶,深圳的叶子花等,都具有浓郁的地方特色。运用具有地方特色的植物材料营造植物景观对弘扬地方文化,陶冶人们的情操具有重要意义。

1.2.2.3 形成时序景观

在城市中不能大面积地种植植物,所以大自然中的某些景色不能欣赏到,这时只能利用园林植物来表现,园林植物随着季节的变化表现出不同的季相特征,春季繁花似锦,夏季绿树成荫,秋季硕果累累,冬季枝干虬劲。这种盛衰荣枯的生命节律,为我们创造园林四时演变的时序景观提供了条件。根据植物的季相变化,把不同花期的植物搭配种植,使得同一地点在不同时期产生某种特有景观,给人不同的感受,体会时令的变化。

1.2.2.4 烘托、柔化硬质景观

在户外空间中,植物可以起到软化形态粗糙及僵硬的建筑和构筑物的作用。无论何种形态、质地的植物,都比那些呆板、生硬的建筑物、构筑物和无植被的环境更显得柔和自然。因此,园林中经常用柔质的植物材料来柔化硬质景观,如基础栽植、墙角种植、墙壁绿化等形式。被植物所柔化的空间,比没有植物的空间更加自然和谐。

1.2.2.5 统一作用

植物充当一条导线,将环境中所有不同的成分从视觉上连接在一起。在户外环境的任何一个特定部位,植物都可以充当一种恒定因素,其他因素

变化而自身始终不变。正是由于它在此区域的永恒不变性，便将其他杂乱的景色统一起来。

1.2.2.6 强调作用

植物可以在户外环境中突出或强调某些特殊的景物。植物配置于公共场所出入口、道路交叉点、建筑入口附近等，由于植物不同的大小、形态、色彩等特性格外引人注目，能将观赏者的注意力集中到植物景观上。

1.2.2.7 框景作用

植物对可见或不可见景物，以及对展现景观的空间序列，都具有直接的影响。植物以其大量浓密的叶片、有高度感的枝干屏蔽了两旁的景物，为主要景物提供开阔的、无阻拦的视野，从而达到将观赏者的注意力集中到景物上的目的。在这种方式中，植物如同众多的遮挡物，围绕在景物周围，形成一个景框，如同将照片和风景油画装入画框一样。

1.2.3 园林植物的生态功能

城市园林绿化的目标是改善生态环境，促进居民的身心健康。园林植物在美化环境的同时，还能有效改善生态环境。种类丰富、结构稳定、层次合理的园林植物群落，能够有效防尘、防风、降低噪声、吸收有毒有害气体。因此。在有限的城市绿地建设中尽可能多地营造植物群落景观，是改善城市生态环境手段之一。园林植物对环境的生态功能主要体现在以下几方面。

1.2.3.1 维持大气碳氧平衡

生态平衡是一种相对稳定的动态平衡，大气中气体成分的相对比例是影响生态平衡的重要因素，维持好这种平衡的关键纽带是植物。正常情况下，按体积计算空气中氮气占78%，氧气占21%，二氧化碳占0.03%。空气中二氧化碳含量的增加会对人体产生危害（表1-1）。据相关数据显示，每公顷森林每天可消耗1 000 kg二氧化碳，放出730 kg氧气。另据实验数据显示，只要25 m² 草地或10 m²森林就能把一个人一天呼出的二氧化碳全部吸收。这就是人们在公园中感觉神清气爽的原因。城市

中，植物是空气中二氧化碳和氧气的调节器。在光合作用中，植物每吸收44 g二氧化碳可放出32 g氧气。氧气减少对宏观环境的危害主要表现为"温室效应"。具体表现为：地球上病虫害增加；海平面上升；气候反常，海洋风暴增多；土地干旱，土地沙漠化面积增大。由于城市中的新鲜空气来自园林绿地，所以城市园林绿地被称为"城市的肺脏"。

表1-1　空气中二氧化碳含量的增加对人体的危害

二氧化碳的含量/%	人的反应
0.03	正常
0.05	呼吸困难
0.07	头痛
0.4	呕吐
1	死亡

引自:刘雪梅. 园林植物景观设计. 武汉:华中科技大学出版社,2015.

1.2.3.2 吸收有毒气体

大气中的污染物按化学成分划分，包括硫氧化物类、氮氧化物类、碳氢化合物类、碳氧化合物类、卤素化合物类和放射性物质。常见的有二氧化硫、氟化氢、氯化物等，其中二氧化硫对人体的危害大（表1-2）。许多园林植物的叶片具有吸收二氧化硫的能力。松树每天可以从 1 m² 的空气中吸收 20 mg 的二氧化硫，每公顷柳杉林每天能吸收 60 kg 的二氧化硫。悬铃木、垂柳、加杨、银杏、臭椿、夹竹桃、女贞、刺槐、梧桐等都具有较强的吸收二氧化硫的能力。另外，女贞、泡桐、刺槐、大叶黄杨等都有很强的吸收氟的能力；构树、合欢、紫荆、木槿等具有较强的抗氯、吸氯能力。

表1-2　二氧化硫对人体的危害

二氧化硫的浓度/‰	人的反应
0.01	难受
0.05	晕倒
0.2	死亡

引自:刘雪梅. 园林植物景观设计. 武汉:华中科技大学出版社,2015.

1.2.3.3 阻滞粉尘

城市中的粉尘除了土壤微粒外,还包括细菌和其他金属性粉尘、矿物粉尘等,它们既影响人的身体健康又会造成环境的污染。园林植物的枝叶可以阻滞空气中的粉尘,它相当于一个滤尘器,可以净化空气。合理配置植物,可以阻挡粉尘飞扬,净化空气。不同植物的滞尘能力差异很大,榆树、朴树、广玉兰、女贞、大叶黄杨、刺槐、臭椿、紫薇、悬铃木、腊梅等植物都具有较强的滞尘能力。

如悬铃木、刺槐可使粉尘减少 23%～52%,使飘尘减少 37%～60%。绿化较好的绿地上空的大气含尘量通常较裸地或街道少 1/3～1/2。一般来说,树冠大而浓密,叶面多毛或粗糙,以及分泌油脂或黏液的植物都具有较强的滞尘能力。

1.2.3.4 减弱光照、降低噪声

阳光照射到植物上时,一部分阳光被叶面反射,一部分阳光被枝叶吸收,还有一部分阳光透过枝叶投射到地面。由于植物吸收的光波段主要是红橙光和蓝紫光,反射的光波段主要是绿光,所以从光质上说,园林植物的下部和草坪上的光绝大多数是绿光。这种绿光要比铺装地面上的光线柔和很多,对眼睛有良好的保健作用,还能使人获得精神上的愉悦和宁静。

城市的噪声污染已成为一大公害,如汽车行驶声、空调外机声等,噪声有损人体健康,是城市应解决的问题。园林植物具有降低噪声的作用。单株树木的隔音效果虽小,树阵和枝叶浓密的绿篱墙的隔音效果就十分显著了。如宽 40 m 的林带可以降低噪声 10～15 dB;高 6～7 m 的绿带平均能降低噪声 10～13 dB;一条宽 10 m 的绿化带可降低噪声 20%～30%。因此,树木又被称为"绿色消声器"。隔音效果较好的园林植物有:雪松、松柏、悬铃木、梧桐、垂柳、臭椿、榕树等。噪声污染对人类会造成很大的危害,不同程度的噪声污染,会给人们的身体带来不同程度的伤害(表 1-3)。

表 1-3 噪声污染的危害

噪声/dB	对人的影响
40	干扰休息
60	干扰工作
80	疲倦不安
90～100	听力受损,神经官能症
130	短时间内耳膜被击穿
150	死亡

引自:刘雪梅. 园林植物景观设计. 武汉:华中科技大学出版社,2015.

1.2.3.5 改善城市小气候

(1)降低气温 植物可以通过蒸腾作用和光合作用吸收热量,有效地调节温度,缓解"热岛效应"。树木浓密的枝叶能有效地遮荫,直接遮挡来自太阳的辐射热和来自地面、墙面等的反射热。同时,植物有强烈的蒸散作用,可以消耗掉太阳辐射能量的 60%～75%,因而能使气温显著降低,明显缩短高温的持续时间。

(2)调节湿度 植物对于改善小环境的空气湿度有很大作用。一株中等大小的杨树,在夏季白天每小时可由叶片蒸腾 5 kg 水到空气中,如果在一块场地种植 100 株杨树,相当于每天在该处洒 50 t 水的效果。

不同植物的蒸腾能力相差很大,有目标地选择蒸腾能力较强的植物进行种植对提高空气湿度有明显作用。在北京电视台播放的一个节水广告中,讲述的是通过塑料袋罩住一盆绿色植物来收集水,这就是利用了植物的蒸腾作用。

(3)涵养水源、保持水土 植物涵养水源、保持水土的途径主要有:植物树冠能截留雨水,减少地表径流;草皮及树木枝叶覆盖地表可以阻挡流水冲刷;植物的根系可以固定土壤,同时起到梳理土壤的作用;林地上厚而松的枯枝落叶层能够吸收水分,形成地下径流,加强水分下渗。近年来实施的长江天然防护林工程,就是利用植物涵养水源、保持水土的功能,对长江的水质进行保护的。

(4)通风防风 城市道路绿地、城市滨水绿地是城市的绿色通风走廊,能有效地改变郊区的气流方向,使得郊区空气流向城市。而园林植物的乔、

灌、草结合,合理密植,可以起到很好的防风效果。

1.2.4 园林植物的生产功能

园林植物的生产功能是指植物景观用以满足人们物质生活需要的产品的功能。园林树木的生产功能是多种多样的,生产木材、经济林木、名优果木等,在具体实施中必须因地制宜、深入细致地考虑。

树木的全株或其一部分,如叶、根、茎、花、果、种子以及所分泌的乳胶、汁液等,可以作为食用、药用、工业原料、工艺品素材等,如提供果品、中药、油料、胶质、脂类、木栓、饲料、肥料、淀粉、纤维、枝叶工艺产品等。

运用一些园林植物提高园林的质量,由此增加游人量,增加经济收入,并使游人在精神上得到休息,这也是一种生产功能的表现,不过常常被人们所忽略,从园林建设的目的性和实质上来看,这方面的生产功能比前者更为重要。

1.3 园林植物造景的历史

运用园林植物造景,无论是在国内还是国外都有很深的历史渊源。中西方古典园林由于受不同文化的影响,在造园体系、表现手法上都有很大的不同。在中西方古典园林的艺术构成中,园林植物造景占据着很大的主导地位。

哲学基础、自然观的不同,造成中西方古典园林在植物造景的作用、植物配置方式、植物造景侧重点等方面的差异,但是由于园林植物客观属性的存在,使得中西方在造景时对植物的选择搭配依据存在原则性的相同点。中西方古典园林都是按植物的生长习性来配置植物的,中国在古代就认识到,植物的生长习性,除与环境紧密相依外,自身的生长特点,也同样值得重视,可谓"适地适树"。西方古典园林在进行植物配置时,也多注重乡土树种、果蔬及引进的适应性树种的应用。

1.3.1 中国古典园林植物造景

1.3.1.1 中国古典园林植物造景的特色

中国古典园林的基本形式为山水园,一般着重于山水,植物所占比重不大,但却是不可或缺的因素,它能单独形成优美的纯植物景观,也可作为配景来衬托建筑山石。中国古典园林植物造景注重植物的内涵与意境,并赋予其人的思想与情感,并且中国古典园林重在写意,园林植物造景设计得很精致。

园林中许多景观的形成都与植物有着直接或间接的联系,如枇杷园、远香堂、玉兰堂、海棠春坞、留听阁、听雨轩等,都是以植物作为景观主题而命名的,有的是直接以植物素材为主题,有的则是借植物素材间接地抒发某种意境或情趣。

其植物造景形式以不整形不对称的自然式布局为基本方式,手法不外乎直接模仿自然,或间接从传统的山水画中得到启示,植物的姿态和线条以苍劲与柔和相配合为多。具体配植上讲究入画,讲究细玩近赏;注重花木造型、色彩、香味及季相等特征;对个体的选择常选用兼顾神形之美的植株,以"古、奇、雅"为追求的对象;追求植物的意境美。

1.3.1.2 中国古典园林植物造景的作用

在中国传统文化中,花木不仅具有隐蔽围墙、拓展空间;笼罩景象,成荫投影;分隔联系,含蓄景深;装点山水,衬托建筑;陈列鉴赏,景象点题;渲染色彩,突出季相;表现风雨,借听天籁;散布芬芳,招蜂引蝶;根叶花果,四时清供等功用价值外,还是人们寄寓丰富文化信息的载体,托物言志时使用频率很高的媒介,具有内在价值和历史文化价值。人们常常借园林花木的自然属性比喻人的社会属性,倾注花木以深沉的感情,表达自己的理想品格和意志,或将花木"人化",视其为有生命、有思想的活物,以寓人格意义。

中国古典园林通过植物造景区分人的社会地位。在封建社会,人分尊卑贵贱,而植物材料的运用也如此。由于皇帝地位的尊贵和其所拥有的特权,使得皇家园林在植物材料的选择上考究而别于私家园林。例如,由于松、柏常青,因而在皇家园林中象征着皇帝长寿、江山永固,如避暑山庄、圆明园、颐和园等处均以松柏为主。另外,龙爪槐、玉兰、海棠、迎春、牡丹、芍药、桂花等均为皇家园林中重要的造景材料。

1.3.1.3 中国古典园林植物的配置方式

中国古典园林植物的配置方式,主要分为规则式与自然式。其中,规则式的配置方式以模仿自然山水的形态,故虽为规则式配置,但在园林中也很少能看见完全对称的植物配置景观。自然式孤植是采用较多的一种形式,它能充分发挥单株花木色、香、姿的特点,并常作为庭院观赏的主题。例如,苏州拙政园"玉兰堂"的白玉兰,网师园"小山丛桂轩"西侧的槭树等。自然式丛植分两种情况:一是用一种观赏价值较高的树植之成林,发挥和强调某种花木的自然特性,以体现群体美,常作为主景;二是用数种花木成丛栽植,常作为观赏的主题。例如,怡园听松涛处植松,苍翠挺拔,西部植鸡爪槭,秋日红叶斑斓;沧浪亭山边的箬竹满坡,苍翠欲滴;远香堂南的广玉兰,浓荫匝地等等。

1.3.2 西方古典园林植物造景

1.3.2.1 西方古典园林植物造景的特色

西方古典园林植物造景注重植物的应用形式,其中大面积草地、花坛、花境、专类园的运用,是其一大特色。

在起伏的山坡上、山谷间,绿草地带给人无限的诗情画意。随着光线的变化,草地也给人们带来不同的景观效果。近处的嫩绿,远处的墨绿,光下的鲜绿和阴影中的暗绿,形成不同层次的变化。

西方古典园林配置的模纹花坛主要由低矮的观叶植物或花和叶兼美的植物组成,表现群体组成的精美图案或装饰纹样。古典模纹花坛在文艺复兴时期成为法式园林中最耀眼的亮点之一,法国气候温和,创造出以花卉为主的大型刺绣花坛。由几个平整的,外形为对称几何的植坛组成,对称轴上布有水池和沟渠,常将鲜花栽植填充在规则图案的绿篱里,看上去像东方绚丽的地毯。

西方古典园林花境从草本花境逐步向灌木花境、混合花境发展。应用花境一般在小径两旁布置色彩艳丽、高低错落的单面观赏、双面观赏的花境。花境设计方面侧重于花境色彩及配色方面的研究。注重花境的色彩效果将花境分季节、分种类进行配色。

花卉种植除一般花台、花池的形式外,开始有蔷薇专类园。专类园的种植后来还有杜鹃园、鸢尾园、牡丹园等,至今仍深受人们喜爱。

1.3.2.2 西方古典园林植物造景的作用

西方古典园林通过植物造景丰富园林景观。首先是树木的运用,高大的乔木和低矮的灌木都是西方古典园林造景的重要素材。例如,古罗马园林中常见的乔、灌木有悬铃木、白杨、山毛榉、梧桐、丝杉、柏、桃金娘、夹竹桃、瑞香、月桂等。其次是花卉的运用,花卉是西方古典园林中不可缺少的植物材料,例如,古希腊园林中常见的花卉有百合、紫罗兰、三色堇、石竹、勿忘我、罂粟、风信子、飞燕草、芍药、鸢尾、金鱼草、水仙、向日葵等。最后是水生植物的运用,在风景园的池塘、湖边、河旁等水体的一隅,常种植一些水生植物。这既生动和美化水景,也增加水景的野趣,也与光顾其间的各种水禽、水鸟构成一幅和谐的画面。例如,古埃及园林中的睡莲等。

1.3.2.3 西方古典园林植物的配置方式

西方古典园林植物的配置方式,也主要分为规则式与自然式。规则式的配置方式以规整式园林为主,出于对理性和秩序的追求,植物景观多为规则式,古埃及园林、古希腊园林、古罗马园林、文艺复兴时期法国园林等植物景观都是规则式的。例如,法国凡尔赛宫苑,它规模宏大,宫苑的中轴线采用东西布置,成排树木沿轴线规则地排布、密植的树木修剪成的树墙,都给人有序整齐的视觉感受。自然式孤植中最典型的要数英国自然风景园林,它追求的是一种简单而真实的美。在西方,孤植多为高大的乔木,常有一木成林的气势。如英国斯陀园中孤植的大橡树。自然式丛植多用于乔木、灌木的结合。丛植的林地边缘也呈不规则的形式。丛植除用于近景和中景外,还常常起隔景、障景的作用,以增加景色的层次与变化。同时也常常将不宜入画的地面或建筑用灌木丛遮掩起来。例如,英国邱园中片植的乔木和互相搭配的姿态、颜色各异的灌木丛等等。

1.3.3 现代园林植物造景

现代园林主要是指在欧美一些西方国家逐渐

形成的工业文明时代的一个产物,与现代城市结构功能紧密相连的新型城市园林。现代园林以其前所未有的自由性与多元化特性带给人们耳目一新的视觉感受,植物作为一种历史悠久的造园素材,与现代艺术语言相结合,被赋予了新的生命。由于受现代主义的各种艺术思潮的影响,植物造景也在一定程度上附上了现代主义的色彩,这也是现代园林植物造景与以往的区别,独具时代特色的植物造景使得园林内容丰富化、现代化。

1.3.3.1 突出地方风格、体现文化特征

园林植物文化是城市精神内涵不可或缺的重要组成部分。现代园林植物造景要注重突出地方风格,体现城市独特的地域文化特征和人文特征。主要可通过以下几种途径实现。

(1)注重对市花市树的应用 市花市树是受到广大人民群众广泛喜爱的,同时是比较适应当地气候条件和地理条件的植物。它们本身所具有的象征意义是该地区文明的标志和城市文化的象征。植物造景中利用市花市树的象征意义与其他植物或景观元素合理配置,不仅赋予城市浓郁的文化气息还体现了城市独特的地域风貌,同时也满足了人们的精神文化需求。

(2)注重对乡土植物的运用 乡土植物是指原产于本地区或通过长期引种、栽培和繁殖,被证明已经完全适应本地区的气候和环境,并且生长良好的植物。其具有实用性强、易成活、利于改善当地环境和突出体现当地文化特色等优点。植物造景强调以乡土树种为主,充分利用乡土植物资源,可以保证树种对本地生态条件的适应性,形成较稳定的具有地方特色的植物景观。利用乡土植物造景不仅以很好地反映地方特色,更重要的是易于管理,能降低管理费用,节约绿化资金。植物造景中对乡土植物的运用,也体现了设计者对当地文化的尊重和提炼。

1.3.3.2 运用生态学理论,遵循植物自然规律

(1)植物造景应以生态学理论作指导 植物作为具有生命发展空间的群体,是一个可以容纳众多野生生物的重要栖息地,只有将人与自然和谐共生为目标的生态理念运用到植物造景中,设计方案才更具有可持续性。因此,绿地设计要求以生态学理论为指导,以人与自然共存为目标,达到植物景观在平面上的系统性、空间上的层次性、时间上的相关性。

(2)遵循自然界植物群落的发展规律 植物造景中栽培植物群落的种植设计,必须遵循自然界植物群落的发展规律。人工群落中,植物种类、层次结构都必须遵循和模拟自然群落的规律,才能使景观具有观赏性和持久性。

(3)加强对植物环境资源的运用,构建生态保健型植物群落 城市中大量存在的人工植物群落在很大程度上能够改善城市生态环境,提高居民生活质量,同时为野生生物提供适宜的栖息场所。设计师应在熟知植物生理、生态习性的基础上,了解各种植物的保健功效,科学搭配乔木、灌木等植物,构建和谐、有序、稳定的立体植物群落。环保型植物群落的组成物种一般具有较强的抗逆性,并对污染物质具有较强的吸收、吸附能力,如女贞、夹竹桃等,群落的规模大,分布面积广。保健型植物群落的物种不是很丰富,以一些具有有益分泌物质和挥发物质的物种为主,同时群落的结构也较简单,如丁香、桃、玫瑰等。

1.3.3.3 充分展现植物特色,营造丰富多变的季相

植物景观要重视对季相的营造,讲究春花、夏叶、秋实、冬干,通过合理配植,达到四季有景。或者在植物配置中突出某一季的景色,如春景或秋景,也有兼顾四季景色的。在对植物材料的选择中兼顾对季相的营造,形成丰富多变的植物景观。

1.3.3.4 提倡和鼓励民众参与,体现园林的人性化设计

园林建设不应该刻意采用复杂的设计,给人们遥不可及的感觉。在园林植物配置时,应更多地尊重和考虑使用者的感受和需要,追求自然、简单、和谐,提高园林与人的亲和力,培养人们保护环境和亲自参与环境美化的意识。在园林植物造景中,应该推崇人性化设计,设计师应该更多地考虑利用设计要素构筑符合人体尺度和人的需要的园林空间,营造开阔大气或安逸宁静的多元化植物空间。

现代园林植物造景的另一个发展趋势是越来越重视品种的多样性,充分利用大自然丰富的植物资源。我国拥有博大的种质资源库,园林设计工作者应担负起开发野生植物源,推广和应用植物新优品种的使命,在丰富城市植物种类、美化城市环境的同时实现城市的生态平衡和稳定。随着更多园林植物新品种的开发和上市,将为园林建设和生物多样性提供更多的植物材料。

1.4 园林植物造景研究进展

植物景观既能创造优美的环境,又能改善人类赖以生存的生态环境。自从我国实施对外开放政策后,很多人有机会了解西方国家园林建设中植物景观的水平,深感仅依靠我国原有传统的古典园林已满足不了当前游人游赏及改善环境生态效应的需要了。因此在园林建设中已有不少有识之士呼吁要重视植物景观。植物造景的观点愈来愈为人们所接受。

1.4.1 我国现代园林植物造景现状

比起西方的现代园林及其植物造景,我国的近现代园林发展速度和力度都比较弱。西方园林界所追随的现代主义、极少主义、地方主义、历史主义、文脉主义等艺术思潮对于我国的园林界的影响微乎其微。我国的现代园林在内容、形式以及意境的创造方面,面临传统和外来的挑战,陷入了一个尴尬的境地,这不可避免地波及园林植物造景的发展。

我国园林植物造景的发展虽然不像西方现代园林那样受到各种现代艺术思潮的影响,但是它随着社会及经济的发展也呈现了新的生机与活力,在保留古典园林艺术精华部分的基础上,创造出了符合时代潮流的植物造景。

目前,我国植物造景在风格上有了规则式、自然式、混合式、抽象式之分;手法运用也多种多样,孤植、对植、群植、风景林、垂直绿化等等,各自生辉;空间造型上更注重多样统一、调和与对比、对称与均衡、比例与尺度、韵律与节奏等造型艺术规律。

植物配置也做了基调与副调、主调与配调的区别,以上种种都表明了我国植物造景水平的提高。

然而,在发展的过程中也存在很多问题,其中主要的两点是,目前我国对园林植物资源的利用开发力度不足,以及植物造景的科学性、艺术性与国际水平有很大的差距。因此,园林工作者不仅要在自身的文化素养上下功夫,努力从我国优秀的传统文化中汲取精华,而且更要向已经在这两方面发展的较好的国家学习。

1.4.2 我国园林植物造景的发展趋势

如今,以植物为素材造园已成为世界各国园林发展的总趋势,融合生态学理论的生态园林的建设已势在必行。

众所周知,中华民族文化博大精深,源远流长。古人就是充分利用我国丰厚的文化艺术财富来创造丰富我国的园林,赋予造园要素以新的生命和活力,从而影响到了植物造景的发展,使我国园林植物造景具有不同于其他国家和民族的独特的意境美,让我国的古典园林艺术成为世界园林艺术史上的奇葩,成为我们民族文化艺术的骄傲。

由此可见,中国园林正是由于有文化底蕴,才得以在世界园林发展中独树一帜。融合生态学原理的园林设计固然重要,但是一味地追求纯生态设计也并不可求。在1998年北京市园林局就明确提出"文化建园"的方针,它预示着我国园林设计在生态学理论的指导下逐渐走向文化设计,它代表着风景园林行业新时代的到来。

与之紧密相连的植物造景面临同样的境况和发展机遇。古时的文人墨客已经让植物融入一定的意境美,因此,现在和未来我们要做的就是植物造景必需在生态学原理的基础上更注重文化效应,充分挖掘和创造富有现代园林特色的植物造景意境,创造出符合时代要求又具有民族特色的植物景观,这就是我国园林植物造景未来发展趋势。

1.5 园林植物造景课程内容与要求

本书的目标读者是掌握了空间设计(如建筑、

规划、景观、环境艺术等)基本原则的从业者和学生,针对这些人而言,本书试图从相对浅显的,特别是造型、色彩、文化差异等方面来帮助其初步理解景观园林植物的配置,课程以培养适应时代和经济社会发展要求的实践性复合型人才为目的,以结合理论、突出实践为目标进行创新模块教学,基于有效教学理念,以植物造景设计课程为例,立足学生发展。结合本书内容要求学生掌握园林植物造景设计能力等职业技能目标,以及知识目标——园林植物的造景方法,掌握不同类型绿地园林植物造景的方法。本课程具有较强的实践性,重视综合分析问题和动手解决实际问题的能力的培养,并为专业课程的后续奠定必需的综合素质能力,同时应该具备良好的职业道德,学会团结协作、吃苦耐劳、爱岗敬业,并为将来成为一名优秀的园林设计师打下坚实的基础。

思考题

1.植物可以构成哪些类型的空间?

2.植物的美学功能主要体现在哪几个方面?

3.植物的生态功能主要体现在哪几个方面?

4.中西方古典园林植物造景的不同点有哪些?

第 2 章

园林植物造景基本原则与原理

本章内容导读:本章分别介绍植物造景的基本原则和基本原理。植物造景基本原则分别从科学性、功能性、艺术性和经济性四个方面进行论述,并介绍各个原则在植物造景中的应用手法。植物造景基本原理主要介绍生态学原理、美学原理和环境心理学原理的基本理论及其在植物造景中的指导作用。

2.1 园林植物造景基本原则

2.1.1 科学性原则

2.1.1.1 适地适树

不同环境中生长着不同的植物种类,不同的植物适应不同的气候和土壤条件(图2-1、图2-2)。如果所选择的植物种类不能与此地区的环境和生态相适应,就不能存活或生长不良,也就不能达到造景的要求;如果所设计的栽培植物群落违背了自然植物群落的发展规律,也就难以成长发育达到预期的艺术效果。因此,在进行植物造景时,首先遵循生态学原理,即满足植物与环境在生态适应性上的统一。

图2-2 热带旅人蕉景观

首先,要满足植物的生态要求,使植物正常生长,并保持一定的稳定性,这就是通常所讲的适地适树。即根据立地条件选择合适的树种,使种植植物的生态习性和栽植地点的生态条件基本能得到统一;另一方面就是为植物正常生长创造合适的生态条件,通过引种驯化和改变立地生长条件,只有这样才能使植物成活和正常生长。

其次,要合理造景,在平面上植物间要有合理的种植密度,使植物有足够的营养空间和生长空间,从而形成较为稳定的群体结构。通常以乡土树种为主,根据成年树木的冠幅来确定种植点的距离,为了在短期内达到造景效果,可适当加大种植密度;在竖向设计上需要考虑植物的生物特性,注意将喜光与耐阴、速生与慢生、深根性与浅根性等不同类型的植物合理地搭配,在满足植物生态条件下创造稳定的植物景观(图2-3、图2-4)。

图2-1 高山草甸景观

图 2-3　喜光与耐阴植物的合理搭配

图 2-4　竖向层次丰富的栽培群落植物景观

第三,按照园林绿地的功能和艺术要求来选择植物种类。如街道绿化要选择易成活,对土、水、肥要求不高,耐修剪,抗烟尘,树干挺拔,枝叶茂密,生长迅速而健壮的树种作为行道树(图 2-5);山上绿化要选择耐旱植物,并有利于与山景的衬托;水边绿化要选择耐水湿植物,要与水景协调(图 2-6);纪念性园林绿化要选择具象征性格的树种和纪念人所喜爱的树种等。

图 2-5　城市道路植物景观

图 2-6　水生植物王莲与睡莲景观

2.1.1.2　物种多样性

显露自然作为生态设计的一个重要原理和生态美学原理,在现代景观设计中越来越得到重视。植物物种的多样性是植物景观结构多样性的基础,丰富的植物物种多样性形成了繁复不同的植物景观,满足了人们不同的审美需求,丰富了城市居民的生活,减少了居民在这紧张快速城市中的压抑感;丰富的植物物种多样性构建了不同生态功能的植物组成,改善了城市的生态环境(图 2-7)。

图 2-7　丰富的植物种类形成美丽的南国风光

园林的物种多样性维持了园林生态系统的健康和高效,是园林生态系统发挥服务功能的基础。生态学家们认为,在一个稳定的群落中,各种群对群落的时空条件、资源利用等方面都趋向于互相补充而不是直接竞争,系统愈复杂也就愈稳定。园林植物的年龄结构、类型结构以及空间结构都是影响物种多样性的直接因素。例如,植被高度和数量的增加是鸟类物种定居的一个基本推动力。乔木能改善群落内部环境，为中、下层植物的生长创造较好的小生境条件，有利于中、下层植物的生长（图2-8）。常绿树与落叶树形成的混交林比单纯林更能增加动物种类。因此，应通过园林植物的合理造景，使植物群落接近或达到原始植物群落的性质和功能，形成合理的植物成层结构，提高动植物栖息地的质量，为物种创造适宜的多样性的生境结构，保护物种多样性。

图2-8　乔木为中、下层植物创造生境

2.1.1.3　植物群落稳定性

在植物造景设计人工植物群落的构建过程中，应根据植物群落演替的规律，充分考虑群落的物种组成，正确处理植物群落的组成、结构，利用不同生态位植物对环境资源需求的差异，确定合理的种植密度和结构，以保持群落的稳定性，增强群落自我调节能力，减少病虫害的发生，维持植物群落平衡与稳定。如地衣是藻与菌的结合体，豆科、兰科、龙胆科中的不少植物都有与真菌共生的例子。一些植物种的分泌物对另一些植物的生长发育是有利的，如黑接骨木对云杉根的分布有利，皂荚、白蜡与七里香等在一起生长时，互相都有显著的促进作用；核桃与山楂间种可以互相促进，牡丹与芍药间种能明显促进牡丹生长等等。可以利用植物间的化感作用进行园林植物的造景，协调植物之间的关系，使它们能健康生长。但园林这种半人工生态系统和自然陆地一样，也存在一种植物抑制另一种或多种植物生长的现象。例如，洋槐能抑制多种杂草的生长，松树、苹果以及许多草本植物不能生长在

黑胡桃树荫下，松树与云杉间种发育不良，薄荷属植物分泌的挥发油阻碍豆科植物的生长等，这些都是园林植物造景中必须注意的。

2.1.1.4　尊重植物自身的生长习性

植物叶片的光合作用，吸收贮存太阳能，从而产生生态效益，叶面积系数越大生态效益就越大。林下植草比单一林地或草地更能有效利用光能及保持水土。各种园林植物的生长习性不尽相同，耐阴灌木树种特别适宜于高架桥下、高层建筑背后及高大阳性树种下等光照条件缺乏的荫蔽处栽植，可以发挥其独特的生理优势，丰富园林绿化的层次空间，提高环境生态效益。重视发挥园林植物对污染物的承载作用，特别是通过选择对污染物的吸收和抗性都比较强的植物种类，可使园林发挥较大的净化和美化环境的功能。如柑橘对二氧化硫抗性和吸收力较强；国槐、银杏、臭椿对硫的同化、转移能力较强；大叶女贞、合欢、槐树等具有较强的净化大气氯气污染的能力等。还有许多水生植物，如香蒲、芦苇等，对水体净化有重要作用。

2.1.1.5　安全性

植物的选择和配置不能影响交通安全、人身安全和人体健康。首先是选择的植物自身不应有危害性。如儿童游乐区及人流集中区域不应有带刺、有毒、飘絮、浆果植物；阻隔空间用的植物应选择不宜接近的植物，而供观赏的植物则不能对人体及环境有害。其次是利用植物自身起到将人们的活动控制在安全区内的作用，如居住区建筑物、水体、假山或其他有危险性的区域周围可以密植绿篱植物加以阻隔或警示；交通干道交叉路口及转弯处要保证驾驶员视线通透，不宜种植高大的乔灌木。植物与植物之间、植物与建筑物之间不同的尺度关系可以营造不同的心理空间，植物配置应根据实际需要选择不同的尺度，营造出不同开敞度的植物空间，满足人们不同程度心理安全的需要。

2.1.2　功能性原则

植物造景设计是为实现园林绿地的各种功能服务的，实现功能性是营造绿化景观的首要原则。

植物景观的创造必须以人为本,符合人的心理、生理感性和理性需求,把服务和有益于人的健康和舒适作为植物景观设计的根本,体现以人为本,满足居民"人性回归"的渴望,力求创造环境宜人,景色引人,为人所用,尺度适宜,亲切近人,达到人景交融的亲情环境。要求设计者无论是选择植物种类,还是确定布局形式,都不能仅以个人喜好为依据,应根据绿地类型,充分发挥植物各种生态功能、游憩功能、景观功能、文化功能,结合设计目的进行植物造景,合理安排,实现园林绿地多种多样的功能。

2.1.2.1 绿地生态功能要求

植物作为城市中特殊群体,对城市生态环境的维护和改善起着重要作用。植物造景应视具体绿地的生态要求,选择适宜的植物种类,如作为城市防护林的植物必须具备生长迅速、寿命较长、根系发达、管理粗放、病虫害少等特性,如银杏、黑松、樟子松、夹竹桃、臭椿、柳树等;污染严重的工厂,应选择能抗有害气体、吸附烟尘的植物,如对二氧化硫抗性和吸收力较强的柑橘、合欢、广玉兰、无花果、刺槐等;对氟化氢抗性较强的苹果、柑橘、海桐、龙柏、金银花等;在传染病医院可考虑种植杀菌能力较强的植物种类。如白皮松、圆柏、丁香、银白杨等。

2.1.2.2 绿地游憩功能要求

园林绿地常常也是城市居民的休闲游憩场所。在植物造景时,应考虑园林绿地的使用群体和游憩功能,进行人性化设计。设计时应充分考虑人的需要和人体尺度,符合人们的行为生活习惯。如在幼儿园、小学校等儿童活动频繁的地区,应选择玩耍价值高、耐踩踏能力强、无危险性的植物。不同的园林绿地有不同的功能要求,植物的造景应考虑到绿地的功能,起到强化和衬托的作用。如对于纪念性的公园、陵园,要突出它的庄严肃穆的气氛,在植物选择上可用松柏类等常绿、外形整齐的树种以喻流芳百世、万古长青。对于有遮荫、吸尘、隔音、美化功能的行道树则要求选择树冠高大、叶密荫浓、生长健壮、抗性强的树种。因此,对于不同的绿地,选择植物时首先要考虑其性质,尽可能满足绿地的功能要求(图2-9、图2-10)。

图2-9 户外游憩空间植物应用

图2-10 广场入口空间的植物应用

2.1.2.3 绿地景观功能要求

园林绿地不仅有实用功能,而且能形成不同的景观,给人以视觉、听觉、嗅觉上的美感,属于艺术美的范畴,在植物造景上也要符合艺术美的规律,合理地进行搭配,最大限度地发挥园林植物"美"的魅力。

首先要做到"因材制宜"组景,构成观形、赏色、闻香、听声的景观。园林植物的观赏特性千差万别,给人的感受亦有区别,造景时可利用植物的姿态、色彩、芳香、声响方面的观赏特性,根据功能需求,合理布置,营造不同类型的景观。如龙柏、雪松、银杏等植物,形体整齐、耸立,以观形为主(图2-11);樱花、梅花、红枫等以赏其色为主(图2-12);白兰、桂花、含笑等是闻其香。"万壑松风""雨打芭蕉"等主要是听其声。

图 2-11　形色兼美的银杏路景观

图 2-14　温馨宁静的公园茶室环境

图 2-12　艳丽的红枫树丛景观

再次要充分了解植物的季相变化,做到"因时制宜"组景,创造动态可变的园林景观。植物是有生命的园林构成要素,随着时间的推移,其形态不断发生变化,从幼小的树苗长成参天大树,历经数十年甚至上百年。在一年之中,随着季节的变化而呈现出不同的季相特点,从而引起园林景观的变化。因此,在植物造景时既要注重保持景观的相对稳定性,又要利用其季相变化的特点,创造四季有景可赏的园林景观(图 2-15 至图 2-18)。

其次要根据不同绿地环境、地形、景点和建筑物的性质不同、功能不同进行"因地制宜"组景,体现不同风格的植物景观。如公园、风景点要求四季美观,繁花似锦,活泼明快,树种要多样,色彩要丰富。寺院、碑刻、古迹则求其庄严、肃穆,造景树种时必须注意其体形大小、色彩浓淡,要与建筑物的性质和体量相适应;轻快的廊、亭、轩、榭则宜点缀姿态优美、绚丽多彩的花木,使景色明丽动人(图 2-13、图 2-14)。

图 2-15　春日郁金香

图 2-13　繁花似锦的校园道路

图 2-16　夏日月季

图 2-17 秋日菊花

图 2-18 冬日山茶花

第四,利用植物的观赏特性,创造园林意境,是我国古典园林中常用的传统手法。如把松、竹、梅喻为"岁寒三友",把梅、兰、竹、菊比为"四君子",这都是运用园林植物的姿态、气质、特性给人的不同感受而产生的比拟联想,即将植物人格化,寓情于景,情景交融,从而在有限的园林空间中创造出无限的意境(图 2-19、图 2-20)。

图 2-19 "幽篁"组合盆栽

图 2-20 "海棠春坞"组合盆栽

2.1.2.4 历史文化延续功能

植物景观是保持和塑造城市风情、文脉和特色的重要方面。植物景观设计首先要理清历史文脉的主流,重视景观资源的继承保护和利用,以自然生态条件和地带性植被为基础,将民俗风情、传统文化、宗教、历史文物等融合在植物景观中,继承与挖掘传统园林种植文化艺术创作的"天人合一"思想和"道与艺合"的设计手段,在花木的配置过程中突出以画理作为构景依据,以诗情画意的意境塑造作为目标追求,充分体现园林种植文化中植物的精神功能价值,使植物景观具有明显的地域性和文化性特征,产生出识别性和特色性。如杭州白堤的"间株桃花,间株柳",荷兰的郁金香文化,这样的植物景观已成为一种符号和标志,其功能如同城市中显著的建筑物或雕塑,可以记载一个地区的历史,传播一个城市的文化。

2.1.3 艺术性原则

完美的植物景观必须具备科学性与艺术性两方面的高度统一,在保证植物对环境适应的同时,更应注重符合艺术美规律,合理搭配,通过艺术构图体现植物个体和群体的形式美,以及人们欣赏时所产生的意境美。植物景观中艺术性的创造是极其细腻复杂的,需要巧妙地利用植物的形体、线条、色彩和质地进行构图,并通过植物的季相及生命周期变化来创造瑰丽的景观,表现其独特的艺术魅力。

2.1.3.1　总体艺术布局上要协调

规则式园林植物种植多采用对植、列植,而在自然式园林绿地中则采用不对称的自然式种植,以充分表现植物材料的自然姿态。根据局部环境特点和在总体布置中的要求,采用不同的种植形式。大门、主要道路、规整形广场、大型建筑附近多采用规则式种植,而在自然山水、草坪及不对称的小型建筑物则采用自然式种植(图2-21、图2-22)。

图 2-21　规则式园林植物种植

图 2-22　自然式园林植物种植

2.1.3.2　突出植物在观形、赏色、闻味、听声上的效果

人们欣赏植物景色是多方面的,而万能的园林植物是极少的,或者说是没有。如果要发挥每种园林植物的特点,则应根据园林植物本身的特点进行设计,如鹅掌楸主要观赏其叶形;桃花、紫荆主要是春天赏色。桂花主要是秋天闻香;而成片的松树形成"松涛"。有些植物是多功能的,如月季花从春至秋,花开不断,既可观形赏色,又可闻香,但在北方

的冬季就谈不上观赏了,倘若在其背后衬以常绿树的话,则可以补其冬季之枯燥。

2.1.3.3　园林植物造景设计要注意平立面构图

在平面上还要注意种植的疏密和轮廓线,竖向上要注意树冠线,树林中要注意开辟透景线。另外,还要重视植物的景观层次以及远近观赏效果。远观是看整体和大片的效果,如大片秋叶;近看是欣赏单株树形,如花、果、叶等的姿态,同时还要考虑种植方式,切忌像苗圃式的种植。植物种植也要处理好与建筑、山、水、道路之间的关系。植物的个体选择,既要看总体,如体形、高矮、大小、轮廓,又要看枝、叶、花、果等。

2.1.3.4　强调园林植物的季相变化和色、香、形的对比与和谐

植物造景要综合考虑时间、环境、植物种类及其生态条件的不同,使丰富的植物色彩随着季节的变化交替出现,使园林绿地的各个分区突出季节的植物色相。在游人集中的地段要有景可赏。植物景观的色彩,叶、花、果的形态变化等是多种多样的,要主次分明,突出重点。

2.1.4　经济性原则

植物景观以创造生态效益和社会效益为主要目的,但这并不意味着可以无限制地增加投入。每个城市的人力、物力、财力和土地都是有限的,必须遵循经济性原则,在节约成本、方便管理的基础上,以最少的投入获得最大的生态效益和社会效益,为改善城市环境、提高城市居民生活环境质量服务。可采取合理地选择乡土植物树种和合适规格的树种,节约使用名贵树种,降低造价;慎重安排植物的种间关系,适地适树,避免植物生长不良导致意外返工;妥善结合生产,适当选用有食用、药用价值的经济植物;注重改善环境质量的植物配置方式应用;多选用寿命长,生长速度中等,耐粗放管理,节水抗旱,耐修剪的植物;尽力保护现有的大树和古树等措施,以减少资金投入和管理费用。

2.2　园林植物造景基本原理

2.2.1　生态原理

2.2.1.1　园林植物与环境

（1）园林植物与环境关系概述　植物生活空间的外界条件（包括地上与地下部分）的总和称作环境。在这个空间中存在阳光、空气、水分、养料、适宜的温度等非生物因子和植物、动物、微生物以及人类等生物因子。植物与环境是相互作用的关系，一方面，植物周围的环境为植物的生长提供阳光、空气、水分、养料、适宜的温度等植物生长所必需的条件；另一方面，植物的生长又会对环境产生影响，比如植物根系的生长、腐败的植物会影响土壤的结构和组成，植物可以保持水土，植物可以调节气候，植物种类的改变会造成生物种类的改变等等。同时植物又依赖于特定的环境，植物离开了所适合的生长环境，可能会造成不结实、生长不良、甚至死亡等不良后果。

植物生长环境中的温度、水分、光照、土壤、空气等因子称为环境因子，对植物的生长发育产生直接作用的称为生态因子。某种植物长期生长在某种环境里，受到该环境条件的特定影响，通过新陈代谢，于是在植物的生活中就形成了对某些生态因子的特定需要，这就是其生态习性。如仙人掌耐旱不耐寒。有相似生态习性和生态适应性的植物则属于同一个植物生态类型。如水中生长的植物叫水生植物，耐干旱的叫旱生植物，需在强阳光下生长的叫阳性植物，在盐碱土上长的叫盐生植物等等（图2-23、图2-24）。因此，研究环境中各因子与植物的关系是植物造景的理论基础。尊重植物的生态习性，对各种环境因子进行综合研究，做到"因地制宜""适地适树"，才能使每株植物正常地生长发育。

环境中各生态因子对植物的影响是综合的，也就是说植物是生活在综合的环境因子中。缺乏某一种因子，或光，或水，或温度，或土壤，植物均不可正常生长。而环境中各生态因子又是相互联系及

制约的，并非孤立的。温度的高低和地面相对湿度的高低受光照强度的影响，而光照强度又受大气温度、云雾所左右。

图2-23　旱生植物景观——仙人掌类

图2-24　湿生植物景观——落羽杉林

尽管组成环境的所有生态因子都是植物生长发育所必需的，缺一不可，但对某一种植物，甚至某种植物的某一生长发育阶段的影响，常常有1～2个因子起决定性作用，这种起决定性作用的因子叫"主导因子"。而其他因子则是从属于主导因子综合作用的。如橡胶是热带雨林的植物，其主导因子是高温高湿；仙人掌等热带稀树草原植物，其主导因子是高温干燥，这两种植物离开了高温都要死亡。又如高山植物长年生活在云雾缭绕的环境中，在引种到低海拔平地时，空气湿度是存活的主导因子，因此将种子种在树荫下，一般较易成活。

（2）植物景观设计应用　在植物景观设计时，对于任何植物个体，要尊重植物的生态习性，对各种环境因子进行分析和研究，选择合适的植物种

类，使园林中每一种植物都有各自理想的生活环境，或者将环境对植物的不利影响降到最小，使植物能够正常地生长发育。

2.2.1.2 植物群落生态学原理

（1）植物群落生态学原理概述 在一定的地段上，群居在一起的各种植物种群所构成的一种有规律的集合体就是植物群落。一个地区范围内的植物群落称为该地区的植被，例如四川植被、云南植被等。群落内的各种生物彼此间相互影响、紧密联系，并与环境发生相互影响、相互联系，由此形成生态系统。植物群落的概念是植物生态学中最重要的概念之一，因为它强调了这样一个事实，即各种不同的植物能在有规律的方式下共处，而不是任意散布的，因此，对其规律的认识和应用，是植物景观设计的科学基础。

植物群落包括自然群落和人工群落两类。自然群落是指在不同的气候条件及生境条件下自然形成的群落（图2-25）。它是每个植物个体通过互惠、竞争等相互作用而形成的一个巧妙组合，是适应其共同生存环境的结果。自然群落都有自己独特的种类、外貌、层次、大小、边界及结构等，一般在环境条件优越的地方，群落的层次结构较复杂，种类也丰富，如热带雨林，常分为6～7个层次，在很小面积中就有数百种植物，林内大小藤本植物、附生植物丰富。不同的植物群落的种类组成差别很大，相似的地理环境可以形成外貌、结构相似的植物群落，但其种类组成因形成历史不同而可能很不相同。

人工群落是按人类需要把同种或不同种植物配置在一起，模仿自然植物群落栽植，具有合理空间结构的植物群体（图2-26）。其目的是为了满足生产、观赏、改善环境等需要，恢复人与自然的和谐，充分发挥园林绿化的生态效益、景观效益、经济效益和社会效益。园林植物景观中的群落是以创造景观美为基础的栽培群落，常见的类型有观赏型树群，主要表现植物景观之美和四季景观变化；保健型树群，利用产生有益分泌物和挥发物的植物配置，达到增强人们健康，防病治病目的；环境防护型树群，选择适于污染区绿地的园林植物，以改善重污染环境局部区域内的生态环境，提高生态效益；

知识型树群，在公园、植物园、动物园、风景名胜区建立的科普性人工群落，满足人们认识了解植物，激发热爱自然、探索自然奥秘的兴趣；文化型树群，在特定的文化环境如历史遗迹、纪念性园林等地运用特定文化含义的植物构建的具有相应的文化环境氛围的植物群落，引起人们产生各种主观感情并与宏观环境之间产生共鸣和联想。

图2-25 自然植物群落景观

图2-26 人工植物群落景观

（2）植物景观设计应用 植物群落生态学原理是低碳、节约的生态园林建设的重要理论基础，植物景观生态设计的体现是以通过设计植物群落而实现的。植物配置应用手法是：

首先，借鉴地带性群落的种类组成，构筑具有乡土特色和城市个性的绿色景观。园林植物种植设计要较多地利用木本植物，以乔木为主导、灌木为衬托、花草为修饰，提高绿地的生态功能和效益，改变单一物种密植的做法。尽量选择适合生长的乡土植物配置群落单元，提高优势树种的比例，既

保证城区绿地植物群落的长期稳定性，又突出乡土植物优势。优势种群落搭配的效果直接影响着城区景观效果与生态平衡，是体现人们生活水平质量高低的重要标志。在植物选用上，要求提高植物品种意识，加强地带性植物生态型和变种的筛选及驯化，同时慎重而节制地引进国外特色物种。

第二，借鉴植物群落结构原理，合理开发利用绿地空间资源。选择具有不同形态特征、生态习性的植物，应用生态位互补、互惠共生原理，形成乔、灌、草及藤本、地被、水生植物结合的立体复层空间结构及四季不同的季相特色，再现或还原原生林景观、近自然园林景观。园林中的密植结构设计，都必须建立种群优势，占据环境资源，排斥非设计类植物（如杂草等），选择竞争性强的植物，采用合理的种植密度，以求获得稳定的园林植物种群与群落景观。

第三，借鉴植物群落演替规律，创造多样的绿地生态系统，促进人居环境的可持续发展。创造多样的生境，形成具备多个优势种的不同类型群落交错分布、稳定而优美的城市自然景观，满足各种植物及其他生物的生活需要和整个城市自然生态系统的平衡。不同群落类型，所处的演替阶段也不一样，植物造景存在较大差异。处于演替初级阶段的群落主要以乡土地被类植物为主进行造景；处于较高等级阶段的群落主要以乡土优势乔木为主进行造景，使自然更新种具有生存和繁衍空间，以快于自然演替的速度建立接近自然和符合潜在植被特征的绿地。

2.2.1.3 景观生态学原理

（1）景观生态学原理概述 景观生态学是研究一个地区内生境类型的格局及它们对物种分布和生态系统过程影响的学科。景观生态学将景观视为空间上不同生态系统的聚合。一个景观包括空间上彼此相邻，功能上互相有关，发生上有一定特点的若干生态系统的聚合。是以"斑块—廊道—基质"为基本构成模式组成的镶嵌体，而其组成单元（各生态系统）则称为景观要素或景观成分。景观要素有三种基本类型：斑块、走廊和本底。一般来说，斑块和本底都代表一种生物群落，但有些可能是无生命的。景观生态学强调空间格局，生态学过

程与尺度之间的相互作用是景观生态学研究的核心所在。景观生态学的主要原理包括：景观结构和功能的原理、生物多样性原理、物种流动原理、能量流动原理、景观变化原理、景观稳定性原理等。

（2）植物景观设计应用 近年来，以维护城市生物多样性为目标，应用景观生态学原理与技术进行的城市规划、园林规划与植物景观设计方面的工作越来越多。

在宏观层面上为园林绿地景观生态规划提供具有生态学思想的理论基础。根据景观生态学思想，城市可视为一个具有异质性的景观单元，是由不同土地表面类型集合而成的空间镶嵌体，而各种不同的土地表面类型则是城市景观的一种景观组分，园林绿地植被是其中的一种重要景观要素，园林绿地植被的合理布局能发挥其最大的生态效益（图2-27）。

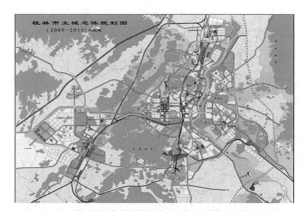

图2-27 景观生态学园林在绿地系统规划中的应用

"斑块—廊道—基质"景观结构模型体现的集中与分散原理为园林绿地景观的空间结构设计提供了建设性框架。景观的这种大集中与小分散相结合的模式具有多种生态学优点，成为景观持续利用的理论标准。运用景观生态学的原理与方法，根据城市园林绿地现状、城市生态环境问题及园林绿地景观生态过程正常运行的需要，对园林绿地布局进行结构性调整，降低景观破碎程度的同时，形成以大斑块林地为主体，集中与分散相结合的空间结构优化模式，以充分发挥园林绿地景观生态功能和效益，实现景观的持续发展。景观异质性可提高物种总体共存潜在机会，保持群落稳定。

2.2.1.4　恢复生态学原理

（1）恢复生态学原理概述　恢复生态学是研究生态系统退化的原因、退化生态系统恢复与重建的技术和方法及其生态学过程和机理的学科。恢复生态学的研究对象是在自然或人为干扰下形成的偏离自然状态的退化生态系统。生态恢复的目标包括恢复退化生态系统的结构、功能、动态和服务功能；其长期目标是通过恢复与保护相结合，实现生态系统的可持续发展。许多生态学理论和方法是恢复生态学最重要和最基本的理论，如生态位原理、演替理论、生物多样性原理等。具有恢复生态学自身特色的原理有：生态系统恢复重建、生态系统健康学说、自我设计理论。美国学者 Aber 和 Jordan 最早提出"恢复生态学"这一科学术语。20世纪 80 年代以来，国际社会及各国都相继开展了有关恢复生态学的研究，恢复生态学得到了迅速发展。

（2）植物景观设计应用　恢复生态学总是和生态修复联系在一起的，生态修复作为一种研究方法和手段，同时又是一种目的，修复实践为恢复生态学提供了发展理论的天地，反过来，恢复生态学又为生态修复提供了理论基础。生态修复是实施者在特定项目地点上修复生态系统的实践，而恢复生态学是生态修复实践所依据的科学。恢复生态学为实践者提供了可支持它们实践的明确概念、模型、方法论以及工具。近些年来，随着工业废弃地在城市中大量出现，恢复生态学理论被景观设计师运用到改造工业废弃地场地的实践之中，并与艺术手法相结合，在加速恢复场地自然生态系统的同时，实现资源的循环利用，增加景观的美学价值（图 2-28）。

图 2-28　城市滨水区废弃地生态修复与利用

2.2.2　美学原理

2.2.2.1　美的特性与创造

（1）园林美认识　美是植物景观设计追求的目的之一，是在充分满足植物对环境需求的基础上更高层次的追求。因此，我们在进行植物造景时，应从美学角度出发，根据植物自身特有的形体美、色彩美、质地美、季相变化美等观赏性特征，运用艺术手法来创造出优美的植物景观，让人们在审美感觉中调节情绪，陶冶情操。

美学将美分为三类，即自然美、社会美和艺术美。植物造景与美学思想关系充分体现在自然美、社会美和艺术美。自然美表现在：山水地形，利用原有的地形地貌或地形改造为植物造景创造地形自然条件，使造景依据地形形成不同的脉络；借用天象，借日月雨雪造景。如听雨打芭蕉、泉瀑松涛、造断桥残雪、踏雪寻梅意境等。社会美表现在：再现生境，仿效自然，创造人工植物群落和良性循环的生态环境，创造空气清新、温度适中的小气候环境。花草树木是生境的主体，利用本身的文化内涵来营造社会文化美。艺术美表现在：造型艺术，利用植物个体的特征，营造体形美及线条美；根据植物的生长习性，依据人们的喜好，修剪成各种图案花纹；借日月天象为媒介，达到造景植物的光影色彩美，产生或实或虚的意境美。

园林美是园林师对生活、自然的审美意识（感情、趣味、理想等）和优美的园林形式的有机统一，是自然美、艺术美和社会美的高度融合。园林美源于自然，又高于自然，是大自然造化的典型概括，是自然美的再现。它随着我国文学绘画艺术和宗教活动的发展而发展，是自然景观和人文景观的高度统一（图 2-29、图 2-30）。

园林植物美主要表现为自然美和艺术美，具体表现为：色彩美、形态美、芳香美、感应美（反光、发声、阴影、动姿等的观赏效应）、引致美（动物、昆虫及其他自然气象要素等）、风韵美。自然物本身无所谓美丑，自然美是人的主观意识的产物。艺术美是存在一切艺术作品中，艺术美具有典型性、主观性和永久性的特点。

图 2-29　热带兰花的形态与色彩美

图 2-31　植物造型与文化传播

图 2-30　园林环境与社会美

图 2-32　植物造型艺术美

（2）植物景观艺术美的塑造　艺术美就是艺术形象之美。人们只有通过对艺术形象的欣赏，才能够感受到艺术作品之美。是人的本质力量在艺术作品中通过艺术形象的感性显现。植物景观艺术美可理解为设计师遵从艺术美创造基本规律，运用植物的总体布局、空间组合、体形、线条、比例、色彩、质感等造型艺术语言，对植物与植物或植物与其他造景元素典型化配置构成的特殊艺术形象，使人们产生联想和回味并借此流露出其丰富的精神内涵（图 2-31、图 2-32）。艺术家创作艺术作品，总是从特定的审美感受、体验出发，运用形象思维，按照美的规律对生活素材进行选择、加工、概括、提炼，构思出主观与客观交融的审美意象，然后再使用物质材料将审美意象表现出来，最终构成内容美与形式美相统一的艺术作品。

2.2.2.2　形式美原理

形式美的法则是人们在长期审美实践中对美的事物形式特征的概括和总结，体现的是形式本身所包容的内容，有着普遍性和通用性的特点，其要素主要有色彩、点、线、面、质感、组合规律等。其内容主要包括多样与统一、对比与协调、对称与均衡、韵律与节奏、比例与尺度等规律，具有抽象、宽泛和相对独立的审美性质，且具有一定的文化差异性。

在建筑雕塑艺术中，所谓的形式美即是各种几何体的艺术构图。植物的形式美是植物及其"景"的形式，一定条件下在人的心理上产生的愉悦感反应。它由环境、物理特性、生理的感应三要素构成。三要素的辩证统一规律即植物景观形式美的基本规律，同样也遵循统一、对称、均衡、比例、尺度、对比、调和、节奏、韵律等规范化的形式艺术规律。园林植物自身的外观形态决定了植物的自然美，是由植物的基因决定的。公园中的植物作为园林工作者的艺术作品表现的美为艺术美。植物景观的艺术美的强弱受植物配植形式美的影响。形式美要求植物配植做到：①色彩、空间、方向、体量的对比与调和(图 2-33)；②在平面、立面上的构图均衡和稳定(图 2-34)；③整体和局部之间有适当的比例和尺度(图 2-35)；④植物的变化具有节奏和韵律(图 2-36)；⑤变化与统一(图 2-37)；⑥主次分明(图 2-38)。这是由形式美的规律决定的。

图 2-33　植物形态的调和与对比

图 2-34　道路植物景观的均衡与对称布置

图 2-35　组景要素比例与尺度处理

图 2-36　模纹色带的韵律表现

图 2-37　植物组合的多样与统一

图 2-38　花坛植物布置的主次处理

2.2.2.3　色彩美学原理

(1)色彩基本属性　人们对自然美的感知，首先是色彩美，其次是形体美、香味美、听觉美。园林环境的色彩以绿色为基调，配以其他色彩，如美丽的花、果及变色叶，构成了缤纷的色彩景观。

色彩具有色相、明度、纯度三种性质。三属性是界定色彩感官识别的基础，灵活应用三属性变化

是色彩设计的基础。色相是指色彩的相貌,在色彩的三种属性中色相被用来区分颜色,根据光的不同波长,色彩具有红色、黄色或绿色等性质,这被称为色相。黑白没有色相,为中性。光谱的三原色是红色、黄色、蓝色,这些颜色不能由其他颜色混合而成。任何一种原色的等量混合都可以制造出第三种颜色,红色和黄色混合成橘色,黄色和蓝色产生绿色,蓝色和红色生成紫色,混合两种第二级颜色会形成第三级的颜色——淡黄色、赤褐色。当第三级颜色被混合在一起,就可以得到第四级颜色——深紫色、玫红色、浅黄色。随着这个过程的进行,颜色逐渐变成中间色调,直至产生灰色。色彩的明暗程度称为明度,黑色在所有色彩中明度最低,白色明度最高;色彩饱和程度称纯度,为某种色彩本身的浓淡或深浅程度。色相的纯度显现在有彩色里。对颜色调试深入研究以达到需要的效果,为在花园中进行色彩搭配提供线索。

(2)色彩的表情 ①色彩的温度感:红、橙、黄等暖色系给人以温暖、热闹的感觉,蓝、蓝绿、蓝紫、白色等冷色系给人以冰凉、清静感,紫与绿属中性色,对观赏者不会产生疲劳感,相反红色极具注目性,应用过多易使人疲劳。②色彩的运动感:暖色伴随的运动感强,给人以兴奋感,而冷色给人以宁静感。红色、橙色、黄色是炙热、活泼、明快的色彩,它能使肌肉的机能和血液循环加快,容易引起注意,除了具有较佳的明视效果之外,更被用来传达有活力、积极、热诚、温暖、前进等含义,红色的花卉常常能够在众多花卉中脱颖而出,"万绿丛中一点红""万紫千红总是春"都显示了红色花卉经对比后强烈的明视效果(图2-39、图2-40)。黄色花卉连成一片不论在明度上还是在饱和度上都恰到好处,适合创造大面积的田园风光景色。③色彩的距离感:色彩的距离感与色相、纯度有关。暖色有接近观赏者的感觉,而冷色有远离之感,同一色相,纯度大的则近前,纯度小的则退远,明色调近前,灰色调退远。④色彩的重量感:色彩的轻重受明度与纯度的影响,色彩明亮感觉轻,色彩灰暗感觉沉重,同一色相纯度高显轻,纯度低显重。⑤色彩对比影响人行

为和心理:由于人们总是在一定背景中,或几种色彩并列,或先看某种色彩再看另一种色彩。因此,所看到的色彩常会发生变化,并形成比较、相融等反应,影响观察者的心理感觉。当两种或两种以上色彩并置配色时,相邻两色会互相影响。其结果,在色相上,彼此把自己的补色加到另一方之上,两色越接近补色,对比就越强烈,明度高的会越高,相反会越低。

图2-39 万绿丛中一点红的对比配置

图2-40 百花盛开的花地

(3)相关色彩混合和搭配的基本理论 色彩常与人的感觉(由外界的刺激造成)和知觉(记忆、联想、比较等)联系在一起。对色彩的感觉总是存在于知觉之中,很少有孤立的色彩感觉存在。单独的色彩是没有张力的,色彩之间的搭配才使得环境丰富多彩。色彩的视觉特性是指人对色彩的视觉生理反应,包括视觉生理及大脑视觉神经的限制,同时也取决于色彩的属性、特点、情感以及不同的色

与色、色与光对视觉的作用。目前有许多关于色彩调和与搭配的理论。其中包括基本原色理论、混色理论，还有色彩调和理论，如歇茹尔色彩调和理论、孟塞尔色彩调和理论、奥斯特瓦色彩调和理论与孟-斯宾瑟色彩调和理论等，这些都来自19世纪之后的研究。

（4）植物景观设计中的应用　颜色能够给人带来不同的心理感受，色彩配置需要应景应情，不同的场所精神、不同的观赏者、不同的心理诉求、不同的地理气候、不同的地域文化城市规模都应选用不同色彩的植物，考虑多种方面综合搭配。

在植物景观设计中，植物与植物及其周围环境之间在色相、明度以及彩度等方面处理应注意相异性、秩序性、联系性和主从性等艺术原则。任何景观设计都是围绕一定的中心主题展开的，色彩的应用或突出主题，抑或衬托主景（图2-41、图2-42）。不同的色彩带有不同的感情成分，而不同的主题表达亦要求与其相配的色彩调和出或热闹、或宁静、或温暖祥和、或甜美温馨、或野趣、或田园风光等氛围。园林植物最有特色的景观因素在于其季相变化。因此，熟悉掌握不同植物的各个季相色彩可以增强色彩的动态美感。色彩影响着重在于季节性和序列性的呈现，或者将其集中来补充形态和结构的不足（图2-43、图2-44）。色彩在所在季节里都要调和，颜色的种类越多，调和起来就越困难（图2-45、图2-46）。植物造景设计时色彩不能过于繁多，以免杂乱无章。

图2-42　色带陪衬和烘托喜庆景

图2-43　绿篱烘托和完善了入口空间

图2-44　花球和花柱装饰和强化了广场边界

图2-41　绿色陪衬和烘托踏春主题

图2-45　黄色为主调的和谐菊展现场

图 2-46　不同色彩的调和与对比处理

2.2.2.4　生态美学

生态美学是以生态美范畴的确立为核心,以当代生态存在论哲学即生态伦理学为其理论基础,以人的生活方式和生存环境的生态审美创造为目标,是生态学与美学相结合的边缘学科。生态美学认为自然生态过程是美的。丰富的野生动物活动和草木的四季枯荣展现出一幅自然生态的画面,在景观设计中开始倡导荒野保护和野生植物景观的营造,接受那种看似荒野的自然景象。

20 世纪 70 年代后,随着环境伦理观念的变化,人们的审美观念呈现出多元化趋势。在景观中,传统的自然风景式的浪漫主义美学观受到挑战,和谐的形式不再是美学评判的唯一标准。即使是阐明了场地特征的冲突与无序的形式,也得到认可,由此自然生态过程也具有了审美的价值,受伊恩·麦克哈格设计思想及生态主义设计实践的影响,自然审美开始转向生态审美。之后,美国景观设计师贾苏克·科欧(Jusuck Koh)开始将生态美学引入景观设计中,提出景观设计中美学的生态范式的三个原则——"包括性统一""动态平衡"和"补足"。

科欧所倡导的"包括性统一"强调客观对象与人、场所的统一,否定主体与客观之间、人与自然、秩序与无序之间的距离和二元对立。"动态平衡"(dynamic balance)是"过程"的动态不对称。作为审美原理,动态平衡既指向源自创造"过程"的定性不对称,也指向隐含在审美"形式"中的形式不对称。"补足"(complementarity),就是让自然和景观来补足人类与建筑,也就是麦克哈格所倡导的"设计结合自然"思想。

生态美学与景观设计结合后,使得景观的生态设计有了其自身的美学基础。这对后工业景观设计产生巨大的影响,开始逐渐注重对荒野的保护、对野生动植物景观的创造和对自然过程的尊重。在这样的美学思想指导下,城市后工业景观中的植物景观出现了充满了语境和记忆、文化和文脉的富有场地特征的多样化形式的植物景观,被认为是破败与衰落象征的野生植物代表一种从破碎走向稳定的完美过程;工业弃置物品被艺术化地赋予了历史、美学和实用的价值,带给人新的美学感官享受和复杂情愫,展示的是环境整体演化之美。

2.2.3　环境心理学原理

2.2.3.1　环境心理学原理概述

(1)环境感知理论　人类对环境的感受系统包括视觉感受系统、听觉感受系统、触觉感受系统、嗅觉感受系统、味觉感受系统等,人类通过以上各个感受系统全面地接受外部信息,从而了解其所处的环境。在人体各种感觉系统中,视觉感觉系统是最为重要的,人体在接受外界的各种信息中有 87% 是来自视觉的系统的捕捉,并且人体的 75%～90% 的行为活动是由视觉信息系统所直接引发的。因此,在环境的设计当中充分发挥使用者的视觉感受信息,使其对环境产生美的感受。

感觉是心理和行为活动的重要基础,是联系外部环境和个体的直接桥梁。感觉所反映环境具有直接性、零散性、客观性三个特点。知觉是对感觉接收到的一系列外部环境信息进行加工整合的过程,通常情况下知觉具有完整性、统一性、选择性、思维性。感知是人对空间的第一反应与初级反应,人对空间的感知最重要的就是空间的尺度感。不同的空间给人以不同的尺度感,同时在这个空间内的植物也应该符合该空间的尺度感,并进一步强化或调节其尺度感。

(2)空间认知理论　环境心理学家认为,个体之所以能够分辨其所处的物理环境,是因为他能够对过往所经历的空间信息进行整理记忆,并在大脑

中重现环境的空间意象。为此格式塔派心理学家托尔曼(Talman)创造性地提出"认知地图"这个专业术语来形容个体对具体环境的空间意象的认知。美国麻省理工学院教授凯文·林奇首次把"认知地图"的概念引入城市景观的意象研究中,并于1960年出版了一本对后世景观设计界产生重大影响的巨作:《城市意象》。凯文·林奇在书中将人对城市环境的意向要素归纳为五种元素:道路、边界、区域、节点和标志物,环境意象总是按照人们易于识别的实际需要在头脑中逐步形成,并带有一定的持久性和稳定性。当园林不同空间类型作为某种环境类型被人们感知之后,就会以环境意象的形式留在人们的脑海中并形成回忆。

一个好的环境意象首先可以使使用者在情感上产生一种良好的安全感,进而能够使使用者与外界环境之间建立一种亲密的协调关系,从而产生对所处环境的强烈认同。植物作为园林中的一个重要组成元素与路径、节点、区域、标志、边界等环境意象的形成之间有着密切的联系。植物本身可以作为主景构成标志、节点或区域的一部分,也可以作为这些要素的配景或辅助部分,帮助形成结构更为清晰、层次更为分明的环境意象。如有序的道路植物景观意象、清晰的边界植物景观意象、象征性的标志植物景观、引人入胜的节点植物景观意象。

(3)环境刺激-反应理论　环境刺激-反应理论认为个体所处的环境为个体提供了各种重要信息感受源。这些信息既含有一些声音、光线、颜色和冷暖等基本环境信息,又含有一些室外空间、房屋建筑、城市意象等高等级的信息。环境对个体的刺激包括数量和质量上两个方面。数量上包括刺激的强度、时间以及刺激源的个数等具体数量关系的变动;质量上则包括刺激的产生使个体产生的一定变化结果,包括心理和生理上两个方面。环境-刺激反应理论包括唤醒理论、适应水平理论、环境压力理论三个部分。

相关性的研究表明,唤醒水平与个体工作效率之间具有一定的联系,当唤醒水平处在适度的中等时期时,个体所产生的工作效率为最高峰,当唤醒水平继续增高时,个体的工作效率不升反降。环境适应水平理论强调个体在环境的刺激下会适应某一范围内的刺激水平。环境压力理论认为处在环境当中的个体,一定会受到环境的各种刺激引起行为上的改变,改变的强弱取决于个体所接受到的环境刺激的量,这些刺激的量便是环境施加于个体的压力。高强度的环境刺激传递着大量的环境信息,给个体带来的压力也较大,反之低强度的环境刺激传递的信息量较少,个体感觉的压力也较小。个体所处理的环境信息是有限的,任何个体在同一时期只能处理一定量的环境信息。心理学实验发现个体对环境信息的注意范围极限量是7。为了解决个体对环境感知数量的限制,应该对类似的环境元素进行整合,使其产生规律,便于个体对环境的感知。

(4)环境控制理论　环境控制理论认为:个体除了能接受环境各种刺激,并相应地适应这些刺激来做出一定的行为表现之外,个体还存在着对环境刺激的控制能力。包含空间上的维度和范围,具体表现为个人空间理论、领域性理论、私密性理论三个方面。在个人环境交往中,个人空间为个体心理所需的最小空间区域,外人对此空间的侵扰都会引起个体强烈的不适。个人之间的差异性(如情绪、个性、年龄、性别、文化生活方式、教育水平等)影响着个人空间的需求,不同类型的个体往往表现出不同个人空间距离。领域性被认为是个体或群体为了一定的心理和生理需要,实质化占有一定的空间区域,并对该区域进行保卫行为以防止其他人群进入。私密性不仅指的是独处的一种环境,更是一种对外在环境的选择性的交流特性。

人们的流动一般具有这样一些特点,如识途性、走捷径、不走回头路、乘兴而行等。人们在社会活动中,不仅希望与某些人保持亲近,也希望与另外某些人保持疏离,也即人与人之间要求具有合适的距离。开放式空间中理想的停住位置是既能让人观看他人的活动,又能与他人保持一定距离的地方,从而使观看者感到舒适泰然的"安全点"。

2.2.3.2　环境心理学原理应用

任何植物景观的营造都是为了更好地服务大

众,而是否满足人类的行为心理需求则是衡量植物景观价值的重要因素。通过环境心理学理论可以更全面、科学地了解人与环境的心理和行为关系;从心理学和行为的角度,研究环境和行为的关系,辨析人对环境的各种需求;把选择环境与创建环境相结合,对各类活动给予相应支持。根据环境心理学特点,一个适宜的植物景观应该符合安全性、私密性、公共性以及美观性的综合需求,人们在植物景观空间中经常发生的行为如散步、停留休憩、赏景、健身等游憩活动,每一种活动类型对于物质环境的要求都大不相同,因此,需要塑造不同的空间类型,如开敞空间、半开敞空间、覆盖空间、封闭空间与垂直空间等,在不同功能区中加以应用,以满足不同年龄层次人群的使用需求,最终构建人与环境共生共荣、互利互惠的和谐和友好景观。

思考题

1.园林植物造景的基本原则有哪些? 如何合理应用?

2.在园林植物造景中如何继承和发展园林种植文化?

3.简述“因地制宜”法则在园林植物造景设计中的实施策略。

4.试述生态学原理在景观植物设计中的应用。

5.形式美法则的内容有哪些? 举例说明在植物造景中的应用。

6.试述基于环境心理学原理的公园植物景观设计策略。

第3章

园林植物分类及其观赏特性

本章内容导读：植物是构成景观的基础材料，是影响外环境和景观面貌的主要因素之一。我国幅员辽阔、气候温和，植物种类繁多，是世界园林之母，特别是长江以南地区具有全国最丰富的植物资源，为植物景观营造提供了良好的条件。

园林植物应用分类方式多种多样，但在园林应用中主要采用两种分类方法，一种是植物学系统分类法，另一种是实用分类法。实用分类总的原则是根据生长习性、生态特点、观赏特征等进行类型与种类划分的，大的应用类型包括园林树木、园林花卉、园林草坪植物三部分。

园林植物是活体材料，观赏性是重要特征之一。园林植物观赏特征表达可分为个体形态美和群体形态美、意蕴美不同层次。个体美主要通过植物的体量、冠形、叶、花、果、枝、干、根自然形态，以色彩、形态、芳香及感应等形式表现出来。园林植物群体美即自然分布自然群落美，也有人工栽培群植、群落美。意蕴美是园林植物具人文美学意义的自然美升华。在个体自然美基础上形成的园林植物群体美、意蕴美使园林树木环境美化表现形式具有极大丰富性、复杂性和多样性。在景观设计中，可充分利用植物的这些观赏特征，创造出丰富多彩的园林造景形式。

3.1 园林植物的植物学分类方法

植物学分类方法又称自然分类法或植物系统分类法，主要是根据植物之间的亲缘关系和系统演化关系进行分类。植物学的分类方法根据形态特征所反映出的植物界的亲缘关系，以种作为分类的基本单元和分类起点，由低级到高级划分出种（species）、属（genus）、科（family）、目（order）、纲（class）、门（phylum）等类群，即集合特征相近的"种"为一属，将特征类似的"属"集合为一"科"，将类似的"科"集合为一"目"，类似的"目"集合为一"纲"，再集"纲"为"门"，集"门"为"界"，由此就形成了一个由界、门、纲、目、科、属、种等级单位排列的金字塔形的植物学分类阶层系统。例如，中国传统的蔷薇在植物分类系统中的定位属于植物界（Plantae）、被子植物门（Angiospermae）、双子叶纲（Dicotylendoneae）、蔷薇目（Rosales）、蔷薇科（Rosaceae）、蔷薇属（Rosa）、蔷薇（Rosa multiflora）。在植物分类等级中，常用的等级是科、属、种及一些种下等级。植物学分类方法可以从植物分类系统关系角度反映树木种类与类群间的相似性大小及亲缘关系的远近。

在园林中应用植物学分类学知识对园林植物进行分类和识别时，主要需要掌握和了解的是植物的科、属、种形态特征。植物学系统分类中，科是形态相似、亲缘关系相近的属的集合，同科的植物有共同的基本识别特征，例如蝶形花科（Papilionaceae）树木基本识别特征是蝶形花冠、荚果。在识别、鉴定植物时，根据科的特征能判断一个植物基本分类地位。属是一个自然存在的分类单位，是亲缘关系密切的种的集合，因此同属树木在形态结构、遗传、生理生态特征上往往较不同属树木有更多的相似性。种

是植物分类的基本单位,种内个体之间有相同或极其相似的形态学、生理生态学和遗传学特点。从生物学概念上讲,种是起源于共同的祖先,以自然种群或居群的形式在自然界中,占据一定的自然分布区域,且能进行自然交配,产生正常后代(有少数例外),既相对稳定又在不断发展进化的自然类群。有的植物种以下还有亚种(subspecies)、变种(varietas)或变型(forma)的分类单位。亚种通常指有较大地带性分布范围,形态特征上有较大差异的种内变异类型,变种一般指形态特征上有较大差异,但地理上没有大的地带性分布区域的种内变异居群,而变型通常指变异较小的类型,如花色、叶色的变化等。

在实际应用中,还存在一类人工培育的栽培植物群体,通常被称为品种(cultivar)。品种是人在种的基础上通过杂交、人工选择或其他人工育种方法所获得的一种经济植物类型,一般不存在于自然植物中,但在园林、园艺、农业等领域广泛应用。例如,圆柏(*Sabina chinensis*)的品种龙柏(*Sabina chinensis* 'Kaiuca')、塔柏(*Sabina chinensis* 'Pyramidalis'),而现今普遍栽培的月季,是蔷薇属多种植物经多次杂交选育后的杂交品种,被称为现代月季,例如现代月季品种(*Rosa* 'Apollo')。品种不是植物系统分类学中的一个等级单位,因此不能简单认为品种是植物系统分类学种以下的分类单位。关于品种,《国际栽培植物命名法规》(*International Code of Nomenclature for Cultivated Plants*,IC-NCP)中的表述是:"品种是栽培植物的基本分类单位,是为一专门目的而选择、具有一致而稳定的明显区别特征,而且采用适当方式繁殖后,这些区别仍能保持下来的一个栽培植物分类单位。"一般而言,很多品种要求特定的栽培条件和人工繁殖方式,如扦插、嫁接等,根据繁殖方式不同形成各不相同的品种概念内涵,如无性系品种(clonal cultivar)、杂交品种(hybrid cultivar)、转基因品种等。园林树木如果是由自然或野生引入栽培应用的,保留与植物学分类相同学名和地方名,不能称为品种。

尽管植物分类学的发展已有很长的历史,但由于有关植物演化知识和证据的不足,至今没有建立

起一个被普遍公认接受的植物分类系统。各国学者根据现有材料证据和各自观点,创立了不同的分类系统,而各个系统在界、门、纲、目、科、属、种等级单位排列与划分上往往不尽相同,因此在利用植物分类系统进行园林树木的分类与识别时,在实践中需要注意不同植物分类系统在科、属类群的分类划分上不完全相同的情况。例如,被子植物分类系统以恩格勒(A. Engle)系统和哈钦松(J. Hutchinson)系统最为常用,我国北方地区和《中国植物志》《中国高等植物图鉴》以及多数标本室,多采用恩格勒系统,而我国南方地区和树木分类更多采用哈钦松分类系统,两个分类系统在科、属类群的划分往往有不一致的地方。例如,恩格勒系统中的豆科(Fabaceae)在哈钦松分类系统中被划分为更细的含羞草科(Mimosaceae)、苏木科(Caesalpiniaceae)和蝶形花科(Papilionaceae),而在哈钦松分类系统中,没有豆科,只有豆目(Fabales)。

尽管园林植物的分类方式多种多样,各国学者及专家间既有相似又有不同,但总的原则都是以利于园林建设工作为目标的。园林植物一般指的是适用于园林绿化的植物材料。包括木本和草本的观花、观叶或观果植物,此外还包括了蕨类、水生、仙人掌多浆类、食虫类等植物种类,以及适用于园林、绿地及风景名胜区的防护植物与经济植物,还包括室内花卉装饰用的植物。总的来说,园林植物分为木本园林植物和草本园林植物两大类。本书中分别就园林树木、园林花卉及园林草坪在园林中的各种应用分类方式进行简单介绍。

3.2 园林树木的园林应用分类

应用分类又称为实用分类或人为分类,是以自然分类学意义上的"种"和栽培"品种"为基础,根据园林树木的生长习性、观赏特性、园林用途、生态特征等方面的特点作为分类标准进行大类划分的方法。在园林行业中,往往根据实际需要,从不同角度对园林树木进行应用概念上的大类划分。常见的园林树木实用分类法有以下六种。

3.2.1　依树木的生长类型分类

3.2.1.1　乔木类

所谓乔木,通常是指树体高大,有一个明显的直立主干且高达 6 m 以上的木本植物。乔木具有体型高大、主干明显、寿命长等特点,是公园绿地中数量最多、作用最大的一类植物。它是公园植物的主题,对绿地环境和空间构图影响很大。园林中常见乔木有:雪松、银杏、黄葛树、香樟、桂花、蓝花楹、复羽叶栾树、梧桐、白桦、女贞、槐树、广玉兰、紫玉兰、二乔玉兰、含笑等。园林乔木分类方式多种多样,主要分类类型有:

按照生长高度可以细分为伟乔木(31 m 以上)、大乔木(21～30 m)、中乔(11～20 m)、小乔(6～10 m)等四级。园林中伟乔木常见有香樟、雪松、银桦、望天树等;大乔木常见有悬铃木、栾树、五角枫、国槐、银杏、垂柳、香椿、合欢、大叶女贞、青桐、松类等;中乔木常见有樱花、木瓜、圆柏、侧柏、柿等;小乔木常见有金叶木、彩叶木、龙舌兰类等。

依据乔木生长速度可以分为速生树、中生树与慢生树等三类。园林中常见的速生树有杜英、毛红椿、光皮桦、白杨、拐枣、速生榆、紫叶李、白蜡、法桐、杉木、泡桐等。慢生树种常见的有桂花、红豆杉、白皮松、苏铁、水曲柳等。

按照冬季或旱季落叶与否可以分为落叶乔木和常绿乔木两类。冬季或旱季不落叶者称常绿乔木,落叶者称为落叶乔木。常绿乔木每年都有新叶长出,也有部分脱落,陆续更新,终年保持常绿,如香樟、女贞、白皮松、华山松、天竺桂、小叶榕、大叶黄杨等。落叶乔木是植物减少蒸腾、度过寒冷或干旱季节的一种适应性特征,常见落叶乔木如柳树、杨树、速生柳、山楂、梨、李、柿、悬铃木、银杏等。

按照叶片大小和形态特点通常包括针叶树与阔叶树两大类。根据落叶与否还可以细分为落叶阔叶树、常绿阔叶树、落叶针叶树及常绿针叶树四类。常绿针叶树如马尾松、黄山松、油松、杉木、柳杉、雪松;落叶针叶树种如水杉、池杉、落羽杉、金钱松、落叶松、红杉;落叶阔叶树种如桃、梅、李、杏、柳、杨、悬铃木、鹅掌楸、油桐、大叶榆;常绿阔叶树种如香樟、小叶榕、广玉兰、柑橘、柚、大叶女贞、杜英。

3.2.1.2　灌木类

所谓灌木,是指主干不明显,常在基部发出多个枝干呈现丛生状的木本植物。也有常绿与落叶树之分,种类繁多,树姿、叶色、花形、花色丰富,园林绿地中常以绿篱、绿墙、丛植、片植的形式出现。依据其高度不同,灌木可以分为大灌木(2 m 以上)、中灌木(1～2 m)和小灌木(0.3～1 m)。园林中常见灌木种类如夹竹桃、木芙蓉、石榴、丁香、紫薇、紫荆、山茶、黄花槐、珊瑚树、九重葛、黄杨球、石楠等。

3.2.1.3　藤本类

藤本类是指能缠绕或攀附其他物而向上生长的木本植物,也叫攀援植物,由于不能直立,需攀援于山石、墙面、篱栅、棚架之上,也有常绿与落叶之分。根据生长特点可进一步划分为:缠绕类,如紫藤、油麻藤;吸附类,如爬山虎、凌霄;卷须类,如葡萄;钩刺与蔓条类,如蔷薇。

3.2.1.4　匍匐类

指干、枝常匍地生长的木本植物。匍地干、枝与地面接触部分往往在节处可以产生不定根,从而在地面匍匐蔓延生长,如地瓜藤、铺地柏等。

3.2.1.5　丛木类

也叫地被类植物,指树体矮小而干茎自地面呈多数生出而无明显主干的一类植物,覆盖在地表面的低矮植物,它不仅包括多年生低矮草本植物,还有一些适应性较强的低矮、匍匐型的灌木、竹类和蔓性藤本植物。常见的有:十大功劳、小叶女贞、金叶女贞、红花檵木、紫叶小檗、杜鹃、八角金盘以及箬竹、倭竹等。

3.2.2　依对环境因子的适应能力分类

依对环境因子的适应能力分类见二维码 3-1。

二维码 3-1　依对环境因子的适应能力分类

3.2.3 依树木的观赏特性分类

依树木的观赏特性分类见二维码3-2。

二维码3-2 依树木的观赏特性分类

3.2.4 依树木在园林绿化中的用途分类

（1）独赏树（孤植树、标本树、赏形树）类与园景树类 常见的如银杏、枫香、七叶树、蓝花楹、桂花、梅、海棠等。

（2）遮荫树类 又称绿荫树，是植于庭院和公园取其绿荫，为游人提供遮荫纳凉为主要功能的树种。常见的如合欢、七叶树、悬铃木、栾树等。

（3）行道树类 广义行道树指在城乡道路系统两侧栽植应用的树木，狭义指为行人提供遮荫纳凉在城镇道路侧栽植的乔木。常见如垂柳、悬铃木、槐树、女贞、银杏、重阳木等。

（4）防护树类 指可监测、减弱或消除环境中有害因素影响的一类植物。植树造林对于涵养水源、保持水土、调节温湿度、净化空气等方面的巨大作用早已为人们所认识。随着环境污染问题的突出和生态学、环境科学的发展，防护植物保护和改善人类生存环境的作用进一步受到重视。常见防护类植物有垂柳、枸橘、梧桐、悬铃木、加杨、臭椿、刺槐、云杉、柳杉、柑橘类、泡桐、拐枣、油茶、银桦、榆、石榴、构树、女贞、大叶黄杨等。

（5）花木类 指以观花为主树木种类。多数植株高大、花色丰富、花期较长、连年开花，栽培管理较易，寿命较长。常应用的有白玉兰、紫玉兰、广玉兰、珍珠梅、榆叶梅、樱花、垂丝海棠、桃、紫荆、合欢、桂花、深山含笑、木芙蓉、扶桑、牡丹、月季等。

（6）灌丛类 是适合灌木丛植或群植组合而成的植物景观。常见如连翘、绣线菊等。

（7）藤本类 指茎长而细弱，不能独立向上生长，必须缠绕或攀援他物才能伸展于空间的植物，如葡萄、紫藤、爬山虎、凌霄、扶芳藤等。

（8）植篱及绿雕类 植篱即绿篱，指利用树木密植，代替篱笆、栏杆和围墙的一种绿化形式，主要起隔离维护和装饰园景的作用。绿篱从形式来分，有自然式和规则式两类；依观赏性质来分，有花篱、果篱、刺篱和普通绿篱等；按高度来分，有高篱、中篱和矮篱之别。

常见植篱树木种类应用：大叶黄杨、海桐、女贞、冬青、珊瑚树、红叶石楠等多用于常绿篱；木槿、锦带花、栀子等多用于花篱；金边女贞、变叶木、斑叶黄杨、金森女贞多用于彩叶篱；小檗、小叶女贞、榆树、水腊常见于落叶篱；火棘、枸骨等用于观果篱；枸橘、花椒、黄刺玫多用于刺篱；蔷薇、藤本月季、地锦等用于蔓篱。

绿雕即绿色雕塑，又称造型树。是指用绿色植物根据人为的创意，通过盘扎和修剪的手段，将观赏树木整形为动物或特定含义的景物，如龙、鸡、鹤、虎、迎客松等的形态，以追求象形之美。树木精心培植修剪整形而成的姿态各异、气韵生动的艺术形象能把园林及雕塑艺术相结合，将"人、动物、自然"主题融合在城市环境美化中，具有塑造城市形象、保护城市环境等效果（图3-1）。

图3-1 北京北海公园绿雕（作者自摄）

绿色雕塑具有绿色、节约、优美的特点。常用的植物有黄杨、女贞、小叶女贞、桧柏、侧柏、大叶黄杨等。

（9）地被植物类 广义地被植物包括草坪，狭义则是指除草坪植物以外的其他地面覆盖植物而言。地被植物能固定土壤、涵养水分,减少地表径流,大片地被植物还能对洁净空气起到一定的作用。草坪则能形成人的观赏与活动空间。常见地被植物种类有杜鹃、牡丹、金叶女贞、洒金珊瑚、红花檵木、金边黄杨、小叶女贞等。

(10)室内绿化装饰类 根据各种植物本身的生态特性与室内光照、温度、湿度的强弱和大小不同,室内园林植物种类选择也各不相同,常见的多是热带、亚热带树林中较为耐阴的种类,如日本五针松、苏铁、罗汉松、棕竹、常春藤、桂花、橡皮树、龟背竹、君子兰、天门冬、豆瓣绿、竹芋类、朱蕉类、凤梨类、富贵竹、龙血树、朱顶红。

3.2.5 依树木在园林生产中的主要经济用途分类

按照经济用途分类,树木包括:果树类、淀粉树类(木本粮食植物类)、油料树类(木本油料植物类)、木本蔬菜类、药用树类(木本药用植物类)、香料树类、纤维树类、乳胶树类、饲料树类以及观赏装饰类等。

3.2.6 依施工与繁殖栽培管理需求分类

按移植难易可以分为容易移植成活和不易移植类,按照繁殖方法可以分为种子繁殖类与无性繁殖类,按照整形修剪特点可以分为宜修剪整形与不宜修剪整形类,按对病害及虫害的抗性可分为抗性类及易感染类。

3.3 园林花卉的园林应用分类

花卉的种类极多,不但包括有花植物,还有苔藓及蕨类植物,其栽培应用方式也多种多样。花卉分类由于依据不同,有多种分类法,有的按照自然科属分类,有的依据其性状、习性、原产地、栽培方式及用途等。常见依据生态习性与栽培应用特点的分类方式主要有以下几种。

3.3.1 依据生态习性分类

这类分类方法是依据花卉植物的生活型与生态习性进行分类,目前应用最为广泛。按照生态习性不同,又可以分为露地花卉与温室花卉两大类。

3.3.1.1 露地花卉

花卉植物在自然条件下完成全部生长过程,不需要保护地(如温床、温室)栽培。但若需要提前或推迟开花时,可在早春用温床或冷床进行育苗。根据生活史的不同,露地花卉又可以分为以下五种类型类。

(1)一年生花卉 即从播种到开花、结实、枯死都在一个生长季内完成的化卉种类。一般在春天播种,夏天开花结实,然后枯死,因此一年生花卉又被称为春播花卉。常见的一年生花卉有凤仙花、百日草、波斯菊、万寿菊、鸡冠花、半枝莲、麦秆菊等。

(2)二年生花卉 当年只生长营养器官,越年后开花、结实、死亡的花卉种类。二年生花卉,一般在秋季播种,次年春夏开花,因此也称秋播花卉。常见有紫罗兰、羽衣甘蓝、桂竹香、须苞石竹等。

(3)多年生花卉 指个体寿命超过两年、且能多次开花结实的花卉。又因为其地下部分的形态发生变化,又可以分为宿根花卉和球根花卉两类。

宿根花卉通常是指地下部分的形态正常、未发生变态成球状或块状的多年生草本植物。在寒冷地区,地上部分枯死,第二年春季又从根部萌发出新的茎叶,生长开花。常见有菊花、非洲菊、萱草、玉簪、芍药等。也有不耐寒性宿根花卉地上部分在南方能保持常绿的,如万年青、兰花、一叶兰、文竹、吊兰、鹤望兰、红掌等,大多原产于温带地区以及热带、亚热带地区,在冬季或温度过低时植株会死亡,而在温度较低时生长受抑制而停止,但叶片仍保持绿色,呈半休眠状态。

球根花卉通常指地下部分变态肥大,根部呈球状,或者具有膨大地下茎的多年生草本花卉。球根花卉从播种到开花,常需数年,在此期间,球根逐年长大,只进行营养生长。球根花卉种类丰富、花色艳丽,广泛分布于世界各地。常用于花坛、花境、岩石园、基础栽植、地被、水面美化及草坪点缀等。按照地下茎或根部的形态结构,大体上可以把球根花卉分为鳞茎类、球茎类、块茎类、根茎类、块根类五

大类。鳞茎类如水仙花、郁金香、朱顶红、风信子、文殊兰、百子莲、百合;球茎类如唐菖蒲、小苍兰、西班牙鸢尾;块茎类如白头翁、花叶芋、马蹄莲、仙客来、大岩桐、球根海棠、花毛茛;根茎类如美人蕉、荷花、姜花、睡莲、玉簪;块根类如大丽花、芍药。

(4)水生花卉 指终年在水中或沼泽湿地生长的花卉。水生花卉属于多年生植物,种类繁多,是园林、庭院水景植物的重要组成部分。水生花卉依据生活方式和形态特征可分为挺水型(包括湿生与沼生)、浮叶型、漂浮型、沉水型四大类。挺水型水生花卉通常根或地下茎扎入泥中生长发育,上部植株挺出水面。如荷花、芦苇、千屈菜、香蒲、菖蒲和慈姑等。浮叶型水生花卉根或地下茎扎入泥中生长发育,无地上茎或地上茎柔软不能直立,叶漂浮于水面。如睡莲、王莲、芡实等。漂浮型水生花卉根不扎入泥土,植株漂浮于水面,随风浪和水流四处漂浮,如满江红、大漂和水葫芦、凤眼莲等;沉水型水生花卉根或地下茎扎入泥中生长发育,整个植株沉入水中,如苦草、黑藻、海菜花、金鱼藻、狐尾藻等。

(5)岩生花卉 指生长于岩石表面、岩石表面薄层土壤上或生长于岩隙间的植物。岩生花卉耐旱性强,可以用于岩石园配置。岩石园以岩石植物为主体,按各种岩石植物的生态习性要求配置各种石块。典型岩生植物多喜旱或耐旱、耐瘠薄,一般为生长缓慢、生长周期长、抗性强的多年生植物,能长期保持低矮姿态。常见有筋子、银莲花、秋牡丹、耧斗菜、风铃草、石竹、金丝桃、各种鸢尾、亚麻、月见草、福禄考、白头翁、虎耳草、景天、费菜等。

3.3.1.2 温室花卉

所谓温室花卉,是指当地常年或在某段时间内在温室中栽培的花卉植物。种类常因地而异。如茉莉在中国南方为露地花木,而在华北、东北地区则为温室花木。冬季为促成开花而利用温室栽培的非洲菊、香石竹、花烛、报春等,习惯上也常归入温室花卉。

一般根据生态习性结合观赏特点,将温室花卉分成若干大类。常见有王莲属、睡莲属、水薤、玻璃藻、柳叶藻、秋海棠属、广东万年青属、花烛属、花叶芋属、花叶万年青属、龟背竹属、喜树蕉属、绿箩属、苞叶芋属、合果芋属、马蹄莲属,光萼荷属、比尔见亚属、姬凤梨属等种类的种和品种。

一些原产热带、亚热带,在冬季栽培须在低温温室越冬的观赏植物,也常被列为温室花卉,如柑橘属、金橘属、枳壳属、仙人掌类与多浆植物、食虫植物、观赏蕨类、兰花、松柏类和棕榈类、扶桑、五色梅、叶子花、桂花、夹竹桃、南天竹、倒挂金钟、仙客来、大岩桐、瓜叶菊等。

3.3.2 依据园林用途分类

(1)花坛花卉 常见有万寿菊、一串红、鸡冠花、千日红、矮牵牛、四季海棠、菊花、雏菊、金鸡菊、凤仙花、波斯菊、翠菊、羽衣甘蓝、百日草、三色堇等。

(2)盆栽花卉 常见品种菊花、蟹爪兰、茉莉、康乃馨等。

(3)室内花卉 常见有蟹爪兰、凤梨、一叶兰、文竹、吊兰、芦荟、龟背竹、绿萝、万年青等。

(4)切花花卉 常见有菊花、康乃馨、现代月季、百合、满天星、马蹄莲、非洲菊等。

(5)观叶花卉 常见有龟背竹、文竹、吊兰、芦荟、绿萝、花叶芋等。

3.3.3 依据经济用途分类

(1)药用花卉 常见有芍药、桔梗、菊花等。

(2)香料花卉 常用的有晚香玉、香叶天竺葵等。

(3)食用花卉 如百合、黄花菜、高笋、菊花脑等。

(4)可以生产纤维、淀粉、油料的花卉 如薄荷、夏枯草等。

3.3.4 依据自然地带地域特征分布分类

(1)热带花卉 如兰科植物、彩叶草、猪笼草、变叶木、旅人蕉、长春花、红掌等。

(2)温带花卉 如漏斗花、矮牵牛、三色堇、花毛茛等。

(3)寒带花卉 如雪莲、龙胆、细叶百合、点地梅、绿绒蒿等。

（4）高山花卉 如高山杜鹃、报春花、飞燕草、龙胆等。

（5）水生花卉 如荷花、睡莲、凤眼莲、再力花、梭鱼草、水生鸢尾、唐菖蒲等。

（6）岩生花卉 如银莲花、秋牡丹、风铃草、石竹、金丝桃、各种鸢尾、亚麻月见草、福禄考、白头翁、虎耳草、景天等。

（7）沙漠花卉 如仙人掌、芦荟、海星花等。

3.4 草坪的园林应用分类

草坪的园林应用分类见二维码3-3。

二维码3-3 草坪的园林应用分类

3.5 园林植物的观赏特性

园林植物作为景观设计的重要素材之一，观赏性对其造景应用十分重要，只有掌握了园林植物的基本观赏特性，才能在植物造景规划设计中因地制宜选择园林植物，以形成优美的、具有文化内涵的植物景观。园林植物的叶、花、果、枝、干等器官由于种类与品种不同表现出不同的形态、色彩等观赏特点。本节主要从这些器官的形态、色彩、芳香以及延伸出来的引致美、感应美、意蕴美等方面介绍了园林植物的观赏特征。

除了各种植物的有机配置营造景观效果，单就植物个体而言，组成植物的各个器官，如根、花、果实、种子等，不同的植物也具有很好的景观效果。因此对于植物的观赏特性，主要是从植物的花、叶、姿态、果实以及根干等方面进行阐述。

3.5.1 植物的花

花是植物重要的器官之一，很多植物因其独特

的色彩、形状或香味而具有重要的观赏价值。园林植物配置讲究"三季有花，四季有景"，可见花在植物造景中的重要性。一般植物多集中于春季开花，而对于夏、秋、冬及四季开花的植物则更为难得。在园林植物配置中根据植物花的特性可设计形成芳香园、色彩园及季节园等。

3.5.1.1 花色

植物色彩效果是最主要的景观要素。自然界植物花色变化很多，园林中常见的观花植物主要可归于以下几个色系。

（1）红色系 自然界中红色系花的植物较多，常见有桃树、杏、梅、贴梗海棠、玫瑰、杜鹃、合欢、山茶、紫薇、紫荆、凤凰木、一串红、千屈菜、美女樱、锦带花等。

（2）蓝紫色系 常见有泡桐、蓝花楹、紫色八仙花、紫藤、鸢尾、木槿、紫薇、紫苑、诸葛菜、美女樱、紫茉莉、风信子、瓜叶菊、耧斗菜、桔梗、三色堇等。

（3）粉色系 园林中粉色系的植物也应用较多，如粉花绣线菊、报春花、长春花、臭牡丹、垂丝海棠、翠菊、锦绣杜鹃、多叶羽扇豆、二乔木兰、繁星花、肥皂草、凤仙花、粉花月见草、木槿、杠柳、海仙花、红丁香、红花文殊兰、粉红鸡蛋花、粉红睡莲等。

（4）白色系 常见的有白丁香、白茶花、溲疏、荚迷、珍珠梅、广玉兰、栀子花、刺槐、绣线菊、络石、金银木、梨、白花夹竹桃、瑞香、玉兰等。

（5）橙色系 常见有金桂、萱草、金盏菊、旱金莲、孔雀草、罂粟、美人蕉等。

（6）黄色系 园林中黄色系花的植物也较多，常见有向日葵、黄刺玫、迎春、连翘、棣棠、腊梅、黄木香、金丝桃、栾树、唐菖蒲、萱草、金鱼草、黄牡丹等。

（7）混合色系 园林植物中，也有一些种类的花色为2种或者多种颜色的混合或花色随绽放过程先后发生变化，此类植物有木芙蓉、马缨丹等，也有一些为人工培育的品种，如唐菖蒲、郁金香、蝴蝶兰中的杂色品种。

3.5.1.2 花形

园林植物花的形态多样,单花又常形成大小不同、样式各异的花序,从而也增加了园林植物的观赏效果。如紫藤与羽扇豆的蝶形花;珙桐的白色花苞如鸽子栖息于枝梢;锦葵科的拱手花篮,朵朵红花垂于枝叶间,仿佛古典的宫灯。

3.5.1.3 花香

园林植物除了具有视觉审美效果外,有些植物花的芳香也能引起人的嗅觉审美,从而丰富景观审美感受。由于文化影响,不同民族和人群对植物花香可产生不同审美联想。常见花香的植物有茉莉花、桂花、黄素馨、鸡蛋花、晚香玉、玫瑰、含笑、九里香、荷花等。

3.5.1.4 花相

花相指花或花序着生在树冠上的整体表现形貌。根据植物开花有无叶簇存在,可以分为纯式和衬式两种。纯式花相是指植物先开花后展叶,开花时候全树只见花不见叶的一类花相,即"先花后叶"。衬式花相是指展叶后开花,全树花叶相互衬托,即"先叶后花"。植物花相的效果还和花在植株上的分布、叶簇陪衬关系及花枝生长习性相关。通常植物的花相可分为下列各种情况。

(1)线性花相　花排列在小枝上,形成长条形的花枝。纯式线性花相的如金钟花、迎春、连翘等;衬式线性花相如珍珠绣球、三桠绣球等。

(2)密满花相　花或花序密生在全树的各个小枝上,使树冠形成一个整体大花团,有强烈的花感。如毛樱桃、樱花、火棘、榆叶梅等。

(3)星散花相　通常指花朵或花序数量较少且散布于树冠的花相。也分为纯式和衬式两种,其中纯式星散花相花的分布较为稀疏,花感不强但疏落有致;衬式星散花相的外貌是在绿色的树冠底色上,散布着一些花朵,如鹅掌楸、广玉兰、珍珠梅等。

(4)干生花相　花着生于茎干之上。此类植物

种类不多,多分布于热带湿润的地区。如槟榔、木菠萝、鱼尾葵、椰子等。

(5)团簇花相　花朵或花序形大而多,整体花感较为强烈,且每朵或每个花序的花簇特性也能尽显。纯式团簇花相如木兰、玉兰等,衬式团簇花相如绣球、木绣球。

(6)覆被花相　单花或花序着生树冠表层,形成了覆伞状。纯式覆被花相如泡桐、绒叶泡桐等,衬式覆被花相如栾树、凤凰木、七叶树等。

3.5.1.5 花的开放时间

植物花的绽放季节与时间也各有不同。春季开花的如梅、樱、桃、连翘、迎春、白玉兰、玉兰、云南黄素馨,夏季开花的如合欢、栀子、金丝桃、金银木、荷花,秋季开花的如桂花、菊花,冬季开花如梅花、腊梅、茶梅,四季开花如月季、四季桂。

3.5.2 植物的叶

植物的叶具有丰富的形貌,观赏性主要体现在以下几个方面。

3.5.2.1 叶的形状

植物叶子的形态多种多样,从观赏特性的角度来分可以有以下形态:

(1)单叶　卵形叶,包括卵形和倒卵形,如女贞、玉兰、卫矛;三角形叶,包含三角形和菱形,如乌桕、钻天杨;掌状叶如梧桐、八角金盘、鸡爪槭、八角枫、刺楸;针形叶,包含针形叶及凿形叶,松柏科树木、麻黄、柳杉;披针形叶,如夹竹桃、结香、瑞香、柳树;条形叶,如结缕草、麦冬、吉祥草、金钱松、冷杉;奇异形叶,如鹅掌楸、羊蹄甲、银杏、七叶树。

(2)复叶　复叶是由多数小叶组合而成。常见的复叶类型主要有:偶数羽状复叶,如黄连木、香椿、无患子;奇数羽状复叶,如刺槐、十大功劳、黄连木、红豆;2~3回羽状复叶,如含羞草、合欢、南天竹、栾树;掌状复叶,如七叶树、鹅掌柴、鸭脚木(图3-2)。

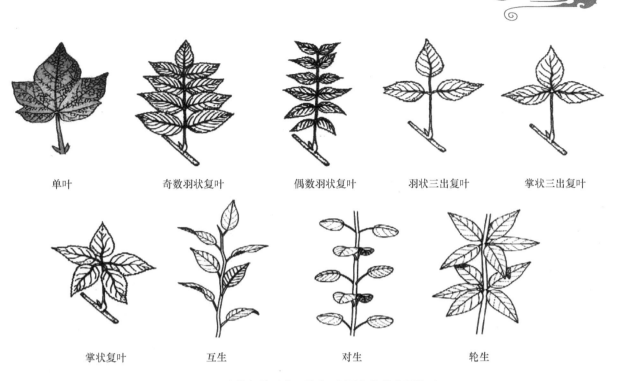

单叶　　奇数羽状复叶　　偶数羽状复叶　　羽状三出复叶　　掌状三出复叶

掌状复叶　　互生　　对生　　轮生

图 3-2　叶的各种形态（引自《中国高等植物图鉴》）

3.5.2.2　叶的体量与大小

植物的叶的体量与大小也各有不同,有的巨大,有的微小,巨大叶如巴西棕的叶片可长达 20 m 以上,微小叶如麻黄、侧柏等的鳞片叶仅有几毫米。一般而言,热带湿润地区的植物叶片较大,如槟榔、鱼尾葵、蒲葵、芭蕉、椰子等;高寒干燥地带的植物叶片则较小,如榆、槐、柏类植物等。

3.5.2.3　叶的色彩

许多园林植物,特别是以观叶为主的园林树木,色彩的观赏类型和格调,更多取决于叶色。从色彩特征角度,园林树木叶色可分为以下几类。

（1）绿色类　绿色作为植物叶的最基本颜色,具体也可以细分为浅绿、浓绿、黄绿、墨绿、蓝绿、翠绿等不同色度。叶色深浅及浓淡,也受环境条件和植物自身营养状况影响。叶色浓绿的植物如油松、雪松、侧柏、山茶、桂花、毛白杨、榕树等;叶色浅绿的植物如落叶松、七叶树、玉兰、水杉、鹅掌楸等。浅绿与深绿前后有机配置,可以丰富植物绿色层次。

（2）春色叶类及新叶有色类　植物叶色常随季节变化而变化。很多树木春季嫩叶有显著不同的叶色而称之为"春色叶",常见有桂花、山麻杆、石

楠、五角枫、臭椿、黄连木。

（3）秋色叶类　秋色叶指在秋季树的叶片有明显变化的树种。植物造景中此类树种尤其要考虑季相变化后的搭配效果。温带和亚热带地区,秋季是一个色彩斑斓的季节,丰富多彩的色叶变化也是重要景观。同样是欣赏秋季红色叶,不同地域植物种类也各异,中国北方深秋赏黄栌,南方常见乌桕与枫香,欧美则以红槲、桦木类引人注目,日本以赏槭树最多。

秋色叶多为红色、紫红色、黄色或黄褐色。红色、紫红色常见有五角枫、枫香、五叶地锦、樱花、盐肤木、黄连木、黄栌、南天竹、乌桕、石楠、山楂、元宝枫、鸡爪槭、火炬树等;黄色或黄褐色常见有柳树、银杏、鹅掌楸、梧桐、榆树、白桦、无患子、紫荆、栾树、悬铃木、水杉、落叶松、金叶小檗、黄杨、白蜡等。

（4）单色叶类　相较于季节性变色叶,有些植物的叶子常年都是一种颜色,也称常色叶树,多数为人工选育的品种。叶色呈金色如金叶雪松、金叶圆柏、金叶鸡爪槭;呈紫色的如紫叶李、紫叶桃、紫叶小檗;呈红色的如红叶鸡爪槭、红花檵木。

（5）双色叶类　有些植物的叶子正反面颜色明显不同,此类树种称之为"双色叶树",如红背桂、胡

颓子、青紫木、栓皮栎等。

（6）斑色叶类 叶片上有斑点或花纹，例如冷水花、变叶木、菲白竹、红桑、银白杨等。呈斑驳彩纹的如洒金珊瑚、孔雀竹芋、变叶木、冷水花、金边黄杨等。

3.5.2.4 叶的质地

不同树的叶质地不同。如革质叶片具有较强的反光能力，纸质和膜质的树叶则常呈半透明状，粗糙多毛的叶片也更富有野趣。叶片的质地与叶形联系起来，使得整个树冠产生不同的质感。在配置植物要注意叶形、质感及叶色方面合理运用。

按照质感不同，植物叶的质地可以分为以下几种：

（1）细质型 有许多小的叶片和小的枝干，以及整齐密集而紧凑的树冠形态的植物属于此类。细质型的植物给人纤细、柔软感，有扩大距离之感，一般多用于紧凑或狭窄的空间设计中。由于细质型植物的叶片浓密使得植物枝条不易显露，因此植物整体轮廓清晰。常见的此类植物有鸡爪槭、馒头柳、结缕草、珍珠梅、菱叶绣线菊、榉树等。

（2）粗质型 植物具有大叶片和疏松粗壮的枝干以及松散的树形，整体给人强壮、刚健、坚固感觉。一般地，粗质型与细质型的合理搭配，能够形成很强烈的对比效果。景观设计中，粗质型的植物一般可作为中心焦点来加以装饰与点缀。园林中常用的粗质型植物有鸡蛋花、凤尾兰、广玉兰、刺桐、构树、火炬树等。

（3）中质型 有中等大小的叶片，枝干密度适中的植物。大多数树木属于此类。景观常用中质型植物与细质型植物搭配，从而给人自然统一的感觉。

3.5.3 植物的姿态

植物的姿态也叫植物的外形，指成年植物由整体形态与生长习性确定的外部形状。植物姿态是由主干、主枝、侧枝和叶幕共同决定的，是植物景观的重要观赏特性之一，在植物整体构图与布局中，影响着景观形态的统一与多样性。

园林植物的姿态丰富。常见木本乔灌木的基本树形有塔形、尖塔形、伞形、圆锥形、圆球形、圆柱形、纺锤形、半圆形、倒卵形、匍匐形等，另外还有形态特殊的垂枝形、拱枝形、棕榈形、芭蕉形等（图3-3）。

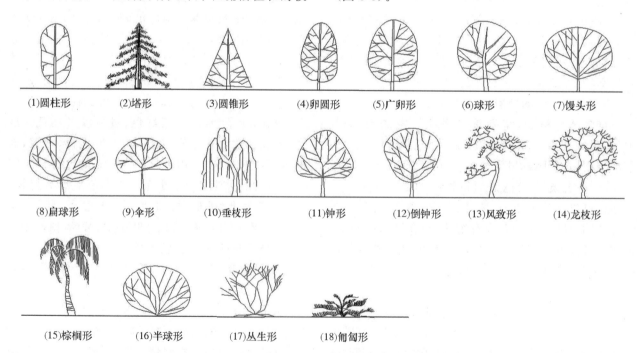

（1）圆柱形　（2）塔形　（3）圆锥形　（4）卵圆形　（5）广卵形　（6）球形　（7）馒头形

（8）扁球形　（9）伞形　（10）垂枝形　（11）钟形　（12）倒钟形　（13）风致形　（14）龙枝形

（15）棕榈形　（16）半球形　（17）丛生形　（18）匍匐形

图3-3 园林树木的形态(引自：关文灵，李叶芳.园林树木学.北京：中国农业大学出版社，2017)

不同姿态的植物有不同的形式特征,给人不同感觉,有的高大挺拔,有的平展外延,有的苍虬飞舞等。由于不同植物姿态能激发人不同的心理感受,因此人对植物姿态的景观感受具有情感倾向性并常按照植物生长在高、深、宽三维空间的延伸得以体现。

挺拔向上树木引导观赏者的视线上达天空,突出和强调了群体和空间垂直感与高度感。若与低矮植物,尤其是圆球形的交互配置,对比强烈,最易形成视觉中心。此外,这类植物也宜表达严肃、静谧与庄严气氛,如墓地与陵园等纪念性空间设计。

水平展开类型一般会产生平和、舒展恒定的表情,又具有空旷的气氛。在空间上,水平展开植物可增加景观的宽广度,使得植物产生外延的动势,从而引导视线逐渐前进。该类植物与垂直类植物可产生纵横发展的极差。另外,此类植物常形成平面延展效果,故宜与地形变化态势结合,或者作为地被以及建筑物的遮掩物等。

无方向在几何学中是指圆形、椭圆形或者以弧形、曲线为轮廓的构图。树形如圆形、卵圆形、广卵圆形、倒卵球形、倒钟形、钟形、扁球形、半球形、馒头形、伞形、丛生形、拱枝形等。除自然形成外,也有人工修剪而成的,因其对视线的引导没有方向性与倾向性,其柔和的格调,多用于调和外形强烈的植物。如日本园林中多用此类植物,与其"禅学"与世无争及柔顺平和的处世之道相关。

有的树木枝条生长习性特殊,对树姿以及景观效果起着很大的影响,常见的有垂直形与龙枝形,园林常用植物有:龙爪槐、龙爪柳、垂枝银杏、垂柳等。

各种树形的景观效果并不是机械不变的,常依配植方式及其与周围景物关系而产生变化。总的来说,尖塔状以及圆锥状的树形,多有严肃端庄的效果;柱状狭窄树冠,多有高耸静谧的效果;一些垂枝类植物常给人营造优雅、平和的气氛。在灌木及丛林方面,呈团簇丛生的,一般给人浑实感,宜用于植物群的外围或者草坪、路缘以及建筑物的层基;呈拱形及悬岩状的,多有潇洒的姿态,宜供点景用,或在自然山石旁适当配置。一些匍匐生长的植物,

常形成平面或坡面,常作为地被或斜坡绿化以及一些岩石园中与山石点缀。

不同树种的树形,主要由其遗传性而定,也受外界环境因子的影响,人工养护管理等因素有时也能起决定性作用。此外,植物树形会随着生长发育过程而呈现规律性的变化,设计者必须掌握这些变化规律,才能更好地选择适宜的植物种类进行配植。

在应用植物姿态进行设计时,还需注意以下几点:

(1)不同姿态的植物的重量感　景观以植物姿态为构图中心或焦点时,注意把握人对不同姿态的植物的重量感的感受。一般经过修剪成规则形状(如球体)的植物,在感觉上显得重,具有浓重的人工气息,而自然生长的植物感觉较轻,给人放纵、自由感。

(2)植物姿态不确定性　植物姿态随季节及树龄变化而有不确定性。配置设计应抓住最佳观赏姿态作为优先考虑。如油松、柏类树木越老越有苍虬感。

(3)变化又统一的效果　太多不同姿态植物配置一起时,容易有杂乱无章感,而具有相似姿态的不同种类配置一起则可形成富有变化又统一的整体效果。

(4)单株与群体之间的关系　群体的效果会掩盖单体的独特景象,若想要表现单体,例如独赏树,就应避免同类植物或同姿态植物的群植。

3.5.4　植物的果实

植物果实不仅具有经济价值,也具有观赏价值。由于自然界里许多植物的果实是在草木枯萎、花凋叶落、景色单调的秋冬季成熟,此时,果实累累,满挂枝头,能给人以丰盛、美满的感受,为园林景观增色添彩。园林景观营建选择观果树种时,多要考虑形与色的特点,主要体现在以下几方面。

3.5.4.1　果实的形状

一般观赏树木的果形以"奇、巨、丰"为美,所谓"奇"乃指果形状奇异有趣,例如铜钱树的果实形如铜币,腊肠树的果实形似腊肠,秤锤树的果实犹如秤锤一样,紫珠的果实宛如许多紫色小珍珠;其他

各种像气球、元宝、串铃等。而有些种类不仅果实可赏，而且种子又美，富于诗意，如王维"红豆生南国，春来发几枝，愿君多采撷，此物最相思"诗中的红豆树等。所谓"巨"，乃指单体的果形体量较大，如柚子、椰子；或果虽小而果形鲜艳，果穗较大，如接骨木等，均可收到"引人注目"之效。所谓"丰"，乃就全树而言，无论单果或果穗，均应有一定的丰盛数量，才能发挥较高的观赏效果，如火棘等。

3.5.4.2 果实的色彩

植物果色常见为红色者如：南天竹、火棘、石榴、山楂、枸杞、金银木、枸骨、珊瑚树、樱桃、枸子、日本珊瑚等；黄色者如梅、杏、梨、柚子、甜橙、贴梗海棠、木瓜、沙棘等；黑色者如女贞、刺楸、五加、君迁子等；蓝紫色者如女贞、十大功劳、桂花、葡萄、十大功劳、李；白色者如玉果南天竹、红瑞木、湖北花楸等。有的树木果实还具有花纹，如酒椰的果实，表面有很多天然斑点形成不同的纹路。此外，由于色泽、透明度等的不同又有许多细微的变化。在选用观果树种时，最好选用果实不易脱落而浆汁较少的种类，以便于不污染环境和有较长的观赏期。

3.5.4.3 观果植物应用应该注意的问题

（1）无毒害、无特殊气味、无污染 由于儿童对于硕果累累的果实环境具很强好奇心，观果树种常被种植于儿童游憩空间，选择观果植物要注意做到"无毒害、无特殊气味、无污染"，尤其注意果实不能有毒性。

（2）招引鸟类及兽类情况 果实不仅可以观赏，往往还能招引鸟类及兽类，给园林带来生动活泼的气氛，同时也要注意鸟类大量啄食果实的情况。由于习性等因素，有资料表明不同果实可能招来不同的鸟类，如小檗可招来乌鸦、松鸡、黄连雀等，红瑞木等植物则易招来知更鸟，尤其在观光果园和采摘园里最典型。

（3）观果植物与其他植物可能的禁忌关系 有资料表明，有的植物种类在果园与果树配置有一定禁忌。例如，梨树和苹果不能混植一园，也不能离得太近，因为梨树是苹果锈病的带毒寄主；桃和梨、苹果也不能混栽；苹果与樱桃树相克，不能混植一园；核桃园周围不能种植其他果树，其他果树周围

也不能种植核桃树。刺槐、榆树、柏树类也有以下报道。

刺槐：由于刺槐能分泌鞣酸类物质，能显著抑制苹果、梨、柑橘、李等果树的生长发育，从而影响结果；此外刺槐容易发生落叶性炭疽病，危害其他果树造成大量叶片感染病害而落叶。所以苹果、柑橘、李子等果园周围，不能种植刺槐也不能作为绿篱。

榆树：由于榆树分泌物对葡萄有较强的抑制作用，榆树根延伸到的地方，葡萄结果少或无果，甚至可导致葡萄树死亡。

泡桐：该树是苹果紫纹羽病的寄主。这种病主要危害苹果根系，使其腐烂，轻则削弱树势，影响产量和果树寿命，重则导致全园毁灭。所以，苹果及花红园的周围不能种植泡桐树。

柏树类：桧柏、塔柏、龙柏等柏树是梨锈病病菌的越冬寄主，次春梨树展叶后，病菌孢子随风雨传播落于梨树嫩叶及新梢和幼果上，使得梨树发病受害，然后病菌孢子又随风雨带到附近桧柏等柏树上越冬。因此。梨园附近种植柏树，梨锈病就循环侵染，防治不绝，从而增加对梨树的侵害。

在应用观果植物营建观果为主的景观时上述情况还需加以注意。

3.5.5 枝干

观赏植物的枝干，主要集中于乔灌木，在冬季万物凋零之时成为主要的观赏对象。枝干的质地有光滑与粗糙之分，树皮纹理多种多样，幼树的枝干多显得平滑，老年的枝干变得更粗糙。一些树干的开裂和树皮剥落的形态，同样有较显著的美学意义，如白皮松、悬铃木、榔榆等，树干常块状剥落，色深浅相间，显得光坦润滑，斑驳可爱，惹人注目；而刺槐、板栗等树皮沟状深裂，刚劲有力，给人以强健的感受；龙爪柳、龙爪槐等，枝曲折伸展，酒瓶椰子的树干如酒瓶，佛肚竹、佛肚树的干如佛肚，均具一定的欣赏价值。对盆景来说，枝干是重要的观赏元素，如梅、柏树、罗汉松、紫檀等植物盆景，通过各种技艺盘扎的枝干是表现盆景创意的主要器官，具有非常重要的观赏价值。

枝干为构造树体的骨架,掩盖在树叶丛中,只有当叶片掉落后,其色彩才能表现出较明显的观赏效果。褐色或灰褐色为枝干树皮的普通颜色,并不太受人注意,但一些特殊的颜色,如红瑞木、紫竹等枝干呈红紫色;白皮松、榔榆、悬铃木、大头茶等枝干呈斑驳杂色;白桦、蓝桉、银白杨等枝干发白或灰白;竹类、梧桐、青榨槭木、棣棠等枝干青翠色,金竹的竹竿黄色等,则会引起观赏情趣。具有这些特殊颜色枝干的树木配合冬季雪景,能强调出季节的特点,景观效果尤其显著。

3.2.6　根

多数树木的根完全埋于地下,难以看到。但植物根部露出地面上的一部分,常以自然形态或人工再造形成景观,具有一定的审美观赏价值。一些生长达老年期以及生长在浅薄土壤或水湿地的树木,常悬根露爪,以示生命苍古、顽强,生机盎然。至于那些产于热带、亚热带地区的树木,如榕树,具强壮的板根以及发达的悬垂状气生根,能形成树中洞穴、树枝连地、绵延如绳的奇特景象,则更蔚为壮观;水松、落羽杉、池杉等湿地的呼吸根,红树科树木的支柱根都别具一格。树桩盆景制作中,植物根脚常常追求悬根露爪的形态,如松、榆、梅、榕树盆景等。

3.5.7　刺毛

刺与毛多为植物变态器官或表皮附属物,常使人产生畏惧感,但少数植物的刺或毛等附属物,也具有一定的审美观赏价值。如红毛悬钩子的小枝密生红褐色的刚毛,扁刺峨眉蔷薇的宽大红色皮刺等。

3.5.8　植物感应

植物给人不单是色彩、形态等外形上的直感。植物接受外力作用后的感应,有时也可以形成景观效果。常见有以下几种形式。

3.5.8.1　反光

一些植物叶面光亮,蜡质层或角质层较厚,如银木、香樟、海桐、胡颓子、山茶、毛白杨等,当日光照射叶片时,由于反光效果,使景物产生一定的迷幻感觉。

3.5.8.2　发声

植物枝叶受风、雨等外力的作用,常会发声,发声能加强气氛,令人遐想,引人入胜。例如,当风拂叶片,相互摩擦而发出沙沙声音时,会使人联想到乡村、森林,带来迥异于城市噪声的情趣。雨打芭蕉、松涛阵阵、白杨萧萧都会给人带来情感上的不同体验。

3.5.8.3　阴影

植物阴影既有遮荫的价值,也具美学意义。阴影能够丰富树木的观赏情趣,烘托局部气氛。例如,当林中的阴影与通过"林窗"透入林地的光斑交相辉映时,会使人感到新奇,给人带来欢愉与乐趣。

3.5.8.4　动姿

植物的枝叶受风的作用会改变其姿态,给人以动的美感。例如,柳树在风中摇曳的枝叶往往使人感到多姿多态,柔顺生动。

3.5.9　植物意蕴美

意蕴美是园林植物自然美的升华,更具人文美学意义。人从对景象的直觉开始,通过联想而深化展开,能够产生生动优美的园林意境,这是中国园林的特点。自古以来,在千姿百态的花木中,人们赋予了各种各样的精神意义,使园林植物的意蕴具有许多丰富而深邃的内涵。松枝傲骨铮铮,柏树庄重肃穆,历严冬而不衰。《论语》赞曰:"岁寒然后知松柏之凋也。"梅花秀雅不凡,冰心玉质,古香自异,凌寒而开,被视为中华民族坚韧不拔、不屈不挠、奋勇当先、自强不息的品格象征。"竹外桃花三两枝,春江水暖鸭先知",苏轼用青竹与桃花寓意春天;"空山不见人,但闻人语响,返照入深林,复照青苔上",王维用深林、青苔勾绘出了静谧的意境;杜甫的"两个黄鹂鸣翠柳,一行白鹭上青天",表现了景色清新,色彩鲜明的情境;陆游的"山重水复疑无路,柳暗花明又一村",则用植物表达了人生的历程;而张继的"月落乌啼霜满天,江枫渔火对愁眠;姑苏城外寒山寺,夜半钟声到客船",更描绘了江枫如火,古刹钟声的夜景色,这是诗的感染力,也是植

物意蕴美。植物意蕴美包含了抽象的、含蓄的、却极富思想感情的美。这种美因人的民族背景、风俗习惯、教育水平、地域文化和社会历史等而不同,又随着时代发展而丰富。

落叶树种、一年生花卉、二年生花卉、多年生花卉、水生花卉的划分依据及其在植物景观规划设计中的实际意义。

思考题

1.植物系统学分类法与人为分类法在实践应用中各有何特点?

2.园林植物分类在植物景观规划设计中有何理论与实践意义?

3.思考乔木、灌木、藤木、地被植物、常绿树种、

4.园林植物识别为什么需要熟悉植物形态学知识?植物系统分类学知识在观赏树木识别与应用中有什么实际意义?

5.结合实际植物说明植物的器官形态与园林植物识别的相关性。

6.园林植物的审美特征主要体现在哪些方面?

7.如何认识园林植物景观的审美特征?

本章内容导读：本章主要从 6 个部分进行介绍。

第 1 部分，相关法律、法规及标准与任务书的解读。在进行园林植物种植设计的开始，应该先了解行业以及地方最新的法律法规，然后对任务书进行解读，让设计符合国家有关规定、符合任务书所涵盖的范围，从而更好地完成植物种植设计任务。

第 2 部分，现状调查与场地分析。设计者到现场进行实地勘察，详细地掌握项目的相关信息，并根据具体的要求以及对项目的分析理解来编制设计意向书以及对方案进行详细设计。

第 3 部分，园林植物景观方案设计。这个阶段是在对整体规划设计内容了解的基础上，针对植物景观进行构思的过程，主要从功能布局和空间营造两方面着手考虑。

第 4 部分，园林植物景观初步设计。从植物的选择及色彩搭配、规格适配和密度控制以及满足种植技术要求三方面对上一阶段的方案设计进行细化。

第 5 部分，园林景观种植施工图设计。这个阶段是衔接规划设计和现场施工的重要环节，也是绿化种植工程预结算、施工组织管理、施工监理及验收的重要依据。因此，需从种植施工图设计的准确性和严谨性以及图纸表达的清晰和简明方面加强学习。

第 6 部分，园林植物景观设计图纸编制。按照国家建筑标准设计图集 06SJ805《建筑场地园林景观设计深度及图样》的相关要求，对园林植物景观设计图纸进行整合编制。

4.1 相关法律、法规及标准体系与任务书的解读

在进行园林植物种植设计的开始，应该先了解行业以及地方最新的法律法规，然后对任务书进行解读，让设计符合国家有关规定、符合任务书所涵盖的范围，从而更好地完成植物种植设计任务。

4.1.1 我国园林法规体系

一个相对完整的法规体系，是指导城市园林绿化行业健康可持续发展的重要保障。目前的风景园林学科和行业包括了城乡园林绿化规划、建设和管理以及风景名胜保护、规划、建设和管理。但是，目前设置涵盖城市园林和风景名胜区的统一的"风景园林法"暂时有着较大的困难。

"园林法规体系"是指我国园林行业全部法规、规范分类组合为不同的规范领域而形成的有机联系的统一整体。园林法规体系是园林行业制度的核心，为园林绿化的行政体系和实施运作体系提供法律依据和法定程序（表 4-1）。

我国现行的法律规范根据立法主体和法律效力，可划分为宪法、法律、行政法规和规章，地方性法规和规章四个层面。

4.1.1.1 宪法

宪法规定国家的根本制度和根本任务，具有最高的法律地位和法律效力，是制定一切法律、法规的依据，宪法由我国最高权力机关——人民代表大会制定并发布。

表 4-1　我国现行园林法规体系框架

分类	法律、法规和规范性文件	技术标准及技术规范	地方性法规及规范性文件（以云南省、昆明市为例）
城市绿地系统规划编制、园林绿地设计	中华人民共和国城市规划法、中华人民共和国城乡规划法、城市绿地系统编制纲要（试行）、城市规划编制办法实施细则（2006 年版）、绿道规划设计导则、居住区环境景观设计导则	《风景园林基本术语标准》（CJJ/T 91—2017）、《风景园林制图标准》（CJJ/T 67—2015）、《城市园林绿化评价标准》（GB/T 50563—2010）《城市绿地分类标准》（CJJ/T 85—2017）、《城市用地分类与规划建设用地标准》（GB 50137—2011）、《城市居住区规划设计标准》（GB 50180—2018）、《公园设计规范》（GB 51192—2016）、《城市绿线划定技术规范》（GB/T 51163—2016）标准图集：环境景观—绿化种植设计（03J012—2）、环境景观—室外工程细部构造（15J012—1）、庭院与绿化（93SJ 012）、《建筑场地园林景观设计深度及图样》（06SJ805）	云南省城乡规划条例、云南省城市绿化办法、昆明市城镇绿化条例、昆明市城市园林植物推荐名录、昆明市公园绿化规划种植设计导则（试行）、绿化苗木总则（DB53/T 457—2013）
城市园林绿化工程实施、验收及管理	城市绿化条例、城市绿线管理办法、古树名木保护管理办法、国家园林城市标准、国家生态园林城市标准（暂行）、国家重点公园管理办法	园林绿化工程工程量计算规范（GB 50858—2013）、主要造林树种苗木质量分级（GB 6000—1999）、主要花卉产品等级（GB/T 18247—2000）、城市绿化和园林绿地用植物材料（CJ/T 135—2001）、绿化种植土壤（CJ/T 340—2016）、城市绿地草坪建植与管理技术规程（GB/T 19535—2004）、垂直绿化工程技术规程（CJJ/T 236—2015）、园林绿化工程施工及验收规范（CJJ/T 82—2012）、种植屋面工程技术规范（JGJ 155—2013）、绿化用表土保护技术规范（LY/T 2445—2015）、绿化全冠苗木栽植技术规程（LY/T 2632—2016）、绿化植物废弃物处置和应用技术规范（LY/T 2316—2014）	云南省城镇园林工程施工质量验收规程（DBJ 53T—40—2011）、昆明市城市规划管理技术规定、昆明市城市绿线管理规定、昆明城市绿地管理办法（试行）、昆明市园林绿化工作管理制度、昆明市城市规划管理技术规定、昆明市城市绿线管理规定、昆明市立体城市绿化技术规范（试行）、昆明市城市园林绿化植物栽植工程技术规范、昆明市园林绿化养护技术规范、昆明市城市绿化养护管理考评标准、昆明城市绿地管理办法（试行）、昆明市城市绿化养护管理考评标准（试行）、昆明市公园绿化规划种植设计导则（试行）、昆明城市立体绿化技术规范（试行）、昆明市城市绿地养护质量标准（试行）、昆明市绿色图章制度、昆明市城市绿化养护管理考评标准（试行）、云南省城市园林绿化企业资质标准、昆明市绿化责任制规定

4.1.1.2 法律

法律由人民代表大会及其常务委员会制定；包括基本法律，即规定或调整国家和社会生活中某一方面具有根本性和全面性关系的法律；非基本法律，即规定或调整国家和社会生活中某一方面具体问题的关系的法律。

4.1.1.3 行政法规和规章

行政法规是最高国家行政机关——国务院为实施宪法和法律而制定的关于国家行政管理活动方面的规范性文件；行政规章（部门规章）由国务院所属各部委根据宪法、法律、行政法规制定，负责对某一方面的行政工作做部分的或是比较具体的规定。

4.1.1.4 地方性法规和规章

地方性法规是指经授权的地方人民代表大会及其常务委员会为保证宪法、法律、行政法规、行政规章的执行和遵守，结合各自行政区范围内的具体情况和实际要求，在法律规定的权限内制定、发布的规范性法律文件；地方性规章是指经授权的地方国家行政机关根据宪法、法律、行政法规和规章、地方性法规制定，以保证其遵守和执行的规范性法律文件。

上述四类法律文件的效力依次递减。

我国现行园林法规体系的"纵向结构"是由行政法规和规章、地方性法规和规章两个层面构成的，纵向构成的意义在于以国家立法为指导，各地可依据实际情况制定相应的地方性法律文件来规范各种具体行为。例如，由国务院发布的《城市绿化条例》与《昆明市城镇绿化条例》的基本构成相似，但后者能更好地与该市的其他法规、规章、制度相衔接，针对园林绿化中的具体问题进行管理。

我国现行园林法规体系的"横向结构"包括主干法规、配套法规和相关法。主干法规是园林法规体系的核心，规定园林绿化的目的和作用、园林行业的主要工作内容及职责、园林行政主管部门的权利和义务等，我国现行园林法规体系的主干法为国务院颁布的行政法规《城市绿化条例》，目前风景园林行业还没有法律层面的立法。

4.1.2 设计任务书的解读

景观设计程序的第一步是解读设计任务书。设计任务书是设计的主要依据，一般包括设计场地规模、项目要求、建设条件、基地面积（通常有由城建部门所划定的地界红线）、建设投资、设计与建设进度等。设计任务书内容常以文字说明为主，必要情况下会辅以少量的资料图纸，通过对设计任务书的解读可以充分了解甲方的具体要求，确定在接下来的设计工作中哪些必须要深入细致地调查、分析并且进行相应的设计表达，哪些是次要关注、考虑和呼应的。

作为设计师，为了使景观项目能够顺利进行，在通过任务书了解项目的大致情况后，可以依据自己的专业知识、从业经验以及必要的咨询后，对甲方确立的目标提出有依据的、科学的、建议性的修改意见，进而编制一个全面的景观设计任务书。

4.2 现状调查与场地分析

无论怎样的设计项目，设计者都必须认真到现场进行实地勘察，详细地掌握项目的相关信息，并根据具体的要求以及对项目的分析理解来编制设计意向书。一方面，是在现场核对所收集到的资料，并通过实测对欠缺的资料进行补充。另一方面，设计者可以进行实地的艺术构思，确定植物景观大致的轮廓或者配置形式，通过视线分析来确定周围景观对该地段的影响，"佳者收之，俗者屏之"。

在现场通常针对以下内容进行调查：位置与范围，地形与地貌，地质与土壤，环境与气候，水文条件，场地植物，人工构筑物，整体视觉与环境质量。

4.2.1 现状调查

4.2.1.1 位置与范围

利用缩小比例的地图以及现场勘测掌握如下内容：基地在区域内所处的位置；基地周围的交通状况，包括其外部存在的主要交通路线、道路等级与性质、与基地的距离及道路的交通量等情况；基地周边的用地类型，如基地周边工厂、城市、乡村、

居住、商业、农业等不同性质的用地;基地确切规划用地界线,及基地与周围用地界线或规划红线的关系;基地规划的服务半径及其所服务人口的数量和人口构成情况。

4.2.1.2 地形与地貌

地貌地形情况对于植物材料在种植设计的放置和定位有很重要的作用,如果所选地点对空间环境的效果有特殊的要求,就有必要对该成分进行充分的调研评析。

调查内容应注意的特征包括斜坡的坡向和坡度。地形的调研主要包含以下几方面的内容:

(1)地形高程 地形的类型、特点、谷线和脊线,划定排水方向、积水区域;基地的坡度与坡向,作地形坡级分析与坡向分析,以界定不同坡度区域的功能设置的限制;坡度与视觉特性,眺望良好的地点,景观优美的溪流、深路、地形、林木、谷、雪景等。

(2)坡度分析 基地地形图是最基本的地形资料,在此基础上结合实地调查可进一步地掌握现有地形的起伏与分布、整个基地的坡级分布、坡向分布和地形的自然排水情况(图4-1)。

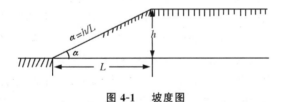

图4-1 坡度图

其中地形的陡缓程度和分布应用坡度分析图来表示,因为地形图只能表明基地整体的起伏,而表示不出不同坡度地形的分布。地形陡缓程度、坡向情况很重要,它能帮助我们确定各种功能场地、建筑物、道路以及不同坡度要求的活动内容是否适合建于某一地形上,这些内容在坡度分析图上十分明确。一个工程的地形分析按照坡度等级分为0~3%、3%~8%、8%~15%、15%~25%、25%以上。其中,坡度为0~3%的等级是平缓的斜坡,在此范围内,在建设配套建筑设施和循环设备的过程中,由于土壤厚度适合栽培各种类型的植物,所需修改较少。如果要求有强烈的视觉效果,则需要加入大型的植物或设置挡土墙。

因此,坡度调研分析对如何经济合理地安排用地,对分析植被、排水类型和土壤等内容都有一定的作用。

4.2.1.3 地质与土壤

深入了解一个地区基础的地形构造和土壤种类,对制定该地区的种植计划起着十分重要的作用。为了收集评估该地区所需的数据,必须对地质和土壤进行研究,这些相关的知识将有助于在规划过程中选择合适的植物以及最合适该地区原有自然条件的管理模式。

场地地质构造及其开凿条件随土壤种类和它到岩床的不同深度而变化。一般情况下,在黏性土壤上盖建筑物要比在不适宜种植的土地及岩石上差,在黏土变潮的情况下,危险尤为突出。浅的岩床提供坚固的地基,但是开凿起来消耗较大。对地面坡度进行估测,确定土壤种类、构造以及岩石的种类,可以为地面的稳固性和开凿的潜力提供有价值的线索。土壤湿度、土壤的流动性及其对下水道污物和其他废物的吸收能力,可以根据土壤种类和在该地区内发现的地质沉积物的相关知识来判定。

地表土壤的厚度是非常重要的因素。若地表土壤浅,靠近地表的岩床将限制植物的生长,与此同时,若土壤对较高的地下水位反应敏感,植物根部在生长期内的生长就会受到限制。坚硬的土壤会限制根茎的渗透作用,从而阻碍植物的生长。不同的植物适合不同的酸碱性,pH过高会限制植物对营养物质的摄取,而pH过低则会释放有毒物质,这些有毒物质会限制或抑制植物的生长,不管土地如何,都必须对土壤进行广泛的分析,以确定今后植物生长所需的营养。为了达到更明确的判断,还要对岩床的厚度(土壤和未加固的沉积物的厚度)、岩床表面的海拔、黏土厚度、岩性(岩石的种类)、土质(土壤微粒的大小、土壤中黏性含量、土壤的石化、土壤的干旱情况)、土壤或岩石的渗透能力、土壤的湿度、土壤对不同植物相应的生产率、土壤在具体改造中的局限性、吸收能力(对丢弃物的适应力)、控水能力、土壤的收缩潜力(黏土的扩张)、土壤对重度霜寒的敏感度、土壤的生产能力、开凿限制、地质方面的危险、斜坡的险峻程度和稳定程度、园林设计的敏感度、土壤和地质材料的腐蚀性、对地震的感受力、酸碱度等进行了解。

每种土壤都有一定的承载力和自然安息角,土壤的安息角是对土壤进行调研时要注意的重要属性,是指由非压实土壤自然形成的坡面角,它随着土壤颗粒的大小、形状、土壤的潮湿程度和植被情况而变化。通常为了保持坡面稳定,地形坡面角应小于它的安息角(图4-2)。另外应注意由地形形成的地表径流会引起土壤的侵蚀和沉积;在较寒冷的地区,土壤的冻胀和浸润对建筑物、道路的基础、驳岸的护岸产生不利的作用。

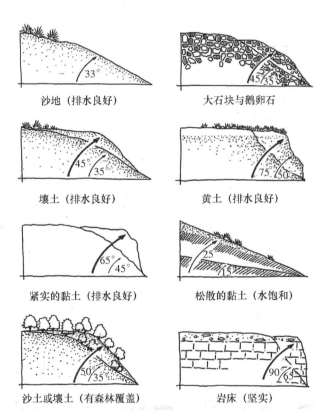

图4-2　不同类型土壤安息角

4.2.1.4　环境与气候

气候条件与植物的生长以及现存植被的数量有着直接而明显的关系,气候的变化可以限制或者扩大某个植物品种作为设计元素的作用。

气象资料包括基地所在地区或城市常年积累的气象资料和基地范围内的小气候资料,在进行植物设计时要考虑的气候条件有:

(1)日照条件　根据太阳高度角和方位角可以分析日照状况、确定阴坡和永久无日照区,这对场地种植区域的划分(如喜阳植物等设在长日照区内)、植物景观效果的设计、建筑物的设置等工作是重要的依据。

(2)风的条件　风对场地景观设计时有重要的影响,如对建筑的布局、场地功能区的设置、植物配置方式的选择、景观场地的围合方式等内容的规划设计。

(3)温度条件　温度情况同样也是进行景观设计要掌握和考虑的一个重要的气象因子,尤其是对植物景观材料的选择、景观铺地材料的选择有重要的限制作用。

(4)降水和湿度条件　场地的降水和湿度条件对场地植物选择、场地工程措施的选择、场地地形及排水方式的设置有重要的影响,是景观设计时要考虑的重要内容。

(5)小气候条件　小气候是指由于下垫面构造特征如地形、水面和植被等的不同使热量和水分收支不一致,从而形成了近地面大气层中局部地段特殊的气候。对规模较大、有一定地形起伏的基地要充分考虑地形小气候,而规模较小、地形平坦的基地则可以忽略地形小气候的影响,引起这些变化的主要因素为地形的凹凸程度、坡度和坡向。

4.2.1.5　水文条件

对种植设计而言,水是成败的关键。在开始任何栽培结构的规划之前,进行景观场地调研显得十分重要,对基础的水文条件的调研内容主要包含以下方面:①现有基地上的河流、湖泊和池塘等的位置、范围、平均水深、常水位、最低和最高水位、洪涝水面范围和水位;②现有水系与基地外水系的关系(图4-3),包括流向、流量与落差,各种水利设施的使用情况;③结合地形确定汇水区域,标明汇水点与排水点,汇水线与分水线,地形中的脊线通常称为分水线,是划分汇水区的界线,山谷线常称为汇水线,是地表水汇集线;④水岸线的形式与状况、驳岸的稳定性、岸边植物及水生植物情况;⑤地下水位波动范围、有无地下泉与地下河;⑥地面及地下水的水质情况、污染物（源）的情况；⑦洪积平原、洪水威胁区。

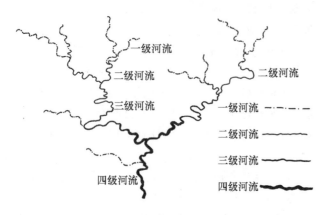

图4-3 河流等级系统图

4.2.1.6 场地植物

调查场地内现有植物资源，归纳整理，列出可以保留的、可替代的以及应去除的植物类型。

对基地实行植被调查时，如果基地范围小，种类不复杂的情况下可直接进行实地调查和测量定位，调查过程中应确定地区内每一株植物和植物群的位置、大小状态及保留运用于设计的潜力，必须在基础地图上准确地标明其位置，以及到该地区内其他有记录的特殊物体的距离。植物的大小应该按照植物的宽度（通常采用冠幅 S 表示）、胸径（采用 D 表示）、株高（采用 H 表示）来定义。对于一棵树，还应记录测径器（距地面 1 m 处树干的直径）测量的数据；对于灌木，根部宽度则是最重要的。冠的尺寸（树冠的宽度）是指围长，应在规划中将植物个体与植物群的围长描绘出来。同时可作现场评价。对规模较大、组成复杂的林地应利用林业部门的调查结果，或将林地划分成格网状，抽样调查一些单位格网林地中占主导的、丰富的、常见的、偶尔可见的和稀少的植物种类，最后做出标有林地范围、植物组成、水平与垂直分布、郁闭度、林龄、林内环境等内容的调查图。

植物或植物群的状态是指它们可供连续使用的潜力。风暴、病害、干旱盐碱等会限制它们发挥其预设功能的能力。如果破坏非常明显，设计者必须决定是修复还是替换该材料。检查现有材料的自然系统和状态很重要，现存植物的种类、位置、大小和密度对相关材料的选择和该地区今后的运输能力有着巨大的影响，设计者应该对该工程地区内现存的植物做出仔细的分析，通过各个物种的大小和位置调查可以了解系统的特性。由于树木是多年生植物，在任何季节都容易辨认，因此它们是研究的首选对象。任何情况下，植物的表现性状都与它们在连续的数个阶段内对湿度、土壤、光照的需要密切相关，然而曾经发生过的干旱、火灾、虫害等也会影响植物的数量和大小。必须注意植物发育的各阶段和曾经发生的具体事件，仔细地对以下五个因素做现场分析。

其中，与基地有关的自然植物群落是进行种植设计的依据之一，若这种植物景观现已消失，则可以通过历史记载或对与该地有相似自然气候条件的自然植被进行了解和分析获得。基地现状植被调查的内容有：①基地现有植物的名称、种类、大小、位置、数量、外形、叶色以及有无古树名木资源；②基地所在区域的植被分布情况，可供种植设计使用；③历史记载中有无特殊的植物，代表当地文化、历史的植物可供利用；④评价基地现有植被的价值（包括景观、生态与经济三个方面），有无保留的必要；⑤当地独特的植物群落，乡土植物群落及稀有植物品种。

4.2.1.7 人工构筑物

现存设施的利用与否以及对场地植物栽种的影响，现存设施调查是首先考虑的要素，其调查内容包括建筑物和构筑物、道路和广场，各种管线等人工构筑物。在规划过程中，必须把这些要素绘制在一张图纸上，以便设计时综合考虑。

人工设施的调查内容主要包括以下几方面的内容：

（1）建筑物和构筑物 了解基地现有的建筑物、构筑物等的使用情况，建筑物、构筑物的平面形式、标高以及其与道路的连接情况。

（2）道路和广场 了解道路的宽度和分级、道路面层材料、道路平曲线及主要点的标高、道路排水形式、道路边沟的尺寸和材料；了解广场的位置、大小、铺装、标高以及排水形式。

（3）各种管线 管线有地上和地下两部分，包括电线、电缆线、通信线、给水管、排水管、煤气管等各种管线。有些是供基地内使用的，有些是过境的，因此，要区别基地中这些管线的种类，了解它们的位置、走向、长度，每种管线的管径和埋深以及一些技术参数。

4.2.1.8 整体视觉与环境质量

地段现有资源的审美价值包括地形、植物、空间层次、构图角度等。即地形的起伏多样化、植物的类型、空间的丰富、近中远景整个地块的景象。在规划过程中，应对这些审美要素进行综合评定。视觉、环境质量的评价可以概括为以下几方面的内容：

（1）具有较高审美价值的地段 这些地段是整个地区内最有魅力的部分，可以在许多角度观赏到美丽的构图。此地段中具有保存价值的历史景观，这些历史景观的保留与开发利用是构造最有魅力景致的良好方式与切入点。

（2）具有中等审美价值的地段 在这些地方的大部分方位与位置上可以看到整个地段的景色及远景。

（3）具有较低审美价值的地段 这些地方可以选出较优美的景致，但近处景致粗糙，需进行改造与设计。

（4）粗陋的景致 这些地方几乎观赏不到优美的景致，需通过适当的障景对粗陋的景致进行修饰与遮挡。

在进行植物设计前，需将现有资源按照审美价值的等级进行归纳，整理在同一张图纸上，综合评定现状资源条件，然后进行取舍。

4.2.1.9 现场测绘

如果甲方无法提供准确基地测绘图，设计师就需要进行现场实测，并根据实测结果绘制基地现状图。基地现状图中应该包含基地中现存的所有元素，如建筑、构筑物、道路、铺装、植物等。需特别注意的是，场地中的植物，尤其是需要保留的有价值的植物，对它们的胸径、冠幅、高度等进行测量并记录。另外，如果场地中某些设施需要拆除或者移走，设计师最好再绘制一张基地设计条件图，即在图纸上仅标注基地中保留下来的元素。

在现状调查过程中，为了防止出现遗漏，最好将需要调查的内容编制成表格，在现场边调查边填写。有些内容，比如建筑物的尺度、位置以及视觉质量等可以直接在图纸中进行标识，或者通过照片加以记录。

4.2.2 场地分析

4.2.2.1 专项分析

在场地调研的基础上，获取了相关的场地因子的资料后，接下来就是要对这些因子进行相应的单项分析，并绘制成单项因子分析图，如地形分析、土壤分析图、气候分析图、视觉景观分析图等。通过这些图可以让我们在调研资料的基础上进一步清楚地了解、掌握场地各方面属性和状况，获得对场地中每一元素的具体的属性和状况对相应场地使用、规划与设计直接的影响，将这些影响、联系分析清楚，对规划具有重要的指导意义。

4.2.2.2 综合分析

在分析表示景观场地内各种因子间的关系及相互作用时，一种有效的工具就是叠加图模式，每一个因子都可以被看作影响景观的一个"层"，针对某一具体的景观场地进行分析时可以将影响场地的各种因子要素相互叠加，这样就可以将收集到的资料整理出一个分析"饼"图，这种分析"饼"不仅可以表示、分析二元关系，如地形与地表水关系的分析，更重要的是可以对景观场地内的多因子关系进行分析。通过这种分析方法，就可以在景观场地内找到最适宜场地的分区规划使用方式。如在地形资料的基础上进行坡度分析、坡向分析、排水类型分析，在土壤资料的基础上进行土壤承载力分析，在气象资料的基础上进行日照分析、小气候分析等，将每个因素的分析绘在相应因素分析图上，最后将各项分析图叠加到一张综合的分析图上。

4.3 园林植物景观方案设计

4.3.1 功能布局

4.3.1.1 平面布局

植物的功能作用、布局、种植以及取舍是平面布局的关键。该程序的初步阶段包括对园址的分析,认清问题和发现潜力,以及审阅工程委托人的要求。然后,设计师方能确定设计中需要考虑何种因素和功能,需要解决什么困难以及明确预想的设计效果。

风景园林师通常要准备一张用抽象方式描述设计要素和功能的工作原理图。粗略地描绘一些图、表、符号来表示这样一些项目,如空间(室外空间)、围墙、屏障、景物以及道路。植物的作用则是在合适的地方确定充当这样一些功能:障景、遮荫、限制空间以及视线的焦点。

在这一阶段,也要研究进行大面积种植的区域。一般不考虑需使用何种植物,或各单株植物的具体分布和配置。此时,设计所关心的仅是植物种植区域的位置和相对面积,而不是在该区域内的植物分布。为了选择最佳设计方案,首先需要绘制功能分区草图(图 4-4)。

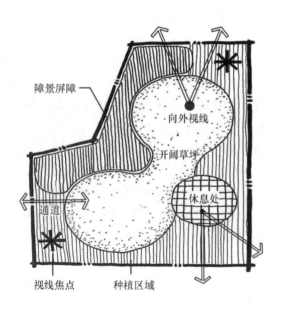

图 4-4 功能分区草图

只有对功能分区图做出优先的考虑和确定,并

使分区图自身变得更加完善、合理时,才能考虑加入更多的细节和细部设计。有时我们将这种更深入、更细化的功能图称为"种植规划示意图"(图 4-5)。在这一阶段内,应主要考虑种植区域内部的初步布局。此时,设计者应将种植区域分划成更小的,象征着各种植物类型、大小和形态的区域,可以有选择地将种植带内某一区域标上高落叶灌木,在另一区域标上矮针叶常绿灌木,或标注为一组观赏乔木。此外,在这一设计阶段内,也应分析植物色彩和质地间的关系。不过,此时无须费力去安排单株植物,或确定确切的植物种类。

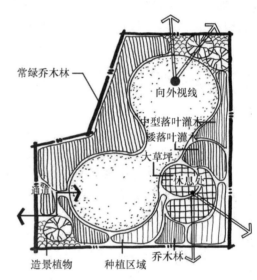

图 4-5 种植规划示意图

在方案设计阶段需强调的关键点,是要群体地、而不是单体地处理植物素材。这是因为:其一,设计中的各组合因素都会在布局内对视觉统一感产生影响,这是一条基本的设计原则,它适用于任何设计之中,无论是平面设计、室内设计、建筑设计还是风景园林设计均不例外。当设计中的各个成分互不相关各自孤立时,那么整个设计就有可能在视觉上分裂成无数相互抗衡的对立部分。反之,群体或"浓密的集合体"则能将各单独的部分联结成一个统一的整体。其二,它们在自然界中几乎都是以群体的形式而存在的,就其群落结构组合方式而言,存在固定的规律性和统一性。然而,在整个生长演变过程中,不同植物又以微妙的方式进行不断的种群变化以悦人眼目。植物在自然界中的种群

关系,比其单个的植物具有更多的相互保护性。许多植物之所以能生长在那里,主要因为临近的植被能为它们提供赖以生存的光照、空气及土壤条件。在自然界中,植被组成了一个相互依赖的生态系统,在这一系统中所有植物相互依赖共同生存。整个设计中,完成了植物群体的初步组合后,设计师方能进行种植设计程序的下一步。在这一步骤中,可以开始着手各基本部分的细节设计,并在其间排列单株植物。当然,此时的植物主要仍以群体为主,并将其排列来填满基本规划的各个部分。

在布置单体植物时,其成熟程度应在 75% ～ 100%,设计师要根据植物的成熟外观来进行设计,而不是局限于眼前的幼苗来设计。当然,这一方式的运用,的确会给建园初期的景观带来麻烦。正确的种植方法是,幼树应相互分开,以使它们具有成熟后的间隔空间。因此,每一个设计师都应该看到这种处于一个布局中,早期的视觉不规则性,并意识到随着时间的推移,各单体植物的空隙将会缩小,最后消失。但是,一旦该设计趋于成熟,则不应再出现任何空隙。因此对于设计师来说,重要的就是要了解植物的幼苗大小,以及最终长成的外貌,以便在一个种植设计中,将单体植物正确地植于群体之中(图4-6)。

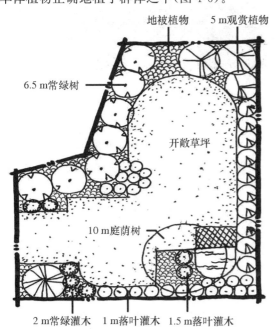

图 4-6 种植单株植物示意图

4.3.1.2 立面布局

在分析一个种植区域内的高度关系时,理想的方法就是做出立面的组合图(图4-7)。制作该图的目的,就是用概括的方法分析各不同植物区域的相对高度,这同规划图相似。这种立面组合图或投影分析图,可使设计师看出实际高度,并能判定出它们之间的关系,这比仅在平面图上去推测它们的高度更有效。考虑到不同方向和视点,我们应尽可能画出更多的立面组合图。这样便于一个全面的、可从多个角度进行观察的立体布置。

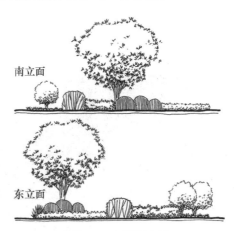

图 4-7 立面组合图

立面组合图能判定出不同层次植物之间的关系,以便于组合出丰富多样的植物空间形态,还可通过立面效果检验和反推植物平面布局的合理性。植物立面景观设计时要注意相互联系与配合,体现调和的原则,使人具有柔和、平静、舒适和愉悦的美感。找出近似性和一致性,配植在一起才能产生协调感。相反地,用差异和变化可产生对比的效果,具有强烈的刺激感,形成兴奋、热烈和奔放的感受。因此,在植物景观设计中常用对比的手法来突出主题或引人注目。

立面高度关系的设计如果所选择的植物种类不能与种植地点的环境和生态相适应,就不能存活或生长不良,也就不能达到造景的要求;如果所设计的栽培植物群落不符合自然植物群落的发展规律,也就难以成长发育达到预期的艺术效果。在分析一个种植区域内的高度变化时,理想的方法就是做出立面的组合图并通过绘制立面效果图加以指导,用概括的方法分析出植物对地形的强化或削弱作用(图4-8)。

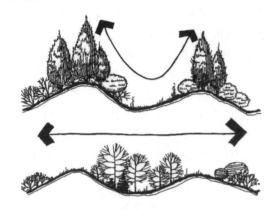

图4-8　利用植物强化或削弱地形

地形是造园的基础,是园林的骨架,在造景立面的布局上有着重要的影响。它是在一定范围内由岩石、地貌、气候、水文、动植物等各要素相互作用的自然综合体。园林中的地形是一种对自然的模仿,因此,园林中的地形也必须遵循自然规律,注重自然的力量、形态和特点。营造时必须和植物以及周边环境相呼应,从而实现分隔空间、控制视线、影响步行线路和速度、改善小气候、美学等多种功能(图4-9)。

图4-9　地形的多种功能

4.3.2　空间营造

4.3.2.1　植物的空间构筑功能

植物的空间营造功能与建筑材料构成室内空间一样,在户外植物往往充当地面、天花板、围墙、门窗等作用,其空间构筑功能主要表现在空间界定、围护等方面(表4-2)。

4.3.2.2　植物空间营造的类型

根据人们视线的通透程度,可将植物构筑的空间分为开敞空间、半开敞空间、封闭空间三种类型,不同的空间需要选择不同的植物(表4-3)。

表 4-2　植物的空间构筑

植物分类		空间元素	空间范围
乔木	树冠茂密	屋顶	利用茂密的树冠构成顶面覆盖。树冠越茂密,顶面的封闭感越强
	分枝点高	栏杆	利用树干形成立面上的围合,但此空间是通透的或半通透的空间,树木栽植越密,则围合感也越强
	分枝点低	墙体	利用植物冠丛形成立面上的围合,空间的封闭程度与植物种类、栽植密度有关
灌木	高度没有超过人的视线	矮墙	利用低矮灌木形成空间边界,但由于视线仍然通透,相邻两个空间仍然相互连通,无法形成封闭的效果
	高度超过人的视线	墙体	利用高大灌木或者修剪的高篱形成封闭的空间
草坪地被		地面	利用草地的变化暗示空间范围

表 4-3　植物空间类型及其特点

空间类型	空间特点	使用的植物	适用范围	空间感受
开敞空间	人的视线高于四周植物,视线通透,视野宽阔	低矮的灌木、地被植物等。如杜鹃花、马蹄金、麦冬等	开放式绿地、城市公园,广场等入口处,局部景观不佳	轻松、自由
半开敞空间	四周不完全开敞,有部分视角用植物遮挡	高大的乔木、中等灌木(如玉兰、桂花、白桦等)	开敞空间到封闭空间的过渡区域	若即若离、神秘
封闭空间	植物高过人的视线,使人的视线受到制约	高灌木、分枝点低的乔木(如扶桑、丁香、金叶木、彩叶木等)	小庭院、休息区独处空间	亲切宁静

4.3.2.3　植物空间的对比关系

(1)内向与外向　内向和外向作为相互独立的两种倾向,不仅存在于建筑的空间组合之中,还存在于园林植物空间的组织中。园林植物空间强调围合感和私密性,总体以内向布局为主,但也有其局限性。当草坪空间过大,而围合的植物高度又有限时,所形成的植物空间就显得空旷单调,缺少私密性,甚至还可能因为失去正常的尺度而得不到应有的空间感。因此,较大尺度的园林植物空间,应增加树丛分隔。但是完全内向布局很难兼顾从内往外看和从外部欣赏的景观效果,面对这种情况,要综合运用内向布局与外向布局两种手法。植物景观空间营造应根据周围环境的不同区别对待,对于外部景观较好的面,可以外向布局为主;对于需

要隔离的面,以内向布局为主,保证私密性和围合感。

(2)主从与重点　在植物景观空间中,不论其规模大小,为突出主题,必使其中的一个空间或由于面积显著大于其他空间,或由于位置比较突出,或由于景观内容特别丰富,或由于布局上的向心作用,从而成为整个空间的重点。此外,雕塑小品一般也设置在该空间中,起到画龙点睛的作用。主从与重点不仅体现在空间尺度上,更体现在空间的植物景观内容上。即围合空间的植物群落也要有主从和重点,若主从不分、一律对待,必然会使整体流于繁杂、纷乱,以至失去重点。

(3)藏与露　古人云"景愈藏则境界愈大;景愈露则境界愈小"。植物景观空间布局如做到露中有

藏,前后错落穿插或园中有园,有露有藏,就能展现出一个景外有景、景中生情的动人画面。

(4)疏与密 要达到疏密有致,最常见的手法就是要留出空间。空,即是无,在许多场合下,无是可以胜过有的。白居易在《琵琶行》中描述琵琶曲暂停时的情景说:"别有幽愁暗恨生,此时无声胜有声。"可见,即使对于音乐,为了给人留下遐想的余地,特别是为了加强节奏感,有时也有必要以间空来打破音韵的连续性。园林植物景观空间的布局要求交织穿插,张弛有度,处在这样的环境中,才能心情自然恬静而松弛。如果只有密林而没有草坪,人们便张而不弛;反之,只有草坪而没有密林,人们则弛而不张,一个好的空间布局,应该是使两者相结合,让人们能够随着疏密关系的改变而相应地产生弛和张的节奏感。反映在植物的配置方面则表现在群落式配置与孤植的关系处理上,疏密的对比与变化不仅关系到平面布局,对于立面处理也具有重要意义。

(5)虚与实 就园林植物景观空间而言,也包含虚和实两个方面,虚所指的是空间,实所指的是植物形体。园林植物景观空间之所以具有诗情画意般的艺术境界,有赖于空间的曲折和变化,而空间又是借实的植物形体来体现的,所以,最终还是离不开虚实关系的处理。对于围合园林植物空间的植物立面来说,实的部分主要是树冠,虚的部分主要是树干。由于植物群落具有一定的层次和厚度,所以,对于同一个立面,也可以按各层盖度不同来划分为若干段落,有的段落以实为主,实中有虚,而另外一些段落以虚为主,虚中有实。由于植物的季相变化,同一立面在不同季节的虚实关系也不尽相同。

4.3.2.4 空间层次

(1)两层结构

①乔木+地被(草坪):通过简单的乔木层与低矮的地被或草坪进行搭配,用于表现一种简洁、通透的林下空间。适用于景观树概念、造型概念、主题林概念、色带概念。

②灌木+地被(草坪):通过灌木与地被(草坪)的组合,实现视线的半阻隔。一般用于两个组团之

间的过渡。而这些植物之间的搭配,也是有许多固定组合的,如白桦和多种地被的配置,就有多种搭配方式(图4-10、图4-11)。

图4-10 白桦林+鼠尾草

图4-11 白桦林+波斯菊

(2)三层结构 三层结构作为绿地中典型植物组团的主体形式,它的相对尺度较大,同种基调植物数量较大,在中间区域成片、成线种植,形态较简洁(图4-12)。

图4-12 三层植物组团配置

（3）四层结构 作为三层结构的提升，应用于植物基调组团配置中的重点突出区域部位，通过乔灌地的多层配置，形成高低错落、色彩多变的植物景观，与基调部分形成疏密对比（图4-13）。

图 4-13 四层植物组团配置

（4）五层及以上结构 大乔＋小乔＋大灌＋小灌＋地被（草坪）：通过拔高的大乔、圆冠形小乔、不同形态的灌木组合、色彩斑斓的地被花卉进行多层次配置，形成丰富的视觉效果、一般应用于重要节点、视线焦点、大门入口等重要位置（图4-14）。

图 4-14 五层及以上植物组团配置

4.3.2.5 利用植物引导空间变化

在园林设计中，除了利用植物围合创造一系列不同的空间之外，有时还需要利用植物进行空间实现引导（图4-15）。

植物创造一系列明暗、开合的对比空间，利用人的视觉错觉，使得开敞空间比实际空间还要开阔。比如在入口处栽植密集的植物，形成围合空间，紧接着一个相对开敞的空间，会显得这一空间更加开阔，令人产生豁然开朗的感觉。

另外，在室内外空间分界处，利用植物构筑过渡空间，也可以拓展建筑空间（图4-16）。在建筑旁栽植高大乔木，利用植物构筑的"屋顶"使建筑室内空间得以延续和拓展（图4-17）。利用扁球形植物强化了水平方向线，增强花架构成的空间的延展性。

以上两点都是利用植物的造型产生视觉上的错觉，从而使得空间具有可延展性。

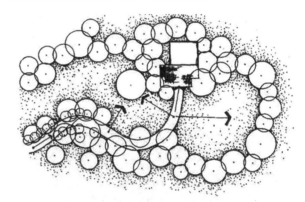

图 4-15 利用植物进行空间的引导

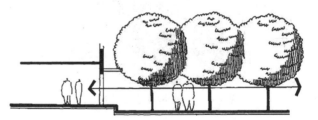

图 4-16 树冠构筑"屋顶"拓展了建筑空间

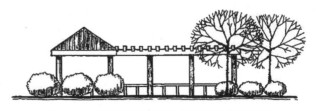

图 4-17 扁球形植物使得花架空间水平延续

4.3.2.6 利用植物联系空间

(1)"点"状植物联系空间

①孤植树:在空间的转折点上通过点状大乔木的空间覆盖作用来引导空间内向布局为主,从而引导空间的过渡和联系,使关系明确,重点突出(图4-18)。

图4-20 "线"状走廊联系空间

图4-21 障景分隔透景渗透

图4-18 利用孤植树联系空间

②孤植树和树丛组合:通过孤植树与树丛的组合来联系空间,点状植物控制空间,构成视觉焦点,树丛形成的面状植物分隔空间,构成空间的背景。由于围合感的不同,空间构成了内向和外向的对比(图4-19)。

4.4 园林植物景观初步设计

4.4.1 植物的选择与色彩搭配

4.4.1.1 植物品种选择

首先要根据基地自然状况,如光照、水分、土壤等,选择适宜的植物,即植物的生态习性与生境相对应。其次植物的选择应该兼顾观赏和功能的需要,两者不可偏废。植物景观都是观赏与实用并重,只有这样才能够最大限度地发挥植物景观的效益。另外,植物的选择还要与设计主题和环境相吻合,如肃穆的环境应选择绿色或深色调植物,轻松活泼的环境应该选择色彩鲜亮的植物。

(1)以乡土植物为主,适当引种外来植物 乡土植物指原产于本地区或通过长期引种、栽培和繁殖已经非常适应本地区的气候和生态环境,生长良好的一类植物。与其他植物相比,乡土植物具有很

图4-19 通过树丛组合联系空间

(2)"线"状走廊联系空间

①加密列植:通过线状植物序列形成的走廊空间烘托步行空间,通过加密栽植的方式起到隔离作用(图4-20)。

②留空列植:空间之间通过植物屏障来分隔,中间留出透景线,空间相互渗透。由于覆盖面的不同,空间形成了明暗的对比(图4-21)。

多的优点:在植物品种的选择中,以乡土植物为主,可以适当引入外来的或者新的植物品种,丰富当地的植物景观。

(2)以基地条件为依据,选择适合的园林绿化植物 植物的选择应以基地条件为依据,即"适地适树"原则,这是选择园林植物的一项基本原则。要做到这一点必须从两方面入手,其一是对当地的立地条件进行深入细致的调查分析,包括当地的温度、湿度、水文、地质、植被、土壤等条件;其二是对植物的生物学、生态学特性进行深入的调查研究,确定植物正常生长所需的环境因子。

(3)以落叶乔木为主,合理搭配常绿植物和灌木 我国的园林绿化树种应该在夏季能够遮荫降温,在冬季要透光增温。落叶乔木必然是首选,加之落叶乔木还兼有绿量大、寿命长、生态效益高等优点,城市绿化树种规划中,落叶乔木往往占有较大的比例。当然,为了创造多彩的园林景观,除了落叶乔木之外,还应适量地选择一定数量的常绿乔木和灌木,对于冬季景观常绿植物的作用更为重要,但是常绿乔木所占比例应控制在20%以下,否则不利于绿化功能和效益的发挥。

(4)以速生树种为主,慢生、长寿树种相结合 速生树种短期内就可以成形、见绿,甚至开花结果,对于追求高效的现代园林来说无疑是不错的选择,但是速生树种也存在着一些不足,比如寿命短、衰减快等。而与之相反,慢生树种寿命较长,但生长缓慢,短期内不能形成绿化效果。两者正好形成"优势互补",所以在不同的园林绿地中,因地制宜地选择不同类型的树种是非常必要的。

4.4.1.2 植物色彩的表现特征

园林植物色彩表现的形式是多样的,同色系、互补色、邻近色色彩组合等。同色系相配的景观植物色彩协调统一,互补色能产生对比的艺术效果,给人强烈醒目的美感,而邻近色就较为和谐给人舒缓的感觉。

园林植物的色彩另一种表现形式就是由明度彩度发生变化所产生的效果,整体色域的不同配置可以直接影响对比与协调,明度和彩度的双重变化是最能表现色彩效果的手段,而色域的整体配置又决定了园林的形式美(图4-22a)。色相环上相对色彩(互补色)的植物搭配,能产生让人兴奋的色彩效果;色环上相近色彩(邻近色)的植物搭配,能营造协调的效果。

颜色配置趋向于W区间,明度越高彩度越低,情感偏柔和;颜色配置趋向于C区间,彩度越高,情感越强烈;颜色配置趋向于B区间,明度越低彩度越低,情感偏沉稳;颜色配置处于中间灰度区域情感调性则中庸、自然(图4-22b)。

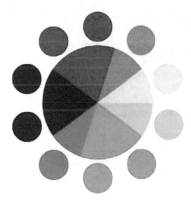

a. 色环

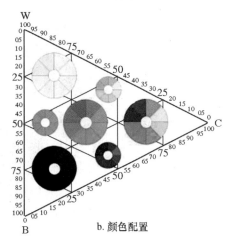

b. 颜色配置

图4-22 色相环

4.4.1.3 空间情感意境的色彩营造及植物季相景观

(1)意境的色彩营造

①雅致自然——淡紫色、淡黄色与绿色搭配:

淡紫色、淡黄色与绿色植物搭配,色域范围为中高明度。如红千蕨菜和绿植搭配,能形成自然、雅致的氛围,适用于公园和生活庭院空间(图4-23)。

②清新自然——黄绿色同色系搭配:黄绿色同色系植物搭配,色域范围为中高明度。如细叶针茅与苔藓类草被植物的搭配,色彩接近,能形成清新自然、闲适洒脱的氛围,适用于休闲绿地空间(图4-24)。

③静谧含蓄——紫色与灰蓝色搭配:紫色、灰蓝色植物搭配,色域范围为中明度低彩度。如形态飘逸洒脱的茅草和色彩独特的黑法师搭配,能形成

静谧、含蓄的氛围,适用于休闲公园、生活庭院空间(图4-25)。

(2)植物季相景观　花色是植物观赏特性中最为重要的一方面,在植物诸多审美要素中,花色给人的美感最直接,最强烈。一方面要掌握植物的花色,还应该明确植物的花期,同时以色彩理论作为基础,合理搭配花色和花期。以昆明常用观花乔木和灌木为例,列举观赏植物季相景观表供设计参看(表4-4、表4-5)。

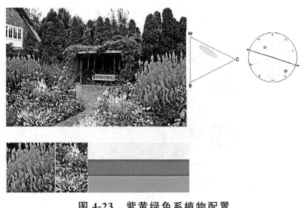

图4-23　紫黄绿色系植物配置

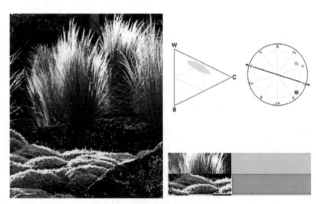

图4-24　黄绿色系植物配置

图4-25　紫黄绿色系植物配置

表 4-4 常用观赏植物季相景观表（观花乔木）

名称	春季			夏季			秋季			冬季		
	二月	三月	四月	五月	六月	七月	八月	九月	十月	十一月	十二月	一月
木棉		■	■									
红千层					■	■						
茶梅										■	■	■
贴梗海棠		■	■									
凤凰木					■	■						
金凤花							■					
刺桐		■										
龙牙花					■	■	■	■	■	■		
鸡冠刺桐					■	■	■	■				
丹桂								■	■			
银桦			■	■	■							
银荆												
金桂												
银桂												
四季桂												
鹅掌楸												
金合欢												
黄槐决明												
双荚决明												
鸡蛋花				■								
紫玉兰		■										
二乔玉兰	■	■										
云南紫荆		■										
日本晚樱			■	■								
冬樱花									■	■	■	■
云南樱花		■										
垂丝海棠		■	■									
西府海棠		■	■	■								
杏		■										
梅											■	■
桃		■										
碧桃（粉）		■										
梧桐					■	■						
云南梧桐					■							
木槿（粉）						■	■	■				
扶桑					■	■	■	■				
木芙蓉								■				
合欢					■							
滇合欢												
羊蹄甲								■	■			
紫薇（粉）												
香花槐			■									
大花紫薇					■	■						
紫薇（紫）						■	■					
木槿（紫）						■	■	■				
梓树				■	■							
蓝花楹				■	■							
紫薇（白）						■	■					
山合欢												
碧桃（白）		■	■									
木槿（白）					■	■	■	■				
球花石楠				■								
深山含笑	■	■										
白玉兰		■										■
山玉兰				■	■							
广玉兰				■	■							

表 4-5　常用观赏植物季相景观表（观花灌木）

名称	春季			夏季			秋季			冬季		
	二月	三月	四月	五月	六月	七月	八月	九月	十月	十一月	十二月	一月
龙船花				■	■	■						
绣球花					■	■						
月季			■	■	■	■	■	■	■	■		
菊花								■	■	■	■	
悬铃花	■	■	■	■	■	■	■	■	■	■	■	■
大丽花					■	■	■	■	■	■	■	
金铃花				■	■	■	■	■	■			
菊花					■	■	■	■	■			
大丽花				■								
结香		■	■									
米仔兰												
金丝桃												
金丝梅												
月季												
菊花												
大丽花												
木春菊												
瑞香		■	■	■	■							
芍药				■	■							
六道木	■	■	■	■	■							
玫瑰				■	■							
菊花								■	■	■	■	
大丽花					■	■	■	■	■	■		
滇丁香		■	■	■	■	■	■	■	■	■	■	
大丽花					■	■	■	■	■	■	■	
绣球花					■	■	■	■	■	■		
假连翘				■	■	■	■	■	■	■		
菊花												
假杜鹃										■	■	
绣球花					■	■	■					
大丽花					■	■						
茉莉				■	■	■						
银芽柳		■	■	■								
绣球花												
栀子花		■	■	■	■	■						
六月雪				■	■	■						

黄色系　　白色系　　红色系　　粉色系　　蓝色系　　紫色系　　橙色系

4.4.2　植物规格适配及栽植密度控制

4.4.2.1　植物规格的适配

植物的规格与植物的年龄密切相关,如果没有特别的要求,施工时间栽植幼苗,以保证植物的成活率和降低工程成本。但在详细设计中,却不能按照幼苗规格配置,而应该按照成龄植物的规格加以考虑,图纸中的植物图例也要按照成龄苗木的规格绘制,如果栽植规格与图中绘制规格不符时应在图纸中给出说明。

4.4.2.2　植物栽植密度的控制

(1)组团效果　植物栽植密度就是植物的种植间距的大小。要想获得理想的植物景观效果,应该在满足植物正常生长的前提下,保证植物成熟后相互搭接,形成植物组团(图4-26)。各种植物相互搭配,以一个群体的状态存在,在视觉上形成统一的效果。

图4-26　植物栽植密度的确定

(2)生长速度　植物的栽植密度还取决于所选植物的生长速度,对于速生树种间距可以稍微大些,因为它们生长速度较快,能在短期内填满整个空间。相反对于慢生树种间距要适当减小,以保证在短期内形成效果。另外,植物栽植间距可参见表4-6。

表4-6　绿化植物栽植间距　　m

名称		下限(中-中)	上限(中-中)
一行行道树		4	6
双行行道树		3	5
乔木群植		2	—
乔木与灌木混植		0.5	—
灌木群植	大灌木	1	3
	中灌木	0.75	2
	小灌木	0.3	0.5

4.4.3　种植技术要求的满足

4.4.3.1　园林植物材料的质量要求

设计中无明确规定规格的乔灌木均应符合规定(表4-7、表4-8)。

表4-7　乔木的质量要求

栽植种类	要求		
	树干	树冠	根系
重要地点种植材料(主要干道、广场、重点游园及绿地中主景)	树干挺直,胸径大于8 cm	树冠茂盛,针叶树应苍翠,层次清晰	根系必须发育良好,不得有损伤,土球符合规定
一般绿地种植材料	主干挺拔,胸径大于6 cm	树冠茂盛,针叶树应苍翠,层次清晰	根系必须发育良好,不得有损伤,土球符合规定
行道树	主干通直、无明显弯曲,分枝点在3.2 m以上;落叶树胸径在8 cm以上,常绿树胸径在6 cm以上	落叶树必须有3~5根一级主干,分布均匀;常绿树树冠圆满茂盛	根系必须发育良好,不得有损伤,土球符合规定
防护林带和大面积绿地	树木通直,弯曲不超过两处	具有防护林所需要的抗有害气体、烟尘、抗风等特性,树冠紧密	根系必须发育良好,不得有损伤,土球符合规定

表 4-8　灌木的质量要求

栽植种植	要求	
	地上部分	根系
重要地点种植	冠形圆满，无偏冠，骨干枝粗壮有力	根系发达，土球符合本规定要求
一般绿地种植	枝条要有分枝交叉回折、盘曲之势	根系发达，土球符合本规定要求
防护林和大面积绿地	枝条宜多，树冠浑厚	根系发达，土球符合本规定要求
绿篱、球类	枝密叶茂，按设计要求造型	根系发育正常

4.4.3.2　园林植物种植工程要求

在确定具体种植点位置的时候还应该注意符合相关设计规范、技术规范的要求。植物种植点位置与管线、建筑的距离具体内容（表 4-9、表 4-10）。道路交叉口处种植树木时，必须留出非植树区，以保证行车安全视距，即在该视线范围内不应栽植高于 1 m 的植物，而且不得妨碍交叉口路灯的照明，具体要求参见表 4-11。

表 4-9　绿化植物与管线的最小间距　　m

管线名称	最小间距	
	乔木（至中心）	灌木（至中心）
给水管、闸井	1.5	不限
污水管、雨水管、探井	1.0	不限
煤气管、探井	1.5	1.5
电力电缆、电信电缆、电信管道	1.5	1.0
热力管（沟）	1.5	1.5
地上杆柱（中心）	2.0	不限
消防栓	2.0	1.2

表 4-10　绿化植物与建筑物、构筑物最小间距　　m

建筑物、构筑物名称		最小间距	
		乔木（至中心）	灌木（至中心）
建筑物	钉窗	3.0～5.0	1.5
	无窗	2	1.5
挡土墙顶内和墙角外		2	0.5
围墙		2	1
铁路中心线		5	3.5
道路（人行道）路面边缘		0.75	0.5
排水沟边缘		1	0.5
疗休用场地		3	3

表 4-11　道路交叉口植物种植规定　　m

交叉道口类型	非植树区最小尺度
行车速度≤40 km/h	30
行车速度≤25 km/h	14
机动车道与非机动车道交叉口	10
机动车道与铁路交叉口	50

4.5　园林植物景观种植施工图设计

4.5.1　植物种植施工图概述

园林景观种植施工图是对种植方案设计的细化，是非常具体、准确并具有可操作性的图纸文件。在整个项目的规划设计及施工中，起着承上启下的作用，是将规划设计变为现实的重要步骤。它直接面对施工人员，同时也是绿化种植工程预结算、施工组织管理、施工监理及验收的依据。因此，种植施工图设计要求准确、严谨，图纸表达简洁、清晰。

植物种植施工图，对于施工组织、管理以及后期的养护都起着重要的指导作用。植物种植施工图绘制应包含以下内容：①图名、比例、比例尺、指北针。②植物表：包括序号、中文名称、拉丁学名、图例、规格、单位、数量、种植密度、苗木来源、植物栽植及养护管理的具体要求、备注。③施工说明：对于选苗、定点放线、栽植和养护管理等方面的要求进行详细说明。④植物种植施工平面图：利用图例区分植物种类，利用尺寸标注或者施工放线网格确定植物种植点的位置，规则式栽植需要标注出株间距、行间距以及端点植物的坐标或与参照物之间的距离。⑤植物种植施工详图：根据需要，将总平

面图划分为若干区段,使用放大的比例尺分别绘制每一区段的种植平面图,绘制要求同施工总平面图。⑥文字标注:利用引线标注每一组植物的种类、组合方式、规格、数量(或者面积)。

4.5.2　植物种植施工图的绘制

4.5.2.1　绘制基本要求

种植施工图多以单线条来表达,必要时通过文字来帮助表达,它包含着各种植物材料的全面详细信息,又与图纸图幅有关,如果过多地运用图形、文字,图纸就会显得杂乱无章,不易抓住主要信息。因此,图纸表达要尽可能避繁就简,共性的内容可集中说明,突出重点。

(1)通过图形、图线准确表达种植点的定位及种植密度　种植施工图首先要确定种植点的位置,通过种植点来规定植物的位置、种植密度、种植结构、种植范围及种植形式。

(2)通过文字阐述图形、线条所不能表达的内容　通过文字将园林景观种植施工图中共性的内容进行概括总结,完善施工图中图形、线条所不能表达的内容,起到提纲挈领的作用。

4.5.2.2　制图方法

(1)总图与分图、详图　设计范围的面积有大有小,技术要求有简有繁,如果一概都只画一张平面图很难表达清楚设计思想与技术要求,制图时应分别对待处理,如果设计范围面积大,设计者通常采用总平面图(表达园与园之间的关系,总的苗木统计表)→各平面分图(表达在一个图中各地块的边界关系,该园的苗木统计表)→各地块平面分图(表达地块内的详细植物种植设计,该地块的苗木统计表)→重要位置的大样图,四级图纸层次来进行图纸文件的组织与制作,使设计文件能满足施工、招投标和工程预结算的要求。

(2)种植形式的标注　从制图和方便标注角度出发,植物种植形式可为点状种植、片状种植和草皮种植三种类型,可用不同的方法进行标注。①点状种植:点状种植有规则式与自由式种植两种。对于规则式的点状种植(如行道树,阵列式种植等)可用尺寸标注出株行距,始末树种植点与参照物的距

离。而对于自由式的点状种植(如孤植树),可用坐标标注清楚种植点的位置或采用三角形标注法进行标注。点状种植植物往往对植物的造型形状、规格的要求较严格,应在施工图中表达清楚,除利用立面图、剖面图表示以外,可用文字来加以标注,与苗木表相结合,用 DQ、DG 加阿拉伯数字分别表示点状种植的乔木、灌木。植物的种植修剪和造型代号可用罗马数字:Ⅰ、Ⅱ、Ⅲ、Ⅳ、Ⅴ、Ⅵ……分别代表自然生长形、圆球形、圆柱形、圆锥形……②片状种植:片状种植是指在特定的边缘界线范围内成片种植乔木、灌木和草本植物(除草皮外)的种植形式。对这种种植形式,施工图应绘出清晰的种植范围边界线,标明植物名称、规格、密度等。对于边缘线呈规则的几何形状的片状种植,可用尺寸标注方法标注,为施工放线提供依据,对边缘线呈不规则的自由线的片状种植,应绘方格网放线图。③草皮种植:草皮是在上述两种种植形式的种植范围以外的绿化种植区域种植,图例是用打点的方法表示,标注应标明其草坪名、规格及种植面积。

4.5.3　植物种植施工图的制图规范

(1)图例　设计图以圆圈作为主要图例,圆圈中心为线粗 0.8 mm 的十字。圈线与连线线粗同为 0.2 mm。特色树种如:旅人蕉、棕榈科植物、松柏类植物。特殊位置的植物以及特色开花植物、色叶植物,可选取特殊图例表示,但选用图例不宜过于复杂,应以简单为宜,所有特殊图例线粗设为 0.13 mm,图例连线线粗为 0.1 mm。

(2)图幅与出图比例　为方便施工人员施工、看图,施工图图幅最大以 A1 为宜,个别图纸可根据需要设置加大的图幅。分区出图比例不宜超出 1:300,常用比例以 1:300、1:250、1:200 为宜。

(3)连线及标注线

①乔木及散植灌木标注线应标在图例中心点上,位于连线的末端,标注线与连线线粗均为 0.18 mm,特殊图例选线线粗为 0.1 mm,标注线调整为带实心圆点的标注线,实心圆点直径为 1 mm,标准线线粗 0.18 mm。

②地被标注线为带实心圆点的标注线,实心圆

点直径为 1 mm。

③标注应采用就近标注原则,避免标注线过长,弱化图例与标注文字的关系。

④标注应采用横平竖直的原则,乔木标注可根据图面情况,统一成 60°、45°、30°斜拉标注,避免杂乱方向标注。

(4)种名标注　种名标注应照顾到图面整齐。标注线向右拉时,文字要设右对齐;标注线向左拉时,文字要设左对齐。同一方向标注尽量在竖向上对齐;地被标注尽量成组叠加,但应明确标示上下或内外顺序。

(5)数量标注

①乔木与散植灌木的数量标注紧跟种名之后,略去单位以阿拉伯数字表示,如:香樟 3 表示 3 株香樟。

②片植灌木及地被植物、草坪的数量标注紧跟种名之后,略去单位以阿拉伯数字表示,如:沿阶草 30 表示 30 m² 沿阶草。

③爬藤植物以长度米为单位,不以株或平方米计算,应直接标注其长度,如:炮仗花 16 m。

(6)图面美观

①图纸须突出种植设计,明确硬质景观与软质景观之间的边界,边界线粗设为 0.15 mm,硬质铺装填充层关闭,建筑底图应设置为 60% 淡显。房地产项目尽量使底图的大部分建筑横平竖直,与标注线的横平竖直保持一致。

②乔木图中连线应只反映同一植物组合的配置,避免跨路、跨建筑长距离连线,尽量不与其他连线相交。若相交不可避免,则以弧线与其他连线相交。

③地被图中的草坪须填充草的图案,以区别片状无图案填充的地被。

④图纸名称字体为大号仿宋字——详图名字高 8 mm,高宽比 1:0.85。

⑤图内的说明、注解为小号字——字高 3 mm,高宽比 1:0.85。

⑥指北针必须向上方画(45°~135°)与索引图一并置于图纸右上方,如果北向超过此范围,指北针宜向左方向指,图面和有关文字一并竖向布置。

4.6　园林植物景观设计图纸编制

4.6.1　图纸封面

图纸封面应清楚表达六种信息:项目名称、设计单位、图纸类别、出图日期、专业简称、设计阶段。

以图幅大小定字体的大小,种植施工图封面一般为 A2,封面上应与主专业的封面排版保持一致;若种植为独立项目,封面应突出项目名称,使项目名称字体最大,300 mm 为宜,设计单位等其他文字以 120 mm 为宜(图 4-27)。

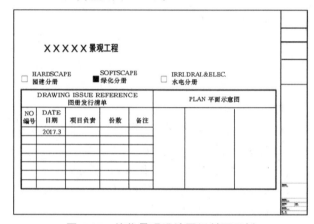

图 4-27　植物景观设计图纸封面示例

4.6.2　图纸目录

图纸目录应准确表达图纸的顺序、数量、图号、图幅大小、出图状态等信息(表 4-12)。

表 4-12　图纸目录

序号	图纸名称	图号	规格	状态	附注
1	图纸目录	绿施-01	A2	○	
2	种植设计总说明	绿施-02	A2	○	
3	总平面图	绿施-03	A2	○	
4	地形图	绿施-04	A2	○	
5	苗木总表	绿施-05	A2	○	
6	地块乔木及配置平面图	绿施-06	A2	○	
7	地块灌木及配置平面图	绿施-07	A2	○	
8	地块地被配置平面图	绿施-08	A2	○	

状态一栏中,•表示已发图纸,○表示现发图纸,□表示待发图纸,空白表示此专业不出图。图纸修改后原图自动作废。

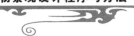

4.6.3 施工图设计说明

4.6.3.1 种植总要点

严格按照苗木表规格购苗;应选择枝干健壮,形体完美,无病虫害的苗木,大苗移植应尽量减少截枝量,严禁出现没枝的单干苗木;规则式种植的乔灌木,同一树种规格大小应统一;丛植和群植乔灌木应高低错落。

（1）行道树种植

①配置要求:相邻两株植物之间的间距及每株植物与道路之间的间距都应该相等,不可小于 4 m。

②种植要求:依配置要求种植,若遇到下水管道等阻碍物时,适当调节间距,并且苗木分枝点的高度必须一致(误差在 20 cm 以内),自然高度基本一致,出现不一致时,应将较高苗木种植在树列中间位置,使树冠线呈平滑的拱形,杜绝形成凹形(图 4-28)。

行道树配置平面图

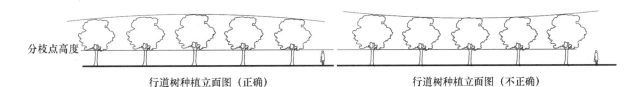

图 4-28 行道树种植示意图

（2）自然搭配植物种植要求(图 4-29)。

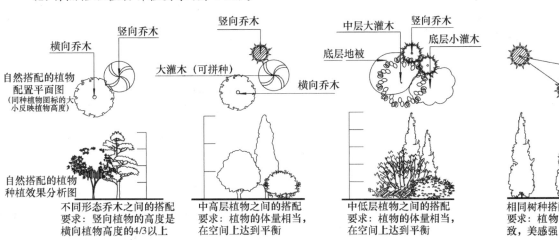
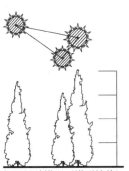

图 4-29 自然搭配种植要求

（3）植物拼种的种植要求（图 4-30）。

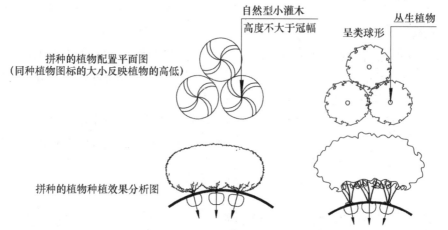

拼种的植物配置平面图
（同种植物图标的大小反映植物的高低）

自然型小灌木
高度不大于冠幅

丛生植物

呈类球形

拼种的植物种植效果分析图

自然型小灌木及丛生植物的拼种
（要求适当抬高中间区域的地势，种植时将植物向外倾斜，拼成一大丛，拼种完后再修剪）

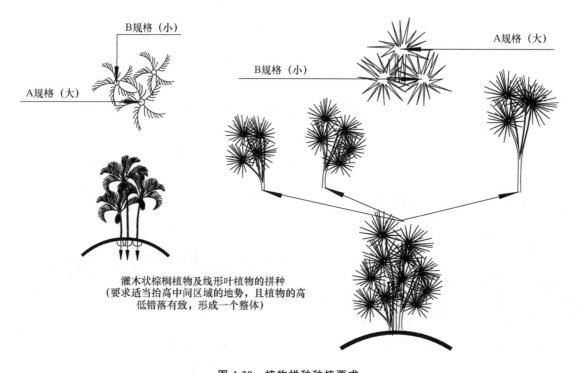

B规格（小）

A规格（大）

A规格（大）

B规格（小）

灌木状棕榈植物及线形叶植物的拼种
（要求适当抬高中间区域的地势，且植物的高
低错落有致，形成一个整体）

图 4-30　植物拼种种植要求

　　（4）其他种植要求　孤植树或主景树应选择树形姿态优美的苗木，所有苗木应获得甲方设计单位确认；分层种植的花带，植物带边缘轮廓种植密度应大于规定密度，平面线形应该流畅，边缘呈弧形；整形装饰篱苗木规格大小应一致，修剪整形的观赏面应为圆滑曲线弧形，起伏有致；草皮移植平整度误差不大于1cm，草坪边缘与路面或路基石交界处应保持齐平；苗木表中所规定的冠幅，是指乔木修剪小枝后，大枝的分枝最低幅度，而灌木的冠幅尺寸是指叶子丰满部分。

4.6.3.2　苗木的土球与树穴的要求说明

　　（1）土壤要求　所有种植区域，必须进行换土，土质不含沙石、建筑垃圾。回填土不能使用深层土,最好以疏松湿润,排水良好,pH 5.0～7.0、富含有机肥较为理想。如果在土层薄、结构不良的石砾土中长势弱,基肥不得采用市面上油性很大的垃圾肥。

(2)挖树穴要正确　坑壁垂直且比根系球大出 30 cm 以上,并加上 20 kg 厚有机肥,再覆一层薄园土后种植,使苗木今后苗壮成长,克服土壤贫瘠的

特点,在栽苗木之前应以所定的灰点为中心沿着四周向下挖穴,种植穴大小依土球规格以及根系情况而定。栽植裸根苗的穴应该保证根系充分舒展,穴的深度一般比土球高度稍深 10～20 cm,穴的形状一般为圆形。

(3)土球大小要求　苗木移植过程中为保证成活和迅速复壮,而在原栽植地围绕苗木根系取土球。确定其直径的方法如图 4-31 所示。

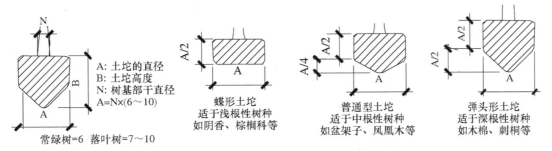

A: 土坨的直径
B: 土坨高度
N: 树基部干直径
A=N×(6～10)

常绿树=6　落叶树=7～10

蝶形土坨
适于浅根性树种
如阴香、棕桐科等

普通型土坨
适于中根性树种
如盆架子、凤凰木等

弹头形土坨
适于深根性树种
如木棉、刺桐等

土坨的大小应根据上图视树种和苗木具体生长状况及种植季节而定,苗木清单中不作具体规定的,以确保成活为标准。若市场上有容器苗(即假植苗),要求尽量采用容器苗

图 4-31　土球要求示意图

(4)植物挖穴注意事项　位置正确;规格要适当;挖出的表土与底土分开堆放于穴边;穴的上下口应一致;在斜坡上挖穴,应先将斜坡整成一个小平台,然后在平台上挖穴,挖穴的深度应从坡下口

开始计算;在新填土方处挖穴,应将穴底适当踩实;土质不好的应加大穴的规格;挖穴时遇上杂物要清走;挖穴时发现电缆、管道等要停止操作,及时找有关部门配合解决(图 4-32)。

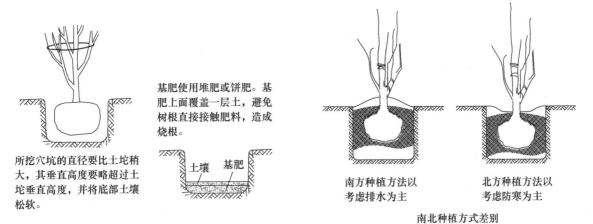

所挖穴坑的直径要比土坨稍大,其垂直高度要略超过土坨垂直高度,并将底部土壤松软。

基肥使用堆肥或饼肥。基肥上面覆盖一层土,避免树根直接接触肥料,造成烧根。

土壤　基肥

南方种植方法以考虑排水为主

北方种植方法以考虑防寒为主

南北种植方式差别

图 4-32　植物挖穴示意图

(5)楼顶板种植要求　屋顶花园或其他结构顶板上的种植区的土层厚度要求:在荷载允许的情况下,植物种植土厚度不应小于以下数值,当种植图

的厚度不能满足植物生长所需时,应及时对图纸进行修改,草本植物 15 cm,灌木 45 cm,乔木 80 cm。

(6)树池及花坛排水要求　树池及花坛排水要

求:在树池花坛等位置增加排水设施。将排水接近最近的雨水井(图 4-33)。

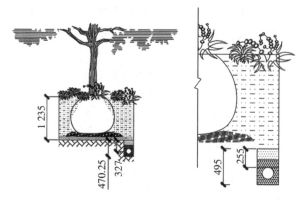

图 4-33　满足树池、花坛排水要求

4.6.3.3　苗木规划具体要求

高度 H:指苗木经过处理后的自然高度,GH 指棕榈类植物具明显主干树种之干高。具单一主干的乔木要求尽量保留顶端生长点。苗木选择时应满足清单所列的苗木。并有上限和下限苗木的区分,以便植物造景时进行高低错落的搭配。

胸径 φ:指乔木距离地面 1.3 m 高的平均直径,选择苗木时,下限不能小于清单下限,上限不宜超过清单上限 5 cm(主景树可达 10 cm)。

冠幅 B:指苗木经过常规处理后的枝冠正投影的正交直径平均值。在保证苗木移植成活和满足交通运输要求的前提下,应尽量保留苗木的原有冠幅,以利于绿化效果尽快体现(图 4-34)。

(1)种植要求　种植乔木、灌木时,应该根据人的最佳观赏点以及乔木本身的阴阳面来调整乔木的种植面。将乔木的最佳观赏面正对人的最佳观赏点,同时尽量使乔木种植后的阴阳面与乔木本身的阴阳面保持吻合,以利于植物健康稳定生长(图 4-35)。

种植地被时,应按"品"字形种植,确保覆盖地表,且植物带边缘轮廓种植密度应大于规定密度,以利于形成流畅的边线,同时轮廓边在立面上应呈弧形,使相邻两种植物的过渡自然(图 4-36)。

(2)支撑要求　为了使种植好的苗木不因土壤沉降或风力影响而发生歪斜,需对刚完成种植未浇定根水的苗木进行支撑处理(图 4-37)。

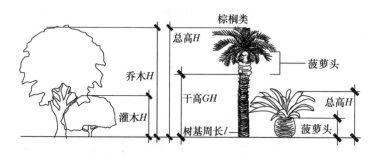

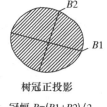

冠幅 $B=(B1+B2)/2$
胸径 $\varphi=L/3.14$
地径 $D\varphi=L/3.14$

图 4-34　苗木规格要求

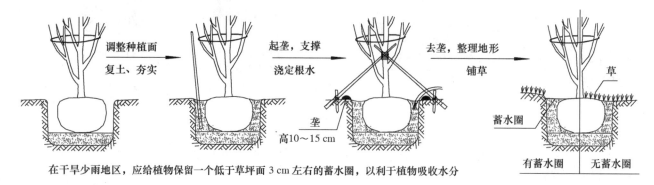

在干旱少雨地区,应给植物保留一个低于草坪面 3 cm 左右的蓄水圈,以利于植物吸收水分

图 4-35　种植示意图

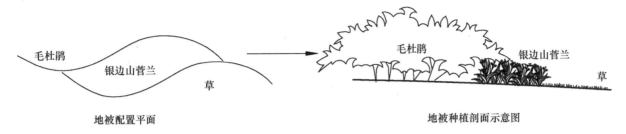

图 4-36　地被配置图

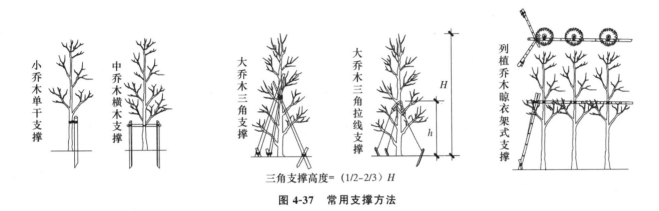

三角支撑高度=（1/2~2/3）H

图 4-37　常用支撑方法

（3）土表整理　地形整理严格按照竖向要求进行，栽种植物的土地必须平整打实，种植图严格按照三理（土层清理、土壤处理、土表整理）的要求进行。

4.6.4　苗木总表

苗木总表用于计算工程量及工程备苗之用，树木的选种、形态、规格等要素与工程造价密切相关，以下为各主要栏目的详细说明。常用苗木总表表头见表 4-13。

表 4-13　苗木总表表头示意

序号	图例	植物名称	拉丁名	植物规格			单位	数量	备注
				胸径/cm	高度/m	冠幅/m			

图例：表示植物在种植总平面图中的图示；

植物名称：以《中国植物志》为准；

拉丁名：拉丁学名具有唯一性，可避免在不同国家、地域、文化下产生同物异名或异物同名现象时的误解；

胸径：胸径通常为乔木规格的硬指标，通常以小写英文字母 d 表示；

高度：指植物从地面至正常生长顶端的垂直高度；

冠幅：指植物的垂直投影面积；

备注：通常对苗木的规格、形态、名称、地被种植密度进行补充。

4.6.5　总平面图

总平面图图纸比例尺为 1：500 或 1：300。图纸上方应标出项目名称及图纸名称等相关信息。绿地布局应明确示意，界定每块绿地的边界和范围。为表达清晰，铺装装饰线不宜在图中体现。项目重点区域（临城市道路的绿化、消防扑救面、消防通道两侧、主次入口处、屋顶花园等）应标示出主要乔木种植点及其树种。标出用地红线、绿线、地下车库范围线、建筑边线、组团绿地边线、采取微地形处理区

域的等高线等,上述各线应标识清晰,绘制示例。

4.6.6 微地形图

地形图根据面积大小,提供 1∶2 000,1∶1 000,1∶500,1∶300 地形图,园址范围内总平面地形图图纸应明确显示以下内容:设计范围(红线范围、坐标数字),园址范围内的地形、标高及现状物(现有建筑物、构筑物、山体、水系、植物、道路、水井,还有水系的进、出口位置、电源等)的位置。现状物中,要求保留利用、改造和拆迁等情况要分别注明,绘制示例。

4.6.7 乔木、灌木、地被图

种植设计施工图通常包括种植设计乔木配置图、灌木配置图、地被配置图,绘制示例图。

某展示区总平面图、微地形图、乔木配置图、灌木配置图、地被配置图见二维码 4-1。

二维码 4-1

思考题

1. 园林植物种植设计为什么需要了解园林法规体系?我国现行园林法规体系框架有何特征?

2. 园林植物种植设计方案及方案细化需要从哪些方面进行考虑?

3. 植物造景施工图绘制应包含哪些基本内容与要求?

4. 植物景观设计图纸与文本编制应包含哪些内容?

第5章

园林植物选择与配置形式

本章内容导读：本章主要从 4 个部分进行介绍。

第 1 部分，园林植物选择。主要从以下 5 个方面进行了介绍：园林植物选择应考虑功能性、适应性、经济性、美观性、多样性、特色性、自然、文化及以人为本等 9 个基本原则；选择园林植物应注意植株尺度、根系特性、观赏特性及植物功能等特性；植被的水平分布与垂直分布，我国的 8 大植被区域和主要观赏植物及我国不同区域园林植物选择；铺装地面、干旱地、盐碱地、无土岩石地、屋顶绿化及容器栽培等特殊环境的园林植物选择；植物种间关系的实质及作用方式；园林植物多样性选配原则及艺术；生物入侵性与园林植物选择。

第 2 部分，园林植物配置的方式。首先介绍了园林植物配置的 3 种基本方式，即规则式、自然式、混合式；其次介绍了乔灌木的 5 种规则式配置和 5 种自然式配置形式，同时对花卉、草坪、绿篱、藤本、水生等植物的配置形式进行了介绍。

第 3 部分，园林植物的功能性配置。首先介绍了防污、防尘、防音、防火、防风等防护配置；其次介绍了引导、遮蔽、遮光、明暗等视觉配置；最后介绍了遮荫及缓冲配置。

第 4 部分，园林植物的群落配置。首先介绍了植物群落与环境的统一、自然群落的大小及边界、自然群落的外貌、自然群落的结构；其次介绍了观赏植物群落的概念及特点，观赏植物群落的类型，观赏植物群落的建设。

5.1 园林植物选择

园林植物的选择，就是在考虑植物生态学特性的前提下，注重植物的观赏特性，最大限度地使园林植物满足生态与观赏效应的需要，达到生态、经济和社会效益的统一。

5.1.1 园林植物选择的基本原则

5.1.1.1 功能性原则

不同的园林绿地有不同的功能要求，园林植物的选择，应从园林绿地的性质和主要功能出发，遵循园林美学原理，充分发挥园林植物的生态、环境保护、保健休养、游览、文化娱乐、美学、社会公益、经济等价值，有重点、有秩序地对不同植物材料进行空间组织，满足其多功能、多效益的目的。

5.1.1.2 适应性原则

植物都具有一定的生态习性和生长习性，植物的生态习性主要有耐寒（冷）性、耐旱性、耐热性、耐涝性、耐盐性、耐阴性、喜阳性、耐瘠薄性等。生长习性主要有速（慢）性、生长节律、物候期、生长期等。在进行园林植物选择时，应对园林植物的生态习性和生长特性进行合理考虑或搭配，创造植物与植物、植物与环境、植物与人的和谐的生态关系，遵循"因地制宜、因时制宜、因树制宜"的适应性原则（二维码 5-1）。

二维码 5-1　生态适应之"因地制宜、因时制宜、因树制宜"

5.1.1.3　经济性原则

经济性原则,体现在"开源节流"。在选择植物时,可以在满足美观、功能的前提下,尽可能地结合生产,如景观农业在配置植物时,兼顾经济与生产功能。城镇绿化中,在重要的景观节点,可配置一些名贵树种,其余应尽可能大量使用乡土树种。同时,要考虑尽可能减少施工与养护的成本,选择来源广、繁殖较容易、苗木价格低、移栽成活率高、养护费用较低的种类或品种。

5.1.1.4　美观性原则

园林融自然美、建筑美、绘画美、文学美等于一体,是以自然美为特征的一种空间环境艺术。园林植物通过艺术配置,体现出景观中的自然美和意境美。

正确选用和配置植物,使其在生物学特性上和艺术效果上都能做到因地制宜,给人以视觉、听觉、嗅觉上的美感。利用植物的形态、色彩、质地、线条进行平面和空间组织构图,并通过植物的季相变化及生命周期的变化达到预期的景观效果。植物还应与水体、建筑、园路等其他园林要素配合,并注意不同配置形式之间的过渡和植物间的合理密度等。

5.1.1.5　多样性原则

多样性原则是生态园林的要求,生态园林的真正意义是物种多样性和造景形式的多样性。城市园林绿地中选用多种植物,有利于满足园林绿地多种功能的要求。园林植物种类的多样化会形成不同的季相,又因各种植物的形态和习性不同,形成了多种层次和色彩的立体的植物景观;在园林绿地中选用多种植物,因地制宜地栽种,可以实现对不同地段多种立地条件合理、充分地利用;选择多个植物品种,不仅丰富了植物景观,还有利于组成乔、灌、草、藤等多层结构的植物群落,提高群落的稳定性。造景形式的多样性,除了一般的园林造景以外,城市森林、垂直绿化、屋顶花园、地被植物等多种造景形式都应当重视。

5.1.1.6　特色性原则

城市绿化中的植物选择和配置是城市形象和文明程度的直观和显著的标志。因此,在保证植物种类的多样化基础上,植物选择应当注重地方特色的体现,尽量选用乡土植物(二维码5-2)。乡土植物既包括当地原生植物,也包括由外地引进时间较久、已经适应当地风土的外来植物。

二维码 5-2　乡土植物的优点

5.1.1.7　自然原则

自然原则包括两个方面,首先在植物的选择方面,以植物的自然生长状态为主,在配置中要参照地带性植物群落的结构特征,模仿自然群落的组合方式和配置形式,师法自然;其次要尽量按照不规则的、自然式的布局来设计园林植物景观,促进人与自然的接触和交流。

5.1.1.8　文化原则

园林艺术通过对植物的造景应用,体现城市的历史文脉,是城市精神内涵的重要表达形式。植物选择的文化原则,是通过各种植物配置,产生相应的文化气氛,形成不同种类的文化环境型人工植物群落,使人们产生各种主观感情与客观环境之间的景观意识,领略到不同的意境,达到所谓的情景交融。植物配置应多赋予草木以情趣,使人们更乐于亲近自然,享受自然,陶冶情操。

5.1.1.9　以人为本原则

园林植物景观的服务对象是人,因此它的设计应以满足人的心理需求、行为需求和审美需求为根本。在植物选择时,首先应当充分考虑园林绿地的功能,满足人们的使用需求;其次,还应该考虑到人对环境的心理需求,通过合理的植物选配,使人与环境达到最佳的互适状态;最后,植物景观不能仅局限于实用功能,还应该满足人们的审美要求以及追求美好事物的心理。

5.1.2　植物特性与园林植物选择

在城市园林绿化建设中,按植物特性和园林布局要求,合理选择园林中各种植物,以发挥它们的园林功能。

5.1.2.1　植株尺度

植株尺度一般是指植物达到壮龄时的植株大小。因此在设计初期就应考虑到当植物达到壮龄时植株的大小,否则若干年后植物就会超出设计时预留的空间,须采取额外的措施来控制才能维持原来的景观效果。例如,过度生长的灌木,常因阻挡了窗户和景色而违背了设计初衷,植株过大可能会影响围栏、排水沟、人行道和铺路石,同时也会过度遮蔽其下层植物。

目前园林设计中一般趋向于初期密植,但过于密植的后果是植物间极易发生竞争,需不断修剪以维持景观效果。因此密植时,需要考虑植物现实的设计规格在空间尺度上与生长速度、植株大小随时间尺度动态消长的内在关系。

5.1.2.2　根系特性

不同植物根系的分布习性不同,例如,白蜡树、榆树暴露在地表的根比栎类要多,浅根的大树易风倒,还会抬高表层土壤,造成对地表铺装与建筑物的破坏。柳、白杨、银槭等植物根系因扩展迅速而容易损害城市的地下设施,能穿过下水道管内的裂缝,并很快形成纤维状的大块根堵塞管道。在对屋顶花园、具有地下停车场的居住小区绿化、护坡绿化时,尤其应考虑所选植物根系的特性。

5.1.2.3　观赏特性

园林植物具有很强的观赏习性,表现出强烈的形态美、色彩美、芳香美,并由此衍生感应美和意境美。同时,不同的园林植物的株形、叶、花、果以及枝、干、树皮、根等,具有不同的观赏特性(二维码5-3)。在园林植物选择时,应考虑其观赏特性,充分体现出植物的个体美与群体美。

二维码 5-3　园林植物的观赏习性

5.1.2.4　植物的功能

园林植物功能主要从环境美化与保护价值方面来考虑。不同植物的生态功能有很大的差异,这主要取决于树冠的大小、叶量的多少以及植物的生长与生产特点。厚的、有软毛的、蜡质的叶能提高植物抗旱能力;大而稠密的叶能够提供良好的遮荫条件,并具有显著的降尘作用;常绿植物因冬季有叶片而具有更好的防风效果。

特别应注意的是,个别植物会释放污染大气的物质,如释放的一些易挥发的有机物容易导致臭氧和 CO 的生成。因此,在植物选择时应考虑其所释放的挥发物种类及其导致臭氧生成的潜力。

5.1.3　植物区域分布与园林植物选择

5.1.3.1　植被的水平分布与垂直分布

(1)三向地带性　地球上植被的分布,主要是由地带性与非地带性两个地理规律的综合作用及历史因素影响的结果。

地带性规律是指植被的水平分布规律性和垂直分布规律性。在地球表面,热量随纬度而变化,水分随距海洋远近及大气环流和洋流特点而变化。水热结合导致气候、土壤及植被等的地理分布一方面从赤道向极地沿纬度方向呈带状发生有规律的更替,另一方面从沿海向内陆沿经度方向呈带状发生有规律的更替。前者称纬度地带性,后者称经度地带性。此外,随着海拔高度的增加,气候、土壤、植被也相应地发生有规律的变化,即为垂直地带性。纬度地带性、经度地带性和垂直地带性三者结合,决定了一个地区植被的基本特点,称为三向地带性。

在同样的气候条件下,由于地质构造、地表组成物质、地貌、水文、盐分及其他生态因素的非地带性差异,往往出现一系列与该地带大气候的地带性植被不同的植被,即非地带性植被。例如,沙漠中的绿洲、森林中的沼泽等。

(2)植被的水平分布　水平分布区是植物在地球表面依据经度、纬度所占有的分布范围。从赤道至两极,由于太阳相对位置的不同,所接受的热量也不一样。根据热量状况,通常把地球划分为热

带、温带和寒带 3 个基本气候带。也有分为热带、亚热带、暖温带、温带、亚寒带(寒温带)和寒带 6 带者，或分为 7 带。从海洋到内陆，依水分状况的不同而分为湿润区、半湿润区及干旱区，也有分 5 区者。植被受不同的水热变化而成自然的水平分布带。

在同一气候带内，因为距海洋远近不同、干湿度不同，形成了不同的植被带。如同是在热带，从海洋到大陆中心依次分布着热带雨林、热带季雨林、夏绿阔叶林草原、草原和荒漠。在同一干湿度带内，因为距赤道的远近不同、温度不同，因而也形成了不同的植被带。如同是在过湿润带，从赤道到极地依次分布着热带雨林、亚热带雨林、照叶林、夏绿阔叶林、常绿针叶林和苔原(二维码 5-4)。

二维码 5-4　北半球夏雨气候植被的水平分布模式

（3）植被的垂直分布　山地随海拔高度的上升，更替着不同的植被带，形成植被的垂直分布，是植被在山地自低而高所占有的分布范围。一个有足够高度的山，从山麓到山顶更替着的植被带系列类似于该山区所在水平地带到北极的水平植被地带系列。从海平面到山顶依次分布着热带亚热带雨林、常绿阔叶林、落叶阔叶林、针叶林、高山灌林、高山草原、冻原(二维码 5-5)。

二维码 5-5　高山植被的垂直分布模式

5.1.3.2　我国的植被区域及主要观赏植物

我国位于亚洲大陆东南，东部和南部面临太平洋，西北部伸入亚洲大陆的内部，南段到热带区域，最北是亚寒带。我国的温度从南到北依次降低，雨量则从东南向西北递减，大陆的地势由东向西逐渐增高。我国的植被分布同一般的模式图具有一定

的差异，从东南向西北形成森林、草原和荒漠 3 个基本植被带，东南半壁的林区从北向南又分出 5 个从寒到热的森林植被地带。

我国的植被区划是以植被的地带性及非地带性两个地理规律为原则，并结合植被类型等因子划分的。最高单位为植被区域，下面再依次分为植被地带、植被区等。按照此原则，可以将我国的植被划分为 8 个区域(二维码 5-6)。下面对我国的八大植被区域的主要观赏植物作一简略介绍：

二维码 5-6　我国八大植被区域及特点

（1）寒温带针叶林区域　本区原产的主要观赏植物有：落叶松、樟子松、红皮云杉、白桦、黑桦、山杨、蒙古栎、紫椴、水曲柳、黄檗、花楸、胡枝子、兴安杜鹃及岩高兰等。

（2）温带针阔叶混交林区域　本区原产的主要观赏植物种除具有寒温带针叶林区域树种外尚产：杉松、臭冷杉、红松、朝鲜崖柏、东北红豆杉、槭属多种、栎属多种、胡桃楸、天女花、暴马丁香、东北杏、五味子、山葡萄及猕猴桃属多种等。

（3）暖温带落叶阔叶林区域　本区原产的观赏植物很多，主要有：云杉属、冷杉属、落叶松属、松属、侧柏、栎属、榆属、桦木属、杨属、柳属、栾树、文冠果、李属及臭椿等。

（4）亚热带常绿阔叶林区域　本区原产的主要观赏植物有：久负盛名的世界孑遗植物银杏、金钱松、银杉、水杉、水松、鹅掌楸、珙桐、喜树等。其他观赏植物更不胜枚举，以松科、杉科、柏科、红豆杉科、山毛榉科、桑科、樟科、木兰科、蔷薇科、豆科、山茶科、桃金娘科、金缕梅科、大风子科、杜鹃花科、大戟科等种类最为丰富。

（5）热带季雨林、雨林区域　本区原产的主要观赏植物有：苏铁科、罗汉松科、桑科、樟科、番荔枝科、茜草科、夹竹桃科、桃金娘科、使君子科、马鞭草科、楝科、豆科、梧桐科、山龙眼科、芸香科、紫葳科、

棕榈科及竹亚科等多种植物。

（6）温带草原区域　本区原产的观赏植物很少，主要有：枸子属、樱属、蔷薇属、锦鸡儿属、胡枝子属、松属、栎属、桦木属、杨属、柳属等一些耐旱抗寒种类。

（7）温带荒漠区域　本区原产主要观赏植物有：雪岭云杉、青海云杉、祁连山圆柏、昆仑方枝柏、胡杨、沙棘、天山花楸及柽柳属等。

（8）青藏高原高寒植被区域　本区原产的观赏植物种类较多，针叶树以松属、云杉属、冷杉属、落叶松属、柏木属、圆柏属种类为多，阔叶树以山毛榉科、杨柳科、槭树科、桦木科、蔷薇科、杜鹃花科、樟科最丰富。

各植被区域除了原产的观赏植物外，都从邻近的甚至较远的植被区域内引种了大量的观赏植物。所以各植被区域可用的观赏植物远比原产者多。

5.1.3.3　我国不同区域园林植物选择

我国不同区域园林植物选择见二维码 5-7。

二维码 5-7　我国不同区域园林植物选择

5.1.4　特殊环境与园林植物选择

5.1.4.1　铺装地面园林植物选择

城市绿化中常常在具铺装地面的立地环境中种植植物，如人行道、广场、停车场等。这些硬质地面铺装的立地，建筑施工时一般很少考虑其后的植物种植问题，因此植物的选择更加重要。铺装地面植物选择首先要考虑铺装场所的环境、材料、质感、造型及文化等方面的因素，形成不同的景观感受。

铺装地面植物的选择还要考虑铺装立地的特殊环境。铺装地面树木栽植，大多情况下种植穴的表面积都比较小，土壤与外界的交流受制约较大。栽植在铺装地面上的树木，不仅根际土壤被压实、透气性差，导致土壤水分、营养物质与外界的交换

受阻，还会受到强烈的地面热量辐射和水分蒸发的影响，其生境比一般立地条件下要恶劣得多。所以植物的选择应注意耐干旱、耐贫瘠的特性，且植物的根系要发达，植株能耐高温与阳光暴晒，不易发生灼伤。

5.1.4.2　干旱地园林植物选择

干旱的立地环境不仅因水分缺少构成对植物生长的胁迫，同时干旱还致使土壤环境发生变化。干旱对植物的影响主要是高温和太阳辐射所带来的植物生理上的热逆境，同时还有蒸腾带来的水分逆境。干旱地区的降水一般很少超过 500 mm，而且常常集中在一年中的某段时间，多数园林植物需要全年灌溉。干旱地区有大风与强风，由于蒸发量大大超过降雨量，干旱地区土壤常常次生盐渍化、土壤贫瘠、土壤生物减少、土壤温度升高，这些都不利于植物根系的生长。

因此，在不能确保灌溉条件的情况下应选择耐旱的植物，耐旱植物主要表现为具有发达的根系，叶片较小，叶片表面常有保护蒸发的角质、蜡质层。可供选择的耐旱植物很多，如旱柳、毛白杨、夹竹桃、华盛顿棕榈、合欢、胡枝子、锦鸡儿、紫穗槐、胡颓子、白栎、石榴、构树、小檗、乌桕、火棘、黄连木、胡杨、绣线菊、木半夏、臭椿、木芙蓉、雪松、枫香、椰榆等。

5.1.4.3　盐碱地园林植物选择

盐碱土约占陆地总面积的 25%，盐碱土是盐土与碱土的合称。盐土分为滨海盐土、草甸盐土、沼泽盐土，主要含氧化物、硫酸盐。碱土分为草甸碱土、草原碱土、龟裂碱土，主要含有碳酸钠、碳酸氢钠。

由于盐碱土中积盐过多，土壤溶液的渗透压远高于正常值，导致植物根系吸收养分及水分非常困难，甚至会出现水分从根细胞外渗的情况，破坏了植物体内正常的水分代谢，造成生理干旱，过多的盐分还会对植物产生直接毒害，滞缓营养吸收，影响气孔开闭，使植物萎蔫、生长停止甚至全株死亡。

耐盐植物具有适应盐碱生态环境的形态和生理特性，植物耐盐性是一个相对值。一般植物的耐

盐力为 0.1%～0.2%，耐盐力较强的植物为 0.4%～0.5%，强耐盐力的植物可达 0.6%～ 1.0%。可用于滨海盐碱地栽植的植物主要有黑松、北美圆柏、胡杨、火炬树、白蜡、沙枣、合欢、苦楝、紫穗槐，另外，国槐、柽柳、垂柳、刺槐、侧柏、龙柏等都具有一定的耐盐能力，单叶蔓荆、枸杞、小叶女贞、石榴、月季、木槿等均是适合盐碱土栽植的优良植物(二维码 5-8)。

二维码 5-8　植物耐盐性

5.1.4.4　无土岩石地园林植物选择

自然界有一类岩生植物，适合在无土岩石地生长，而高山植物占岩生植物中的很大一部分。无土岩石地由于缺土少水，植物选择时主要注意以下特征。

(1)矮生　植株生长缓慢，株形矮小，呈团丛状或垫状，生命周期长，耐贫瘠土质、抗性强，特别多见于高山峭壁上生长的岩生类型。如黄山松、马尾松、杜鹃、紫穗槐、胡枝子、胡颓子、忍冬等。

(2)硬叶　植株含水量少，而且在丧失 1/2 含水量时仍不会死亡。叶面变小，多退化成鳞片状、针状，或叶边缘向背面卷曲，叶表面的蜡质层厚、有角质，气孔主要分布的叶背面有绒毛覆盖，水分蒸腾小。

(3)深根　根系发达，有时延伸达数十米，可穿透岩石的裂缝伸入下层土壤吸收营养和水分。有的根系能分泌有机酸分化岩石，扎入岩石的裂纹，或能吸收空气中的水分。

5.1.4.5　屋顶绿化园林植物的选择

屋顶花园的特殊生境对植物的选择有严格的限制，距离地面越高的屋顶，植物选择受限制越多。屋顶绿化植物的选择首先考虑满足植物生长的基本要求，然后考虑植物配置艺术(二维码 5-9)。在屋顶绿化上应用的常见植物类型有：

二维码 5-9　屋顶绿化植物选择的原则

(1)花灌木　用于屋顶花园中的花灌木通常指具有美丽芳香的花朵、艳丽的叶色和丰硕的果实，也可以包括一些观叶植物材料。常用的有月季、草莓、梅、桃、山茶、牡丹、榆叶梅、火棘、连翘、海棠等；观叶植物如苏铁、福建茶、黄心梅、黄金榕、变叶木、鹅掌柴、龙舌兰、假连翘等；另外也采用一些常绿植物，如侧柏、大叶黄杨、铺地柏、女贞及小蜡树等。

(2)地被植物　指能够覆盖地面的低矮植物，其中草坪是较多应用的种类，宿根植物具有低矮开展或者匍匐的特性，繁殖容易，生长迅速，也是较好的应用类型。南方常用的地被植物有马尼拉草、台湾草、假俭草、大叶草、海金砂、凤尾草、马蹄金等；北方常用的地被植物有美女樱、半支莲、马缨丹、吊竹梅、结缕草、野牛草、狗牙根、麦冬、高羊茅、诸葛菜、凤尾兰等。一些开花地被植物如红甜菜及景天科植物中的耐热、耐寒品种都可以作为屋顶绿化植物。

(3)藤本植物　攀援或悬垂在各种支架上，是屋顶绿化中各种棚架、栅栏、女儿墙、拱门、山石和垂直绿化的材料，可提高屋顶绿化质量、丰富屋顶的景观、美化建筑立面等，多用作屋顶上的垂直绿化。常用的有葡萄、炮仗花、叶子花、爬山虎、紫藤、凌霄、络石、常春藤、扶芳藤、金银花、木香、牵牛、油麻藤、胶东卫矛、蔷薇、五叶地锦、花叶蔓长春花等。

(4)绿篱植物　绿篱在屋顶绿化中可以分隔空间和屏障视线，或做喷泉、雕塑等的背景。用作绿篱的树种一般都是耐修剪、多分枝、生长较慢的常绿植物，常用的有黄杨、冬青、女贞、叶子花等。

(5)饰边植物　主要用作装饰为主，在屋顶绿化中属于次要的植物材料，可以用作花坛、花境、花台的配料。常用的有葱兰、韭兰、美人蕉、一串红、半支莲、菊花、鸡冠花、凤仙花等。

(6)竹类　主要是用来丰富屋顶绿化的植物景

观,可以适量配置达到特殊的效果。常用的有鹅毛竹、菲白竹、菲黄竹、方竹、箬竹、罗汉竹、井冈山寒竹等。

5.1.4.6　容器栽培植物的选择

容器栽培的植物应选长势适中,节间较短,叶、花、果观赏价值高,浅根性,耐旱性强,病虫害少的种类或品种。乔木类常用的有桧柏、五针松、柳杉、银杏等;灌木的选择范围较大,常用的有罗汉松、刺柏、杜鹃、桂花、月季、山茶、八仙花、红瑞木、珍珠梅、榆叶梅等;地被植物在土层浅薄的容器中也可以生长,如铺地柏、平枝栒子、八角金盘等;一般情况下,垂蔓性品种更适合盆栽,如迎春、迎夏、连翘、枸杞、花叶蔓等;分枝性差、单轴延长的蔓性灌木不宜用作盆栽;缠绕类中苗期呈灌木状者(如紫藤等)和卷须类者可供观花、观果者(如金银花、葡萄等)也适合盆栽;吸附类中常绿耐阴的常春藤等,常供室内盆栽,作垂吊观赏;枝蔓虬曲多姿者适合制作树桩盆景,如金银花、紫藤等。

5.1.5　生物多样性与园林植物选择

植物配置要注重生物多样性,充分掌握各种植物的生物学、生态学特性,合理布局,科学搭配,形成结构合理、功能健全、种群稳定的群落结构。

5.1.5.1　植物种间关系的实质

植物与其他植物种群之间发生的关系为种间关系,其实质是不同植物之间的一种生态关系。种间关系是园林植物的多样性选配主要考虑的问题。

植物间的关系主要由不同种类的生态位所决定,物种的生态位只有 4 种类型,即重叠、部分重叠、相切、分离。按照生态位的原则,植物种间关系主要表现为竞争、共生和寄生三种形式。生态位接近的种很少能长期共存,而生态位重叠明显是引起对资源利用性竞争的一个条件。能长期生活在一起的物种,必然是各自具有独特的生态位。如果两个种在同一个稳定群落中占据相同的生态位,其中一个种终究要被淘汰,如果各种群占据各自的生态位,则种群间可避免直接竞争。

5.1.5.2　植物种间关系的作用方式

(1)寄生关系　营寄生生活的植物大约有 2 500

种,在分类学上主要属于被子植物门的 12 个科,重要的有菟丝子科(菟丝子)、樟科(无根藤)、桑寄生科(桑寄生)、列当科(列当)、玄参科(独脚金)和檀香科(寄生藤)等。少部分属于低等植物绿藻门的头孢藻等寄生藻类。

菟丝子属是依赖性最强的寄生植物,常寄生在豆科、唇形科,甚至单子叶植物上。我们常可以在绿篱、绿墙、农作物、孤立树上见到它,它的叶已退化,不能制造养料,是靠消耗寄主体内的组织而生活的。还有一种半寄生植物,它们用构造特殊的根伸入寄主体内吸取水分和无机养料,同时又有绿色器官,可以自己制造有机养料,主要见于桑寄生科和玄参科,如桑寄生(图 5-1)、槲寄生。

图 5-1　桑寄生

(2)附生关系　常以他种植物为栖居地,但并不吸取其组织部分为食料,最多从它们死亡部分上取得养分而已。在寒冷的温带植物群落中,苔藓、地衣常附生在树干、枝丫上;在亚热带,尤其是热带雨林的植物群落中,附生植物有很多种类。蕨类植物中常见的有肾蕨、岩姜蕨、鸟巢蕨、星蕨、抱石莲、石韦等(图 5-2、图 5-3),天南星科的龟背竹、麒麟尾、蜈蚣藤等,还有诸多的如兰科、萝藦科等植物。这些附生植物往往有特殊的根皮组织,便于吸水的气根,或在叶片及枝干上有储水组织,或叶簇集成鸟巢状以收集水分、腐叶土和有机质。

这种附生景观如加以模拟应用在植物造景中,不但增加了单位面积中绿叶的数量,增加了环境的生态效益,还能配置出多种多样美丽的植物景观,

既适合热带和亚热带南部、中部地区室外植物造景，也可应用于寒冷地区高温展览温室内的植物造景。

图 5-2　蕨类植物附生(1)　　图 5-3　蕨类植物附生(2)

（3）共生关系　蜜环菌常作为天麻营养物质的来源而共生，地衣就是真菌从藻类身上获得养料的共生体。菌根菌与植物根部共生关系，植物与菌根共生关系的深入研究将大大有利于植物造景。松、云杉、落叶松、栎、栗、水青冈、桦木、鹅耳枥、榛子等均有外生菌根；兰科植物、柏、雪松、红豆杉、核桃、白蜡、杨、楸、杜鹃、槭、桑、葡萄、李、柑橘、茶、咖啡、橡胶等均有内生菌根；松、云杉、落叶松等有内、外生菌根，这些菌根有的可固氮，为植物吸收和传递营养物质，有的能使树木适应贫瘠不良的土壤条件。

（4）生理关系　指一植物通过改变小气候和土壤等条件而对另一植物产生影响的作用方式，生理关系是当前选择搭配植物及混交比例的重要依据。如生长迅速的植物可以较快地形成稠密的冠层，使群落内光量减少，对下层耐阴植物的生长有利，而对阳性植物的生长产生不利影响。

群落中同种或不同种的根系常有连生现象，连生的根系不但能增强树木的抗风性，还能发挥根系庞大的吸收作用。园林中不乏模拟树木地上部分合生在一起的现象，如北京天坛公园槐柏的合抱生长。

（5）生物化学关系　指一植物地上部分和根系在生命活动中向外界分泌或挥发某些化学物质，进而对相邻的其他植物产生影响的作用方式，称为生物的他感作用。

黑胡桃的地下不生长草本植物，因为其根系分泌胡桃酮，使草本植物严重中毒；灌木鼠尾草下以及其叶层范围外 1～2 m 处不长草本植物，甚至 6～10 m 内草本植物生长都受到抑制，这是因为鼠尾草叶中能散发大量桉树脑、樟脑等萜烯类物质，它们能透过角质层，进入植物种子和幼苗，对附近一年生植物的发芽和生长产生毒害；赤松林下桔梗、苍术、菝、结缕草生长良好，而牛膝、东风菜、灰藜、苋菜生长不好。可见在植物种类配置时也必须考虑到这一因素。

（6）竞争关系和机械关系　指一植物对另一植物造成的物理性伤害，如根系的挤压，藤本或蔓生植物的缠绕和绞杀等。

竞争是植物间为了利用环境中有限的能量和营养资源而发生的相互关系，竞争可发生在植物群落不同层次以及同一层次的不同物种之间，也发生在同一层次同一物种的不同个体之间。在植物种群内部，随着种群密度的增加，单株植物的营养面积缩小，植株间争夺光、水、营养物质的竞争显著增加，结果导致部分个体生长远渐减弱，个体死亡数逐渐增加，使得种群密度逐渐下降。

机械关系主要是植物相互间剧烈竞争的关系，尤其以热带雨林中缠绕藤本和绞杀植物与乔木间的关系最为突出。如油麻藤、绞藤、榕属及鹅掌柴属的一些种类常与其他乔木树种之间产生着你死我活的剧烈斗争（二维码 5-10）。

二维码 5-10　木质缠绕藤与榕属植物的绞杀

5.1.5.3　园林植物多样性选配原则

（1）生态适应原则　每种植物都具有一定的生态学和生物学特性，因此，应对园林植物这些习性进行合理考虑或搭配，创造理想的园林效果。

（2）种间相生相克原则 自然界中,生物的种间相生相克现象普遍存在。植物相生表现为种植在一起的植物相互促进,共同生长。如杨属与忍冬属,彼此间能友好共存;花楸与菩提,槐树与接骨木,白桦与松树,能彼此和平共处,共繁共荣。植物相克表现为一种植物的存在导致其他植物的生长受到限制甚至死亡,或者两者都受到抑制。如梨树与桧柏,松树与云杉,榆树与栎树、白桦,不能混植在一起。因此,在设计人工植物群落种间组合进行植物配置与造景时,要注意哪些植物可"和平共处",哪些植物"水火不容"(二维码5-11)。

二维码5-11 植物种间的相生与相克

（3）空间分离原则 园林植物构成的空间包括平面的和立面的空间。空间构成主要反映在植物群落的垂直效果。根据植物的高低变化和地形的变化,产生空间层次上的变化,从而产生疏密相间、自由错落、步移景异的美妙效果。就生物学特性而言,速生植物与慢生植物,高大乔木与低矮灌木,宽冠树与窄冠树,深根植物与浅根植物混交,从空间上可减少接触、降低竞争程度。在实际运用时,乔木、灌木、草本、藤本、常绿树、落叶树都应按一定比例配置,从而形成一个种间协调、外貌优美、层次分明、季相丰富的植物群落。

（4）时间动态原则 绿地植物配置应注重植物个体生长和时间的配置关系。首先,随着植株个体增大,需要的营养空间也增加,种间或不同的个体间因受环境资源的限制而发生竞争。其次,种间关系因立地条件的不同而表现不同的发展方向,如油松与元宝枫混植,在海拔较高处,油松生长速度超过元宝枫,它们可形成较稳定群体;而在低海拔处,油松生长不及元宝枫,油松生长受压,油松因元宝枫树冠的遮蔽而不能获得足够的光照最终死亡。同时,园林绿地植物群落并不一定是恒久稳定的,随着时间的推移,其本身可能会发生波动或演替。此外,植物种间关系也随采用的混交方式、混交比例、栽植及管护措施不同而不同,如有的植物行间和株间混交,其中一植物会因处于被压状态而枯梢,失去观赏价值,但采用带状或块状混交,两植物都能生长良好并构成比较稳定的群落。

5.1.5.4 园林植物多样性选配艺术

（1）以速生树种为主,慢生、长寿树种相结合 速生树种如杨、桦等短期内就可以成形、见绿,快速达到园林绿化效果。但速生树寿命短、衰减快,对风雪的抗逆性差,增加了施工和养护管理的负担,也对城市园林绿地植物多样性的稳定与持久产生了不利的影响。慢生树种如柏、银杏等生长缓慢,但其寿命长,对风雪、病虫害的抗逆性强,更易于养护管理,与前者正好形成互补。为达到快速且稳定的园林绿化效果,应该以速生树种为主,搭配一部分慢生、长寿树种,尽快进行普遍绿化;同时要近远期结合,有计划、分期分批地使慢生树种替换衰老的速生树种。其次,在不同的园林绿地中,因地制宜地选择不同类型的树种是必要的,如行道树以速生树为主,游园、公园、庭院绿地中可以慢生树种为主。

（2）合理搭配常绿与落叶植物 搭配一定数量的常绿乔木和灌木,可以创造四季有景的园林景观。对常绿树种的选择应做到因地制宜,南方地区气候条件好,常绿植物种类多,可以常绿树为主。北方地区气候条件较差,应以适应当地气候的落叶树为主,适当点缀常绿树种,既可保持冬季有景,又能兼顾北方冬季植物采光,塑造有地域特色的植物景观。

（3）乔、灌、草本合理搭配 园林绿化中,乔木是骨架,花卉灌木是点缀,草坪是背景。城市绿化应以乔木为主题,模仿自然界的群落结构,采取乔、灌、草搭配的复层种植模式,形成多层次、立体的植被景观,构成稳定的生态植物群落。

（4）满足园林绿地多种功能需求 在城市园林绿地中选用多种植物,也有利于适应对园林绿地多种功能的要求。在需要遮挡太阳西晒的地段,可配以高大的乔木,在需要围护、分隔和美化的地段,可

以使用一些枝叶繁茂的灌木;在需要遮荫乘凉的地方,可以种上枝叶浓密、较为高大的遮荫树;在需要设置花架的地方可以栽上攀援的藤本植物;在需要开展集体活动的开阔地面上,可以种植耐践踏的草坪;在常年出现大风的地带,应选用深根系树种,而在居住区、街道等有地下管道的地方,又必须选用浅根系的树种。只有选用多类植物,才能满足城市绿地多种功能的需要。

5.1.6 生物入侵性与园林植物选择

在城市园林建设过程中,引进外来园林植物,能丰富城市的生物多样性,但有的物种在引进后很可能"演变"为入侵物种,引起外来生物入侵。

"生物入侵"是指某种生物从外地自然传入或人为引种后成为野生状态,通过压制或排挤本地物种,形成单优势种群,并对本地生态系统和景观造成一定危害的现象,最终导致生物多样性的丧失。进入中国的入侵植物主要有:紫茎泽兰、互花米草、空心莲子草、水葫芦、豚草、毒麦、飞机草、薇甘菊、金钟藤、假高粱、澎琪菊、五爪金龙、意大利苍耳、刺萼龙葵等。

生物入侵应该具备两个要素:一是它是外来的,不是本地原有的物种;二是这个物种对当地生态系统造成危害和威胁。

生物入侵的途径多种多样,主要途径有:人为有意识的引进,人无意识带入,随轮船压舱物进入,贸易产品中夹杂植物种子或繁殖体,植物种子或繁殖体借风或动物的力量实现自然扩散等。

我国曾数度因为引种不当引发生物入侵,给当地植物造成巨大伤害。如100多年前我国引进原产南美洲的水葫芦作为观赏物种和饲料,结果水葫芦疯长成令人头痛的恶性杂草,聚集堵塞河道,使水土发臭,并导致鱼类种数急剧减少。1996年加拿大一枝黄花首次登陆在浙江省沿海一带的海塘,短短的十年时间,这种外来生物已经随处可见,据有关部门统计,宁波慈溪已有上万亩之多,并向周围城市扩散,在高速公路沿线、荒野地、部分绿化地均可见到一枝黄花的踪迹。

在园林植物选择及景观设计中,我们要从以下方面控制生物入侵这一问题:第一是植物选配时尽量采用乡土植物;第二是引种新的园林植物时要特别谨慎,并加强对已引进物种的管理;第三是要及时了解和掌握我国现有的外来有害物种的种类及危害状况;第四是要加强对已知外来有害物种的防治及综合治理工作。

5.2 园林植物的配置方式

园林植物的配置,主要是指按植物生态习性和园林布局要求,合理配置园林中各种植物(乔木、灌木、花卉、草皮和地被植物等),以发挥它们的园林功能和观赏特性。园林植物按种植的平面关系及构图艺术分类,有自然式、规则式和混合式配置方式。按种植的景观分类,植物配置类型多种多样,乔木、灌木、藤本、竹类、草本花卉和草坪及地被等各自有不同的配置方式。

5.2.1 园林植物配置的基本方式

5.2.1.1 自然式配置

自然式是指效仿植物自然群落,构成自然森林、草原、草甸、沼泽及田园风光,结合地形、水体、道路进行的配置方式,没有突出的轴线,没有一定的株行距和固定的排列方式,其特点是自然灵活,参差有致,显示出自然的、随机的、富有山林野趣的美。布局上讲究步移景异,常运用夹景、框景、对景、借景等手法,形成有效的景观控制。自然式配置的植物材料要避免过于杂乱无章,要有重点、有特色,在统一中求变化,在丰富中求统一(图5-4)。

图5-4 自然式配置

自然式配置中,树木配置多以孤植、树丛、树群、树林等形式,草本花卉等布置则以花丛、花群、花境为主。

5.2.1.2　规则式配置

规则式配置是指在配置植物时按几何形式和一定的株行距有规律地栽植,特点是布局整齐端庄、秩序井然、严谨壮观,具有统一、抽象的艺术特点。在规则式配置中,刻意追求对称统一的形体,用错综复杂的图案,来渲染、加强设计的规整性,形成空间的整齐、庄严、雄伟、开朗的氛围。在平面布局上,根据其对称与否又分为两种:一种是有明显的轴线,轴线两边严格对称,组成几何图案,称为规则式对称;另外一种是有明显的轴线,左右不对称,但布局均衡,称为规则式不对称,这类种植方式在严谨中流露出某些活泼(图5-5)。

图 5-5　规则式配置

在规则式配置中,乔木常以对称式或行列式种植为主,有时还刻意修剪成各种几何形体,甚至动物或人的形象。灌木也常常等距直线种植,或修剪成规则的图案作为大面积的构图,或作为绿篱,具有严谨性和统一性,形成与众不同的视觉效果。另外,绿篱、绿墙、绿门、绿柱等绿色建筑也是规则式配置中常用的方式。

5.2.1.3　混合式配置

自然式配置和规则式配置并用在同一园林绿地中称为混合式配置,是为了满足造景或立意的需要。如在近建筑处用规则式,远离建筑物处用自然式;在地势平坦处用规则式,在地形复杂处用自然式;在草坪周边用规则式绿篱或树带,在内部用自然式树丛或散点树木等。混合式主要在于开辟宽广的视野,引导视线,增加景深和层次,并能充分表现植物美和地形美(图5-6)。

图 5-6　混合式配置

5.2.2　乔灌木的配置形式

园林绿化,乔木当家。植物景观设计中,乔木是决定植物景观营造成败的关键。乔木树种的种植类型也反映了一个城市或地区的植物景观的整体形象和风貌。灌木是构成城市园林系统的骨架之一,灌木在城市中广泛用于广场、花坛及公园的坡地、林缘、花境及公路中间的分车道隔离带、居住小区的绿化带、路篱等。一般来说,植物群落是以乔木为主体的乔木-灌木-草本结构。

5.2.2.1　规则式配置

选择规格基本一致的同种树或多种树木配置成整齐对称的几何图形的配置方式叫规则式配置。所谓规格基本一致是指同种树在高矮、冠幅和姿态上基本相同。规则式配置中的树形还可以人工造成各种各样的几何形体,组合几何形体或鸟兽、器物等形状,还可以运用盆栽树木。规则式配置表现的是严谨规整(图5-7)。

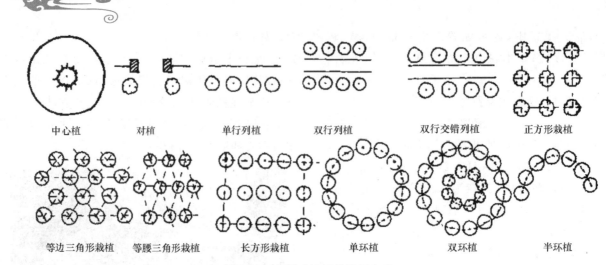

中心植　　　对植　　　单行列植　　　双行列植　　　双行交错列植　　　正方形栽植

等边三角形栽植　　等腰三角形栽植　　长方形栽植　　单环植　　双环植　　半环植

图 5-7　规则式配置的常见方式

（1）中心植　在园林绿地中心或轴线焦点上单株栽植叫中心植。如在广场中心、花坛中心等地的单株栽植。中心植一般无庇荫要求，只是艺术构图需要做主景用。树种多选择树形整齐、生长缓慢并且四季常青的常绿树，如苏铁、异叶南洋杉、雪松、云杉、桧、海桐、黄杨等，根据广场和花坛的大小决定树木的大小。也可用整形树，整出的形状要同周围景色相协调并基本符合树木生长习惯，如雪松、云杉修整成尖塔形，桧修整成圆柱，海桐、黄杨修整成球形等（图 5-8）。

图 5-8　中心植

（2）对植　用同种两株或同类两丛规格基本一致的乔灌木按中轴线左右对称的方式栽植叫对植。对植强调对应的树木在体量、色彩、姿态等方面的一致性，只有这样，才能体现出庄严、肃穆的整齐美。对植可以分为对称对植和拟对称对植。对称对植一般要求栽植同种、同规格、同姿态的乔灌木配置于中轴线两侧，多用于宫殿、寺庙和纪念性建筑前，体现一种肃穆气氛。拟对称对植只是要求体量均衡，并不要求树种、树形完全一致，既给人以严整的感觉，又有活泼的效果，常用于自然式园林入口、桥头、假山登道、园中园入口两侧。

对植树要求形态整齐、美观，多选用常绿树或花木，如苏铁、圆柏、雪松、龙爪槐、荷花玉兰、黄刺玫、棕竹、樱花等。对植树也经常用整形树，除了各种几何形体还可使用形状整齐的树桩，也可根据环境修成鸟兽状，如在动物园入口可修成两个小动物。常用的有罗汉松、水蜡、冬青卫矛、六月雪、黄杨等叶小而耐修剪树种（图 5-9）。

（3）行列植　树木呈带状的行列式种植称为行列植，或称列植，即直线配置，横为行，竖为列。有单列、双列、多列等类型。绿篱、行道树、防护林带、绿廊边缘等地的藤本植物的配置多采用此法。列植主要用于公路、铁路、城市街道、广场、大型建筑周围、防护林带、农田林网、水边种植等。列植树木要保持两侧的对称性，平面上要求株行距相等，立面上树木的冠径、胸径、高矮则要大体一致。当然

图 5-9　对植

这种对称并不一定是绝对的对称,如株行距不一定绝对相等,可以有规律地变化。

　　行列植要注意株行距,株行距离的大小,首先要看林带的种类,然后要根据所选树种的生物学特性,即生长快慢、冠幅大小以及所需要遮荫的郁闭程度而定。行道树列植时如应用速生阔叶树,株距以 6～8(10) m 为宜,慢生阔叶树及针叶树株距 4～6(8) m,,中小乔木为 3～5 m,大灌木为 2～3 m,小灌木为 1～2 m。绿篱可单行也可双行种植,一般绿篱的栽植多用 1～2 年生苗木,单行栽植要密,株距 20～40 cm,配点为直线配点法。双行栽植株距 40～80 cm,行距 40～80 cm,配点可矩形配点或三角形配点。防护林带可密植,株行距为树冠冠幅的 1/2 即可,经过一定时间的生长,可间伐掉 1/2,或让林带郁闭后自疏,按群落规律发展演替(图 5-10)。

图 5-10　行列植

　　(4)环状种植　环状种植即围绕着某一中心把树木配置成圆形、椭圆形、方形、长方形、五角形及其他多边形等封闭图形,一般把半圆也视作环状种植。环状种植可一环也可多环,多用于围障雕塑、纪念碑、草坪、广场或建筑物等。环状种植多是为了陪衬主景,本身变化要小,色泽也尽量暗,以免喧宾夺主。常采用生长慢、枝密叶茂的树种(图 5-11)。

图 5-11　环状种植

　　(5)全面种植　即在一定几何图形的面积上全面栽植上一种或几种树种。多用于专类花园和护坡护岸及其他木本地被植物的栽植。配点法有正方形、长方形及三角形等(图 5-12)。

图 5-12　全面种植

5.2.2.2　自然式配置

　　自然式配置表现的是自然植物的高低错落、疏密有间、多样变化。自然式配置用多相平衡法则,如利用体量大小、数量多寡、距离远近等多对矛盾

求得平衡。

（1）孤植　在自然式园林绿地上栽植孤立树叫孤植。孤植树不同于规则式的中心植，孤植树一定要偏离中线。孤植树一般多用在面积较大的草坪中、山岗上、河边、湖畔、大型建筑物及广场的边缘等地。这些地点的孤植树要求体形大、轮廓丰富，色彩要与天空、水面和草地有对比。在庭院中、假山登道口、悬崖边、道路尽头及小型草地和水滨边也常用孤植树。这些地方，一般要小巧玲珑、体型优美或花繁色艳的树种。

孤植树暴露在阳光下，喜阴及宜森林环境的树种不宜采用。各地要根据当地情况采用乡土树种及已归化的外来树种。北方地区常用树种有油松、胡桃楸、元宝枫、紫椴、白桦、垂柳、银杏等。南方可用榕树、黄葛树、桂花、垂柳、银杏、白玉兰等。巨大孤植树下可放天然石块或设石桌、石凳等供游人乘凉和休息。

（2）丛植（树丛）　2～10株同种或异种树木成丛栽植叫丛植。树丛可配置在大草地上、土丘上、山岗上、路叉处、建筑物边缘、假山石边缘、墙角处、水边或自然式园路两边。树丛基本不郁闭，它所表现的除了群体之美外还要求有个体美。

庇荫为主的树丛一般以单种乔木组成，树丛可入游，但不能设道路，可设石桌、石凳和天然坐石等。观赏为主的树丛可以乔灌混交，还可以搭配宿根或球根花卉。观赏树丛内树种最多不要超过4种，树木种类太多，显得杂乱无章，其中要有一种主调树，其余为配调。观赏树丛还要考虑树丛的季相变化，最好的树丛是四季常绿、三季有花。

①2株配合：2株树组成的树丛一般只能用同种或同属形态相近的树种。2株树要求大小和姿态不一，形成对比，以求动势。树木配置构图上必须符合多样统一的原理，既要有调和又要有对比。

2株树的组合，首先必须有其通相，同时又有其殊相，才能使二者有变化又有统一。不同种的树木，如果在外观上十分相似，也可以考虑配置在一起，如桂花和女贞为同科不同属的植物，配置在一起感到十分调和。同一个树种下的变种和品种，如果差异很小，可以一起配置，如红梅与绿萼梅相配，

就很调和。如果外观上差异太大，仍然不适合配置在一起，如龙爪柳与馒头柳同为旱柳变种，但由于外形相差太大，配在一起就会不调和。

2株的树丛，其栽植的距离不能与两树直径的1/2相等，必须靠近，其距离要比小树冠小得多，这样才能成为一个整体。如果栽植距离大于成年树的树冠，那就变成2株独树而不是一个树丛。

②3株配合：3株树丛的配合中，可以用同一个树种，也可用两种，但最好同为常绿树或同为落叶树，大小姿态也要有对比，可全为乔木，也可乔灌结合，但忌用3个不同树种（如果外观不易分辨不在此限）。3树一丛，第1株为主树，第2、3株为客树。配点法为不等边三角形，3株忌在一直线上，也忌等边三角形栽植。3株树组成树丛的最佳组合为最大者和最小者略微靠近，树冠相接，中等大小的树略远离前两株，树冠不可相接。

③4株配合：4株树丛的配合，用一个树种或两种不同的树种，必须同为乔木或同为灌木才较调和。原则上4株的组合不要乔、灌木合用。4株树组合的树丛，也遵循不等边三角形原则，不能种在一条直线上，可分为2组或3组。分为2组，即3株较近1株远离；分为3组，即2株1组，另1株稍远，再1株远离。

树种相同时，在树木大小排列上，最大的1株要在集体的1组中，远离的可用大小排列在第2、3位的1株；当树种不同时，其中3株为一种，1株为另一种，这另一种的1株不能最大，也不能最小，这一株不能单独成一个小组，必须与其他种组成一个混交树丛，在这一组中，这一株应与另一株靠拢，并居于中间，不要靠边。

④5株配合：5株同为一个树种的组合方式，每株树的体形、姿态、动势、大小、栽植距离都应不同。最理想的分组方式为3：2，就是3株一小组、2株一小组，如果按照大小分为5个号，3株的小组应该是1、2、4成组，或1、3、4成组，或1、3、5成组。总之，主体必须在3株的那一组中。组合原则3株的小组与3株的树丛相同，2株的小组与2株的树丛相同，但是这两小组必须各有动势。另一种分组方式为4：1，其中单株树木，不宜最大或最小，最好是2、3号

树种,两个小组距离不宜过远,动势上要有联系。

5株树丛由两个树种组成,一个树种为3株、另一个树种为2株合适,否则不易协调。如3株桂花配2株槭树容易均衡,如果4株黑松配1株丁香,就很不协调。5株内两个树种组成的树丛,配置上可分为1株和4株两个单元,也可分为2株和3株的两个单元。当树丛分为1:4两个单元时,3株的树种应分置两个单元中,2株的一个树种应置于一个单元中,不可把2株的那个树种分配为两个单元。或者,如有必要把2株的树种分为两个单元,其中一株应该配置在另一树种的包围之中。当树丛分为3:2两个单元时,不能3株的种在同一单元,2株的种在同一单元。

⑤6株及以上的树丛:树木的配置,株数越多就越复杂,但分析起来,孤植树是一个基本,2株丛植也是一个基本,3株由2株和1株组成,4株又由3株和1株组成,5株则由1株和4株或2株和3株组成。理解了5株配置的道理,则6、7、8、9株同理类推。6株配置可以按照2株和4株的组合,7株配置可以按照3株和4株或者2株和5株的组合,8株配置可以按照3株对5株,9株配置可以按照4株对5株或者3株对6株。

(3)群植(树群) 应用10～100株树木配置成小面积的人工群落结构叫群植。树群不同于树丛,除了树木数量多外,更重要的是它相对郁闭。它所表现的主要是群体美,不刻意追求个体美。

树群可以由同种树组成,也可以多种树混交。群植是为了模拟自然界中的树群景观,树群外貌要有高低起伏变化,注意林冠线、林缘线的优美及色彩季相效果。树群组合的基本原则为,高度喜光的乔木层应该分布在中央,亚乔木在其四周,大灌木、小灌木在外缘,这样不致相互遮掩。树群内,树木的组合必须很好地结合生态条件,第一层乔木应该是阳性树,第二层亚乔木可以是弱阳性的,种植在乔木庇荫下及北面的灌木应该喜阴或耐阴;喜暖的植物应该配置在树群的南方和东南方。

(4)林植 林植是较大面积、多株树成片林状种植,形成林地和森林景观。林植一般以乔木为主,有林带、密林和疏林等形式,而从植物组成上

分,又有纯林和混交林的区别。

①林带(带状风景林):林带在园林中有着广泛的功能和用途,既可以防护为主,也可以美化为主。林带一般为狭长带状,多用于路边、河滨、广场周围等。林带既有规则式的也有自然式的。

林带多选用1～2种高大乔木,配合林下灌木组成,林带内郁闭度较高,树木成年后树冠应能交接。林带的树种选择根据环境功能而定,如工厂、城市周围的防护林带,应选择适应性强的种类,如刺槐、杨树、白榆、侧柏等;河流沿岸的林带则应选择喜湿润的种类,如赤杨、落羽杉、桤木等;而广场、路旁的林带,应选择遮荫性好、观赏价值高的种类,如常用的有水杉、白桦、银杏、女贞、柳杉等。

②疏林:郁闭度在0.4～0.6的林地为疏林,地下可是天然草场或人工草坪。其中可供游人休息、游戏、空气浴和野餐等。疏林中的树种应具有较高的观赏价值,树冠开展,树荫疏朗,生长强健,花和叶的色彩丰富,树枝线条曲折多变,树干美观,常绿树与落叶树搭配要合适,一般以落叶树为多。常用的树种有白桦、水杉、银杏、枫香、金钱松、毛白杨等。疏林中的树木的种植要三五成群,疏密相间,有断有续,错落有致,构图生动活泼。树木间距一般为10～20 m。林下草坪应该含水量少,组织坚韧耐践踏,不污染衣服,最好冬季不枯黄。尽可能让游人在草坪上活动,所以一般不修建园路,但是作为观赏用的嵌花草地疏林,就应该有路可通,不能让游人随意在草地上行走。为了能使林下花卉生长良好,乔木的树冠应疏朗一些,不宜过分郁闭。

疏林还可以与广场相结合形成疏林广场,多设置于游人活动和休息使用较频繁的环境。

③密林:郁闭度在0.7以上的林地为密林,以涵养水源或观赏为主。一般多采用两种以上乔灌木混交,配点方式可接近规则式。密林一般不可入游,但可在其间配置林间空地及林间小路,路两侧配置一些花灌木及多年生草花花丛。密林栽植可密,郁闭后按群落规律自疏和演替。

密林又有单纯密林和混交密林之分。在艺术效果上各有特点,前者简洁壮阔,后者华丽多彩。但是从生物学特性来看,混交密林比单纯密林好。

单纯密林。单纯密林是由一个树种组成的,它没有垂直郁闭景观美和丰富的季相变化。为了弥补这一缺点,可以采用异龄树种造林,结合利用起伏地形的变化,同样可以使林冠得到变化。林区外缘还可以配置同一树种的树群、树丛和孤植树,增强林缘线的曲折变化。林下配置一种或多种开花华丽的耐阴或半耐阴草本花卉,以及低矮、开花繁茂的耐阴灌木。单纯林植一种花灌木也可以取得简洁壮阔之美。从景观角度,单纯密林一般选用观赏价值较高、生长健壮的适生树种,如马尾松、油松、白皮松、水杉、枫香、桂花、黑松以及竹类植物。

混交密林。混交密林是一个具有多层复合结构的植物群落,大乔木、小乔木、大灌木、小灌木、高草、低草各自根据自己的生态要求和彼此相互依存的条件,形成不同的层次,所以季相变化比较丰富。供游人欣赏的林缘部分,其垂直成层构图要十分突出。混交密林的种植设计,大面积的可采用不同树种的片状、带状或块状混交;小面积的多采用小片状或点状混交,一般不用带状混交,同时要注意常绿与落叶、乔木与灌木的配合比例,以及植物对生态因子的要求。

(5)散点植 以单株或单丛在一定面积上进行散布种植叫散点植。每个点虽如孤植树,但不如孤植树那么强调个体美或庇荫功能,而是着重点与点之间有呼应的动态联系,整体具韵律与节奏美(二维码5-12)。

二维码5-12 乔灌木的自然式配置

5.2.3 花卉的配置形式

草本花卉是园林绿化的重要植物材料,即所谓"树木增添绿色,花卉扮靓景观"。草本花卉种类繁多、繁殖系数高、花色艳丽丰富,在园林绿化的应用中有很好的观赏价值和装饰作用。它与地被植物结合,不仅能增强地表的覆盖效果,更能形成独特的平面构图。在现实生产中,草本花卉更适宜节日庆典、各种大型活动的气氛营造。

5.2.3.1 花坛

(1)花坛的特点 花坛是指在一定范围的畦地上,按照整形式或半整形式的图案栽植观赏植物以表现花卉群体美的园林景观设施。花坛是一种古老的花卉应用形式,是运用花卉的群体效果来体现图案纹样,可供观赏盛花时的绚丽景观,它以突出鲜艳的色彩或精美华丽的图案来体现其装饰效果。

从景观的角度来看,花坛具有美化环境的作用。设置色彩鲜艳的花坛,可以打破建筑物所造成的沉闷感,带来蓬勃生机。在公园、风景名胜区、游览地布置花坛,不仅美化环境,还可构成景点。花坛设置在建筑墙基、喷泉、水池、雕塑、广告牌等的边缘或四周,可使主体醒目突出,富有生气。在剧院、商场、图书馆、广场等公共场合设置花坛,可以很好地装饰环境。若设计成有主题思想的花坛,还能起到宣传的作用。

从实用的方面来看,花坛则具有组织交通、划分空间的功能。交通环岛、开阔的广场、草坪等处均可设置花坛,用来分隔空间和组织游览路线。

(2)花坛的分类

①按形态分类:分为平面花坛和立体花坛两类。

平面花坛指花坛表面与地面平行,主要观赏花坛的平面效果。平面花坛又可按构图形式分为规则式、自然式和混合式3种。

立体花坛是指花坛向空间延伸,具有纵向景观,利于四面观赏,如将植物材料和雕塑结合,形成生动活泼的立体花坛。斜面花坛是指设置在斜坡或阶地上的花坛,也可布置在建筑物的台阶上。花坛表面为斜面,是主要观赏面。

②按观赏季节分类:分为春花坛、夏花坛、秋花坛和冬花坛。

③按栽植材料分类:分为一二年生草花坛、球根花坛、水生花坛、专类花坛(如菊花花坛、翠菊花坛)等。

④按表现形式分类:分为盛花花坛、模纹花坛、标题式花坛、立体造型花坛、混合花坛等。

盛花花坛,又称花丛花坛,是以观花草本植物花期中的花卉群体的华丽色彩为表现主题,可由同种花卉不同品系或不同花色的群体组成,也可由花色不同的多种花卉的群体组成,用中央高、边缘低的花丛组成色块图案,以表现花卉的色彩美。

模纹花坛又叫绣花式花坛,主要由低矮的观叶植物或花、叶兼美的植物组成,以群体形式构成精美图案或装饰纹样,不受花期的限制;并适当搭配些花朵小而密集的矮生草花,观赏期待别长。

标题式花坛,指用观花或观叶植物组成具有明确的主题思想的图案,如文字图案、肖像图案、象征性图案等。

立体造型花坛,指以枝叶细密的植物材料种植于具有一定结构的立体造型骨架上,从而形成的一种花卉立体装饰。

混合花坛,指不同类型的花坛,如盛花花坛和模纹花坛等可以同时在一个花坛内使用。

⑤按花坛的运用方式分类:分为单体花坛、带状花坛、连续花坛和花坛群。现代又出现了移动花坛,是由许多盆花组成,适用于铺装地面和装饰室内。

单体花坛,即独立花坛,一般设在较小的环境中,既可布置为平面形式,也可布置为立体形式,小巧别致。单体花坛一般做主景,可以是花丛花坛模纹花坛、标题式花坛、立体造型花坛。

带状花坛,指长短轴之比大于 4:1 的长形花坛,可作为主景或配景,常设于道路的中央或两旁,以及作为建筑物的基部装饰或草坪的边饰物。也可在路边设简单的带状花坛,起装点的作用。

连续花坛,指由若干个小坛沿长轴方向连续排列组成一个有节奏的不可分割的构图整体形式。

花坛群,由两个以上的个体花坛组成的,在形式上可以相同也可以不同,但在构图及景观上具有统一性,多设置在较大的广场、草坪或大型的交通环岛上。

(3)主要花坛的造景设计

①盛花花坛

植物选择:植株低矮,不超过 40 cm,开花繁茂、花期一致的一二年生花卉(如三色堇)。

色彩处理:花色鲜艳,多用对比色暖色,配色不宜多,2～3 种为宜。

图案设计:内部图案宜简洁鲜明,植床轮廓可复杂些。平面观赏为主,植物植床不宜太高,一般小于 10 cm,周围用缘石围起。花卉须经常更换的花坛,也可以另设计图案,保证花坛的季相交替景观。

②模纹及标题花坛

植物选择:各种五色苋(苋科)、生长缓慢低矮的观叶植物(如白草、红绿草等)、花朵小而密的观花植物(如旱小菊)、常绿小灌木(如雀舌黄杨),控制高度 5～10 cm。

色彩处理:色彩简洁,二种相间,突出纹样。

图案设计:内部纹样丰富多样、复杂精细,外部植床轮廓简单。

③装饰小品花坛(立体花坛)

植物选择:以五色苋等观叶植物为主及小菊花等从小繁茂的观花植物。

色彩纹样:主体色彩简洁,以形体造型为主。

立面朝向:以东西两向观赏效果为好,因为南向光照过强,北向逆光,纹样暗淡。

④活动花坛

植物选择:可用花卉广泛,植物(一二年生、宿根、多浆)按应时花卉选择搭配。

色彩图案:色彩华丽鲜艳,不宜多(2～3 种)、图案简洁明快。

栽植养护多在圃地进行,故施工快捷保证质量,并且不妨碍文通、不污染街景。

⑤独立花坛

位置:多做局剖构图中心的主景。位于园门入口、道路交叉口、建筑前广场中心。长短轴与广场纵横方向一致。

大小:与广场面积比为 1/5～1/3,因场地及花坛性质而定,休息场地比集散场地大些,简洁的花坛比复杂华丽的场地面积要大些。以花坛自身而言,盛花花坛直径及短轴 15～20 m,模纹花坛 8～10 m。长短轴比小于 3:1。

平面形式及观赏类型:外形为对称的几何形,

单面或多面对称的花式图案。通常选用色彩艳丽、纹样华丽及只有象征意义的盛花花坛、模纹花坛及标题式花坛。

⑥带状花坛：多做园林构图的配景，位于道路中央、两旁或建筑、雕塑、壁画等的基础装饰。做主景两侧的配景时，应对称分布在轴线两侧，但自身最好不对称，做主景基座装饰配景时（共同构成主景）色彩、体量要恰如其分。

⑦花坛群、花坛组群：花坛群宜布置在大面积的建筑广场、草坪中央、大型公共建筑的前方或是规则式园林的构图中心，形成构图主景。花坛群的构图中心一般为独立花坛、水池、喷泉、雕塑、纪念碑等，其周围为中轴对称或辐射对称的模纹花坛、盛花花坛等配景花坛，共同组景。在允许游人进入活动的空间，花坛间有园路或铺装场地及草坪相连。花坛群内部还可以设置座椅、花架以供游人休息。

⑧连续花坛群：多做配景安排，位于道路、游人林荫路及纵长广场的长轴线与坡道上。经常用2种或3种不同形式的花坛来交替演进。结合水池、喷泉、雕塑、建筑等来强调其连续景观的起点、高潮和结尾（二维码5-13）。

二维码5-13 花坛配置

5.2.3.2 花境

（1）花境的特点 花境是模拟自然界中林池边缘地带多种野生花卉交错生长的状态，运用艺术手法提炼、设计成的一种花卉应用形式。它在设计形式上是沿着长轴方向演进的带状连续构图，是竖向和水平的综合景观。平面上看是各种花卉的块状混植，立面上看高低错落。每组花丛通常由5～10种花卉组成，一般同种花卉要集中栽植。花丛内应由主花材形成基调，次花材作为补充，由各种花卉共同形成季相景观。花境表现的主题是植物本身所特有的自然美，以及植物自然景观，还有分隔空间和组织游览路线的作用。

花境是以多年生花卉为主组成的带状地段，花境中各种花卉配置比较粗放，也不要求花期一致，但要考虑到同一季节中各种花卉的色彩、姿态、体型及数量的协调和对比，整体构图必须严整。因此，花卉应以选用花期长、色彩鲜艳、栽培管理粗放的草本花卉为主，常用的有美人蕉、蜀葵、金鱼草、美女樱、月季、杜鹃等。

（2）花境的分类

①根据植物材料划分

a.专类植物花境：是指由同一属不同种类或同一种不同品种植物为主要种植材料的花境。要求花卉的花色、花期、花型、株型等有较丰富的变化，从而充分体现花境的特点，如芍药花境、百合类花境、鸢尾类花境、菊花花境等。

b.宿根花卉花境：花境全部由可露地过冬的宿根花卉组成，因而管理相对较简便。常用的植物材料有蜀葵、风铃草、大花滨菊、瞿麦、宿根亚麻、桔梗、宿根福禄考、亮叶金光菊等。

c.混合式花境：花境种植材料以耐寒的宿根花卉为主，配置少量的花灌木、球根花卉或一二年生草花。这种花境季相分明，色彩丰富，植物材料也易于寻找。园林中应用的多为此种形式，常用的花灌木有杜鹃类、鸡爪槭、凤尾兰、紫叶小檗等；球根花卉有风信子、水仙、郁金香、大丽花、晚香玉、美人蕉、唐菖蒲等；一二年生草花有金鱼草、蛇目菊、矢车菊、毛地黄、月见草、毛蕊花、波斯菊等。

②根据观赏部位划分

a.单面观赏花境：多临近道路设置，常以建筑物、围墙、绿篱、挡土墙等为背景，前面为低矮的边缘植物，整体上前低后高，仅供游人一面观赏。在建筑物前以观赏葱、蔷薇等组成观赏花境。在公园道路的一侧，可以浓密的树丛为背景设置花境，在树丛和花境之间用小叶黄杨篱加以分隔，既拉开了层次，又不致过于零乱。所用的植物材料主要为一二年生草花，如红色的杂种矮牵牛、黄色的万寿菊、银灰色的雪叶菊等。

b.两面观赏花境:多设置在草坪上、道路间或树丛中,没有背景。植物种植形式中央高、四周低,供两面观赏。花境设置在草坪上,一侧紧临道路,因为没有浓密的背景树将其遮挡起来,游人可以从多个角度欣赏景致。所选用的材料高度要适中,可选择玉簪、鸢尾、萱草等。

c.对应式花境:在公园的两侧、草坪中央或建筑物周围设置相对应的两个花境,在设计上作为一组景观统一考虑。多采用不完全对称的手法,以求有节奏和变化。在带状草坪的两侧布置对应式的一组花境,它们在体量和高度上比较一致,但在植物种类和花色上又可各有不同,成为和谐的一组景观。

(3)花境的设置　园林中常见的花境布置位置及背景如下:

①建筑物墙基前:楼房、围墙、挡土墙、游廊、花架、栅栏、篱笆等构筑物的基础前都是设置花境的良好位置,可软化建筑物的硬线条,将它们和周围的自然景色融为一体,起到巧妙的连接作用。植物材料在株高、株形、叶形、花形、花色上应有区别,产生五彩斑斓的群体景观效果。

②道路的两侧:道路用地上布置花境有两种形式,一是在道路中央布置两面观赏的花境;二是在道路两侧分别布置一排单面观赏的花境,它们必须是对应演进,以便成为一个统一的构图。道路的旁边设置大型的混合花境,不仅丰富了景观,而且可使各种各样的植物成为人们瞩目的对象。当园路的尽头有喷泉、雕塑等园林小品时,可在园路的两侧设置对应花境,烘托主题。

③绿地中较长的绿篱、树墙前:以绿篱、树墙为背景来设置花境,不仅能够打破这种沉闷的格局,绿色的背景还能使花境的色彩充分显现出来,花境自然的形体柔化了绿墙的直线条,将道路(草坪)和绿墙很流畅地衔接起来。由不同植物形成的花境,其风格是不同的,如欧洲荚蒾、八仙花等,形成充满野趣的花境。但在追求庄严肃穆意境的绿篱、树墙前,如纪念堂、墓地陵园等场合,不宜设置艳丽的花境。

④宽阔的草坪上及树丛间:这类地方最宜设置双面观赏的花境,在花境周围辟出游步道,既便于游人近距离地观赏,又可增加层次,开创空间,组织游览路线。

⑤居住小区、别墅区:沿建筑物的周边和道路布置花境,能使园内充满大自然的气息。在小的花园里,花境可布置在周边,依具体环境设计成单面观赏、双面观赏或对应式花境。在空间比较开阔的私家园林的草坪上布置混合式的花境,如可在建筑物旁边,设计色块团状分布的花境,使用黄色的矮生黑心菊、白色的小白菊、紫色的薰衣草,以体现花境的群体之美。

⑥与花架、游廊配合:花架、游廊等建筑物的台基,一般均高出地面,台基的正立面可以布置花境,花境外再布置园路。花境装饰了台基,游人可在台基上闲庭信步,甚至流连忘返。

(4)花境的造景要求　花境是园林中由规则式向自然式过渡的一种种植形式,既要表现植物的个体美又要展现植物自然组合的群体美,并要求一次种植后能多年使用,而且四季有景。

①植床设计:花境的种植床是带状的。单面观赏花境的后边缘线多采用直线,前边缘线可为立线或自由曲线。两面观赏花境的边缘线基本平行,同样可以是直线,也可以是流畅的自由曲线。

种植床依环境土壤条件及装饰要求可设调成平床或高床,高床以缘石围合,缘石高出地面30~40 cm。平床可设缘石(高出地面7~10 cm)或植床与外缘草地或路面相平。植床外缘为直线或与内缘线大致平行,并且应有2%~4%的排水坡度,利于观赏、排水。

②朝向要求:对应式花境要求长轴沿南北方向展开,以使左右两个花境光照均匀。其他花境可自由选择方向,但要注意选择植物,要根据花境的具体位置而定。

③花境大小:因环境空间的大小不同,通常花境的长轴长度不限,但为管理方便及体现植物布置的节奏、韵律感,过长的植床可分为几段,每段长度不超过20 m为宜。段与段之间可留2~3 m的间歇地段,设置座椅或其他园林小品。

花境的短轴(宽度)视组景需要及方便管理而设置,过窄不易体现群落的景观,过宽超过视觉鉴

赏范围,也给管理造成困难。

通常,混合花境较宿根花境宽阔,双面观花境较单面观赏花境宽阔。单向观赏混合花境4～5 m;单面观花宿根花境2～3 m;双面观花境4～6 m。在家庭小花园中花境可设置1～1.5 m,一般不超过院宽的1/4。

④背景设计:单面观赏花境需要背景,花境的背景依设置场所不同而异。绿色的树墙或高篱是较理想的背景,易于表现花卉的色彩美感。建筑物的墙基及各种栅栏可做背景,以绿色或白色为宜。如果背景的颜色和质地不理想,可在背景前选种高大的绿色观叶植物或攀援植物,形成绿色屏障。

背景树是花境的组成都分之一,较宽的花境与背景树之间留有距离。例如留出70～80 cm的小路,以便于管理,以有通风作用,并能防止背景树的根系侵扰花卉。

⑤边缘设计:高床边缘可用自然的石块、砖头、碎瓦、木条垒砌而成。

平床边缘多用低矮植物镶边,以15～20 cm高为宜。可用同种植物,也可用不同植物,后者更近自然。若花境前面为园路,边缘用草坪带镶边,宽度至少30 cm。

若要求花境边缘分明、整齐,还可以在花境边缘与环境分界处以金属或塑料条板划分。防止边缘植物侵蔓路面或草坪(二维码5-14)。

二维码5-14　花镜配置

5.2.3.3　花卉的其他配置形式

(1)花台与花池　凡种植花卉的种植槽,高者即为台,低者则称为池。花台是将花卉栽植于高出地面的台座上,花池则一般平于地面或稍稍高出地面。

花台多从地面抬高40～100 cm形成空心台座,以砖、混凝土或自然山石砌边框,中间填土种植观赏植物。花台的形状是多种多样的,有单个的,也

有组合型的;有几何形体,也有自然形体。一般在上面种植小巧玲珑、造型别致的松、竹、梅、丁香、南天竺、铺地柏、枸骨、芍药、牡丹、月季等。中国古典园林中常采用此种形式,现代公园、花园、工厂、机关、学校、医院、商场等庭院中也常见。花台还可与假山、座凳、墙基相结合作为大门旁、窗前、墙基、角隅的装饰。

花池与花台相比其种植床和地面高程相差不多。它的边缘也用砖石维护,池中经常灵活地种以花木或配置山石。种植要求与花台类似,面积可大些。花池常由草皮、花卉等组成一定图案画面,依内部组成不同又可分为草坪花池、花卉花池、综合花池等。花池常与栏杆、踏步等结合在一起,也有用假山石围合起来的,池中可利用草本花卉的品种多样性组成各种花纹。花池也适合布置在街心花园、小游园和道路两侧。

(2)花丛　花丛是指根据花卉植株高矮及冠幅大小之不同,将数目不等的植株组合成丛配置于阶旁、墙下、路旁、林下、草地、岩隙、水畔等处的自然式花卉种植形式,其重在表现植物开花时华丽的色彩或彩叶植物美丽的叶色。

花丛是花卉自然式配置的最基本单位,也是花卉应用得最广泛的形式。花丛可大可小,小者为丛,集丛为群,大小组合,聚散相宜,位置灵活,极富自然之趣。用作花丛的植物材料应以适应性强,栽培管理简单,且能园地越冬的宿根和球根花卉为主,既可观花,也可观叶或花叶兼备,如芍药、玉簪、萱草、鸢尾、百合、玉带草等,以及一二年生花卉及野生花卉。

花丛的设计,要求平面轮廓和立面轮廓都应是自然式的,边缘不用镶边植物,与周围草地、树木没有明显的界线,常呈现一种错综自然的状态。

(3)花缘及花带　花缘是指宽度小于1 m的带状规则式花卉布置。花带是指花卉成自然式带状布局的形式,长宽比大于4:1,其多布置于自然道路两旁、树林边缘、河边、园墙下、山脚等处。

(4)花群及花地　花群是指几十株或几百株花卉自然成群种植在一起的花卉景观。花地是指花卉大面积成片紧密栽植,形成景色壮观的布局形式。

（5）花箱与花钵　用木、竹、瓷、塑料制造的，专供花灌木或草本花卉栽植使用的箱称为花箱。花箱可以制成各种形状，摆成各种造型的花坛、花台外形，机动灵活地布置在室内、窗前、阳台、屋顶、大门口及道旁、广场中央等处。花箱的样式多种多样，平面可以是圆形、半圆形、方形、多边形等，立面可以分单层、多层等。

为了美化环境，近年来出现许多特制的花钵来代替传统花坛。由于其装饰美化简便，被称作"可移动的花园"。这些花钵灵活多样，随处可用，如在一些商业街、步行街、景观大道、广场、商场室内或室外等公共活动场所、户外休闲空间等，应用一些碗状、杯状、坛状或其他形状的种植器皿与其内部栽植的植物共同装点环境。

美化环境时，可根据钵和箱样式、大小的不同，进行多种多样的艺术组合。组合的形式可以是几何式、自然式、混合式、集中布置、散置等，具体布局形式要由美化地点的具体情况决定。

（6）花柱　利用铁架、花盆配以各种花草而完成特定的立式柱状景观称为花柱，可用于广场、道路、绿化带、公园、商业场所、大型会展、街道、社区、路口等处的摆放，烘托热烈气氛。现代的组合式塑料花柱，较传统人工用铁焊接的花柱有较多优点，如制作周期的时间及难度大幅减少；更美观更耐用，不会像铁做的花柱因铁锈产生大量的锈水；种花和换花非常简便及牢固；浇水简便、透气性好。

（7）花卉的装饰栽植

悬吊式：悬吊式是指把花卉或观叶植物栽植于装饰性较强的盆器内，用精美的吊绳悬吊起来，以供观赏，可形成直立式（冷水花）、下垂式（吊兰）、网篮式景观。

树根式：以体态适宜的树根为栽植花卉的载体，在其交接、分叉处开出种植穴，放入营养土栽以花卉，可点缀在家庭、宾馆门厅、书房等。

标牌式：选择有自然纹理的木板，在其上适宜处打一直径 8～10 cm 的圆孔，用金属网做一囊状栽植穴，固定在板孔中，垫棕填土栽花。标牌既是花卉饰品又有实用功能，空白处写字，作为路标等标志（二维码 5-15）。

二维码 5-15　花卉的其他配置形式

5.2.4　草坪与地被的配置形式

草坪与地被植物由于密集覆盖地表，不仅具有美化环境的作用，而且对环境有着更为重要的生态意义。

5.2.4.1　草坪植物的组成分类

（1）草坪概念与草坪分类　草坪植物是组成草坪的植物总称，又叫草坪草。草坪草多指一些适应性较强的矮生禾本科及莎草科的多年生草本植物。

①草坪按景观用途分为以下几类

缀花草坪（图 5-13）：在草坪的边缘或内部点缀一些非整形式成片栽植的草本花卉而形成的组合景观。常用的花卉为球根或宿根花卉，有时也点缀一些一二年生花卉。常用的草本花卉主要有水仙属、番红花属、香雪兰属、鸢尾属、玉帘属、玉簪属、锦鸡儿属、铃兰属等。

图 5-13　缀花草坪

野趣草坪：指人工模仿的天然草坪。道路不加铺装，草坪也不用人工修剪，路旁的平地上有意识地撒播各种牧草、野花，散点石块，少量模仿被风吹倒的树木，起伏的矮丘陵上种植些灌木丛，与四周人工造园的景象形成明显对比，别有情趣。

规则式草坪（图5-14）：多见于规则式园林中，采用图案式花坛与草坪组合，或使用修剪整齐的常绿灌木图案为绿色草坪所衬托，清晰而协调。无论花坛面积大小，草坪均为几何形，对称排列或重复出现。西方古典城堡宫廷中常利用这种规则的草坪，以求得严整的效果。

图5-14　规则式草坪

疏林草坪（图5-15）：指落叶大乔木夹杂少量针叶树组成的稀疏片林，分布在草坪的边缘或内部，形成草坪上的平面与立面的对比、明与暗的对比、地平线与曲折的林冠线的对比。这类景观在欧美自然式园林中占有很大的比例。

图5-15　疏林草坪

乔、灌、花组合的草坪（图5-16）：乔、灌木、草花环绕草坪的四周，形成富有层次感的封闭空间。草坪可居中，草花沿草坪边缘，灌木作草花的背景，乔木作灌木的背景，在错落中互相掩映，尤其花灌木的配置要适当，花期、花色千变万化，成为一幅连续

的长卷。

图5-16　乔、灌、花组合的草坪

高尔夫球场式草坪（图5-17）：起伏的草坪，视线通透开敞，中间偶然设有水池、沙坑，边缘有乔木、灌木形成的防护林带，少数精美的休息室或小亭点缀其间。

图5-17　高尔夫球场式草坪

②草坪草按生态类型分为两类　冷季型草坪草和暖季型草坪草。

冷季型草坪草主要分布于华北、东北、西北等地区，最适生长温度11～20℃。暖季型草坪草主要分布于长江流域及其以南的热带、亚热带地区，最适生长温度25～30℃。

根据我国夏季酷热期长的气候特点及各地土壤条件的差异，草坪草区域大致划分为：长江流域以南，主要应用狗牙根、假俭草、地毯草、钝叶草、细叶结缕草、结缕草等暖季型草坪草；黄河流域以北，主要应用匍茎翦股颖、草地早熟禾、加拿大早熟禾、林地早熟禾、紫羊茅、意大利黑麦草、苇状羊茅等冷季型草坪;长江流域至黄河流域过渡地区,除要求积温较高的地毯草、钝叶草和假俭草外,其他暖季型草坪草及全部冷季型草坪草都可使用。

(2)草坪的景观特点及应用 草坪是园林景观的重要组成部分,不仅有着自身独特的生态学特点,而且有着独特的景观效果(图5-18)。在园林绿化布局中,草坪不仅可以做主景,而且能与山、石、水面、坡地以及园林建筑、乔木、灌木、花卉、地被植物等密切结合,组成各种不同类型的景观空间,为人们提供游憩活动的良好场地。同时,其绿色的基调,还是展示其他园林景观元素的背景(二维码5-16)。

图 5-18 随地形变化的草坪景观

二维码 5-16 草坪在园林景观中的特点及应用原则

5.2.4.2 地被植物的组成分类

(1)地被的概念与功能 地被是指以植物覆盖园林空间的地面形成的植物景观。紧贴地面的草皮,一二年生的草本花卉,甚至是低矮、丛生、紧密的灌木均可用作地被。多种类观赏植物的应用,多层次的绿化,使得地被植物的作用也越来越突出。

地被有两个层次的功能。第一个层次是替代草坪,用于覆盖大片的地面,给人以类似草坪的外观,利用这类自然、单纯的地被植物来烘托主景或焦点物。第二个层次是装饰性的地被,我们可利用这类色彩或质地明显对比的地被植物并列配置来吸引游人的注意力,它可以装点园路的两旁,为树丛增添美感和特色。

(2)地被的分类 组成地被植物的种类包括多年生草本,自播能力很强的少数一二年生草本植物,以及低矮丛生、枝叶茂密的灌木和藤本、矮生竹类、蕨类等。具体的分类如下:

①按生态习性分类

a.喜光地被:在全光照下生长良好,遮荫处茎细弱,节伸长,开花减少,长势不理想,如马蔺、松果菊、金光菊、常夏石竹、五彩石竹、火星花、金叶过路黄等。

b.耐阴地被:在遮荫处生长良好,全光照条件下生长不良,表现为叶片发黄、叶变小、叶边缘枯萎,严重时甚至全株枯死,如虎耳草、狮子草、庐山楼梯草等。

c.半耐阴地被:喜欢漫射光,全遮荫时生长不良,如常春藤、杜鹃、石蒜、阔叶麦冬、吉祥草、沿阶草等。

d.耐湿类地被:在湿润的环境中生长良好,如溪荪、鱼腥草、石菖蒲、三白草等。

e.耐干旱类地被:植物在比较干燥的环境中生长良好,耐一定程度干旱,如德国景天、宿根福禄考、百里香、苔草、半支莲、垂盆草等。

f.耐盐碱地被:此类植物在中度盐碱地上能正常生长,如马蔺、罗布麻、扫帚草等。

g.喜酸性地被:如水栀子、杜鹃等。

②按植物学特性分类

a.多年生草本地被:如诸葛菜、吉祥草、麦冬、紫堇、三叶草、酢浆草、水仙、铃兰、葱兰等。

b.灌木类地被:植株低矮、分枝众多、易于修剪选型的灌木,如八仙花、桃叶珊瑚、黄杨、铺地柏、连翘、紫穗槐等。

c.藤本类地被:指耐性强,具有蔓生或攀援特点的植物,如爬行卫矛、常春藤、络石等(图5-19)。

图 5-19　藤本类地被

图 5-21　观花类地被——紫花萼苣

d. 矮生竹类地被：指生长低矮、匍匐性、耐阴性强的植物，如菲白竹、阔叶箬竹等。

e. 蕨类地被：指耐阴耐湿性强，适合生长在温暖湿润环境的植物，如贯众、铁线蕨、凤尾蕨等（图 5-20）。

图 5-20　蕨类地被

③按观赏部位分类

a. 观叶类地被：叶色美丽，叶形独特，观叶期较长，如金边阔叶麦冬、紫叶酢浆草等。

b. 观花类地被：花期较长，花色绚丽，如松果菊、大花金鸡菊、宿根天人菊等（图 5-21）。

c. 观果类地被：果实鲜艳，有特色，如紫金牛、万年青等。

（3）地被的景观特点及应用　丰富多彩的地被植物形成了不同类型的地被景观，不同质感的地被植物可以创造出柔和的或质朴的地被植物景观。

园林地被景观具有丰富的季相变化。除了常绿针叶类及蕨类等，大多数一二年生草本、多年生草本及灌木和藤本地被植物均有明显的季相变化，有的春华秋实，有的夏季苍翠，有的霜叶如花。

地被可以烘托和强调园林中的景点。一些主要景点，只有在强烈的透景线的引导下，或在相对单纯的地被植物背景衬托下，才会更加醒目并成为自然视觉中心。

地被可以使园林中景观中不相协调的元素协调起来。如生硬的河岸线、笔直的道路、建筑物的台阶和楼梯、庭园中的道路、灌木、乔木等，都可以在地被植物的衬托下显得柔和而变成协调的整体。用作基础栽植的地被，不仅可以避免建筑顶部排水造成基部土壤流失，而且可以装饰建筑物的立面，掩饰建筑物的基部，同时对雕塑基座、灯柱、座椅、山石等均可以起到类似的景观效果（二维码 5-17）。

二维码 5-17　地被植物在园林中的应用原则

5.2.4.3　草坪与地被的配置要求

（1）草地踩踏与人流的问题　何处布置游憩草坪与人流量的多少有密切关系。适宜的踩踏（3～5次/日）对草种地下茎的发育有促进作用（增加粗度和韧性）。但在单位面积上的游人踩踏次数不能超过 10 次/日,否则影响生长。

(2)草坪的坡度设置

①排水的要求:从地面的排水要求来考虑,草坪的最小允许坡度应大于 0.5%。体育场上的草坪,由场中心向四周跑道倾斜的坡度为 1%。网球场草坪,由中央向四周的坡度为 0.2%~0.5%。

②水土保持的要求:从水土保持方面考虑,为了避免水土流失,任何类型的草坪、草地其坡度不能超过其"土壤自然安息角"(一般为 30°左右)。

③游园活动的要求:体育活动草坪以平为好,除了排水所必须保有的最低坡度以外,越平越好。一般观赏草坪、林中草坪及护坡护岸草坪等,只要在土壤的自然安息角以下和必需的排水坡度以上即可,在活动方面没有别的特殊要求。

关于游憩草坪,除必须保持最小排水坡度以外,坡度最好在 5%~10% 起伏变化。自然式的游憩草坪,地形坡度不要超过 15%,如果坡度太大,进行游憩活动不安全,同时也不便于割草机进行割草工作。

(3)风景艺术构图要求　从风景艺术构图要求考虑,应使草坪的类型(规则、自然、缀花、空旷)、大小、微地形起伏变化(坡度大小)、立面造型与其周围的景物协调。可以形成单纯壮阔的景色(单纯空旷的大草坪),也可以形成有对比、起伏的景观变化。

在一定的视线范围内,多种植物的形态(包括大小、高低、姿态、色彩等)以及用它们作为草坪时空间的划分、主景的安排、树丛的组合和色彩与季相的变化等,都能直接影响草坪的空间效果,给游人以不同的艺术感受。

5.2.5　绿篱植物的配置

凡是由灌木(也可用小乔木)以近距离的株行距密植,栽成单行、双行或多行,形成结构紧密的规则种植形式,称为篱植,又叫绿篱或绿墙。篱植起着阻隔空间和引导交通的作用。

5.2.5.1　绿篱的类型

(1)依高度区分　根据绿篱栽植高度的不同,可以分为绿墙、高绿篱、中绿篱和矮绿篱 4 种。

绿墙:高度在一般人眼(约 1.7 m)以上,阻挡人

们视线通过的属于绿墙或树墙。用作绿墙的材料有珊瑚树、桧柏、枸橘、大叶女贞、石楠等。绿墙的株距可采用 100~150 cm,行距 150~200 cm。

高绿篱:高度为 1.2~1.6 m,人的视线可以通过,但其高度是一般人所不能跃过的,称为高绿篱。主要用以防噪声、防尘、分隔空间。用作高绿篱的材料有构树、柞木、珊瑚树、小叶女贞、大叶女贞、桧柏、锦鸡儿、紫穗槐等。

中绿篱:高度为 0.5~1.2 m,比较费事才能跨越而过的绿篱,称为中绿篱。这是一般园林中最常用的绿篱类型。用作中绿篱的植物主要有洒金千头柏、龙柏、刺柏、矮紫杉、小叶黄杨、小叶女贞、海桐、火棘、枸骨、七里香、木槿、扶桑等。

矮绿篱:凡高度在 50 cm 以下,人们可以毫不费力一跨而过的绿篱,称为矮绿篱。除作境界外,还可用作花坛、草坪、喷泉、雕塑周围的装饰、组字、构成图案,起到标志和宣传作用,也常作基础种植。矮篱株距为 30~50 cm,行距为 40~60 cm,矮绿篱的材料主要有千头柏、六月雪、假连翘、菲白竹、小檗、小叶女贞、金叶女贞等。

(2)依观赏特性区分　根据绿篱功能要求与观赏要求不同,可分为常绿绿篱、落叶篱、花篱、果篱、刺篱、蔓篱与编篱等。

常绿绿篱:由常绿树组成的绿篱,常用的主要树种有桧柏、侧柏、罗汉松、大叶黄杨、海桐、女贞、小蜡、锦熟黄杨、雀舌黄杨、冬青、月桂、珊瑚树、蚊母、观音竹、茶树等。

落叶篱:由一般落叶树组成,东北、华北地区常用,主要树种有榆树、木槿、紫穗槐、柽柳、雪柳、茶条槭、金钟花、紫叶小檗、黄刺玫、红瑞木、黄瑞木等。

花篱:由观花灌木组成的比较精美的绿篱,多用于重点绿化地带。常用的主要树种有桂花、栀子花、茉莉、六月雪、金丝桃、迎春、黄素馨、溲疏、木槿、锦带花、金钟花、紫荆、郁李、珍珠梅、绣线菊类等。

果篱:由观果灌木组成的绿篱,常用的主要种类有紫珠、枸骨、火棘、柑橘、金银木、花椒、月季等。果篱以不规则整形修剪为宜,如果修剪过重,则结

果较少,影响观赏效果。

刺篱:在园林中为了防范,常用带刺的植物作绿篱。常用的树种有枸骨、枸橘、花椒、小檗、黄刺玫、蔷薇、月季、胡颓子、山皂荚等。其中枸橘用作绿篱有"铁篱寨"之称。

蔓篱:建立竹篱、木栅围墙或铁丝网篱,同时栽植藤本植物。常用的植物有凌霄、金银花、山荞麦、爬行蔷薇、地锦、蛇葡萄、南蛇藤、茑萝、牵牛花、丝瓜等。

编篱:为了增加绿篱的防范作用,避免游人或动物穿行,有时把绿篱植物的枝条编结起来,做成网状或格状形式。常用的植物有木槿、杞柳、紫穗槐、小叶女贞等。

(3)依整形、修剪区分　整形绿篱:按一定几何形状修剪的绿篱。自然绿篱:不做几何形体修剪,只进行必要生理修剪的绿篱。

5.2.5.2　绿篱的造景要求

(1)植物的选择　要选择生长旺盛、抗性强、容易繁殖,且在紧密栽植条件下能正常生长或开花的植物。同时,植物要枝叶繁茂、花繁果盛、耐修剪和萌芽力强,修剪后保持旺盛生长势头。

(2)绿篱的整形　①整形绿篱。断面形式多呈正方形、长方形、梯形、圆顶形、城垛、斜坡形等,上大下小,利于接受阳光。形式排列有单层式、二层式、多层式。②自然绿篱。林冠线大体水平,外缘线没有宽窄变化,株间距均匀,排列成直线或几何曲线。

(3)绿篱的栽植　绿篱栽植密度根据使用目的、不同树种、苗木规格、绿篱形式、种植地宽度而定,现行栽植时可平行种植或三角形交叉排列。①矮篱。株距 30 cm,行距 40 cm;②中篱。株距 50 cm,行距 70 cm;③高篱。株距 1 m,行距 1.5 m。

绿篱植物配置见二维码5-18。

二维码 5-18　绿篱植物配置

5.2.6　藤本植物的配置

在城市绿化中,藤本植物用作垂直绿化材料,具有独特的作用。公共绿地或专用庭院,如果用观花、观果、观叶的藤本植物来装饰花架、花亭、花廊等,既丰富了园景,还可遮荫纳凉。

5.2.6.1　藤本植物特点

藤本植物是指主茎细长而柔软,不能直立,以多种方式攀附于其他物体向上或匍匐地面生长的藤木及蔓生灌木。据不完全统计,我国可栽培利用的藤本植物约有 1 000 种。藤本植物依攀附方式不同可分为缠绕类、钩刺类、吸附类、卷须类、蔓生类、匍匐类和垂吊类等。

在垂直绿化中常用的藤本植物,有的用吸盘或卷须攀援而上,有的垂挂覆地,用其长长的枝和蔓茎、美丽的枝叶和花朵组成了优美的景观。许多藤本植物除观叶外还可以观花,有的藤本植物还散发芳香,有些藤本植物的根、茎、叶、花、果实等还可以提供药材、香料等。当前城市园林绿化的用地面积愈来愈少,充分利用藤本植物进行垂直绿化是拓展绿化空间、增加城市绿量、提高整体绿化水平、改善生态环境的重要途径。

5.2.6.2　藤本植物的种植类型

(1)棚架式绿化　附着于棚架进行造景是园林中应用最广泛的藤本植物造景方法,其装饰性和实用性很强,既可作为园林小品独立成景,又具有遮荫功能,有时还具有分隔空间的作用。在古典园林中,棚架可以是木架、竹架和绳架,也可以和亭、廊、水榭、园门、园桥相结合,组成外形优美的园林建筑群,甚至可用于屋顶花园。棚架形式不拘,繁简不限,可根据地形、空间和功能而定,但应与周围环境在形体、色彩、风格上相协调。在现代园林中,棚架式绿化多用于庭院、公园、机关、学校、幼儿园、医院等场所,既可观赏,又给人提供了纳凉、休息的理想场所。

棚架式绿化可选用生长旺盛、枝叶茂密、开花观果的藤本植物,如紫藤、木香、藤本月季、十姊妹、油麻藤、炮仗花、金银花、叶子花、葡萄、凌霄、铁线莲、猕猴桃、使君子等。

（2）绿廊式绿化　选用攀援、匍匐垂吊类，如葡萄、美叶油麻藤、紫藤、金银花、铁线莲、叶子花、炮仗花等，可形成绿廊、果廊、绿帘、花门等装饰景观。也可在廊顶设置种植槽，使枝蔓向下垂挂形成绿帘。绿廊具有观赏和遮荫两种功能，还可在廊内形成私密空间，故应选择生长旺盛、分枝力强、枝叶稠密、遮荫效果好且姿态优美、花色艳丽的植物种类。

（3）篱垣式绿化　篱垣式绿化主要用于篱笆、栏杆、铁丝网、栅栏、矮墙、花格的绿化，形成绿篱、绿栏、绿网、绿墙、花篱等。这类设施在园林中最基本的用途是防护或分隔，也可单独使用构成景观，不仅具有生态效益，显得自然和谐，并且富于生机，色彩丰富。篱垣高度较矮，因此几乎所有的藤本植物都可使用，但在具体应用时应根据不同的篱垣类型选用不同的材料。如在公园中，可利用富有自然风味的竹竿等材料，编制各式篱架或围栏，配以茑萝、牵牛、金银花、蔷薇、云实等，结合古朴的茅亭，别具一番情趣。

（4）墙面绿化　藤本植物绿化旧墙面，可以遮陋透新，与周围环境形成和谐统一的景观，提高城市的绿化覆盖率，美化环境。附着于墙体进行造景的手法可用于各种墙面、挡土墙、桥梁、楼房等垂直侧面的绿化。城市中，墙面的面积大，形式多样，可以充分利用藤本植物加以绿化和装饰，以打破墙面呆板的线条，柔化建筑物的外观。

植物选择时，在较粗糙的表面，可选择枝叶较粗大的吸附种类，如爬山虎、常春藤、薜荔、凌霄、金银花等，以便于攀爬；而对于表面光滑细密的墙面，则宜选用枝叶细小、吸附能力强的种类，如络石等。对于表层结构光滑、材料强度低且抗水性差的石灰粉刷墙面，可用藤本月季、木香、蔓长春花、云南黄素馨等种类。有时为利于藤本植物的攀附，也可在墙面安装条状或网状支架，并辅以人工缚扎和牵引。

（5）柱式绿化　城市立柱形式主要有电线杆、灯柱、廊柱、高架公路立柱、立交桥立柱，及一些大树的树干、枯树的树干等，这些立柱可选地锦、常春藤、三叶木通、南蛇藤、络石、金银花、凌霄、铁线莲、西番莲等观赏价值较高、适应性强、抗污染的藤本植物进行绿化和装饰，可以收到良好的景观效果，生产上要注意控制长势，适时修剪，避免影响供电、通信等设施的功用。

（6）假山、置石、驳岸、坡地及裸露地面绿化　用藤本植物附着于假山、置石等上的造景手法。主要考虑植物与山石纹理、色彩的对比和统一。若主要表现山石的优美，可稀疏点缀茑萝、蔓长春花、小叶扶芳藤等枝叶细小的种类，让山石最优美的部分充分显露出来。如果假山之中设计有水景，在两侧配以常春藤、光叶子花等，则可达到相得益彰的效果。若欲表现假山植被茂盛的状况，则可选择枝叶茂密的种类，如五叶地锦、紫藤、凌霄、扶芳藤。

利用藤本植物的攀援、匍匐生长习性，如络石、地锦、常春藤等，可以对陡坡绿化形成绿色坡面，既有观赏价值，又能形成良好的固土护坡作用，防止水土流失。藤本植物也是裸露地面覆盖的好材料，其中不少种类可以用作地被，而且观赏效果更富自然情趣，如地瓜藤、紫藤、常春藤、蔓长春花、红花金银花、金脉金银花、地锦、铁线莲、络石、薜荔、凌霄、小叶扶芳藤等。

（7）门窗、阳台绿化　装饰性要求较高的门窗利用藤本植物绿化后，柔蔓悬垂，绿意浓浓，别具情趣。随着城市住宅迅速增加，充分利用阳台空间进行绿化极为必要，它能降温增湿、净化空气、美化环境、丰富生活，既美化了楼房，又把人与自然有机地结合起来。适用的藤本植物有木香、木通、金银花、金樱子、蔓性蔷薇、地锦、络石、常春藤等。

常见藤本植物配置见二维码 5-19。

二维码 5-19　藤本植物配置

5.2.6.3　藤本植物的造景要求

（1）树种选择　树种选择以一两种攀援植物为宜，当被攀附的物体较大时，也可选用形态类似的几种植物，如蔷薇科的几种植物在一起组景。

（2）种植距离　种植点与被攀附的物体要有一定的距离，如墙附时其距墙基距离应大于 2 m，以免破坏墙体基础。

（3）适度覆盖　选样合适的覆盖位点，并确定合理的覆盖度。如墙附时，不要遮挡建筑立面的装饰部分；石附时，能起到障丑现美的作用。

（4）牵引与固定　按绿化的目的正确引蔓，使其最大限度地占据绿化空间，正常生长。构件或墙面过于光滑，植物难以固着和吸附时也需索引。牵引与固定的形式有如下几种。①支架牵引。用竹竿、铅丝等斜支到墙壁等构件上，植物通过支架向上攀援。②丝网牵引。用金属网将杆柱表面包裹起来，为植物提供固定的攀援条件。③木块贴接。将钉上钉子的小木块按一定距离用黏接剂贴于墙面上，用铅丝相连，供植物攀援。

5.2.7　水生植物的配置

5.2.7.1　水生植物与水深的关系

水生植物与环境条件关系最密切的是水的深浅，水生植物对水深的要求各不相同。

（1）挺水植物　挺水植物的根浸在泥中，植物直立挺出水面，大部分生长在岸边沿泽地带。因此在园林中宜把这类植物种植在既不妨碍游人水上活动，又能增进岸边风景的浅岸部分。挺水植物常见的种类有：菖蒲、花叶菖蒲、石菖蒲、花叶石菖蒲、金钱蒲、燕子花、金鸢尾、西伯利亚鸢尾、马蔺、鸭舌草、慈姑、茅、雨久花、水葱、水芹、水芋、水蕨、灯芯草、香蒲、小香蒲、荷花、睡莲、千屈菜、芦苇。

（2）浮叶植物　浮叶植物是指睡莲、凤眼莲、水路粟等，它们的根生长在水底泥中，但茎并不挺出水面，叶漂浮在水面上。这类植物自沿岸线水到稍深1m左右的水域中都能生长。

（3）漂浮植物　漂浮植物是指水浮莲、浮萍等全株漂浮在水面或水中的植物。这类植物大多生长迅速，繁殖快，能在深水与浅水中生长，宜布置在静水中，做水中观赏的点缀装饰。

（4）沉水植物　沉水植物是指根生于泥水中，茎叶全部沉于水中，仅在水浅时偶有露出水面。沉水植物常见的种类有：眼子菜、黑藻、玻璃藻、莼菜、苦草。

（5）岸边植物　岸边植物是指红树、水杉、旱柳、黄菖蒲等生长在岸边潮湿环境的植物，有的根

系甚至长期浸泡在水中也能生长。

常见水生植物配置见二维码5-20。

二维码5-20　水生植物配置

5.2.7.2　水生植物面积大小

在水体中种植水生植物时，不宜种满一池，使水因看不清倒影而失去水景扩大空间的作用和水面的平静感觉。

5.2.7.3　水生植物位置的选择

（1）岸边岸角　不要集中一处，也不能沿岸种满一圈，应有疏有密、有断有续地布置于近岸，以便游人观赏姿容，丰富岸边景色变化。

（2）考虑倒影效果　在临水建筑、园桥附近，水生植物的栽植不能影响岸边景物的倒影效果，应留出一定水面空间成景，并便于观赏。

5.2.7.4　水生植物的配置

（1）单纯成片种植　较大水面种植单种荷花或芦苇，形成宏观效果。

（2）几种混植　形成以观赏为主的水景植物布置，无论是混交几种植物，根据水面大小，均可形成孤植、列植、带植、丛植、群植、片植等配置形式。

5.2.7.5　水下设施的安置

为了控制水生植物的生长，常需在水下安置一些设施。

（1）水下支墩（砖石、山石）　水深时在池底用砖、石或混凝土做支墩，然后把盆栽的水生植物放置在墩上，满足对水深的要求。其适用于小水面，数量较少的情况。

（2）栽植池　大面积栽植可用耐水湿的建筑材料作水生植物栽植池，把种植地点围起来，填土栽种。

（3）栽植台　在规则式水面进行规则式种植时，常用混凝土栽植台。按照水的不同深度要求及排列栽植形式分层设置，组合安排后放置盆栽植物。水浅时可直接在水中放置盆栽或缸栽植物。

5.3 园林植物的功能性配置

园林植物的配置除了要符合美学的基本规律外,还应满足特定的实用与功能需求。功能配置就是通过对园林的合理组合搭配,来达到某种最佳的功能效果的植物配置方式。尽管许多功能可以通过非生物的手段实现,但由于各种植物自身具有一定的实用功能价值,加之景观配置与功能配置又能完美有机地结合起来,使园林植物的功能配置受到重视。

5.3.1 防护配置

5.3.1.1 防污配置

目前,城市环境受到严重的污染和破坏(二维码 5-21)。园林植物的功能配置中很重要的工作就是防污配置。配置园林植物时,污染物不同的地区要选择不同抗性的树种,植物抗性强弱因植物种类、植物的生长发育状态等的不同而有一定差异。各地确定各种植物对有毒气体的抗性强弱时,主要靠实地调查、定点对比栽培实验和人工熏毒气实验等方法。

二维码 5-21　城市环境污染

(1)抗性强的种类　在一定范围内具有吸毒、吸尘,转化、还原有毒物质,净化大气能力的树种。如女贞、构树、刺槐、夹竹桃、二球悬铃木、海桐等对烟尘和二氧化硫有较强的抗性。在大气污染较严重的工业区种植抗性强的绿化树种能有效地减低有毒物质的浓度,改善大气环境。

(2)抗性弱的种类　对有毒物质和烟尘敏感,在污染环境中生长不良,甚至死亡的树种,如雪松、梅、苹果、金钱松等。这类树种不宜在污染区绿化种植,但可作为大气污染监测树种栽植,如枫杨、竹柏、柿树、梧桐等可作二氯化硫监测树种。

(3)抗性中等的种类　这是树种的大多数,在污染区进行绿化设计时首先要考虑污染的严重程度,谨慎选用这类树种。

理想的防污配置,应有利于植物对于污物最大量的就地吸收,并能依靠树木将污染物托向高空,避免在近地层积聚和扩散。通常防护林地可由三部分组成完整的系统:第一部分是在紧邻污染源附近,根据污染物种类,选用吸、抗污能力强的树木,进行自由散植,起吸、抗污作用。第二部分是在散植树木外侧,采取放射状或丛状栽植方式种植树木,形成开阔通道,引导污染物向外扩散。在最外面,配置多层以污染源为中心的弧形或垂直于盛行风向的林带,这些林带最好间断成片,内外交错;从内向外,林带结构分别为稀疏型、疏透型和紧密型。在高度上,靠近污染源林带低,外层林带高,以控制气流速度和有利污染物逐渐被树木吸收、滞留或托向高空。一般城市街道和小型污染区,以带状布置方式为主,山地林带可沿等高线设置。

5.3.1.2 防尘配置

防尘配置的作用主要是防止地表尘土飞扬,加速飘浮粉尘降落,阻挡尘源附近含尘气流向外扩散和向保护区侵袭,将粉尘污染限制在一定范围内。为能获得最大限度的防尘效果,除选用恰当的树种外,林地还必须有合理的布局与结构。

通常防尘植物应配置在道路两侧、污染源或保护区四周。可采取丛植、带状、环状或网状方式布置。植株行列应与尘源方向垂直,配置密度宜大,以混交复层林结构为佳,林下种植地被植物,避免地表裸露。基于林带的最大降尘区多在林带背风面 5～10 倍树高范围内,若采用网状布置,林带间距可为 60～100 m,林带高度控制在 10 m 以内为宜。防尘树林地内外附近区域,还可配置绿篱,铺设草坪,选用藤蔓植物,攀爬棚架亭廊,在坡坎陡岩、墙面屋顶,增加绿化层次,扩大吸尘绿面。对防尘树木的枝、叶进行经常性冲洗,能提高防尘效果。

5.3.1.3 防音配置

一般来讲,林带的减噪效应优于树丛和树林,其总的效果取决于林带树种组成、结构、高度、宽度、长度和林带设置位置。林带的长度、宽度、高度

直接影响林带的防音效果,林带的宽度、高度均与防音效果成正相关。构成林带的树木应枝叶茂密、分枝点低,平面种植成三角形,林带结构以紧密型为佳。最好选用适生当地的常绿乔木为林带主要树种,通常在乔木下面配置矮树,形成不透光的稠密林墙。若林带采用常绿与落叶树种混交,落叶树应配置在林带中央,两侧栽种常绿树。对设置在公路、铁路两侧的防音林带,靠近道路一方的树木还应有较强的抗毒、抗尘能力。

防音林带应配置在噪声源与保护对象之间,根据实际情况,林带可采取长条状或环状闭合方式排列。长条状方式排列的林带,林带走向要尽可能与噪声传播方向垂直,在其他条件相同情况下,林带越靠近音源,而不是越靠近保护区,可以收到更佳的防音效果。条件允许,也可将植物与其他设施,如混凝土墙、土堤、玻璃墙等结合,会提高防音效果。

5.3.1.4 防火配置

在居住区、易燃建筑物、城市郊区森林公园以及石化企业单位等,常需考虑应用树木进行防火配置。大规模的防火绿地多由两至数行交错的林带和空闲地带组成。这时,林带可采用乔、灌混交方式,株行距一般为 1 m×2 m,种植点成品字形排列,靠近建筑物一侧用阴性树种,外边一侧用阳性树种,林带宽度应在 10 m 以上,林带距离建筑物 4～10 m。空闲地带最好为铺装地面或水体,宽度应在 6 m 以上,以防止火灾蔓延,有利灭火救灾工作。在建筑密度大或地形变化复杂的地方,可在建筑的下风口处或四周,呈窄带状或分散小片状种植防火树木,当然,也可用普通高篱代替防火树林。

5.3.1.5 防风配置

防风配置以林带形式居多,种类包括城市外围防风林、企事业单位防风林、居住区防风林、海岸防风林、沙漠防风林以及农田防风林、果园防风林、牧场防风林等。各种防风林的作用,均不在于把有风变为无风,而是将风速大而干旱寒冷的害风,变为风速小而又比较温暖湿润的风,即利用防风林来改变林带附近气流的结构特征。

在防风林配置设计时,应考虑林带结构、宽度、方向、高度和树种搭配等因素。林带结构越紧密,植物层次越丰富,防风效果越好。随着林带宽度与高度比值的增加,林带宽度对防风效果的影响会逐渐增大。防风林带多采用混交方式,根据树种特性、林带结构类型来确定混交的树木种类及其比例。林带的横剖断面形呈矩形、梯形、三角形均可获得好的防风效果,尤其以向风面坡度小、坡面长,而背风面坡度大、坡面短的林带断面形状,有效防风距离更远。

5.3.2 视觉配置

5.3.2.1 引导配置

栽植在园林绿地道路边、水体岸边、登山道口等处的诱导树,具有引导的功能。在公路上通过对树木的合理配置,来预告道路的立面起伏与平面曲线的变化情况,有利安全行车。

公路上树木的引导配置大致有两种形式。第一种是在公路的曲线部外侧种植树木,帮助驾驶人员明确道路走向。如果公路曲线部外侧一方为陡崖,种植树木后,还可起到消除驾驶人员紧张、畏惧心理的作用。配置时,前面应种矮树,后面栽高树,曲线部内侧多不植树,或仅栽种少量整形的低矮灌木。第二种是从有起伏道路的峰顶开始,在道路两侧依次配置由低到高的树木,这样,从远处或当汽车越过峰顶时,就能立即看见前方树木的顶部,明确方向。配置在平直公路两侧的树木,同样具有引导视线的功能。

5.3.2.2 遮蔽配置

对遮蔽树种的基本要求是常绿、树体高大、枝叶茂密、分枝点低、生长迅速。配置设计时,应根据被遮物体的体量大小、视点位置、视角大小等来选择搭配树木。配置方式主要有丛植、群植、列植三种。对一些小型或低矮的被遮对象,可用孤植树。对陡坎、墙体及其他构筑物,还可用藤蔓植物遮蔽。在企事业单位和园林绿地及其他公共活动场所,采用丛植、群植的形式较多。列植常用于道路两侧的遮蔽,其遮蔽效果最好的形式是在靠近视点的地方配置带状的高树篱。

5.3.2.3 遮光配置

夜间行驶在城市街道、公路上汽车的强烈灯

光,常会引起目眩,造成交通事故。在道路的上、下行车道以及车行道与人行道、自行车道间配置树木,可以部分遮断削弱这种光线,减轻其不利影响。遮光树木多采取单行或双行形式配置,以枝、叶繁茂,树体空隙少,分枝低的种类为宜。根据眼睛高度来确定树木的高度,对小汽车或行人,树高可在150 cm 左右,大型汽车应在 200 cm 以上。

5.3.2.4　明暗配置

应用植物配置可以缓和光照强度的急剧变化。由于人眼对光线的急剧变化需要一定的适应时间,因此,应在隧道进、出口附近配置植物,形成光线的明暗过渡变化区,以保证安全行车。其配置方式主要有两种。一种是从隧道进、出口端点开始,沿道路方向,在道路两侧种植树木。树木可植为单列或双列,从隧道口开始,植树株距应由小到大,树木由低到高排列,树列的长度主要取决于隧道口的环境,宁长勿短,通常应在 10 m 以上。另一种是在隧道口的上方建筑棚架,用藤蔓植物攀爬绿化。在可能的情况下,两种方式结合使用,效果会更佳。

5.3.3　遮荫配置

树木的遮荫作用直接表现在树冠遮挡阳光暴晒,形成树下与树侧荫影。选用枝叶茂密,树冠体量大,绿荫期长的树种,是产生好的遮荫效果的前提。

树木的遮荫配置有孤植、列植、群植等多种形式。孤植主要运用在园林草地、林中空地和城市广场上。道路两侧、建筑物周围的遮荫树以列植形式居多。为了不影响室内采光,配置在建筑周围的树木,应按规范与建筑保持一定距离。在我国长江流域和北方地区,道路上与建筑周围的遮荫树以落叶树为宜,夏有绿荫,冬有阳光,在一些城市的南北向道路上,也可适当应用常绿树。群植主要应用在广场外围,居住区游憩性园林以及城市街头绿地。群植遮荫面积大,树下遮荫效果明显。

5.3.4　缓冲配置

缓冲配置是应用树木来缓和事故危害程度的一种配置方式。主要应设置在危险性大和事故多发地段。理想的缓冲配置要能有效吸收车辆的运动能量,使车辆逐渐减速以至停车,因此,缓冲配置应选用分枝多、枝条长、柔软、韧性强的树种,低矮的灌木和藤蔓树种为理想材料,茎干粗壮的乔木会对车辆产生巨大的反作用力,严重损伤车辆与人体,不宜使用。缓冲配置多采取带状、丛状形式,也可几种形式结合,但都必须有足够的宽度或厚度。

5.4　园林植物的群落配置

在自然界中,任何植物通常是和许多同种或其他种类的植物聚集成群。这些生长在一起的植物种,占据了一定的空间和面积,按照自己的规律生长发育、演变更新,并同环境发生相互作用,称为植物群落。植物群落按其形成可分自然群落及栽培群落。

自然群落是在长期的历史发育过程中,在不同的气候条件下及生境条件下自然形成的群落。例如,天然的草场、松林、地衣斑块或浅海底的海藻丛等。自然群落都有自己独特的种类、外貌、层次、结构。人工栽植的植物群落叫做人工植物群落或栽培植物群落。栽培群落是按人类需要,把同种或不同种的植物配置在一起形成的,是服从于人们生产、观赏、改善环境条件等需要而组成的。如果园、苗圃、行道树、林荫道、林带、树丛、树群等。

植物造景中栽培群落的设计,必须遵循自然群落的发展规律,并从丰富多彩的自然群落组成、结构中借鉴,才能在科学性、艺术性上获得成功。切忌单纯追求艺术效果及刻板的人为要求,不顾植物的习性要求,硬凑成一个违反植物自然生长发育规律的群落。

5.4.1　自然群落及特性

5.4.1.1　植物群落与环境的统一

在同一地区内相似的环境条件下,甚至于不同地区相似的环境条件下所形成的自然植物群落,它们的种类组成、外貌和结构等是相似的。不同地区不同的环境条件下,甚至于同一地区内不同的环境条件下所形成的自然植物群落,它们的种类组成、外貌和结构等相差都非常大。

在我国最北部的大兴安岭,气候寒冷而降水量低,主要生长着适应寒冷与干旱的针叶乔木群落。我国中部的华北地区,夏季酷热、冬季严寒,降水量较少,但多集中在温暖季节,在其低山区,生长着有明显季相更替的、适应冬寒而夏热多湿的落叶阔叶乔木群落。在华南地区,气候温暖而降水量高,但有明显的干季与雨季,其低山区主要生长着适应高温及干湿变化的季雨林。

5.4.1.2 自然群落的大小及边界

自然植物群落都有大有小,大者可达几十千米²,小者不足 1 m²,其边界主要有下列 4 种类型。

(1)显著边界 显著边界是指在外界条件显著更替或不显著更替的情况下,都可明显地看到不同类型群落的边界,如农田和树林。

(2)镶嵌边界 镶嵌边界是指两个群落的接触,处处可见一个群落的个别片段嵌入另一个群落之中的边界,如森林和草原,有几株树延伸到草原当中,也有几片草丛延伸到森林里。

(3)补缀边界 补缀边界是指两个植物群落的接触处存在着一块或几块补缀群落。所谓补缀群落是指性质上不同于两个相接触群落的另外一些植物群落。

(4)扩散边界 扩散边界是指一个群落的空间逐渐被另一个群落空间所代替,如高山上的针叶木本群落与夏绿木本群落之间有很大一部分针阔混交群落。

5.4.1.3 自然群落的外貌

群落中植物种类的多寡对外貌有很大影响,例如,单一树种组成的群落常形成高度近一致的林冠线,如果几种乔木、灌木和草本生长在一起,则无论是群落的立面或平面轮廓都可以有不同的变化。群落中植物个体的疏密与群落的外貌有密切关系。例如,疏林草地与密林有着不同的外貌。群落的外貌除了受优势种影响外,还决定于植物种类的生活型、高度及季相。

(1)优势种的生活型 群落是由不同植物种类组成,这是决定群落外貌及结构的基础条件。群落内每种植物在数量上是不等同的,通常称数量最多,占据群落面积最大的植物种类,叫优势种。优

势种是群落中的主导者,对群落的影响最大。有时优势种在群落中不一定是数目最多的种类,但一般它的盖度和密度都最大。

生活型是植物对所处的综合环境条件长期适应而形成独特的外部形态、内部结构和生态习性。把植物分成乔木、灌木、亚灌木、藤本、草本,这是最初的一种生活型分类。目前较流行的为丹麦生态学家 C.Raunkiaer 的生活型分类系统。他将高等植物分为 5 个大的生活型类群,即高位芽植物、地上芽植物、地面芽植物、地下芽植物和一年生种子植物。在这 5 大类群之下,根据植株高矮、芽鳞有无、常绿与否和草质木质等性状分 30 个较小的类群。

植物群落的外貌主要取决于优势种的生活型。例如,当植物群落优势种为常绿的、有芽鳞保护的矮高位芽植物叉子圆柏时,则形成一片低矮的、波涛起伏状的外貌。若优势种为落叶的、有芽鳞保护的大高位芽植物水杉,则形成高大的峭立突起的外貌。

(2)群落高度 群落中最高一群植物的高度,就是群落高度。群落高度直接影响外貌。群落的高度首先与自然环境中海拔高度、温度及湿度有关。一般说来,在植物生长季节中温暖多湿的地区,群落的高度就大;在植物生长季节中气候寒冷或干燥的地区,群落的高度就小。

(3)群落季相 植物群落外貌随季节变化而变化的现象叫群落的季相。各种植物都有一定的物候期,不同季节,其生长发育阶段、生长繁茂程度以及色泽等都不同。群落的外貌也会因其组成植物的季相变化而呈现出季相。例如,北京香山的黄栌群落,早春一片嫩绿,初夏花后淡紫色羽毛状伸长花柱宿存枝梢,如万树生烟,秋季则层林尽染,满山红黄色,冬季叶落一片灰蒙蒙。

(4)群落色相 植物群落所具有的色彩形象称为群落色相。例如,云杉群落为蓝绿色,落叶松群落为淡绿色,银白杨群落则为浓绿和银光闪烁的色相。

5.4.1.4 自然群落的结构

(1)群落的多度及密度

①多度:某种植物的个体数目占群落中全部植

物总数的百分率。多度还可以目测估计,多度最大的植物种称作优势种。

②密度:指群落内植物个体的疏密度,即单位面积上的植物株数。密度直接影响群落内的光照强度,对群落内植物种类组成及稳定有一定的影响。一般来说,环境条件优越的热带多雨地区,群落结构较复杂,密度较大。

(2)群落的垂直结构与分层现象　在植物群落中依植物体的高度把群落划分成层,这些层叫作植物群落的层次或层。层次的划分以乔木层、灌木层、草本层和地面层为 4 个基本结构层次,在各层中又可按植株的高度划分亚层。

不同的植物群落常存在着不同的层次。例如,冻原中的地衣群落通常仅有一层。亚热带乔木群落,通常可分 4 层,即乔木层、灌木层、草本层和地面层。热带雨林常可分 6～7 层或以上。在热带雨林中,藤本、附生和寄生植物较多,它们无直立主干而是依附于各层中的直立植物上,不能独立成层,特称这类植物为层间植物或层外植物。

植物群落的地下部分根系也有成层现象,这同地上部分分层现象相同。

(3)群落的水平结构　植物群落的某些地点植物种类的分布是不均匀的。例如,在森林中,林下阴暗的地点有一些植物形成小型的组合,而在较明亮的地点又是另外一些植物种类的组合;地面凸起地段是一些植物种类形成的小型组合,小坑洼处又是另外一些植物种类的组合。植物群落内部这样一些小型的植物组合,可以叫做小群落(或从属群丛),小群落形成的原因主要是由于环境因素在群落内不同地点的不均匀状况。群落在水平方向上分化成各个小群落,各个小群落边缘并不是规则的,它们彼此互相镶嵌形成大的植物群落。

对于自然植物群落结构的研究,有助于了解植物对环境的适应能力及其原理,并把这些原理应用到栽培的观赏树木群落当中去。

5.4.2　观赏植物群落的营造

5.4.2.1　观赏植物群落的概念及特点

观赏植物群落是以观赏为主要目的的人工植物群落。观赏植物群落的特点首先在于有较高的艺术性,应给人以美感。因此,在植物选择上应注意季相的变换、色彩的搭配、线条的协调及各项美学原理的巧妙运用。其次是创造性,不同园林中的观赏植物群落应各有特色,不能千篇一律,更不宜因循照搬,临摹他作,特别是同一作者为不同的地点的设计,切忌彼此雷同,因袭守旧,而要不断开拓。第三是合理性,这里主要指的是植物选择要符合生态要求,适地适树,才能成功,如石山栽松,河边植柳,能够成功,反之则会失败。最后,应考虑应用性,如允许游人进入的群落应少用繁生的灌木丛,反之可圈以茂繁的刺篱。

5.4.2.2　观赏植物群落的类型

由于出发点不一,分类的依据不同,观赏植物群落可以参照自然植物群落的结构,分为各种各样的类型。

(1)根据种类组成及外貌特征分　观赏植物群落依其种类组成及外貌特征可分为纯林及混交林两种类型。典型的纯林有松林、竹海、杏花林、桃花源等。纯林的面积不能太小,否则不能成林,但也不宜过大,否则又显得太单调,在小型庭园中宜避免造纯林,在较大的园林中配置纯林,则宏伟壮观,易有轰动的效应,如南京梅花山的梅林、杭州西湖的桂花林,贵州黔西的天然百里杜鹃林,均令人称绝。在较大的植物园中,也常有专类园,如蔷薇园、梅园、牡丹园、山茶园、木兰园、杜鹃园、丁香园等,但一个专类园,也不是只一种植物,实际上包含着同属的许多种、品种,甚至不同的属,所谓"纯",是相对的。至于混交林,其组成就变化多端,不一而足,如针阔混交、乔灌混交、常绿与落叶混交、彩叶与绿叶混交以及多树种混交等,可组成多层次、多种外貌等各种变化的优美景观。

(2)根据生态环境或地理特点分　地球上有热带、亚热带、温带、寒带之分。如热带地区,则可用南洋杉科、罗汉松科、番荔枝科、桃金娘科、夹竹桃科、棕榈科等的许多属、种组成热带群落。而寒冷地区,则可利用冷杉属、云杉属、落叶松属、桧属、桦木属、柳属、越橘属等组成寒带群落。

在同一纬度,因地理位置及地势不同,降水状

况各异,如在我国南方多雨湿润地区,可用杉科、罗汉松科、樟科、山茶科、茜草科、大戟科中的许多树木组成热带湿润植物群落。在少雨干旱地区,如云南与四川部分地区,则应布置热带旱生性植物群落,选用常见的金合欢属、夹竹桃属、云南松等。

(3)根据园林功能分　观赏植物群落依其主要功能分为艺术型、生产型、抗逆型、保健型、知识型及文化型等几类。

为提供美丽的秋色,可多用银杏、枫香、槭树属、黄栌、火炬树等组成秋色叶植物艺术群落,如北京的香山。为在春季提供五彩缤纷的繁花,可以桃、李、梅、杏、海棠、樱花、棣棠等为主,组成春花植物艺术群落。

在机关、学校、家庭的庭园中可配置果树成生产型群落。

在空气污染严重城市,北方可选用臭椿、木槿、构、桑、紫薇等,在南方可选用榕树、黄葛树、海桐、冬青卫矛、蚊母树、夹竹桃等抗性强的树种,组成抗逆型群落。

在郊区或疗养区,可就地取材配置大面积森林,成为保健型群落。

植物园、公园、自然保护区可从植物分类角度,栽植各科、属、种的代表,也可依其主要功能,刻意介绍知识型观赏植物群落,起到传播知识的作用。

名胜古迹、寺院庙宇的树木配置则应根据各处的具体实际而选材,配置文化型群落。如在苏州寒山寺前的江边,见到枫树,就会联想到古诗"江枫渔火对愁眠""姑苏城外寒山寺"的绝句。

(4)根据植物群落的意境表现分　观赏植物群落,依其意境表现可分组合型园林植物群落、主题型园林植物群落。

组合型园林植物群落主要是模拟自然群落的各种表现,与绿地系统的其他要素紧密结合,师法自然,有重点、有秩序地对不同植物材料进行空间组织。

主题型园林植物群落除具有一般园林植物群落的特点外,在设计和建造中要注重各种主题的表现。如文化型人工植物群落,要使人们产生不同的审美心理的思想内涵——意境,达到所谓的情景交

融。为了体现烈士陵园的纪念性质,就要营造一种庄严肃穆的氛围,在选择植物种类时,应选用冠形整齐、寓意万古流芳的青松翠柏,并在配置方式上采用规则式配置中的对植和行列式栽植。

5.4.2.3　观赏植物群落的建设

要建设好一个人工观赏植物群落,必须充分了解各种观赏植物的特性及当地的自然生态环境基础上,遵循自然植物群落的规律进行模拟建造。自然植物群落的原理和规律的各个方面对人工观赏树木群落的建设都可以借鉴。如植物群落与环境的统一,群落中种类成分的确定,群落的优势种、建群种的选择,群落外貌及季相的设计,群落层次的安排与树种选择,群落演替动态等方面的知识都可用在人工观赏植物群落的营造和管理上(二维码5-22)。

二维码5-22　我国不同区域植物群落配置模式的实例

观赏植物群落建设要求高,其设计与营造难度也更大,除考虑群落的适应性和生态性外,还要考虑其多样性、功能性及艺术性。观赏植物群落建设中主要注意如下问题:

首先,在一般情况下,观赏植物群落最好是多树种组成的多层次群落,在外貌、色彩、线条等方面才更丰富多样,更美丽、有更佳的艺术性与观赏性。生态要求不完全一致的各种植物,要在同一处很好地同组结合,一方面需深入了解每个植物的习性及对环境的反应,另一方面还需知道各种类彼此间的相互影响。

其次,在种类的选择搭配、栽植数目、距离等各个方面,既要照顾当前效果,更需着眼于未来。从当前看,植株形体大,数目多才能尽快产生效果;从长远看,从设计与施工起,就要预见到十几年、几十年甚至上百年后,当群落达到"顶极群落"时期,群落已基本稳定,不再有大的变化时的风景价值。初建的树木群落,必然植株型体小、数目多、密度大,

随着植物逐年的生长，彼此间的影响日益加剧，群落的结构在多方面都会发生变化。

再次，人工观赏植物群落的建设，需考虑到群落的季相变化，多树种的混交群落，希望做到一年四季有不同的外貌与色彩，四季各有特色。

最后，人工观赏植物群落多位于人口密集、污染严重的大中城市或工业区，在种类选定和配置上要充分估计其抗逆力。如重庆市中区，先后使用了樟、苦楝、泡桐、桉树等约 10 个行道树树种，均生长不良或枯死，最后使用了抗性强的榕树及黄葛树才取得很好的效果。一些常见优良树种，如马尾松、核桃、梅等均极不抗 SO_2，城市栽植应谨慎。

思考题

1. 园林植物选择的基本原则是什么？

2. 合理选择园林植物应注意哪些植物特性？

3. 什么是植被分布三向地带性，有什么含义？

4. 我国有哪八大植被区域？

5. 植物种间关系的实质是什么？它们有哪些作用方式？

6. 简要分析园林植物多样性选配原则和艺术。

7. 什么是生物入侵？园林植物选择及配置中，如何控制生物入侵？

8. 试分析比较园林植物自然式配置和规则式配置的特点，并以乔灌木为例介绍其主要形式。

9. 什么是花坛？通常有什么类型？

10. 什么是花境？花境有什么类型？花境通常如何设置？

11. 试比较下列花卉配置形式的差异：花台与花池、花缘及花带、花群及花地。

12. 草坪按景观用途分为哪些类型？草坪建植时坡度设置应考虑哪些问题？

13. 地被主要有什么功能？地被有什么类型？

14. 绿篱有什么类型？

15. 藤蔓植物有什么种植类型？藤蔓植物造景时如何牵引与固定？

16. 根据对水深的要求，水生植物通常有哪些类型？水下安置设施有哪些？

17. 园林植物的防护配置和视觉配置有哪些主要类型？

18. 什么是植物群落？试述影响自然植物群落外貌的因素。

19. 什么是植物群落层次？说明不同的植物群落的层次。

20. 什么是观赏植物群落？通常有什么类型？群落建设中要注意哪些问题？

第6章

园林其他景观要素与园林植物的配置

本章内容导读：植物把人、建筑及自然的水体、地形、道路和山石等要素联系起来，科学合理配置，使得自然景观和人工景观形成统一和谐的整体。园林建筑为植物提供绿化场地、营造小气候空间，园林植物与建筑的配置是自然美与人工美的结合。园林水体多借助植物来丰富水体的景观，但一般园林水体流动性差、自净能力有限，水质易受环境开发影响造成水体污染，可利用水生动物、植物、微生物对水体中的污染物质进行吸收或者降解，使园林水体的水质净化。山石构筑园林的实体空间，植物则形成虚体空间，山石与植物相互搭配，刚柔并重，使园林空间更加丰富。园路的植物配置除了满足生态功能的要求，还要满足游人游赏的需要，其植物配置对于游人视觉和整个园林景观的优劣都起到重要作用。地形是园林的骨架，植物是营造园林景观的主要材料，二者完美结合，丰富了景观要素、层次和色彩，将园林景观艺术表现力推到极致。屋顶花园被称为城市园林的第五面，可以有效增加绿地面积、缓解城市热岛效应，延缓防水层老化、蓄收利用雨水资源等，是现代园林建设的重点之一。

6.1 园林建筑与植物景观配置

6.1.1 园林建筑与植物的关系

6.1.1.1 植物配置影响建筑布局和空间

园林建筑从功能角度出发为植物提供绿化场地、营造小气候空间。建筑墙面及周边场地为植物配置提供基础。植物景观起到突出背景、添加前景、创造夹景等作用，园林建筑与植物和其他要素等一起构成园林景观的丰富和完整场景，突出环境场地的气氛，使建筑主体及园林场景的主题突出。突破建筑的硬性材质效果，活跃构图形式和丰富图面效果，融合了建筑等各要素的场景。合理、适度的植物配置也能分隔、限定、建构和完善建筑外部空间界线和范围，增强空间连续感和整体感等。作为软性的设计素材，乔木、灌木、草地等都可衬托硬质界面的风景园林建筑，丰富建筑的质感和色彩，协调不同的建筑立面和地面铺装处理等，形成宜人的风景建筑环境。

6.1.1.2 植物特征提高建筑的审美

园林植物与建筑的配植是自然美与人工美的结合，处理得当，两者关系可求得和谐一致。植物丰富的自然色彩、多姿的线条及风韵都能增添建筑的美感，使建筑与周围环境更为协调。建筑一般给人较"硬朗"的感觉，植物用"柔软、韧性"的笔触打破建筑的束缚，使功能区景色各异，富有变化，硬与软对比明显，画面张弛有度。植物对建筑及周围场地的造景提供了有利的帮助。园林建筑为园林植物提供材质上的对比，为园林建筑和植物所共同存在的空间提供硬与软、刚与柔的视觉及各感官感受。例如，建筑入口或入口广场前配置行列式栽植的植物，强调入口关系，起到聚集游人视线焦点的作用。造景效果欠佳的建筑旁栽植植物可以起到遮挡和优化的作用，也将障景的造景手法很好地应用到其中。园林建筑形式富于变化,植物配置应与建筑的体量、形式、高度统一,分类不同、使用功能各异的建筑的各位置应选择不同的植物种类,采取不同的栽植手法,以突出建筑、完善场景信息,使构图统一协调。

植物要素具有把人、建筑、大自然联系起来的作用,能将建筑形体及其他视觉要素统一起来。从美学的角度看,植物通过季相变化能够使建筑具有层次丰富的动态变化,可以在整体环境中将建筑形体延伸到自然风景中,也可以把室内外空间联系起来,在整体环境视觉审美设计中起到协调的作用。

通过在建筑物屋顶、墙面以及外环境中种植植物,不仅可以遮荫,而且能够使建筑物与风景环境融合,产生建筑与植物一体的天际轮廓线。植满草皮的坡屋顶最大限度地减少了建筑物的体量,让植物自然衍生在屋顶上,使得建筑与环境形成统一的视觉关系。如在超出视线的微地形高处,种植一株或一组姿态较好,可观叶、花或果的观赏树,形成重要的对景,背后种植高大的常绿树作背景,树下种植观赏期较长的地被,或混入低矮匍匐的本地野草,降低日常管理费用。

6.1.1.3　建筑与植物的构图

(1)诱导与暗示　植物造景的诱导是在人们希望到达的目标处设立明显的绿化标志,提醒或帮助人们找到目标。如建筑入口处可植单株树木或设置花坛来突出入口,门厅中的楼梯口处设置几盆鲜花就会使人很容易找到上楼的通道。还可利用绿化形成具有方向性的路线,如道路两旁的树木、内通道两旁的盆栽,都具有很强的或明或暗的指向性。

(2)渗透与延伸　利用植物作为两个不同空间联系的媒介,使空间之间相互渗透、扩展与延伸。这不仅增加了空间之间的流通感,还丰富了植物景观。如在入口处从台阶开始设花盆经门斗到门厅,这一连续性的花盆摆设将3个独立空间相互串连在一起,一种从内到外的空间流动感经由这个纽带连接而形成。有时,人们还能看到树的一半从屋面长出,这是为保护基地的原有树木而在建筑中开"天窗"留天井造成的,这种设计能将人们的视线由室内沿树干一直引到天空,这是垂直状内外空间的相互渗透。

(3)尺度与比例　建筑空间中栽植绿化植物能使人把握空间尺度。在建筑中,人们希望体验到轻松愉快、富有宜人尺度的空间。不少建筑的室内外都设计成共享的尺度高大的空间,因而也会使人感到自己的渺小。解决这一问题的办法是使空间尺度大小宜人或借用绿化植物作为人对空间体验的参照物。

(4)质地与机理　建筑与植物的结合中,可利用建筑与植物的不同机理与质地的对比来丰富造型语言。如满而厚植的草坪有一种柔软的地毯感,会和水泥或沥青地面形成明显的对比。树木比墙面感到粗糙,有起伏的变化。在室内环境中的墙面、地面、家具和各种装饰织物与室内绿化植物可形成粗糙与细腻、坚硬与柔化的对比。利用机理的对比,可丰富人们的视觉内容,加强造型美感。建筑与家具陈设等均为人造产品,表面机理也较机械;而植物的表面机理则很自然、富有生气,在布局中合理配置可凸显各自不同的特点。

6.1.2　建筑周边的植物配置原则

植物的配置要与建筑相协调,需要从建筑的风格、色彩、材质,植物生存的气候条件、土壤条件等方面进行考虑。建筑物与植物都是景观设计的重要组成部分,植物的类型选择要与建筑在整体风格上达成统一。植物的配置、选址也要与建筑相适应。

6.1.2.1　以人为本

任何需布局的景观都是为人而设计,以人们的需求为出发点的。然而人的需求并非完全单纯地只是对美的享受,真正的以人为本应当首先满足人在作为使用者的过程中最根本的需求。设计者必须首先掌握使用其所设计建筑的人的类型及其生活和行为的普遍规律,使设计能够真正满足使用者的基本行为感受和需求,即必须实现其为人服务的基本功能。

6.1.2.2　因地制宜

植物配置时要根据建筑各方位的生态环境的不同,因地制宜地选择适当的植物种类,使植物本身的生态习性和栽植地点的环境条件基本一致。

设计者首先要对设计场地的环境条件(包括温度、湿度、光照、土壤和空气等)进行实地勘测并进行综合分析,然后才能根据实际情况确定具体的种植设计。

6.1.2.3　生态性

应把建筑设计与植物的配置看成一个生态系统,利用植物的自然生长规律,将其形成的生态环境带入建筑设计中去,使建筑具有生命力,并使两者能够在良好的生态循环中得到良性发展。利用植物群落生态系统的循环和再生功能,维护建筑周围的生态平衡。构建人工生态植物群落,从空间形态上形成物质、能量的循环通道,通过植物吸收养分,依靠分解者改良土壤、净化空气,促进人们的身心健康。比如植物可以改善建筑内的小气候,屋顶绿化可以起到有效的保温隔热作用等。通过建筑物内外空间中植物的合理配置,使环境和能源在建筑与植物的生态系统中得到有机循环,进而形成一个高效低能耗、生态平衡的景观环境。

6.1.2.4　个性化

建筑周边的植物配置有规律的变化,能产生一种和谐的韵律感,从而与建筑物在外在形态上产生一种呼应关系。建筑周围的植物景观设计应突出建筑自身的形象特征。每座建筑都有各自不同的风格、历史背景、空间尺度、色彩、符号等等。融合建筑与植物都是景观设计的重要元素,两者除了应该与地形、自然环境、周边的建筑形态、色彩等相融合外,还应彼此融合,继承和延续历史和人文环境的良性发展,充分体现地域文化和尊重地方文脉。比如北方建筑普遍高大,显得大气与豪阔,这种环境下应选择与建筑风格相呼应的植物进行配置,比如国槐、松、柏等树种,如果选择较纤细的竹子,则与建筑风格和环境不相适应。建筑与植物配置要因地制宜、融合协调,才能产生地域差别和不同的审美情趣。注重选择不同干形的植物,形成高低错落有致的人工植物群落,考虑植物配置与生态性的和谐,通过不同树种的搭配体现韵律变化。

6.1.2.5　突出主体

大部分的城市景观中,建筑都占据了主要的景观视觉中心的地位,要使建筑得到突出,除了在建筑的对比、造型、装饰材料、建筑色彩等方面进行强调,还可以借用合理的植物配置,突出建筑在景观设计中的主体地位。

6.1.2.6　协调性统一

在植物的形体上,高大乔木气势宏伟,花卉植物秀丽端庄,选择时应按照建筑的形式和色彩,采用不同的树形。在植物的色彩搭配上,一般色彩不宜过多,以免喧宾夺主。植物的色彩要以四季的变化进行合理的搭配,突出建筑的主体地位,并与建筑风格相协调。植物的配置除了满足衬托、围合和分隔空间的作用之外,与建筑的相互协调还能使人产生美感,给人以精神上的享受。如青岛的总督府旧址(图 6-1)。

图 6-1　青岛总督府旧址

6.1.3　不同风格建筑的植物配置

6.1.3.1　中国古典皇家建筑的植物配置

皇家园林体现了皇家园林气派,古拙庄重的苍松翠柏等高大树木与色彩浓重的建筑物相映衬,形成庄严雄浑的园林特色。宫殿建筑群具有体量宏大、色彩浓重、布局严整、等级分明的特点,常选姿态苍劲、寓意深远的中国传统树种,如白皮松、油松、圆柏、青檀、海棠、玉兰、银杏、国槐、牡丹等作基调树种,且一般多规则式种植。这些植物耐旱、耐寒、树姿雄伟、高大、枝叶浓重,与皇家建筑甚是协调。如皇家园林中,往往选择树体高大、四季常青、延年苍劲的树种作为基调,如侧柏、柏、油松、白皮松等,以显示帝业的经久不衰、万古长青。

6.1.3.2 江南古典私家建筑的植物配置

江南古典私家园林面积不大,常通过以小见大的手法再现大自然的景色,建筑以粉墙、灰瓦、栗柱为特色,用于显示文人墨客的清淡和高雅。植物配置充满了诗情画意,在景点命名上体现建筑与植物的巧妙结合,如"海棠春坞",以海棠果及垂丝海棠来欣赏海棠报春的景色。多于墙基、角隅处植松、竹、梅等象征古代君子的植物,体现文人具有像竹子一样的高风亮节,像梅一样孤傲不惧,和"宁可食无肉,不可居无竹"的思想境界。

在古典园林中,窗常被作为框景、漏景的道具,坐在室内的人可以通过窗框看到外面时时变化的风景,不同的窗框与精心配置的植物呈现出一幅生动的画面。由于窗框的尺度是固定不变的,植物却不断生长,因此要选择生长速度慢、造型优美的植物,诸如芭蕉、苏铁类、棕竹、孝顺竹、南天竺、佛肚竹等。近旁还可配些石头,增添其稳定感,这样动静结合,构成相对持久的画面。墙的功能主要为了分隔空间,白色的墙面就像画纸,通过植物花木的配植,俨然以植物自然的姿态与色彩作画。故在白墙前宜配植红枫、山茶、杜鹃、枸骨、南天竺等,红色的叶、花、果跃然墙上,色彩更加鲜明。

6.1.3.3 寺院建筑的植物配置

寺院建筑的植物配置主要体现其庄严肃穆的场景,多用白皮松、油松、圆柏、国槐、七叶树、银杏,且多列植和对植于建筑前。

6.1.3.4 纪念性建筑的植物配置

纪念性园林建筑常具有庄严、稳重的特点。景观设计中,植物配植常用松、柏来象征先烈高风亮节的品格和永垂不朽的精神,也表达了人民的怀念和敬仰。配植方式一般采用对称等规则式。毛主席纪念堂四周栽植了大量的油松、桧柏,且别具风格,既不失纪念意味,又象征着革命事业万古长青,伟人业绩流芳百世。油松体态壮观,树形丰满,在体量上堪与纪念堂主体建筑相协调。

6.1.3.5 现代公共建筑的植物配置

现代公共建筑造型较灵活,形式多样。尊重场地和保留原有植被的同时,树种选择范围较宽,应根据具体环境条件、功能作用和景观要求选择适当树种,如果建筑前有些活动的设施,或是人群经常停留的空间,则应考虑用大乔木遮荫,还要考虑用安全性的植物,如无刺、无过敏性、不污染衣物等。如广州的白云宾馆建立过程是一个珍惜和利用现代建筑场地大树的范例。他们将建筑场地的马尾松等大树,不因平整场地,降低地平面而挖除,反而塑石加围,加以保护利用。楼建成,楼外的园林绿化也有了一定基础,这比毫无任何植物陪衬的新建筑要生气勃勃得多。更可贵的是将几株阔叶常绿的植物留下造景,塑石围山,引水作瀑,流入水池,再配植了耐阴的龟背竹等树木花草,形成一个安静、漂亮的小庭园,而建筑却围着这一小庭园。楼与小庭园同时落成,这是建筑师和园林工程师高度和谐的合作的典范。

6.1.4 建筑不同位置的植物配置

6.1.4.1 建筑部位

(1)建筑前 建筑前面的植物配置应考虑树形、树高和建筑相协调,应和建筑有一定的距离,并应和窗间错种植,以免影响通风采光,并应考虑游人的集散,不能塞得太满,应根据种植设计的意图和效果来考虑种植。

(2)建筑基础 建筑基础种植应考虑建筑的基础安全和采光问题,不能离得太近,不能太多地遮挡建筑的立面,同时还应考虑建筑基础不能影响植物的正常生长。

(3)墙 建筑墙的植物种植一般对于建筑的西墙多用中华常春藤、地锦等攀援植物,观花、观果小灌木甚至极少数乔木进行垂直绿化,减少太阳的日晒。夏季可以减低室内温度 $3 \sim 4 ℃$。利用建筑南墙良好的小气候,引种不耐寒但观赏价值较高的植物,形成墙园。常用的种类有紫藤、木香、地锦、蔓性月季、五叶地锦、崖豆藤、油麻藤、猕猴桃、葡萄、山荞麦、铁线莲、美国凌霄、凌霄、金银花、盘叶忍冬、华中五味子、绿萝等。

(4)门 门是建筑的入口和通道,并且和墙一起分割空间,门应和路、石、植物等一起组景形成优美的构图,植物能起到丰富建筑构图、增加生机和生命活力,软化门的几何线条、增加景深、扩大视

野、延伸空间的作用。

（5）角隅　建筑的角隅多线条生硬，用植物配置进行软化和打破很有效果。一般宜选择观果、观花、观干种类成丛种植，宜和假山石搭配共同组景。

（6）天井　在建筑的空间留有种植池形成天井，应选择对土壤、水分、空气湿度要求不太严格的、观赏价值较大的观叶植物，如鱼尾葵、棕榈、一叶兰、巴西木、绿萝、红宝石等进行种植。

6.1.4.2　建筑方向

（1）南面　建筑物南面一般为建筑物的主要观赏面和主要出入口，阳光充足，白天全天几乎都有直射光，反射光也多，墙面辐射大，加上背风，空气流通不畅，温度高，生长季延长，这些形成特殊的小气候。此处宜选用观赏价值较高的花灌木、观叶木本植物等，或需要在小气候条件下越冬的外来树种。建筑的基础种植应考虑建筑的采光问题，不能离得太近，不能过多地遮挡建筑的立面，同时还应考虑建筑基础不能影响植物的正常生长。

（2）北面　建筑物北面荫蔽，其范围随纬度、太阳高度而变化，以漫射光为主；夏日午后、傍晚各有少量直射光。冬季温度较低，相对湿度较大，风大，寒冷。首先应选择耐阴、耐寒树种；不设出入口的可采用树群或多植物层次群落，以遮挡冬季的北风；设有出入口的则选用圆球形花灌木，于入口处规则式种植。

（3）东面　建筑物东面一般上午有直射光，约下午3时后为庇荫地，光照比较柔和，适合于一般树木，可选用需侧方庇荫的树种，如槭属的红枫和其他种类、牡丹。

（4）西面　建筑物西面上午为庇荫地，下午形成西晒，尤以夏季为甚。光照时间虽短，但温度高，变化剧烈，西晒墙吸收积累热量大，空气湿度大。为了防西晒，一般选用喜光、耐燥热、不怕日灼的树木，如大乔木作庭荫树对停车场进行遮荫绿化，减少夏季对车体的暴晒，充分发挥其降温节能的生态功能。在建筑的西侧，利用落叶藤本、落叶乔木等进行遮荫设计，通过不同的植物种类、合适的密度以及适宜的配置方式等来满足建筑冬夏对日照的不同需求。

6.1.5　植物与建筑场地风环境

结合绿色建筑系统的具体特点，根据建筑所处的纬度，特别是所处气候带特点，参考风向类型，进行植物系统的合理配置，可以在不同的季节为建筑系统提供良好的场地风环境。结合建筑的门窗位置设计、场地和绿化，借助树木形成的空气流动可以帮助建筑室内通风。夏季因植物本身有水分蒸发，会形成一个气流上升的低压区，这时就会引导空气过来填补，气流的流动就自然而然形成了风，不同的植物形态对通风的影响各不相同，密集的灌木丛如果紧靠建筑物，就会增加空气的温度和湿度，并且因为它的高度刚好能阻挡室外的凉风进入室内，严重影响夏季通风。

6.1.5.1　防风配置

合理配置植物系统，不仅可以为建筑系统提供良好的暖风环境，而且可以实现建筑的节能，适当布置防风林的高度、密度与间距会收到很好的挡风效果。防风配置多以林带的形式出现，对绿色建筑系统来说，其主要目的是利用防风林带植物系统可以改变林带附近气流的结构特征，将冬季风速大而干旱寒冷的风变为风速小而比较温暖湿润的风，在一定程度上减轻强大寒风的危害程度。

6.1.5.2　导风配置

当风吹向一个建筑物时，在迎风面产生正压，在地表产生逆流。背风面产生负压，产生尾波。建筑群体也会引起风场的变化，当两建筑物平行布置并正面迎风时，只有正压区一栋产生强风，负压区几乎没有强风，平行顺风布置时，两栋楼之间是强风区，当建筑特别是高层建筑迎风面前有低层建筑时，在低层部分会产生更大的逆流。所以应合理配置植物系统，实现建筑系统的良好风环境。

6.1.6　植物与建筑场地声环境

林带的减噪效应优于树丛和树林，其总的效果取决于林带树种组成、结构、高度、宽度、长度和林带设置位置。防音林带应配置在噪声源与建筑之间，根据实际情况，林带可采取长条状或环状闭合方式排列。长条状方式排列的林带,其走向要尽可能与噪声传播方向垂直,在其他条件相同的情况下,林带越近声源,其效果越好。

6.2 园林水景与植物景观配置

6.2.1 园林水景与植物的关系

园林中各类水体,无论其是主景、配景或小景,多借助植物来丰富水体的景观。水中和水旁园林植物的姿态、色彩、所形成的倒影均加强了水体的美感,有的绚丽夺目、五彩缤纷,有的则幽静含蓄、色调柔和。水生植物造景时,要注意改善水面构图,适应水体的边界形式;植物的组合和搭配,充分考虑水中和驳岸边缘,兼顾水生植物品种和水景组合的季相搭配。沉水植物要配植在浮叶植物与挺水植物之间的空隙处,将水生植物通过水面的大小、空间开合程度利用植物不同形态、色彩、隐喻相互搭配、对比,与周围环境相协调。

6.2.2 园林水景的植物配置原则

6.2.2.1 水景植物的选择

(1)水景植物的色彩 水景可以通过植物的色彩来表达热烈、开朗或内敛的气氛,也可以通过色彩或其组合表现一定的主题。在设计中可以根据植物色彩合理搭配,从而达到植物类型丰富、色彩优美的景观。在进行水景植物色彩设计时,选用的水景植物要尽可能地少,而搭配方案做多种变化。可以适当点缀花叶植物增添环境的热烈喜庆的气氛,突出主题效果。此外,植物的配置也要与周围建筑的色彩和风格相一致,而不能产生一种杂乱的视觉效果和色彩搭配。

(2)水景植物的质感 不同的植物在其植株形态、花形花色以及其叶片形态上会表现出冷暖、轻重、粗细、软硬的特性,这就是植物的质感。通常人们将植物的质感分为三大类,包括精细、中等、粗糙。精细型质感的植物给人一种细腻美的感受,一般植株形态纤细、柔软、婀娜多姿,如香蒲、荇菜、水

葱、石菖蒲、睡莲等。而粗糙型质感的植物刚健、强壮,表现出一种粗犷美,常常会成为视觉的焦点,如黄菖蒲、芦苇、美人蕉、再力花等,给人一种粗糙的感觉。中等质感植物可以将整个水生植物景观统一成整体。在进行水生植物的景观设计时,要注意不同质感的植物在不同空间的运用,比如在大的水体空间可以用粗糙型质感的植物来营造,以形成一种自然的视觉感受,同时还要注意三种质感之间的对比与调和,这样才能形成质感变化丰富的整体。

(3)水景植物的季相 不同的植物会因季节的变化表现不同的特征,有的植物冬季枯萎落叶而有的常绿,在设计时要利用植物间的这种习性差异,从而使冬季的水体仍然保持着绿色。在设计中既要考虑植物花朵色彩的搭配,同时还要在时间上考虑整个花色景观的延续性,因此要选择不同观赏季节的搭配,在冬季的景观营造这方面要考虑充分。

6.2.2.2 不同生态位植物配置

(1)水边植物配置 水边与水面是紧密结合,要想在视觉上达到审美的出发点,需将水面和岸上相结合,在水边种植一些水杉、落羽杉、池杉及垂柳等具有下垂感的植物,能将水体完美地结合,构建柔和的曲线美感。同时尽量不要修剪水边的植物,这样才能彰显自然之美。

(2)水面植物配置 水面的植物不仅要点缀园林水景之美,还要突出水景的内涵。水生植物不仅要姿态多样、色彩绚丽,而且线条柔美,对水景起到了意想不到的效果。除了意境和感官美之外,水面植物还需要考虑生态平衡,不仅要审美还要维持生态平衡才是最佳选择。

(3)水底植物配置 水底的植物配置原则是要求生态作用,一般要满足以下几点:首先,保证生物多样性。水生植物资源多样、品种多样化,不仅要确保了水生动物的食物,还为它们提供栖息场所。其次,能净化水质,所选的植物不仅要能制造氧气,供水中植物呼吸,还能吸收水中有害物质,消除污染,净化水质,改善水体质量。例如,荷花、水葱及鸢尾对重金属具有吸收作用,凤眼莲还能降低污染。

6.2.2.3 园林水景空间尺度与植物配置

水景植物是构成园林水景空间的主要材料,而水景植物的空间尺度主要是以水体为基础的植物群落设计,在这个空间内水景植物和水体是两个主要的空间要素。对于 250 m 以外的水景空间,人们的视线变得很开阔,这时就要考虑到整体景观轮廓与借景的关系。如果整个空间尺度在 70～100 m 范围内,应当考虑到的是植物组景的大体曲线、水中倒影的关系、植物的形态变化及整个植物群落内色彩的运用。而在 25 m 以下的空间内,应当考虑整个环境内的景观效果和人们对环境的整体感受及在不同视点景观的变化,要注意到水景植物的姿态细节和曲线轮廓等。而在 1～3 m 的空间内,应当考虑水景植物的局部细节,即植物的植株形态、叶子形状、花色花形以及果实的数量、形体大小、色彩等。

6.2.3 园林水体类型和植物配置

通常园林水体中,对静态水体(湖泊、池塘),植物配置以浮水植物和挺水植物为主,可适当点缀漂浮植物;对动态水体(溪流、瀑布等),植物配置以沉水植物为主,不宜应用浮水植物和漂浮植物。

6.2.3.1 湖

园林中最为常见的静态水体类型,如杭州西湖、北京颐和园的昆明湖、南京玄武湖等。通常湖的面积比较大,湖边的植物可以体现四季的色彩变化,在植物材料的选择上也要注意其姿态与体量。春观花,夏品荷,秋赏叶,通过不同花期和色彩的植物相互搭配,展现丰富的季相变化。同时,可通过水中倒影丰富和延伸空间层次。湖泊在植物造景中,可以分为大水面集中使用和大水面分散使用,使用的植物材料和营造出的效果不同。

(1)植物集中配植 这种配置模式是营造水生植物群落景观,主要考虑远观的视觉效果。植物配置注重整体、大而连续的效果,水生植物应用以量取胜,多用乔木、花灌木配置挺水植物,给人一种宁静壮观的视觉感受。如杭州西湖苏堤沿岸,水面开阔,成片的芦苇、香蒲及荷花;水岸种植充满自然野趣的乔木,如垂柳、水杉、香樟、鸡爪槭等,郁郁葱葱,清风吹过,碧波荡漾、浮光掠影。各种形态、质感、体量的植物搭配使用,构成起伏多变的林冠线,深浅不一的色调,富于变化的群落层次,水面倒影亦变得灵动多姿。远处的山体、与水面及周围的绿地融为一体,加上广阔水面自然而成的烟雨朦胧之境,给人以深远、大气、开朗之感。

(2)植物分散配植 水体中设置堤、岛是划分水面空间的主要手段,堤常与桥相连。而堤、岛的植物配置,不仅增添了水面空间的层次,而且丰富了水面空间的色彩,其倒影成为主要景观。

①堤:在园林中,堤与桥相连,其防洪功能逐渐弱化,转而起着划分水面空间的作用,堤上植物的选择,是其中的关键,多以高大乔木与花灌木组合的形式,临近堤道的湖面点缀少许浮水植物。杭州西湖的苏堤、白堤是其中经典的代表。

"沿堤插柳"是古典园林中水边湖岸常用的植物配置手法,"苏堤春晓"作为西湖十景之一,就以观赏桃、柳间植为特色(间桃间柳),在配置上采用自然式手法,疏密相间,形成"桃红柳绿"、开合有致的整体风格。上层的高大乔木以无患子、香樟、重阳木等遮荫效果好、树形紧凑、枝叶茂密的树种为主,种植方式采用列植,起到了延长视线、分割空间的效果;同时,又注重不同树种的搭配,使林冠线富于起伏变化。与之相连的六座石桥,桥头配置不同的植物组合亦成为视线的焦点。为了搭配西湖景观的自然特色,驳岸采用块石驳岸,岸边的无患子、香樟偶有横向种植,使其倾斜于水面,部分柳采用不等距间植等配置方式,其枝条轻拂水面,姿态优雅,不仅可观赏水面倒影,还软化了驳岸生硬的线条。

②岛:岛是分隔大水面,营造园林环境的重点之一,植物选择耐水湿的乔灌木,营造整体景致。杭州西湖的三潭印月是其中的典型代表之一。岛通常分为游览岛和观赏岛。游览岛可供游人上岛观赏,有游路相通,植物配置要考虑导游路线,不能有碍交通,密度不宜过大,如哈尔滨的太阳岛,杭州西湖的三潭印月是典型代表。观赏岛一般位于湖中,不考虑游路设计,所以植物配置密度较大,但切忌居中整形,要做到四面皆有景可观又富于变化。

③驳岸：由水生植物景观向陆地景观过渡的岸际植物景观，是整个水体植物景观的亮点。驳岸分土岸、石岸、混凝土岸等，其植物配置原则是既能使山和水融成一体，又对水面的空间景观起着主导作用。土岸边的植物配置，应结合地形、道路、岸线布局，有近有远，有疏有密，有断有续；曲曲弯弯，自然有趣。选用一些植被覆盖性好、植株低矮的植物作为整个岸际植物的绿色基调，如过路黄、白三叶、红花酢浆草等，自然式栽植将营造出自然野趣的湿地景观。石岸线条生硬、枯燥，植物配置原则是露美、遮丑，使之柔软多变，一般配置岸边垂柳和迎春，让细长柔和的枝条下垂至水面，遮挡石岸，同时，配以花灌木和藤本植物，如鸢尾、黄菖蒲、燕子花、地锦等来局部遮挡（忌全覆盖），增加活泼气氛，营造出丰富的景观构图效果，同时还可以在水中产生动人的倒影美。

6.2.3.2　池

池也是园林中较为常见的静态水体，小型的静水水面，水生植物以挺水植物和浮水植物为主，展现植物姿态美。在较小而精致的园林中，水体的形式常以池为主。池主要考虑近观，其配置手法往往细腻，注重突出植物单体的效果，对植物的姿态、色彩、高度有更高的要求。有时利用植物分割水面空间，增加层次，以体现"小中见大"的效果。如苏州的网师园主体部分以水池为中心，建筑和道路环绕水池（彩霞池），整个池面面积仅有 400 m² 左右。池岸略呈方形但曲折有致，水边种植的植物姿态各异、个性鲜明，在黄石驳岸上间植了紫藤、黄馨、麦冬、络石、薜荔等灌木和攀援植物攀附廊前，一株黑松斜升入水池上空，倒影生动颇具画意，表现了天然水景的一派野趣之情。池北边种植姿态苍古、枝干遒劲的罗汉松、白皮松、圆柏等三株，增加了池北边的层次和景深，组成了以古松为主景的天然图案，也与"看松读画轩"之名相呼应。池边又单植紫荆、紫薇、玉兰、垂丝海棠和红叶李等疏密有致，每到春夏季，景观特色十分突出（图 6-2）。

图 6-2　苏州的网师园

城市公园中常见的水池又可分为规则式与自然式，常根据各个公园不同的历史人文背景和主题风格采用不同的水体配置形式。

6.2.3.3　溪涧与瀑布

溪涧与瀑布是常见的动态水体形式，呈现的是动态之美。溪涧中流水潺潺，水流最能体现山林野趣。在城市的公园水景中，人们也创造了富于自然气息的溪涧景观，再配以灵动活跃的瀑布，山石高低形成不同落差，并冲击形成深浅、大小各异的水潭，碰撞出叮咚水声，整体呈现出有声有色的动态之美。溪涧与瀑布水的流速较快，因而睡莲、萍蓬草等浮水植物和凤眼莲、大藻的漂浮植物不宜在水中配植，应配置沉水植物为宜，如西湖太子湾溪涧，水底种植的线性飘逸的苦草、黑藻等，随流水不停

地在水中跃动,水清、草绿动感的画面呈现眼前。

溪涧、瀑布等动态水景,更注重水边植物的配置。湿生植物,不受流动水的干扰,种在溪流、瀑布两侧,可以很好地点缀自然景观。如溪涧水边植物以竖线条的花菖蒲、石菖蒲、再力花和芦苇为主,打破水景的平面感,再配以云南黄馨软化石质驳岸。两侧的乔木层可配置树形缓和的樟树、无患子、垂柳和红千层,则柔化了画面的严肃冷寂感。灌木层则以鸡爪槭、南天竹和贴梗海棠为主,色彩丰富,探向水面,姿态各异,整体布局上达到了乔木-灌木-草本的群落组合美。

如广州雕塑公园的水景依山就势,富于情趣。溪涧曲折幽深,流水潺潺,英石堆叠的狭窄水道附近种植了春羽、天门冬、合果芋、旱伞草、紫鸭跖草、吊竹梅和蜘蛛抱蛋等水生草本植物。红鸡蛋花和串钱柳等乔木在水中投下优美的倒影,植物、石、水融合成一幅美丽的图画,营造出宁静舒适的气氛。经过云溪,水流出云液湖。云液湖是配合羊城山水景区设置的大湖面,湖上有小岛以桥相连。考虑到湖面的镜面效果,湖边配植了垂柳、串钱柳、水石榕、鸡蛋花和蒲桃等具有优美形态和倒影效果的乔木,水岸交接处则以爆竹花、肾蕨和花叶艳山姜等实现水与岸的自然过渡。

6.2.4 园林水体生态系统设计

6.2.4.1 水体生物营养结构

一个完整的水体生态系统应包含种类及数量恰当的生产者、消费者和分解者,如水生植物,鱼、虾、贝类等水生动物以及种类和数量众多的微生物。当污染物进入水体后由相应的微生物将其逐步分解为无机营养元素,从而为水生植物的生长提供营养。微生物在分解污染物的同时获得能量,得以维持自身种群的繁衍。水生植物一方面吸收水中无机营养元素,避免了水中无机物过量积累,另一方面植物的光合作用为水体中各生物种群提供了赖以生存的溶解氧,同时,水生植物是浮游植物食性和草食性水生动物的食物来源。水生动物(消费者)直接或间接以水生植物和微生物为食,可控制水生植物和微生物数量的过量增长,在保持水质

清澈的过程中起重要作用。水生动物排泄的粪便和水生动、植物死亡后的尸体又为微生物(分解者)提供了食物来源。根据水域地理位置、气象气候、水体大小、水位变化、湖底底质、湖泊形态、湖水运动特点、水质特征等实际情况,科学合理设计,使各种群生物量和生物密度达到营养平衡水平。同时考虑种植一些观赏性水生植物,不仅可以吸收水体中部分营养盐和有毒物质,降低湖泊中氮、磷浓度,优化水环境,维持水域生态平衡,而且还具有较高的观赏价值。

6.2.4.2 水体生物多样性的环境条件

如果将河流变成水渠一样,形状雷同和单调,水的流动形态也不会变化,环境条件将十分单调,只能形成贫乏而又不稳定的生态系统。当在河流里构筑浅滩和深潭,让河岸线和岸坡呈现构造上的多样性时,便会创造出富有多样性的环境条件,形成丰富稳定的生态系统。浅滩和落差使曝气,多种凹凸面的接触氧化和吸附、沉淀,动植物及微生物的摄取和消化分解等河流的自净作用大大加强,生物的生存条件也日益改善。

6.2.4.3 保护水体生物多样性

水体生物多样性保护的目的主要在于提升水体开发的绿地生态品质,尤其重视生物基因交流路径的绿地生态网络系统。鼓励以生态化的池塘、水池、河岸来创造高密度的水域生态,以多孔隙环境以及不受人为干扰的多层次生态绿化来创造多样化的小生物栖息环境,同时以原生植物、诱鸟诱蝶植物、植栽物种多样化、表土保护来创造丰富的生物基础。生态设计最深层的含义就是为生物多样性而设计。而保护生物多样性的本质是保持和维护乡土生物与生境的多样性,其中包括保持有效数量的乡土动植物种群;保护各种类型及多种演替阶段的生态系统;尊重各种生态过程及自然的干扰,包括自然火灾过程、旱雨季的交替规律以及洪水的季节性泛滥。

6.2.4.4 园林水体生态净化

园林水体主要是指供人们娱乐、观赏的水景设施,包括各种规模的天然、人造的湖泊、河道、水池等。通常,园林水体流动性差、水生生态系统不完

整、水体环境容量小且自净能力差,水质易受环境开发影响造成水体污染。对园林水体污染的治理方法主要有物理技术、化学技术、生物-生态修复技术等。生态净化技术是指人工建造微型水生生态系统,利用水生动、植、微生物对水体中的污染物质进行吸收或者降解,从而达到净化水质的目的的方法。目前,成都的活水公园、上海的辰山植物园和后滩公园的水体均采用生态修复的方法来净化园林水体,取得良好的社会效益。常见的植物配置形式为水生植物群落层片结构,以及水生植被从沉水—浮叶—挺水—湿生植物群落演替系列。

6.2.4.5　沿岸的生态设计

合理的沿岸种植设计是提高水体环境生态质量的有效途径。而植被质量的好坏,对滨水空间的建设十分重要。在建设一个高品质沿岸的过程中,拥有高质量的植被景观,是最关键的环节。所用植物应尽量选用与当地气候、土壤相适应的物种,利用绿地凋落和绿肥等土壤适应物,进行再循环和再利用,形成群落自肥的良性循环机制,从而减少施肥、除草和修剪等非再生资源的使用,降低绿地建设、维护费用。沿岸绿化必须根据生态学理论,把乔木、灌木、藤蔓、草本、水生植物合理配置在一个群落中,做到有层次、有厚度、有色彩,使喜阳、耐阴、喜湿等各类植物各得其所,构成一个长期共存的复杂混交的立体植物群落。

生态护岸设计采用自然材料,形成一种"可渗性"的界面。丰水期,水体向堤岸外的地下水层渗透储存,缓解洪灾;枯水期,地下水通过堤岸反渗入水体,起着滞洪补枯、调节水位的作用。另外,生态护岸除护堤抗洪的基本功能外,对河流水文过程、生物过程还有促进功能。可顺应原地形,也可做适当的改造,配合植物种植,利用植物的根、茎、叶来固堤,保持自然堤岸特性,达到稳定河岸的目的。如种植柳树、水杨、白杨以及芦苇、菖蒲等具有喜水特性的植物,由它们生长舒展的发达根系来稳固堤岸,加之柳枝柔韧,顺应水流,能增加其抗洪、保护河堤的能力。对于较陡的坡岸或冲蚀较严重的地段,不仅要种植植被,还要采用天然石材、木材护底,以增强堤岸抗洪能力,如在坡脚采用石笼、木桩或浆砌石块,设有鱼巢等

护底,其上筑有一定坡度的土堤,斜坡种植植被,实行乔、灌、草相结合,固堤护岸。

斯拉维扬卡河穿过俄罗斯的巴普洛夫园,故园中原本就具有较多的河流资源,设计师因地制宜,充分利用现有条件进行了水体的处理,保留了自然蜿蜒的水面,几乎没有宽阔的水面,仅在重要的节点处设计有古典精美的小桥和小的构筑物,驳岸边间或种植有大量的水生植物,乔灌木采用群植或散植的方式,倒映在平静的水面上,风景宁静自然。

6.3　园林山石与植物景观配置

6.3.1　园林山石景观与植物的关系

山石与植物是中国传统园林中必不可少的造园要素,山石为园林的骨架,而植物是其毛发。山石构筑园林的实体空间,植物则形成园林的虚体空间。山石的实与植物的虚相互搭配,刚柔并重,使园林空间更加丰富,体现了自然野趣和朴实的审美效果,更使园林充满了诗情画意。

6.3.2　园林山石景观的植物配置原则

6.3.2.1　营造生境美

山石与植物组合,山石自然天成,植物配置则充分展示自然植物群落,形成返璞归真、野趣横生的自然景观,创造了山林之美,营造了自然生境。

6.3.2.2　强烈的视觉对比

山石质地坚硬,形体粗犷,终生一形一色,无生命气息,体现一种阳刚之美。植物细致柔和,一年四季变化多样,色彩丰富,生命旺盛,体现的是阴柔之美。因为有石,方能显示树的柔美;因为有树,方能显示石的阳刚。

6.3.3　山石类型及其植物配置

(1)太湖石与植物配置　太湖石是中国传统园林中著名的四大名石之一。它具有通灵剔透的外形,其色泽又最能体现"瘦、漏、透、皱、丑"之美。太湖石在中国传统园林中可堆叠假山,山上植花木,石隙中栽植耐贫瘠植物,如沿阶草、玉簪、鸢尾、南

天竹等，或藤萝缠绕，青苔覆石。太湖石也常用作特置石、对置石和散点石，尤以特置石为胜，多配置形态奇特的松柏类和奇异花木，常绿树作背景，注重基础种植，突显湖石的形态，以显示太湖石的古典之美。在中国古典式小庭院内，太湖石旁多采用乔-灌-草的配植模式，如在漏窗粉墙前配置佛肚竹—细棕竹——一叶兰＋沿阶草。太湖石与小型的竹类植物、棕竹、一叶兰、肾蕨、沿阶草等相配置，不仅能很好地展现太湖石的典雅之美，也能营造出清新、自然、优雅的环境（图6-3）。

图6-3　拙政园——海棠春坞

（2）黄石与植物配置　黄石棱角分明，纹理古拙，多在黄石底部配置外形飘逸的书带草、箬竹等，上部多用宽叶、大叶植物，如芭蕉、樟树、银杏等。黄石色彩微黄，质感浑厚沉实，在中国传统园林中，四季假山中秋山的表达多用黄石堆叠，配置秋色叶树种如黄栌、银杏、红枫等，形成明净如镜的秋季景观，扬州个园的黄石秋山最能表达（图6-4）。

图6-4　扬州个园——黄石秋山

（3）灵璧石与植物配置　灵璧石漆黑如墨，石质坚硬素雅，形状奇特，纹理丰富。灵璧石在中国园林中的景观形式多样，如特置、散置、点置、群置、园路、园林器设等。在中国传统园林中，灵璧石的配置植物选择种类较多，既可与奇异的松柏搭配，也可与挺拔的银杏搭配，或将单块灵璧石特置于茂密葱郁的片林，体现自然风光。

（4）黄蜡石与植物配置　黄蜡石质地细腻，石表滋润，色彩纯黄。黄蜡石在广东园林中应用最广，多作特置石和散置石，与植物的造景注重景观层次表现。底层植株低矮，体量较小，如虎尾兰、矮牵牛、吊竹梅等；中层或减少配置或不配置植物，多为观花、赏形植物，如南天竹、变叶木、苏铁等；背景植物一般为小乔木，如鸡蛋花、散尾葵、榕树等。当黄蜡石特置于公园或景点入口，作为题名石时，其四周通常会配植植株低矮、体量较小的植物，如肾蕨及何氏凤仙、一串红、四季秋海棠等草花。在园路旁、庭园或草地中，体型较小的景石常三两成群地散置，此时会采用乔-灌-草的配植模式，如白兰—黄金榕—艳山姜＋肾蕨，小叶榕—南天竹—孔雀草＋肾蕨＋龙舌兰。

（5）英石与植物配置　英石玲珑剔透、千姿百态的石灰石，是园林四大名石之一。英石一般为青灰色，其形状瘦骨铮铮，嶙峋剔透，多皱褶棱角，清奇俏丽。英石在广州的公园中比较常见，而且多以英石假山的形式出现。在水池旁的英石假山周围所配置的植物常采用乔—灌—草的配置模式，高大浓绿的乔木形成的背景，很好地衬托了英石假山及其周围植物的葱郁和旺盛生命力，如短序鱼尾葵＋青皮竹—观音竹＋狗牙花—海芋＋花叶良姜＋绿萝。在特置的英石旁，则常采用灌（或小乔木）—草的配置模式，如观音竹—花叶良姜＋龟背竹＋海芋＋沿阶草，佛肚竹—金脉爵床＋沿阶草等。在广州公园内，英石假山周围多点缀佛肚竹、海芋等乡土植物，不仅能突显岭南特色，还可营造古典园林的典雅之美。

（6）花岗石与植物配置　花岗石是火成岩，通常为灰色、红色、蔷薇色或灰红相间的颜色。花岗石构造致密，呈整体的均粒状结构。花岗石一般作孤赏石,体量都比较大,四周配植喜阳植物。天然花岗石作为自然造景要素时,可散置于群落中,故可运用乔-灌-草的配植模式,如尖叶杜英—竹子—灰莉＋鹅掌柴—春羽＋艳山姜等。

6.3.4　山石摆放形式与植物配置

6.3.4.1　假山与植物组合景观

以石为主的假山采用小栽植池、树池、花池和灌木池等。土石相间叠山的栽植应结合地形和山石恰当配置,如自然栽植法、悬崖栽植法、竖向插入法、侧向种植法、缝隙栽植法、攀爬培植法等。假山的植物配置宜利用植物的造型、色彩等特色衬托山的姿态、质感和气势。比如黄杨、罗汉松、白皮松、朴树、紫薇、铺地柏等,而紫薇和白皮松是中国传统园林中配置假山最常见的树种,如狮子林假山配置紫薇、络石、紫藤、夹竹桃等植物。

在中国传统园林中,对于土石山的植物配置,植物量较少,植物多为紫薇、白皮松等小乔木(少有大乔木),夹竹桃、连翘等灌木,紫藤等藤本和一些能在石隙中生长的草本植物,如玉簪、萱草、沿阶草等,有时还有青苔覆石。如留园假山的植物配置,树种选择上注意花灌木的配置,上层有乔木银杏、朴树等,中层有低矮的云南黄馨、连翘、紫荆等,底层有沿阶草等,为假山增添了几分色彩。

假山的植物配置也可以根据一年四季的特点进行,笋石与翠竹创造春季景观,湖石山与松树呈现夏季景观,秋景可用黄石山与秋色叶树种创造,冬景为雪石山不配置植物,以象征荒漠疏寒。

6.3.4.2　置石与植物组合景观

置石一般分为特置、对置、散置、群置等。置石多配置藤蔓类植物,如野蔷薇、凌霄、木香、络石等攀援花木。

(1)特置石　置石中的特置石也称孤赏石,即用一块或多块出类拔萃的山石造景。特置石在园林中多为主景,故而周围的植物配置基本上是围绕突出特置石造型特点进行的,以常绿植物为主。在私家园林中,特置石常以粉墙为背景,强调基础种植,周围植物稀疏,从而突出湖石的秀丽,如上海豫园的玉玲珑。

(2)散置石　散置即用少数几块大小不等的山石,按照艺术美的规律和法则搭配组合,或置于门侧、廊间、粉壁前,或置于坡脚、池中、岛上,或与其他景物组合造景。散置石与植物的配置多是植物为主景,石为点缀,突出植物的形态、季相变化等。

(3)对置石　立于建筑门前或道路出入口两侧、相互呼应的两块组合山石,称为对置石,以陪衬环境、丰富景色。位于道路出入口两侧的对置石多用常春藤等藤蔓植物缠绕其上,或在其旁栽一株小乔木,如垂丝海棠、木瓜、油松等,突出景色,达到承前启后的作用。

6.4　园林道路与植物景观配置

6.4.1　园林道路与植物的关系

公园的园路面积在园林绿地中占有相当大的比例,因而园路两旁的植物配置对于全园景观起到至关重要的作用。园林道路除了具有组织交通和集散的功能,还起到导游的作用。园路植物配置除了满足生态功能要求,还要满足游人游赏的需要,游人漫步其上,远近各景构成一幅幅连续动态的画面。园路是园林绿地与游人接触最多的园林空间,其绿化对于游人视觉的冲击和整个园林景观的优劣都起到至关重要的作用,在进行园林空间植物配置时,一定要根据不同园路的级别、性质及园路所在园林景区的特点进行合理造景,创造一个景观优美、步移景异的园路景观空间。

6.4.2　园林道路的植物配置原则

通常园林道路的植物配置应该遵守下列原则:科学性和艺术性的统一;因地制宜,充分考虑道路的性质、功能;充分发挥道路局部的植物景观优势,突出道路植物景观的标识性;创造丰富多变的植物景观;大部分路段遮荫效果良好,感觉舒适,满足了人们游憩需要;不同分区路段体现不同特色,但全园风格协调统一。

6.4.3 公园园路的植物配置

公园的不同分区里，主园路、次园路、游憩小路的植物配置有所不同，但总体风格应该统一，体现公园地方特色和主题。同时兼顾植物配置中对季相植物的选择，这样在游览的途中既可游览美景，又可感受到四季不同的美景。

6.4.3.1 主园路植物配置

园区的主干道绿化代表了绿地的形象和风格，植物配置应该引人入胜，形成与其定位一致的气势和氛围。要求视线明朗，并向两侧逐渐推进，按照植物体量的大小逐渐往两侧延展，将不同的色彩和质感合理搭配。植物可配置高大、叶密的乔木，两旁配置耐阴的花卉植物，植物配置上要有利于交通。公园主园路结合公园分区情况进行植物配置，不同区域路段采用不同的行道树，并以花灌木及地被植物作林下配置，形成主路景观。

主路两旁一般易做规则式列植，往往以1个树种为主，并搭配其他花灌木，丰富路旁色彩，形成节奏明快的韵律。主路是随着景观区域类型的变化而改变的，通常要先确定景观区域类型，比如树林草地区、开敞草坪区、密林区等。树林草地区植物层次可逐渐递进，形成层次景观；开敞草坪区可在路缘用花卉作点缀，防止近景乏味单调；密林区可在道路转弯处内侧采用枝叶茂密、观赏效果好的植物做障景，做到峰回路转。

广州珠江公园的几处园路植物配置可作为经典案例：①海南蒲桃路（风景林区路段）：行道树为海南蒲桃，树下种植宽1.5 m矮小沿阶草，使两旁行道树显得整齐划一。靠近风景林区的一侧路旁绿地的植物配置相对丰富，采用多种彩叶植物及观花灌木。另一侧路旁绿地配置相对疏朗，宽阔的草坪上偶尔点缀花灌木或植物与石块组成的小景。②荷花玉兰路（木兰园路段）：行道树为荷花玉兰，靠近木兰园一侧主要为疏林草地，林下散植毛杜鹃，开花时该侧缓坡地装点得极富美感，利用绿篱划分背景林与草地，加强了空间感。另一侧靠近园博区，种植形式丰富。③大王椰子路（棕榈园路段）：行道树为大王椰子，形成整齐、大气的空间。靠近棕榈园一侧片植不同种类的棕榈科植物，林下种植浓密的灌木及地被，形成密林景观，富有热带风情；局部留出草地，形成平坦荫蔽休息空间。另一侧设有开阔大草坪，高大的尖叶杜英围合空间，削弱了外围高楼大厦的压迫感，为游人提供一个追逐、玩耍场所。④盆架子路（百花园路段）：行道树为盆架树，较为荫蔽。行道树下密植耐阴灌木及地被，层次丰富，两边绿地为逐渐升高的坡地景观，使此路段更加郁闭。

自然式园路植物配置应以自然式风格为主，配置形式要富于变化，植物景观上可以配置孤植树、树丛、花卉、灌丛等，配以水面、山坡、建筑与小品，结合地形变化，形成丰富的路侧景观，做到步移景异。如路旁有微地形起伏，可配复层混交的人工群落；路边若有景可赏，可在地形处理和植物配置时留出透视线。在自然式配置时，植物要丰富多彩，但是在树种的选择上不可杂乱。在较短的路段范围内，树种以不超过3种为好。选用1个树种时，要特别注意园路功能要求，并与周围环境相结合，形成有特色的景观。在较长的自然式的园路旁，用1个树种显得单调。为了形成丰富多彩的路景，可选用多种树木进行配置，但要有1个主要树种。

俄罗斯巴普洛夫园在道路系统方面保留了笔直的林荫道，以林荫道为一级路作为主要交通路线，在各景区内均呈放射状或星形分布。林荫道两侧种植本土树种红松或白桦。两侧红松和白桦等乡土树种保留了原始的面貌，未进行修剪，使得其与自然风景能够较好地融合，处于笔直林荫道却不会觉得人工化或是道路规则感。高耸茂密的红松围合空间效果佳，并在交通上提供了便捷明了的游赏路线，有强烈的视觉冲击感和引导作用。

6.4.3.2 次路和游步道的植物配置

次路是园中各区内的主要道路，一般宽2～3 m。游步道则是供游人漫步在宁静的休息区中，一般宽仅1.0～1.5 m。次路和游步道由于步行速度较慢，植物景观尤其注重造景细节，体现植物多样及质感和色彩的搭配。对植物的造型注重精雕细琢。由于路窄,有的只需在路的一旁种植乔、灌木,就可达到既遮荫又赏花的效果。次路旁某些地段可以突出某种植物形成特殊植物景观,如丁香路、樱花路、迎春路和连翘路等。

山路两旁植物配置应有层次感并富于变换,时而宁静幽深,曲折掩映,时而草木稀疏,豁然开朗,保持乔木、灌木、花草,时高时低,错落配置。山路植物配置还应尽量结合原有植被,根据自然地形,因地制宜,进行合理搭配。尽量增加乔木的比例,以增加景深。

竹径是园林小径中备受欢迎的造景手法,竹径可以创造幽静深邃的园林环境。小路两旁种竹,要有一定的厚度、高度和深度,才能形成"竹径通幽"的感觉。

花径是园林中极富情趣的园林空间。可选择色彩鲜艳的观花、观叶或观果的灌木、草本或藤本植物。开花灌木应选开花丰满、花形美丽、花色鲜艳或有香味、花期较长植物如紫薇、腊梅、连翘、棣棠等;除此之外,还可以补充彩色观叶或观果的树种,以弥补花色不足,如南天竹、红枫、火棘、八仙花和野牡丹等。草本花卉可选择花色和叶色都鲜艳的一二年生草本花卉形成花带,或选择多年生宿根花卉形成自然的对应花境。藤本植物最好选开花效果好的草本或木本植物,如常春藤、藤本月季、三角梅等。配置在一起的各种植物不仅彼此间色彩、姿态、体量、数量等应协调,而且一年四季季相变化要丰富。花径设计时应注意背景树的配置,要讲究构图完整,高低错落。

再次园路的植物配置实践中,广州珠江公园的设计可以借鉴。①风景林区园路:采用自然式群落的组合配置,乔灌木群落自然交替组合,使路旁的林冠线沿路缘线高低起伏,凸显出一片葱郁山林地景观。②木兰园园路:两旁种植白兰作为行道树,端点种植了朱蕉及开红花的地被作为视觉焦点,园路及行道树产生的透视效果,强化了这一焦点效果。③桂花园园路:由条石嵌于草地上,使两边绿地隔而不断,植物配置上主要采用小乔木搭配整形或自然形状小灌木,使视线以下较封闭,视线以上则没有遮挡,远处的高楼大厦犹如虚化的背景,丰

富了天际线。④棕榈园园路:部分路段种植高大的棕榈科植物为行道树,两侧视线较通透;部分路段两旁没有种植行道树,而是直接由短穗鱼尾葵搭配灌木和地被,构成封闭感很强亚热带密林景观。⑤百花园园路:两旁除大量运用开花地被形成花径,还大量使用彩叶及开花灌木,形成花团锦簇的效果,而乔木则主要采用绿叶树种,既可充当背景,也可缓解视觉疲劳。⑥水生植物区园路为木栈道,与主体建筑相呼应,两旁植物较低矮,做到适地适树,植物多为喜湿植物,如垂柳、串钱柳、水石榕等。

俄罗斯巴普洛夫园内的河流和山丘边多设计为弯曲的小路,使游人可以从各个角度欣赏水边景观,同时将散置的建筑串联起来。水边小路边更配植有高大的芦苇丛和水草等,尽显水边自然蜿蜒的原野风光。

6.4.3.3　路口植物配置

路口及道路转弯处的植物配置,要有障景、引景、点景的景观功能,起到导游和标志作用,一般安排孤植树、观赏树丛、花丛、置石及其他园林小品等,植物配置在色彩、数量和体量上要做到鲜明、醒目。

公园主入口空间常用花池、树阵、灌木球或整形绿篱,结合具地域特色的植物,营造规则大气之感,还可利用坡地设计特色植物景观,形成观赏面。靠近入口处的主干道要体现景观和气势,往往采用规则式配置。可以通过量的营造来体现,或通过构图手法来突出。可用大片色彩明快的地被或花卉,体现入口的热烈和气势。

园路节点、转角、交叉路口位于空间的转折处,是游人视线的焦点,植物配置应突出景观的重要性,起到分割空间、阻隔视线、形成标志的作用。焦点处不仅要选择观赏价值高的植物种类,还要在配置的时候考虑其群落组成关系,这样才能使园路的关键部位在较长时间内保持良好的景观效果。

6.4.3.4　路面植物配置

路面绿化可采用石中嵌草和草中嵌石的形式,一般用于游步道。路面绿化不仅是区别不同道路的标志,而且可以增加绿化面积,降低路面温度,增加天然情趣。

6.4.4 居住区道路植物配置

居住区环境由于受面积、空间的限制，一般设计成平面绿地或地势变化不大的小区绿化环境。园路在现代小区环境中不仅具有组织交通、集散人群的功能，而且还可以起到导游、装饰的作用。配置的植物除生态功能外，更重要是为了满足不同居住人群在工作之余休闲、娱乐和观赏。通常，小区面积较小或为规则式建筑时，园路多设计成几何路线；而小区面积较大或为低层复式建筑时，园路多设计成自然曲线。自然园路在设计时要融入现代设计理念和人性化的特点，同时具备观赏与交通的双重功能，在有限的空间内提高园林绿化的艺术品位。在植物和园林小品的配置上也应自然多变，不拘一格，使得人们漫步小区园路时达到赏心悦目、步移景异的效果。

6.4.4.1 主路植物配置

居住区道路在设计上，应综合考虑功能、流量、空间分隔的特殊要求，因地制宜、合理布局。在形式上有主路、次路、小路之分，主路一般宽度为 3～5 m，路面以柏油、水泥、方砖及石材居多。在平直的主路上以规则式配置为主，乔木类多选用树干通直、冠型整齐、枝叶浓密、绿期长、分枝点高、抗污力强的树种，北方常见悬铃木、白蜡、银杏、馒头柳、黄金槐等，南方常见樟树、黄葛树、小叶榕和刺桐等。灌木类多选择枝叶丰满、无刺无味、叶色艳、耐修剪或花期长且有特殊香味的树种，北方常见冬青卫矛、黄杨、水蜡球、丁香花等，南方常见栀子、红花檵木、假连翘、六月雪等。通常在一条主路上突出一路一景特色景观，在树种配置上，要尽量选一种乔木和灌木搭配，注重与园路的功能要求以及周围环境的统一。如北方选用银杏和丁香组合，即可形成春开花、夏遮荫、秋变色的美丽景观。

在自然的园路旁，根据其生态习性多以乔灌木自然散植于路边或以乔灌木丛群植于路旁，使之形成更自然更稳定的复层植物群落。自然界中多数植物的叶子虽然为绿色，但存在色调深浅、色调明暗之差，并随着季节的变化而变化。如柳树，初发芽时叶子为黄绿，逐渐变为淡绿，夏秋两季则变为浓绿，深秋变为淡黄并逐渐落叶，最后仅剩枝条，次年又重复这种季相变化。紫叶李的叶片为紫红色，美国红枫的叶片为红色，银杏叶片入秋变为金黄色。五角枫、鸡爪槭的叶子夏为绿，秋为红。这些色彩艳丽的彩叶树，在小区植物配置中充当了主角，或作为主景，或配置在透视线的焦点。在实际应用中要强调对比，以色度差别较大者为宜。如油松与银杏相配、北美枫香与桧柏球相配、沙地柏与红瑞木相配等，这些组合无论形态、质感，还是色调上都有较好的对比效果。在较长的自然式园路旁，如果只选用一个树种，势必会给人一种机械、呆板的感觉，同时也和自然缩放、圆弧曲线、高低起伏的园路不相协调。为了形成丰富多彩的路景，可选用多树种组合配置，但要切记主次分明，以防杂乱，喧宾夺主。

6.4.4.2 次路和小路植物配置

次路是小区各功能分区的道路，一般为 2～3 m，路面质地以方砖、石板、碎拼为主。小路则是供居民漫步游赏之用，一般设计宽度仅有 1～2 m，时常路边会设置花架、石桌、座凳、健身平台等小的园林构筑物，路面质地更加灵活多样，可以是河卵石或自然石，也可以是植草砖等。在花架下栽植紫藤、地锦、凌霄，在石桌、座凳旁点植国槐、五角枫等遮荫乔木，并种植连翘、迎春、紫荆和金丝桃等观赏性灌木。

在面积较小的楼隅间，园路设计要简洁大方、植物配置也不宜过多，只是在路口或转弯处选用 1～2 株树姿优美的孤赏树，再配置金叶女贞、红花檵木、沙地柏等低矮的彩色条纹图案，利用大树与低矮灌木或草地的高差对比，来衬托草坪主景的开阔性，创造简洁明快、清晰自然的草坪景观。

在较大面积的别墅区中做绿化，园路则要有一定的长度、曲度、坡度以及整个地势的高低起伏，运用各种植物配置手法，巧妙进行小区内山丘、溪涧、堆石等微地形的处理，注重乔木、灌木、地被、草地各园林要素的合理配置，形成三五组团、高低错落、疏密有致的景观。别墅区的绿化空间很大以及单元居所之间具有私密性,结构紧密的树丛起到了隔离、障景的作用。隔离带可分为整齐的纯树种篱笆和多树种的复层树丛,可根据不同园路的空间划分因地制宜、灵活应用。篱笆可将草坪与园路隔离,以减少草坪行人的干扰,或完全遮挡视线,将建筑与建筑分隔成相对独立的私密空间。花丛、花坛、孤赏树以及建筑物等,常常需要有背景树丛的衬托。有时可以借助园林建筑为背景,而体量小的建筑又可以大乔木为背景,只要配置合理同样能取得好的效果。

园路边缘既是草坪边界的标志,边缘植物多选择色彩艳丽,株形矮小、质感细腻的草本或小灌木,如黄杨、水蜡、景天、矮牵牛或麦冬等。配置时宜疏密相间、色彩各异,可以丰富道路绿化的空间层次和色彩。

6.5　园林地形与植物景观配置

6.5.1　园林地形景观与植物配置的关系

6.5.1.1　园林地形的概念

园林地形是指通过人为模拟自然地形,形成高低起伏的幅度较小的地形(也称微地形)。地形的营造不仅丰富了景观层次,同时改善区域内局部小气候,因此是现代园林设计的常用手法。包含凸面地形、凹面地形、坡地、土台、土丘、小型峡谷,还包含适宜人们活动的台地、嵌草台阶、下沉广场、层层叠叠的假山石等。

6.5.1.2　园林地形的功能

(1)丰富景观层次　地形与植物配置的结合很好地体现了园林植物的视觉效果,丰富景观层次,增强了园林艺术性表现力。

(2)控制视线　地形可通过引导、标识、指示、突出、隐藏等空间的导向功能来控制人们的视线。对于过渡地段的地形,巧妙地组织视线,凸显或隐藏风景以达到最优的景观,便可产生期盼的感受,实现有意义的过渡空间。

(3)塑造空间类型　地形可以塑造各种空间类型,如开敞空间、半开敞空间、垂直空间、私密空间等。地形的高低起伏加上植物的配置可以构成富有韵律的林冠线,并能实现各类园林设计方法,如障景、夹景等。可将地形充分结合园路铺设,并配置与之相适应的植物,以此达到引导路线的目的。

(4)增加生态功能　地形的塑造使得环境多样化,在小环境改变中具有重要功能。利用园林地形高低起伏的改变,可对园林绿地各个位置的光照条件加以改善。因地形变化,极易出现阳、阴坡,以此在不同光照条件下,满足各类植物生长需求。地形应用还可起到绿地表面积增加的作用,是绿地蓄水功能、防风、防灾能力有效提升的重要保障。

(5)排水、蓄水功能　在景观设计中借助微地形,有利于景观内排水和蓄水。我国地域辽阔,各地气候、土壤差异较大。如我国南方降雨量大,全年雨水充沛,很容易出现内涝。在塑造软质景观和硬质景观时,特别注意微地形的处理,多则排,亏则蓄,不仅丰富美化了景观,节约了宝贵的水资源,同时也保证了园林植物的健康生长环境。

(6)提升审美效果　地形形成的缓坡、陡坡、轮廓变化,以及由此产生的光影变化等等,都从不同角度塑造出多彩丰富的视觉化。

6.5.1.3　园林地形与植物配置的关系

地形是园林的骨架,植物则是营造园林景观的主要材料,二者完美、巧妙地结合,丰富了景观要素、层次和色彩,将园林景观艺术表现力推到极致。景观植物既能凸显、加强地形的高耸之势,也能削弱、弥补地形的高低差异,还能在原有平地上塑造出错落有致的景观层次。景观植物的配置极大程度上与地形营造关系密切,如在面积较大的尺度上,其地形大部分呈起伏状或山地,为能够形成林冠线此起彼伏的层次感,在景观植物配置上可选用乔木、灌木及地被植物进行有层次的配置。而在比较平缓的地形上,同样可以使用乔木、灌木及地被植物的组合配置,对空间上的景观进行丰富。如果在地形营造比较有起伏的地方要使林冠线变得比较平缓,可在地势比较高的地方配置较为矮小的植物,而在地势较为低洼的地方配置较为高大的植物。

6.5.2　园林地形景观的植物配置原则

6.5.2.1　科学性

植物的种植首先必须遵循科学性,满足植物生存的生态要求。在设计前要综合考虑各种环境因素,包括覆土的厚度、风向、向阳面和背光面等,才能正确地选择植物种类。如地形在不同的朝向其环境差异很大,向阳面日照强而干燥,背光面则日照弱而较湿润,因而在植物景观设计时要注意不同植物喜光耐阴的习性。

6.5.2.2　功能性

不同的绿地形态对地形的植物景观要求不同。如道路两旁的地形植物景观,是为了通过地形的起伏变化打破道路景观整齐划一的感觉,去创造更丰富的景观,美化道路,缓解司机驾驶的疲劳感。

6.5.2.3　艺术性

地形景观的形成,很大程度上取决于植物景观的营造,包括植物的选择和配置。如果不重视叶色、花期、质感、树形的选择和搭配,就会显得杂乱无章。地形的植物景观应是季相变化明显,使游人有一种置身大自然的快感。

6.5.3　地形各空间的植物配置

6.5.3.1　开敞空间的植物配置

开敞空间植物配置以绵延起伏的草地为基调,配以几株造型别致的乔木,体现宽广深远的园林空间。植物的配置结合地形地貌打造开阔的景观,达到延伸景致的效果。

6.5.3.2　半开敞空间的植物配置

半开敞空间植物配置常在微地形的最高处设有主景,周围种植小乔木或灌木构成疏林缓坡的景观效果,景观层次主次分明。结合植物在保证局部私密性的同时延展视线,开阔景致。

6.5.3.3　私密空间的植物配置

私密空间的视距范围通常较小,植物空间配置既可以选择单一的高大乔木成片种植形成树丛,增加其私密性,也可以通过精致的植物组团达到小空间的景观营造效果。

6.5.4　不同类型绿地地形的植物配置

6.5.4.1　道路绿地地形的植物配置

道路结合植物配置进行适当的地形处理不仅可以软化机械、生硬的城市道路,同时对于增加城市绿量、遮挡不良景观等方面具有重要的作用,可营造自然、生态的景观效果。产生独特的景观效果。

道路绿带、交通岛绿地、广场绿地及停车场绿地等为道路绿地的主要构成部分。作为道路景观的主要构成部分,道路绿化主要以狭长地形为其主要地形形态,封闭、垂直作为其空间类型的特点。在确保行车、行人通过安全的基础上,需对植物高低配置加以重视,以此确保地形处理的科学性。选取适合的地表类型,不但能够实现道路的连续性,还能起到指引方向的目的,同时能够满足道路管道布置位置的需求。

6.5.4.2　建筑附属绿地地形的植物配置

建筑外环境绿地作为建筑景观规划设计的重要组成部分,其形态和空间类型较为灵活,变化较为丰富。绿地设计大多以单体建筑设计为中心,作为建筑向室外空间的无限延续,对于完善建筑的整体设计非常重要。

6.5.4.3　居住区绿地地形的植物配置

通过地形的处理将楼宇之间串联起来可以最大限度地丰富景观要素,营造不同的景观空间,获得变化的植物景观。同时,在提高居住区绿视率、保护居住者的私密空间,以及减少施工过程中的土方运输、降低建设成本等方面具有重要作用。

低容积率与高绿化率为绿地景观生态型居住区的主要特点,但居住区绿地景观往往存在用地紧张等问题,同时因建筑区域绿地较为零散,为最大限度起到景观丰富的作用,可通过地形处理,设置良好的植物景观效益,营造不同的景观空间,达到建筑区域绿化面积增多的目的,使人充分融入自然。

别墅区容积率低,道路的交通性功能被淡化,多为步行道路,主要作用是观赏与游憩。步行道路空间的尺度通过道路两侧的地形与植物来控制,从而取得较强的舒适感。曲径通幽的地形设计给道路带来丰富的空间层次,延续游赏路线。高矮不一的乔灌草,成块或断续的组合在起伏的地形上,形成具有方向感的纵深空间。

6.5.4.4　临水绿地地形的植物配置

驳岸与临水带状绿地作为水和绿地连接的纽带,临水绿地是园林建设中的主要构成成分。将驳岸位置设置成自然倾斜类型或选取草地形式,可将驳岸向水面慢慢延伸,可打破绿地和水的界面。同时选取台阶类型作为驳岸形式,可将台阶向水中直接延伸,以此为游人提供嬉水的场地,使人能够与自然亲近。

6.6　屋顶绿化与植物景观配置

6.6.1　屋顶花园概述

6.6.1.1　屋顶花园的概念

根据我国 2002 年 10 月颁发的《建设部关于发布行业标准(园林基本术语标准)的公告》中对园林基本术语的定义:屋顶花园(roof garden)是指在建筑物屋顶上建造的花园。但在实际工作中屋顶花园(又称屋顶绿化)一般是指在建筑物的屋顶、露台、天台、阳台上进行园林景观造景的总称。屋顶花园是将建筑艺术与园林艺术相结合的一门技术,是绿化景观发展的新领域。

6.6.1.2　屋顶花园的特点

由于屋顶花园夏季气温高、风大、土层保湿性能差、土温变化大等特点,要选择适应性强、耐贫瘠,根系浅的植物。由于屋顶的特殊地理环境,在屋面结构层上进行园林建设应考虑到于排水、蓄水、过滤等功能的需要,同时还需把土壤和植物荷载控制在最小限度、防止渗漏、防止根部生长到建筑物结构中。

6.6.1.3　屋顶花园应用形式

(1)草坪式屋顶花园　粗放型的植物绿化方式,适合荷载≥100 kg/m² 的建筑物屋顶上采用,在德国、日本和中国的上海、深圳应用较为广泛。草

坪式屋顶花园主要表现为重量轻、形式简洁、养护低、造价低、灌溉少、维护简单。植物多以景天科植物、草坪及藤本为主,直接覆盖在屋顶,形成开阔的植物景观。景天类植物具有抗干旱、生命力强,品种多,颜色丰富,绿化效果显著的特点,在此类屋顶绿化中应用广泛。

(2)花园式屋顶花园　指植被绿化与人工造景、亭台楼阁、溪流水榭的完美组合,是真正意义上的屋顶花园,适合在荷载≥450 kg/m² 的建筑物屋顶上采用。此类屋顶花园植物用量较大,可采用乔、灌、草结合的复层植物配置方式,配置时以中小型乔木为主体,乔木下面用比例、形体、质感相配的灌木进行补充,再以地被植物和草坪为基础,根据各种植物的生态位进行合理搭配,形成由多层植物组成的、和谐一体的、具有空间立体层次感的植物景观。

(3)组合式屋顶花园　介于草坪式和花园式屋顶绿化之间的绿化形式,适合在荷载≥250 kg/m² 的建筑物屋顶上采用。此类屋顶花园选择小乔木、低矮灌木搭配草坪、地被植物进行屋顶绿化植物配置,由于屋顶可承受荷载的增加,可加入更多设计理念,如布置园路、座椅和轻质小品,活动空间增大,景观层次增多。

6.6.1.4　屋顶花园的功能

屋顶花园的功能包括调节小气候、净化空气、降低室温、美化城市、改善生态环境、增加绿地面积、缓解城市日益严重的热岛效应、减少紫外线辐射、延缓防水层劣化、蓄收利用雨水资源以及营造良好的生活和工作环境等。

(1)改善局部生态环境　保证特定范围内居住环境的生态平衡和良好的生活环境,一个绿化屋顶就是一台自然空调。据调查统计,绿化地带和绿化屋顶,可以通过土壤的水分和生长的植物,降低大约 80% 的自然辐射,以减少建筑物所产生的副作用。联合国环境署曾有研究表明,如果一个城市的屋顶绿化率达到 70% 以上,城市上空的二氧化碳含量将下降 50%,热岛效应会消失。屋顶花园可以抑

制建筑物内部温度的上升,增加湿度,防止光照反射、防风,对小环境的改善有显著效果。北京市园林科研所的调查表明,屋顶绿化每年可以滞留粉尘2.2 kg/hm²,进行屋顶绿化后,建筑物的整体温度夏季可降低约2℃。而绿化场地周围的若干"小气候改善"的交叉作用使城市整体的气候条件得以改善。

(2)对建筑构造层的保护 平屋面建筑,屋顶构造的破坏多数情况下是由屋面防水层温度应力引起,还有少部分是承重物件引起。通过温度变化会引起屋顶构造的膨胀和收缩,使建筑物出现裂缝,导致雨水的渗入。空气温度迅速变化对建筑物特别有害,由于温度的变化,建筑材料将会受到很大的负荷,其强度会降低,寿命也会缩短。如果将屋顶进行绿化,不但可以调节夏天和冬天的极端温度,还可以对建筑物构件起到相当大的保护作用,所以,屋顶花园对建筑物能够起到保护作用,以至延长其寿命。

(3)减轻城市排水系统压力 屋顶绿化可以通过储水,减少屋面泄水,减轻城市排水系统的压力。建设城区时,地表水都会因建筑物而形成封闭层,降落在建筑表面的水按惯例都会通过排水装置引到排水沟,这样常用的做法会造成地下水的显著减少。随之而来的是水消耗的持续上升,这种恶性循环的最后结果导致地下水资源的严重枯竭。当许多屋顶被绿化时,屋面排水可以大量减少。绿化屋顶可以使降水强度减低70%,这可以作为排水工程中确定下水管道、溢洪管或储水池尺寸时节省费用的根据。

6.6.1.5 屋顶花园的发展

屋顶花园的发展见二维码6-1。

二维码6-1 屋顶花园的发展

6.6.2 屋顶花园的设计原则

6.6.2.1 安全原则

花园式屋顶绿化是开敞的活动空间,允许人们进入休憩、游览,由于一般都是位于高层建筑物的顶部,建筑物的荷载会增大很多。如屋顶四周设置防护栏杆、植物避免选用有毒、有刺或者枝干容易脱落造成高空坠物伤害的种类。屋顶花园设计时,一定要考虑景观实施屋面的建筑物荷载以及排水层、防水层、防穿刺层的实施情况,确保建筑物使用安全。

(1)建筑荷载 屋顶绿化首先要保证屋顶荷载安全,要精确计算出屋顶绿化所增加的荷载值,即屋顶种植荷载,包括屋顶耐根穿刺防水层、保护层、排(蓄)水层、过滤层、水饱和种植基质层和植被层等总体产生的荷载。此外,还应注意一些特殊情况下增加的荷载值,如植物生长增加的荷载、瞬时过强降水所带来的排水不畅导致的荷载增加以及上人后的荷载增加等,并应预先全面调查建筑的相关指标和技术资料,根据屋顶的荷载,准确核算各项施工材料的重量和一次容纳游人的数量,保证建筑承重安全。为了减轻荷载,尽量将花坛、假山、水池等重量较大的景观设计在能够承重的结构位置上。

(2)防水安全 对于屋顶绿化,防水保证与否是决定其成败的关键,一旦发生渗漏,不仅造成经济损失,更会直接影响到建筑安全,因此应格外重视。根据JGJ 155—2013《种植屋面工程技术规程》的条款要求,屋顶绿化防水层应满足一级防水设防要求,合理使用年限不应少于20年。为确保屋顶结构的安全,在进行屋顶绿化前,应在原屋顶基础上,进行二次防水处理。

(3)耐根穿刺防水层 植物的根系以及地下茎都有一定的穿刺能力,普通的防水层并不能阻止植物根的穿刺,会导致其根系穿透防水层,甚至结构层,从而使整个屋面系统失去作用。耐根穿刺防水层具有防水和阻止植物根系穿刺功能的构造。《种植屋面工程技术规程》中明确提出:种植屋面防水层应满足一级防水等级设防要求,且必须至少设置一道具有耐根穿刺性能的防水材料。

(4)排(蓄)水层 设置排(蓄)水层可以改善基质的通气状况,吸收种植层渗出的多余水分,土壤缺水时提供植物所需水分;可将雨水迅速排出,有效缓解瞬时集中降雨对屋顶承重造成的压力。

6.6.2.2 经济原则

在屋顶花园的景观设计中,还要考虑屋顶花园的工程造价,只有较低的施工成本,大众可以接受的造价,才能使屋顶花园得到推广。

6.6.2.3 生态原则

屋顶花园景观设计中,应以植物造景为主,尽可能地增加绿化面积,避免出现大面积的硬质景观。

6.6.2.4 美观性原则

屋顶花园景观设计应与主体建筑物及周围大环境保持协调一致,善于利用建筑物屋顶各个区域进行景观设计,借鉴地面景观中的构成元素(植物、小品、水景、构筑物等)进行屋顶花园设计,在设计过程中推敲空间、尺度、植物配置,最终达到理想的景观效果。

6.6.3 屋顶花园的基本构造

6.6.3.1 种植介质层

种植介质层是指满足植物生长条件,具有一定的渗透性能、蓄水能力和空间稳定性的轻质材料层,是屋顶花园基本构造的最上一层。基质主要包括改良土和超轻量基质两种类型。改良土通常由园土、排水材料、轻质骨料和肥料混合而成;超轻量基质由表面覆盖层、栽植育成层和排水保水层三部分组成。屋顶绿化基质荷重应根据湿容重进行核算,不应超过1 300 kg/m²。

6.6.3.2 隔离过滤层

隔离过滤层一般采用既能透水又能过滤的聚酯纤维无纺布等材料,用于阻止基质进入排水层。隔离过滤层铺设在种植介质层下,搭接缝的有效宽度应达到10~20 cm,采用粘接或缝合的方法,并沿种植土周边向上铺设和种植土的高度一致。

6.6.3.3 蓄水层

蓄水层可选用蓄排水板、陶砾(荷载允许时使用)和排水管(屋顶排水坡度较大时使用)等不同的蓄排水形式,用于改善基质的通气状况,迅速排除多余水分,有效缓解瞬时压力,并可蓄存少量水分。蓄水层铺设在过滤层下,应向建筑侧墙面延伸至基质表层下方5 cm处。施工时应根据排水口设置排水观察井,并定期检查屋顶排水系统的通畅情况。及时清理枯枝落叶,防止排水口堵塞造成壅水倒流。

6.6.3.4 保护层

保护层采用混凝土或砂浆来做,以防止后续工艺对防水层造成意外破坏。保护层的泛水要求与基层的验收标准相同,要设分隔缝,分隔缝间距不大于6 m。

6.6.3.5 隔离层

隔离层一般采用玻纤布或无纺布等材料,用于防止隔根层与防水层材料之间产生粘连现象以及保护层开裂对防水层的破坏。隔根层铺设在保护层下,搭接宽度不小于100 cm,并向建筑侧墙面延伸15~20 cm。

6.6.3.6 抗根防水层

抗根防水层采用抗根穿刺的防水卷材,用于防止植物根系穿透防水层。

6.6.3.7 普通防水层

普通防水层对于花园式绿化施工宜优先选择耐植物根系穿刺的防水卷材。对于简单式绿化施工也可选用自粘防水卷材,渗透结晶防水材料(用于人防、地下工程顶层,每平方米用量不小于1.5 kg)或聚合物改性沥青防水卷材。铺设防水材料应向建筑侧墙面延伸,应高于基质表面15 cm以上。

6.6.3.8 其他

包括清理找平层、保温层和结构板层。这些通常均属于建筑设计和建筑施工的范畴(表6-1,图6-5、图6-6)。

表 6-1　屋顶花园基本构造

结构名称	材料
植被层	绿色植被
种植介质层	种植土（基质）
过滤层	200～300 g/m² 聚酯无纺布等
蓄排水层	鹅卵石、陶砾或蓄排水板
保护层	刚性混凝土或砂浆
隔离层	聚酯无纺布或塑料膜
抗根防水层	抗植物根系穿刺的防水卷材
普通防水层	自粘防水卷材、渗透结晶防水涂料或聚合物防水卷材
清理找平层	水泥砂浆
保温层	聚苯保温或国家规范允许的其他保温材料
结构板层	混凝土

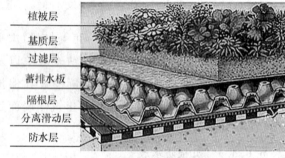

图 6-5　屋顶花园基本构造（1）

（来源：http://www.lvyon.com/zhanshi.asp? zsid＝28）

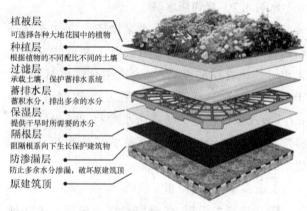

图 6-6　屋顶花园基本构造（2）

（来源：http://www.blog.sina.com.cn/s/
blog-eddc3fglolozxs6u.html）

6.6.4　屋顶花园的生态因子与植物配置

6.6.4.1　屋顶花园的生态因子

较高屋顶空气质量好，水分蒸发快，植物需保水。植物的种植基质质量需根据屋顶荷载设置。屋顶温差大对植物体内积累有机质越有利。屋顶光照强利于植物光合作用。屋顶风大，植物需有相应防风能力。

6.6.4.2　屋顶花园植物选择

屋顶花园的植物选择见二维码 6-2。

二维码 6-2　屋顶花园植物选择

6.6.4.3　屋顶花园植物配置

（1）植物配置原则

①种植土壤要重量轻，疏松透气；以免太重压迫楼板。

②植物应选用浅根系植物，根系不能穿透屋顶防水层。

③植物要有一定的特殊形态效果；才能在屋顶的小范围空间突出景观绿化效果。

④由于屋顶光线强，温度高，所选植物必须为耐旱型的，以便于后期的养护管理。

⑤屋顶一般风力较强，不宜选用过高及枝干细弱的植物，粗壮低矮型植物的抗风效果好，应为首选。

⑥因屋顶花园位置特殊，苗木搬运不方便。所以植物种植之前就应检查好是否有病虫害等，有病虫害的植物一律不能进场，对于选用的树种应选用病虫害抗性强的植物。

⑦屋顶花园作为建筑中的大型休憩绿化空间，人流量较大，所以设计时应以人为本，避免采用对人身体有害的植物。比如有毒、有大型落果、枝干较脆易断、有刺激性气味、易产生过敏物质的植物都不宜在屋顶花园中种植采用。

（2）植物配置设计

植物造景是屋顶景观设计中的一项重要内容，

屋顶上的植物以小型乔木,灌木和地被植物为主。先用中等高度的灌木来确定基本骨架,然后用小乔木或大型的灌木作为景观性植物,最后用小灌木或地被植物让空间具有层次感。进行植物种植时,也应该注意的植物的形态、色彩等的搭配。植物选择上以根系浅的植物为主,尽量少用大型乔木,覆土控制在 50 cm 以下,作为景点的乔木可通过木箱或者树池台高覆土的办法局部处理。在植物种类与层次要求上都应该往少的方面发展,以体态轻盈叶片较小,花小色淡的植物为主,将形态自然与修剪整齐植物相互搭配,设计出一个相对简单但又不缺乏传统文化的植物空间。

6.6.5　屋顶花园植物种植的施工及养护

要求选择适应地方气候和生活习性的植物,并根据花园景观的需求进行植物配置只是屋顶花园种植的初步工作,更加重要的是,对选择的植物和花卉进行合理的施工和维护,以保证屋顶花园持续。由于受屋顶花园所处的场地、建筑的结构承重、屋顶的平面构成、建筑所处方位等因素的影响和制约,屋顶花园植物种植的施工及养护要求与地面植物的种植也有很大不同,重点则包括种植基质的选择、场地排水和通气设施的处理、防根措施的处理等几个方面。

6.6.5.1　种植基质的选择

屋顶花园的种植基质对于植物后期的生长和维护有较强的影响。一方面,由于屋顶花园是在建筑物、构筑物上面堆积土壤,没有地下毛细水的上升作用,同时,土层的厚度也受到一定限制,所以屋顶花园有效的土壤水分容量也较小。另一方面,由于土层薄,受到外界气温的变化和下部构造传来的热变化两种影响,种植植物的土温变化也比较大。因此,屋顶种植区会受到屋顶承重、排水、防水等诸多条件的限制,在种植基质的选择上,要求采用轻量、薄层、保水、透水性稳定、可持续利用的材料。

目前种植基质主要包括改良土和人工轻量种植基质两种类型。改良土是加入了改良材质的自然土壤,可减轻荷重,提高基质的保水性和通气性。

其配制主要由排水材(煤渣、沙土、蛭石等)、轻质骨料(发酵木屑、切碎杂草、树叶糠、珍珠岩等)和肥料(腐殖土、草炭、草木灰等)混合而成。改良土的配制比例可根据各地现有材料的情况而定,还可以根据各类植物生长的需要配制。一般干容重在 $550 \sim 900 \ kg/m^3$,如果基质充分吸收水分后,其湿容重可增大 $20\% \sim 50\%$,因此,在配制过程中应根据湿容重来考虑,尽可能降低容重,并适当添加补充肥,其比例可根据不同植物的生长发育需要而定。

人工轻量种植基质一般指草炭、珍珠岩和蛭石等,具有不破坏自然资源、卫生洁净、重量轻、保护环境等优点。

依据植物种类确定种植层厚度,可参考数据:草本 $15 \sim 30 \ cm$、花卉小灌木 $30 \sim 45 \ cm$、大灌木 $45 \sim 60 \ cm$、浅根乔木 $60 \sim 90 \ cm$、深根乔木 $90 \sim 150 \ cm$。栽植时应根据建筑物的荷载及植株的体积大小具体调整,满足其正常生长所需营养能量的供应。

6.6.5.2　排水和通气措施

对于屋顶花园的植物生长来说,排水和通气十分重要。在基质层下面需设置隔离过滤层,一般采用既能透水又能过滤的聚酯纤维无纺布等材料,调节水分与空气的流动,并防止土壤颗粒下渗。在隔离过滤层下面设置蓄排水层,根据屋顶排水沟情况设计,材料可选用凸台式、模块式、组合式等多种形式的排(蓄)水板。排(蓄)水板具有对上部土层的支撑作用,它的多孔结构还能将土层中多余的水渗漏到板层下并通过排水管排走。也可采用直径大于 $0.4 \sim 1.6 \ cm$ 的陶粒,厚度宜 5 cm。完成防水处理以后要再做一次试水实验,在实施屋顶绿化施工中,均不得打开或破坏屋面的防水层或保护层。然后设置排水等管道系统,满足日常排水及暴雨时泄洪的需要,并定期清理疏通、避免堵塞。

6.6.5.3　防根措施

植物根系的穿透作用很强,容易对屋顶的防水层产生破坏,屋顶花园种植时,应在土壤层下采取相应的措施,起到防根作用。通常屋顶的隔离过滤层、蓄排水层下还应设置耐根穿刺防水层。如可选用刚性防水、柔性防水或涂膜防水三种不同材料方

法,采用二道或二道以上防水层设防,最上道防水层必须采用耐穿刺防水材料,与防水层的材料应相容。另外,还有一种高密度聚乙烯制成的防根板也在目前的屋顶花园建造中得到应用。

6.6.5.4 防风措施

屋顶花园所受的风载大大高于地面花园。为了增强屋顶花园植物的抗风性能,施工时需对较大规格的乔灌木进行特殊的加固处理,常用的方法有:一是在树木根部土层下埋塑料网以扩大根系固土作用;二是在树木根部,结合自然地形置石,以压固根系;三是将树木主干成组组合,绑扎支撑,并注意尽量使用拉杆组成三角形结点;四是拉索固定。

6.6.5.5 地形塑造

屋顶花园是城市和建筑景观的重要组成部分,为了营造更好的视觉景观效果,同时也确保乔木和灌木一定的土壤厚度,在屋顶花园中常常采用微地形设计的方式局部堆土,以形成不同高度、不同维度的视觉景观。考虑到屋顶花园荷载的要求,在需要大面积营造微地形效果时,建议内部堆土改用珍珠岩等轻质材料进行填充。

6.6.5.6 植物施工

(1)乔灌木、地被植物的栽植宜根据植物的习性在冬季休眠期或春季萌芽期前进行。

(2)乔灌木移植带土球的树木入穴前,穴底松土应夯实,土球放稳后,应拆除不易腐烂的包装物;树木根系应舒展,填土应分层夯实。

(3)常绿树栽植时土球宜高出地面 50 mm,乔灌木种植深度应与原种植线持平,易生不定根的树

种栽深度宜为 50~100 mm。

(4)草本植物种植应根据植株高低、分蘖多少、冠丛大小确定栽植的株行距;种植深度应为原苗种植深度,并保持根系完整,不得损伤茎叶和根系;高矮不同种类混植,应按先高后矮的顺序种植。

(5)草坪块、草坪卷铺设边应平直整齐、高度一致,并与种植土紧密衔接、不留空隙;铺设后应及时浇水,并应碾压、拍打、夯实,并保持土壤湿润。

6.6.5.7 屋顶花园日常养护管理

屋顶花园在建成后,能否发挥其功能,关键在于日常养护管理。屋顶光照强、风大,植物的蒸腾量大,容易失水,所以适时适量的及时浇水尤为重要。如设置喷淋装置,既可节约水资源又可提高灌溉水的利用率。秋季增施有机肥料保证植物积累养分能够正常越冬。注意病虫害防治、经常修剪、及时清理枯枝落叶、夏季遮荫、秋冬季防风防寒。对于一些冬季枯萎死亡的草花在翌年春季应及时更新补种,保证景观的整体效果。

思考题

1.园林植物与建筑的相互作用是什么?植物配置中要注意哪些问题?

2.园林水景植物景观配置应遵循什么原则?

3.如何看待园林山石与植物的景观关系?

4.公园园路的植物配置设计应该注意哪些问题?

5.屋顶绿化与地面绿化有何区别?屋顶绿化种植设计应注意哪些问题?

中 篇

园林植物造景各论

本章内容导读：居住区是人类日常赖以生存及活动的主要场所。居住区环境质量的优劣对人类生活质量有着很大的影响。它既是城市空间的重要组成部分，也是城市宜居环境建设的重要内容。

居住区植物造景是构建居民优质环境的核心内容，也是提升城市绿地建设水平的重要组成部分。

本章内容由四部分构成。第 1 部分与第 2 部分主要介绍居住区类型、植物景观设计原则及植物选择与应用。第 3 部分主要从居住区绿地的类型以及居住区出入口、居住区公共绿地植物景观设计介绍居住区植物造景。第 4 部分主要分析居住区景观设计植物造景案例。

7.1 居住区类型与植物景观设计原则

所谓居住区是指具有一定的人口和用地规模，规划有居住建筑、公共设施、道路及其他各种工程设施，常被城市街道或自然界限所包围的相对独立地区。

居住区绿化是指在居住区用地上经过现场的勘测，结合实际情况，通过合理设计地形山水，种植花草树木，在适宜之处安置小品建筑等，为居民创造优美整洁、宁静舒适、满足市民需求的生活环境。居住区绿地是城市绿地系统的重要组成部分，它对居住区居民的生活质量有着重要的影响。

7.1.1 居住区的类型

依据中华人民共和国建设部 2002 年修订的《城市居住区规划设计规范》明确指出：居住区按居住户数或人口规模可分为居住区、小区、组团三级。不同类型的居住区有相对应的居住人口数量要求及相应的用地范围。

7.1.1.1 居住区

居住区是指一定规模的居住人口（3 万～5 万人，户数 1 万～1.6 万户）居住在一定的用地范围（50～100 hm²），建设有居民日常所需的公共设施，满足其居住、休憩、教育、交往、健身甚至工作等各种活动，通常被道路及自然分界线所围合。居住区可以划分为若干个居住小区或若干个住宅组团（图7-1）。

7.1.1.2 居住小区

居住小区是被居住区道路或自然分界线所围合，并与居住人口规模（1 万～1.5 万人，户数 0.3 万～0.5 万户）、用地范围（10～35 hm²）相对应，配建有一套能满足该区居民基本的物质与文化生活所需的公共服务设施的居住生活聚居地。居住小区可以划分为若干住宅组团（图7-2）。

7.1.1.3 居住组团

居住组团一般称组团，指一般被小区道路分隔，并与居住人口规模（0.1 万～0.3 万人，户数 300～1 000 户）、用地范围（4～6 hm²）相对应，配建有居民所需的基本公共服务设施的居住生活聚居地。它是居住区的基本组成单位（图7-3）。

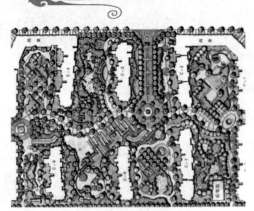

图 7-1 居住区规划图

图 7-2 居住小区规划图

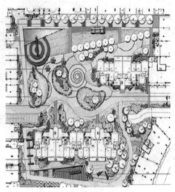

图 7-3 居住组团规划图

7.1.2 居住区植物景观设计原则

我国 2006 年制定的《城市居住区规划设计规范(2006)》中将居住区绿地分为公共绿地、宅旁绿地、配套公用建筑所属绿地和道路绿地等。居住区公共绿地应根据居住区不同的规划组织结构类型,设置相应中心公共绿地,包括居住区公园(居住区级)、小游园(小区级)和组团绿地(组团级)以及儿童游乐场和其他的块状、带状公共绿地等。虽然居住区绿地类型不同,但在植物种植设计中所遵循的设计原则是相同的。

7.1.2.1 生态性原则

植物具有调节小气候、维持碳氧平衡、吸收有毒气体、吸滞粉尘、杀菌、降噪、减污等多种生态功能。在现代居住区的植物景观设计中要充分发挥植物的生态功能,在有限的范围内发挥出植物最大的生态效益。科学地选择和合理地应用植物材料,是生态原则的最基本内容。它强调了适地适树和植物种类的多样性,最大限度提高绿地率。在植物种植设计时一方面要充分考虑植物是否适合当地生存,注重植物自身生态习性的满足;另一方面讲求植物种类的多样性和层次性,乔灌草相互搭配,在绿化面积允许的情况下,最好能够形成稳定的植物群落。国内诸多文献证明乔、灌、草、藤的搭配可以充分利用空间,最大限度地提高绿地绿量,具有良好的生态效应。

(1)适地适树,最大限度提高绿地率 适地适树是指植物自身的生态习性与所处立地条件相互适应,这是选择植物的首要条件。使用乡土树种进行绿化是适地适树的具体应用。乡土树种是指在当地长期生长,并能够充分适应当地的气候。乡土树种的使用也能体现出当地特有的地域风貌。居住区绿化的骨干树种最好以乡土树种为主。

(2)植物种类的多样性 植物是生态效益发挥的主体,不同植物所体现出来的生态效益是不一样的。自然植物景观是由多种植物所构成,既能体现壮美的景观又能发挥稳定的生态效益。在居住区植物景观设计时,单一的植物设计一方面在单位面积上很难达到理想的生态效益,另一方面难以形成良好的视觉景观。因此,在植物景观设计时要力求使用不同种类、不同类型树种相互搭配,构成良好的植物群落。

7.1.2.2 植物景观的层次性和丰富性

在居住区植物景观设计中,应该注重其层次的搭配,不同类型的乔木、高度不一的灌木、草本花卉、藤本植物有机结合形成一定的层次性。植物的丰富性要求在植物种类选择方面,要充分利用植物的观赏特性,进行色彩组合与协调,通过植物叶、花、果实、枝条和干皮等显示的色彩,在一年四季中的变化为依据来配置植物。按照植物的季相演变和不同花期的特点创造季相景观,使得四季都能够获得一幅幅天然图画(图 7-4)。在植物类型的选择上。注重常绿与落叶相结合、速生与慢生相结合、观花与观叶相结合、自然生长与人工修剪相结合,形成色彩不一、大小不同、观赏性较强的丰富植物景观。

图 7-4　植物的丰富性

在植物种植形式方面，要充分利用建筑立面，提倡垂直绿化，注意立体效果。攀援植物除绿化作用外，其优美的叶型、繁茂的花簇、艳丽的色彩、迷人的芳香及累累果实等都具有独特的观赏价值。还可利用居住区建筑的结构特点，实行屋顶绿化，既增添了绿意，又使建筑显得富有生机。

7.1.2.3　艺术性原则

在植物种植设计时要体现植物景观的艺术美。植物与植物之间，植物与环境之间要在色彩、形态、光影、明暗、体量、尺度等方面体现对比与调和、节奏与韵律、主景与配景等手法。

所谓对比是借两种或多种有差异的景物之间的对照，使彼此不同的特色更加明显，提供给观赏者一种新鲜兴奋的景象；调和是通过布局形式、造园材料等方面的统一和协调，使整个景观效果和谐。例如，在植物种类中由于叶片形状、质地、花色的不同而使植物群体之间存在一些差异，体现了对比，但同一科或同一属之间的植物在色彩、质地、树形等方面较为相似，显示出一定的调和，使它们之间保持一定的联系性，引起统一感。

所谓节奏是指规律的再现。在节奏的基础上深化而形成的既富于情调又有规律、可以把握的属性称为韵律。这种设计常常用于居住区道路的植物种植形式。如在道路两边经常看到以某一个组团景观等距离、有规律地出现是节奏的体现，组团内部植物的表现形式和表现内涵称之为节奏。

主景与配景是植物景观设计中常见的艺术手法。主景强调设计的主题，配景是通过对比的手法，衬托主景。如在居住区的观赏区，一些观花的

灌木及周边的多年生花卉是主景，后面的由雪松或香樟组成的背景林是配景（图 7-5）；在一些专类园中，某种专类植物是主景，四周的植物起到围合空间或是点缀植物作为配景。

图 7-5　主景与背景配置

7.1.2.4　以人为本原则

人是小区中的主体，植物景观设计要以满足人的需求为出发点。在进行植物选择时，应根据不同功能区域人的需求来配置植物。如儿童活动区，选择一些色彩艳丽、花团锦簇的植物，植物要无毒、无刺、无污染、无刺激性气味。对于老年活动区，植物要为老年人的活动提供各种服务，如庇荫、观赏。对于游憩区及观赏区，要体现出丰富的植物景观，所选的植物种类丰富、类型较多，能够为居民创造舒适的环境，带来视觉上的享受。此外，植物要营造不同的空间变化，如开敞空间、半开敞空间及私密空间，空间的大小能够满足居民的活动及其他需求。

7.1.2.5　节约性原则

在居住区的植物景观设计中要贯彻节约型园林的理念，即最大限度地节约自然资源与各种能源，以最小的投入，获得最大的生态、环境和社会效益。主要体现在节材、节地、节水的功能。所谓节材，通俗讲即节约材料，要求所选的材料投入较少，能够获得较大的效益。在节材方面，要求在植物选择时要以选择抗性较强、粗放式管理的乡土树种为骨干树种，摒弃为了追求豪华和高大上，引进大量的高规格树种。在我国的某些地方，为了突出异域风格，引进了诸多外地高规格树种，这些植物虽然

在短时间能够营造出良好的植物景观,但植物是否能够完全适应当地的环境且健康生长,难以完全确定,且后期的养护成本极高。很多地方由于养护不力,造成大量植物死亡,违背了节约型园林的理念。节地就是在植物设计中,要充分地利用有限的土地资源,避免出现大草坪、大林带而挤占了居民的其他需求。在植物景观设计中要尽量依据居民的需求,以营造多样化的小尺度空间为主,减少冷漠而空旷的大尺度空间设计。此外,要提倡垂直绿化,从而提高绿地的利用率,间接地节约土地资源。节水就是在植物选择时要多选择一些较为耐旱的植物,尤其是北方,减少对小区水量的需求。

7.1.2.6 文化性原则

居住区是居民长时间生活和休息的地方,应该根据植物造园原理,努力创造丰富的文化景观效果,以人为本,体现文化气息。

绿地意境的产生可与居住区的命名相联系。每个居住区(居住小区、组团)都有自己的命名,以能体现命名的植物来体现意境,能给人以联想、启迪和共鸣。如桃花苑选择早春开花的桃树片植、丛植,早春来临满树桃花盛开,喜庆吉祥;杏花苑选择北方早春开花的杏树片植、群植、孤植相结合,深受居民喜爱。同样,桂花、木芙蓉、樱花、合欢、紫薇、海棠、丁香等,均可以成为居住区的特色植物。

植物是意境创作的主要素材。园林中的意境虽也可以借助于山水、建筑、山石、道路等来体现,但园林植物产生的意境有其独特的优势,这不仅因为园林植物有优美的姿态,丰富的色彩,沁心的芳香,美丽的芳名,而且园林植物是有生命的活机体,是人们感情的寄托。例如,合肥西园新村分成 6 个组团,按不同的绿化树种命名为:"梅影""竹荫""枫林""松涛""桃源""桂香"。居民可赏花、听声、闻香、观景、抒情,融入优美的自然环境中去。

由于建筑工业化的生产方式,在一个居住区中,往往其小区或组团建筑形式很相似,这对于居民及其亲友、访客会造成程度不同的识别障碍。因此,居住区除了建筑物要有一定的识别导引性,其相应的种植设计也要有所变化,以增加小区的可识别性。在形式和选用种类上,要以不同的植物材料,采用不同的配置方式。如一些小区以"兰、竹、菊"为命名组团,并且大量种植相应的植物,强调不同组团的植物景观特征,效果很明显(图 7-6)。

图 7-6　竹子作为主景

7.2　居住区植物选择与应用

大自然中植物的种类千差万别,依据植物类型划分,有乔木、灌木、地被、藤本;依据生态习性划分,有阴生性植物、耐阴性植物、阳生性植物,依据植物对水分的需求情况可分为旱生植物、中生植物、湿生植物和水生植物,依据植物的观赏部位,分为观叶、观花、观干、观枝、观形。依据居住区的区域生态环境及不同的景观功能,合理地选择植物。

7.2.1　居住区植物选择的原则

居住区植物的选择关乎居住区绿地生态效益的发挥、植物景观效果的提升、居民自身需求的满足。在对植物选择时既要考虑不同类型植物之间的有效搭配,又要考虑植物与园林其他要素之间的合理配置,既要满足植物自身的生态需求又得考虑景观的整体效果。

7.2.1.1 选用乡土树种,突出地域特色

乡土树种在当地易成活、生长良好、繁殖较快,价格较为便宜。在居住区植物选择时,首先要考选择乡土树种作为骨干树种,既可以节约管理维护成本,又可以体现当地的地域风貌。

此外,要选择落果少、无飞絮、无刺、无味、无

毒、无污染物的植物，以保持居住区内的清洁卫生和居民安全。

7.2.1.2　乔、灌、草、藤相互搭配，体现复层配置效果

我国园林的造园思想来源于自然，自然中的植物配置效果及生态效益往往不是一种类型植物所能体现出来，需要多种植物组成复层结构，来增加植物群落的稳定性，提高植物的观赏性。

不同植物的叶片大小、质地、树形大小不同，它们所发挥的防尘降噪、降温增湿、吸附有害离子、增加空气中的负氧离子等方面的生态效应不同。乔、灌、草、藤的搭配不仅有效地利用空间提升单位面积的生态效益，同时可以为不同植物创造良好的生长环境，并创造出良好的视觉效果。如：一些阴生植物种植在乔木下面，乔木为其提供良好的庇荫环境；一些豆科植物的根系具有固氮的作用，为其他植物提供养分；百合和玫瑰种养在一起，可延长花期；山茶花、茶梅、红花油茶等与山茶子种在一起，可明显减少霉病。

7.2.1.3　体现三季有花四季常绿的观赏效果

居住区绿地是居民日常休闲活动的主要场所。居住区绿地面积虽然没有公园大，但其植物的配置要体现自然的风格。通过不同种类植物的搭配，展现丰富的自然景致。在春、夏、秋种植能够开花的乔木、灌木及地被，与常绿植物相互搭配，提高观赏性。在种植方式上，将乔木和灌木孤植、片植或散植在视觉交汇处或是景观节点作为重要观赏景观。同一季节开花的植物可以种植在一起，突出这一季节的观赏效果，不同季节开花的植物也可以混合种植在一起，突出这一区域四季景观的变化性。

7.2.1.4　提高季相树种及观果树种的使用频率

季相树种是指随着季节的变化植物某一部分（通常是叶）呈现出显著的变化性。这一植物具有季节的指示作用，比如到了秋天变红的有：鸡爪槭、重阳木、黄栌、乌桕、南天竹、地锦；变黄的有：银杏、无患子、栾树、青桐、桑。到了冬天，一些树种纷纷落叶，枝干与周围的环境构成了冬日特有的景观。

观果树种是指以观赏果实为主的树木，具有果形奇特、果色鲜艳、挂果期长等特点。到了秋冬，一些观花植物种类较少，难以产生较好的观赏效果。观果树种一般来说挂果期较长，在花卉较少的情况下，不同颜色及不同形状的果实在居住区绿化中能创造出别具一格的自然景观。

7.2.1.5　合理规划落叶树种与常绿树种的比例

为了使居住区绿地的可观性增加，在绿地配置中可以按照比例选择一些常绿树种和落叶树种。调查研究表明，落叶树种和常绿树种混合生长，更能适应人为干扰的环境。合理搭配常绿树种和落叶树种的比例。种植方式方面，上层配置喜阳的落叶树种，下层种植耐阴的常绿树种。通过在水平和垂直空间上的合理布局，增加乔木层的透光度，促进灌草层物种的生长发育。这种搭配既增加群落物种的丰富度和群落抗干扰能力，又丰富了群落的季相景观。

7.2.1.6　植物要与周围的环境相协调

居住区植物景观不能仅仅停留在为建筑增加一点绿色的点缀作用，而是应从植物景观与建筑的关系上去研究绿化与居住者的关系，尤其在绿化与采光、通风、防西晒太阳及挡风的侵入等方面为居民创造更具科学性、更为人性化、富有舒适感的室外景观。要根据建筑物的不同方向、不同立面，选择不同形态、不同色彩、不同层次以及不同生物学特性的植物加以配置，使植物景观与建筑融合在一起，周边环境协调，营造较为完整的景观效果。

居住区植物景观既要有统一的格调，又要在布局形式、树种选择等方面做到多种多样、各具特色，提高居住区绿化水平。栽植上可采取规则式与自然式相结合的植物配置手法。居住区道路两侧可种植 1～2 行行道树，同时可规则式地配置一些耐阴花灌木，裸露地面用草坪或地被植物覆盖。其他绿地可采取自然式的植物配置手法，组合成错落有致，四季不同的植物景观

7.2.2　不同类型园林植物在居住区中的应用

不同类型的园林植物及不同的观赏特性为植物景观设计提供了丰富的设计思路。每一类型的园林植物在居住区中应用既有相同之处也存在着差异。

7.2.2.1 乔木的造景应用

按照乔木的高低不同可分为伟乔(31 m 以上)，大乔木(21～30 m)，中乔木(11～20 m)，小乔木(6～10 m)。乔木由于其自身的体量较大，且具有不同的外形，在居住区景观设计中可用来作为景观的背景、主景、点景、配景，也可以与其他类型植物、建筑、小品构成组合景观。

(1)乔木作为背景　乔木通常体量较大，有高大的树干和繁茂的枝叶，可用在居住区的道路两侧作为花镜的背景，可种植在灌木的后面作为背景，也可以片植的方式作为背景林。作为背景的乔木必须具有一定的高度，通常在 4 m 以上，枝叶繁茂(图 7-7、图 7-8)。

图 7-9　乔木在道路转折处作为主景

图 7-7　乔木作为道路景观背景

图 7-10　落叶乔木在视线交叉处作为主景

(3)乔木作为点景　在居住区的植物造景中为了丰富植物景观，突出色彩、形状、体量、大小等方面的不同，往往在假山、建筑、水体、数量较多的植物种类中增加一种或几种植物，数量不多，但能增添景观的丰富性(图 7-11、图 7-12)。

图 7-8　乔木作为广场景观背景

(2)乔木作为主景　有些乔木，树形优美，冠幅较大，观赏性较好，通常种植在视觉的交叉处，居住区道路的转折处，绿地区域的构图中心，居住区大门处等作为主景(图 7-9、图 7-10)。

图 7-11　樱花在建筑周边作为点景

图 7-12 红枫在廊架周边作为点景

（4）乔木作为配景 配景是通过对比的手法突出主景。在设计中常常将乔木及一些其他类型的植物用在雕塑、建筑、假山等周边，起到衬托主景的作用（图 7-13）。

图 7-13 乔木作为配景烘托雕塑

（5）乔木与其他类型植物造景 在居住区的公共绿地、宅旁绿地、道路两旁，为了丰富视觉景观，乔木与灌木、地被、藤本共同造景，形成一个组团式植物景观（图 7-14）。

图 7-14 乔木与灌木、地被、水景组合造景

7.2.2.2 灌木造景应用

灌木在居住区中应用较广泛，常用在居住区的道路两旁、居住区进出口、水系周边、建筑物周边、中心绿地等处，既可以作为主景，也可以作为配景、点景。

（1）灌木作为主景 灌木如同乔木一样，可孤植或是群植在道路的交叉口、道路拐弯处、道路两边、绿地构图中心、河岸边等处（图 7-15、图7-16）。

图 7-15 灌木在居住区出入口作为主景

图 7-16 灌木在道路两侧作为主景

（2）灌木作为配景 在居住区绿地中的雕塑、建筑、假山、小品的一边或是四周常种一些常绿灌木和花灌木作为配景，烘托主景（图 7-17、图 7-18）。

图 7-17　灌木作为配景烘托雕塑

图 7-18　灌木作为配景烘托乔木的高大

（3）灌木作为点景　在假山旁、驳岸旁、建筑旁、道路旁、局部小景观等通过栽植少量的植物作为点景，增加景观的变化性，丰富景观（图7-19）。

图 7-19　三角梅作为建筑周边景观的点景

（4）灌木与乔木共同造景　灌木种类繁多，形态多样，有观花、观叶的，也有观果、观形的，一般不高，常与乔木形成高低搭配，营造丰富的植物景观（图7-20）。

图 7-20　棕榈与乔木造景

7.2.2.3　地被植物造景应用

地被植物，是指某些有一定观赏价值，铺设于大面积裸露平地或坡地，或种植于林下和林间隙地等各种环境的多年生草本和低矮丛生、枝叶密集或偃伏性或半蔓性的灌木以及藤本。一般在园林绿化中，植物的高度标准在1 m以下，或在自然条件下植株高度超过1 m，但是通过人工修剪造型可以将高度控制在1.5 m以下的植物均称为地被植物。国外的学者则将高度标定为2.5 cm到1.2 m。常见用于居住区绿化的地被植物有南天竹、沿阶草、红花酢浆草、吉祥草、虎耳草、葱兰、白芨、紫叶酢浆草、鸢尾、络石、蔓生月季、细叶麦冬、德国鸢尾、络石、美人蕉、麦冬、射干、三叶地锦、美女樱、玉簪、阔叶麦冬、大花萱草、五叶地锦、丛生福禄考、紫萼、富贵草、地黄、蔓长春、活血丹、石蒜、石竹、紫露草、花叶活血丹、铺地柏、大叶无风草、火炬花、芒草、石韦、紫金牛、班茅、醉鱼草、紫花地丁、蛇莓、蕨类、过路黄、鱼腥草等。

（1）地被植物作为主景　在居住区的小游园，地被植物尤其是一些花卉，往往处于构图中心，或道路交汇处。有些地被植物在广场出入口、道路出入口也做主景（图7-21至图7-23）。

图 7-21　地被植物在路边做主景

图 7-24　在大门前地被花卉与乔木造景

图 7-22　地被植物在大门处做主景

（3）地被植物作为花境　花境是园林陆地中一种较为特殊的种植方式，一般沿着花园的边界线、路缘种植。在居住区的道路两旁、乔木及灌木前方、疏林草坪边缘、宅旁绿地边缘等地方都可以设计由一种或是几种地被植物组成的花境（图7-25）。

图 7-25　地被花卉在路边作为花境

图 7-23　地被植物在广场处做主景

（2）地被植物与乔木组合造景　在居住区的道路两边，小游园、大门出入口，地被植物与乔木共同造景，相得益彰（图 7-24）。

（4）地被植物作为花坛　花坛是在一定范围的畦地上按照整形式或半整形式的图案栽植观赏植物以表现花卉群体美的园林设施。在具有几何形轮廓的植床内，种植各种不同色彩的花卉，运用花卉的群体效果来表现图案纹样或盛花时绚丽景观的花卉运用形式，以突出色彩或华丽的纹样来表示装饰效果。花坛的材料常为一二年生植物或多年生的地被植物。常布置在居住区的出入口、道路两侧、广场周边等地（图 7-26）。

图 7-26　地被花卉在广场一侧进行花坛造景

（5）代替草坪大面积应用　草坪是最为常见的地被植物，常单独使用也可以用在乔灌木下与其共同成景。但是草坪在生长过程中需要经常地修剪且有些草坪容易产生病虫害，退化较为严重。因此，在居住区的绿地中，经常会看到一些观赏性较高的地被植物代替草坪进行应用。这些地被植物不需要经常的修剪，抗性较强，病虫害较少，且具有较好的观赏性（图 7-27）。

图 7-27　地被植物代替草坪绿化

7.2.2.4　藤本植物造景应用

藤本植物，是指那些茎干细长，自身不能直立生长，必须依附他物而向上攀援的植物。按它们茎的质地分为草质藤本（如扁豆、牵牛花、芸豆等）和木质藤本。按照它们的攀附方式，则有缠绕藤本（如紫藤、金银花、何首乌）、吸附藤本（如凌霄、爬山虎、五叶地锦）和卷须藤本（如丝瓜、葫芦、葡萄）、蔓生藤本（如蔷薇、木香、藤本月季）。

（1）建筑物表面绿化　藤本植物应用在建筑物表面可以减少建筑物外表面的温度，保护建筑物外表面的材料不受破坏，降低室内温度（图 7-28）。另外，一些比较耐阴的攀援植物也可以用在室内。如凌霄、爬山虎、五叶地锦、常春藤、常春油麻藤、凌霄、金银花、扶芳藤、络石、薜荔等。

图 7-28　五叶地锦用于建筑物外墙绿化

（2）假山绿化　藤本植物由于具有攀援和吸盘，可以沿着假山向上生长，与假山一同造景。如络石、扶芳藤、薜荔、凌霄、爬山虎等（图 7-29）。

图 7-29　爬山虎用于假山绿化

（3）在廊架、棚架、栏杆等地方的应用　在居住区的绿地区域，经常会有一些廊架、棚架为居民提供休息。攀援植物常常与廊架、棚架一起为居民提供庇荫、观赏。如紫藤、薜荔、凌霄、三角梅、木香等（图 7-30）。此外，居住区的外围，起围合作用的栏杆与一些藤本植物结合应用。如金银花、爬山虎、藤本月季、常春藤（图 7-31）。

图7-30 藤本月季用于棚架绿化

图7-31 藤本月季用于栏杆绿化

7.3 居住区植物景观设计

居住区植物景观设计要与居住区的区域功能及周围的环境相协调。植物景观的设计内容要突出以人为本,最大限度地满足人的需求。将生态学理念、节约性园林的理念贯彻到设计中去。严格遵守国家设计规范,积极打造区域特色。

7.3.1 居住区绿地的类型

依据《城市居住区规划设计规范》(GB 50180—1993)规范规定,居住区绿地应包括公共绿地、宅旁绿地、配套公用建筑所属绿地和道路绿地等。而居住区内的公共绿地,应根据居住区不同的规划组织、结构、类型,设置相应的中心公共绿地,包括居住区公园(居住区级)、小游园(小区级)和组团绿地(组团级)以及儿童游乐场和其他块状、带状的公共绿地。

根据我国一些城市的居住区规划建设实际,居

住区公园用地在 50 000 m² 以上就可建成具有较明确的功能划分、较完善的游憩设施和容纳相应规模的出游人数的公共绿地;用地 5 000 m² 以上的小游园,可以满足有一定的功能划分、一定的游憩活动设施和容纳相应的出游人数的基本要求。所以居住区公园,面积随居住区人口数量而定,宜在 5～10 hm²;小区级小游园不小于 0.5 hm²。我国各地居住区绿地由于条件不同,差别较大,总的来说标准比较低。

7.3.2 居住区出入口植物景观设计

居住区的出入口是植物景观重点打造区域,它往往是居住区植物景观最有特色的地方。这里所说的入口是指居住小区中各主、次出入口及各组团部分的入口空间及其周围环境,是居住小区与周围环境(包括建筑、城市街道等)或小区内环境之间的过渡和联系的空间。它是一个有一定秩序的人造环境,通常由门体空间、门前集散空间和门内引渡空间三个基本空间单位构成,构成要素通常包括建筑、道路、山石、水体、植物、地形等,它的范围、大小、层次应以人为中心。不同的入口根据其功能及定位的不同而各有特色。

7.3.2.1 居住区主、次出入口植物景观设计

居住区的入口空间作为环境空间体系和建筑空间体系的开端,是空间体系至关重要的部分。入口空间不仅控制着物质空间从外向内的转换,同时也控制着人们心理空间从"外"向"内"的转换。

作为设计时的重点内容,入口一般都会布置假山石、雕塑、台阶和园林小品,烘托入口气氛。植物景观设计有助于创造居住区的空间气氛,增加入口的亲和力,并使入口空间更人性化。高大的乔木遮荫效果好,并能形成整个住区入口的景观框架,创造优良气氛。而灌木、地被植物尺度亲切,可用来强调道路线型并引导人流(图7-32)。藤木则可用来美化入口空间中的墙面,软化墙体及转角。草花可增加地面的艺术性,并形成整体植物景观。另外,综合利用植物可改善入口空间的小气候,控制人们的视线,并柔化空间环境。

图 7-32 乔木、地被花卉共同造景

7.3.2.2 组团出入口

小区组团是小区内又一次空间的组织划分,是由公共活动空间进入半公共空间的过渡空间。以植物为主的景观分隔和空间组织手法在生态居住区中体现较明显。可以通过观赏性较强的乔木与花灌木组成,也可以由灌木与藤本结合园林小品组成(图 7-33)。

图 7-33 落叶乔木、灌木组合造景

7.3.2.3 建筑出入口

建筑入口作为小区内回家路线的终点,入口空间不大,面积较小,绿化空间有限。常种植小乔木、灌木结合盆景、花台、花池等形式,既适于静景观赏,同时又丰富了入口空间层次(图 7-34)。花台、花基可控制植物的旺盛生长,使入口空间干净整洁。也可引用西方庭院构图法则,以线条色彩感强的植物形成建筑底层的园艺式小庭院空间。也可吸取中国传统民居中意向式构图的精髓,以单株姿态婆娑、观赏性强的植物构成入口空间,形有尽而意无穷。

图 7-34 建筑出入口乔木及灌木造景

7.3.3 居住区公共绿地植物景观设计

居住区公共绿地是居民公共使用的绿地,其功能同城市公园不完全相同,主要服务于居住区居民的休息、交往和娱乐等,有利于居民心理、生理的健康。居住区公共绿地集中反映了小区绿地质量水平,一般要求有较高的设计水平和一定的艺术效果,是居住区绿化的重点地带。

公共绿地以植物材料为主,与自然地形、山水和建筑、小品等构成不同功能、变化丰富的空间,为居民提供各种特色的空间。居住区公共绿地应位置适中,靠近小区主路,适宜于各年龄组的居民前去使用;应根据居住区不同的规划组织、结构、类型布置,常与老人、青少年及儿童活动场地相结合。

公共绿地根据居住区规划结构的形式分为居住区公园(图 7-35)、居住小区中心游园(图 7-36)、居住生活单元组团绿地以及其他块状、带状公共绿地等。

图 7-35 居住区公园

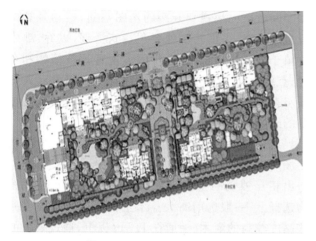

图 7-36　居住小区中心游园

公共绿地是在居住区所占区域较大,是为居民提供交往、活动、游憩、观赏的公共绿化空间。居住区公共绿地的面积随居住区的规模而定,小至几公顷,大到几十公顷。面积较大的居住区公共绿地相当于小型的公园。公园内部的不同区域满足不同层次人群的需求。

7.3.3.1　居住区公园

居住区公园是为居住小区居民就近服务的居住区公共绿地,作为人居环境最直接的空间,是一个相对独立于城市的"生态系统"。在居住区总体规划中,居住区公园一般布局在居住小区中心地带,面积在 5 hm² 以上。作为自由开放式的公共绿地,为人们提供日常游憩、锻炼和社交的户外活动场所,在很大程度上影响着人们的生活质量。

居住区公园是为整个居住区居民提供的公共绿地,居民可就近使用。服务半径不宜超过 500～1 000 m,便于居民步行 10 min 左右即可到达。

在居住区公园内要有明确的功能划分,设置内容丰富,应包括花木草坪、花坛、水面、凉亭、雕塑、小卖部、茶座、老幼设施、停车场地和铺装地面等,能够满足不同层次人群的多样化需求。最好与居住区的公共建筑、社会服务设施结合布置。居住区的居民,多在一早一晚,特别是夏季的晚上。加强照明设施,满足居住区居民晚上的活动。

在植物规划方面,应将乡土树种作为骨干树

种,植物树种要力求丰富,突出观花、观果、观叶、观枝干的应用,形成类似自然的植物群落,增强居住区的生态性。此外,可利用一些香花植物进行配置,如白兰花、玉兰、含笑、腊梅、丁香、桂花、结香、栀子、玫瑰、素馨等形成居住区公园的特色。与城市公园相比,居住区公园游人成分单一,主要是本居住区的居民,游园时间比较集中,多在早晚,特别夏季的晚上。因此,要在绿地中加强照明设施,避免人们在植物丛中因黑暗而造成危险。

居住公园是城市绿地系统中最基本而活跃的部分,是城市绿化空间的延续,又是最接近居民的生活环境。因此,在规划设计上有与城市公园不同的特点,不宜照搬或模仿城市公园,也不是公园的缩小或公园的一角。设计时要特别注重居住区居民的使用要求,适于活动的广场(图 7-37)、充满情趣的雕塑、园林小品、疏林草地、儿童活动场所、停坐休息设施等应该重点考虑。

图 7-37　居住区广场

居住区公园内设施要齐全,最好有体育活动场所和运动器械,适应各年龄组活动的游戏及小卖部、茶室、棋牌室、花坛、亭廊、雕塑等活动设施和丰富的植物景观。以植物造景为主,首先保证树木茂盛、绿草茵茵,设置树木、草坪、花卉、铺装地面、庭院灯、凉亭、花架、雕塑、凳、桌、儿童游戏设施、老年人和成年人休息场地、健身场地、多功能运动场地、小卖部、商业区(图 7-38)等主要设施。并且宜保留和利用规划或改造范围内的地形、地貌及已有的树木和绿地。

图7-38　居住区商业街

居住区公园户外活动时间较长、频率较高的使用对象是儿童及老年人。因此,在规划中内容的设置、位置的安排、形式的选择均要考虑其使用方便,在老人活动、休息区,可适当地多种一些常绿树。专供青少年活动的场地,不要设在交叉路口,其选址既要方便青少年集中活动,又要避免交通事故,其中活动空间的大小、设施内容的多少可根据年龄不同、性别不同合理布置;植物配置应选用夏季遮荫效果好的落叶大乔木,结合活动设施布置疏林地。可用常绿绿篱分隔空间和绿地外围,并成行种植大乔木以减弱喧闹声对周围住户的影响。配置观赏花木、草坪、草花等。在大树下加以铺装,设置石凳、桌、椅及儿童活动设施,以利老人坐息或看管孩子游戏(图7-39)。在体育运动场地外围,可种植冠幅较大、生长健壮的大乔木,为运动者休息时遮荫。

图7-39　居住区公共活动区域

自然开敞的中心绿地,是小区中面积较大的集中绿地,也是整个小区视线的焦点,为了在密集的楼宇间营造一块视觉开阔的构图空间,植物景观配置上应注重:平面轮廓线要与建筑协调,以乔、灌木群植于边缘隔离带,绿地中间可配置地被植物和草坪,点缀树形优美的孤植乔木或树丛、树群。人们漫步在中心绿地里有一种似投入自然怀抱、远离城市的感受。

居住区绿地是居民游憩、交流、活动不可或缺的场所。不同的功能需要设计者在设计中能够创造出相互独立的空间来满足居民多种需求。在植物选择上,一般选用高大乔木且枝叶比较繁茂或一些高度较高的灌木(一般在1.7 m以上)通过列植的形式,种植约1 m以上的宽度,来进行空间的分割,应用乔木、灌木营造不同的空间类型(图7-40)。

图7-40　乔木划分空间

植物空间的设计实际上取材于自然,模仿的也是大自然的树木状态,这种模仿加上人工影响和修饰就可取得很好的效果,达到一定的意境。大自然的树木状态多种多样,其中以林缘地带树种丰富,空间错落,既有美丽的天际线,又有树木与各种地貌的交融,是林木最亲近人的状态。因此,在居住区内要模仿的应该是林缘地带的植物空间与状态。

植物空间边缘的植物配置宜疏密相间,曲折有致,高低错落,色调相宜。常绿树与落叶树搭配,可使冬夏景色皆有可观。当需要形成安静、封闭的空间时,则以常绿的乔木和灌木作多层配置,紧密栽植,起隔离作用(图7-41)。面积较大的植物空间,为了增添植物情趣,可种植一些乔木,适当设置各类园林小品、花架、种植一些地被花卉。如在地形略有起伏的草坪上，半埋石块或立一玲珑剔透的太湖石；在色彩平淡的季节，可摆设盆花，构成各种图纹等。

图 7-41　乔木起围合空间的作用

经过设计的植物空间，通常都有主景，而且大多以观赏价值高的乔木或灌木为主景。以乔木作主景时，一般为孤植、丛植或列植；以灌木作主景时，一般为群植或丛植。也有以自然式花坛与建筑物、山石结合为主景的。植物空间里，以草皮铺地，可统一整个空间的色调。在局部地区或树下，可铺植耐阴的地被植物。

7.3.3.2　居住区公共绿地不同功能区植物设计

公共绿地的功能不仅担负着整个小区的生态环境的改善，而且要满足不同人群的观赏、游憩、健身、交流、各种娱乐活动的目的。因此，依据活动的内容可将公共绿地划分为观赏区、交流区、公共活动区、健身区等，每一个区域的功能和主题不同，所选择的植物种类和营造的效果亦有所不同（表 7-1）。

表 7-1　居住区不同功能区植物景观营造内容

功能分区	景观营造内容
观赏区	观花、观叶、观果为主，乔、灌、草混合搭配，营造四季不同的植物景观。自然外形与整形修剪相结合，充分利用自然地形地貌（假山、水系、亭台），形成观赏性较强的自然景观
交流区	交流区注重空间的营造。植物以乔木及较高的灌木形成封闭或半封闭的空间。空间内部设计以观赏价值较高的乔木和灌木
公共活动区	公共活动区指居住区中的广场。植物分布在广场周边，广场内部以花灌木和地被植物为主，乔木只做点缀。广场外围以乔木为主，减少活动区域内噪声对外部其他区域的影响
健身区	居住区的健身区主要是针对老年人和儿童来设计。植物的选择不仅要满足人群的活动需要，而且要体现老年人及儿童心理特点

（1）观赏区植物景观设计　居住区的观赏区不同于一般公园，由于其面积有限，要突出小而精，以小见大的理念。突出景观的丰富性（图 7-42），植物选择应以春夏秋冬四季的观花、观叶、观果植物为主，以乔、灌、地被立体搭配。如在早春，乔木可以选择白玉兰、二乔玉兰、凹叶厚朴、垂丝海棠、紫叶李、桃树、樱花、紫荆、丁香、泡桐等；灌木有红花檵木、榆叶梅、白鹃梅、郁李、含笑、碧桃、迎春、连翘等；藤本有紫藤、薜荔；地被植物有三色堇、雏菊、矮牵牛、金盏菊、虞美人、紫罗兰、石竹、诸葛菜、葱兰、韭兰、牡丹、芍药、鸢尾、唐菖蒲、郁金香、杜鹃等。有些观赏区还以主题园的形式出现，如：樱花园、玉兰园、荷花园、月季园、紫薇园等。

图 7-42　居住区公园观赏区

（2）交流区植物景观设计　交流区要选择一些高度在 2.5 m 以上的乔木或高绿篱进行空间的围合。空间大小以中小尺度为宜。植物类型以乔木、灌木、地被植物构成复层结构。此区域虽以营造私密（图7-43）、半私密的空间为主要内容，但观赏性也是其中的重点内容。在设计时，可以在居住区公共绿地中设置多个交流区，风格可以多样，以观赏植物为主的，以主题雕塑为主的，以假山及水系为主的，不同的景观可以给居民带来不同的体验和感受。

图7-43　居住区公园私密空间

（3）公共活动区植物景观设计　居住区的公共活动区一般指活动广场。活动广场在居住区一般面积相对较大，主要满足居民日常的各种活动。在广场的出入口以地被花卉和灌木组成的条带或图案，植物多以色彩艳丽的植物为主。在广场的两侧也可以设置一些小面积的休息场地，乔木散植在其中，灌木和地被植物片植在其中。在广场的两侧以乔木为主，一方面起到空间分割，另一方面则会减少对其他空间的影响。

（4）健身区植物景观设计　健身区的主要功能是满足不同层次人群的健身要求。此场地一般占地面积不大，植物种植在健身区域的周边与其他功能区域进行分割。健身区可分为老年人健身、体育运动区及儿童活动区。每一类型的区域由植物进行围合，形成局部的空间。

①老年人活动区域：老年人的健身活动有打太极、跳舞、下棋、打乒乓球等。将这些常见的活动归类，有些活动需要的场地相对较大。有些活动区域不能栽植植物，如打太极及跳舞（图7-44）；有些活动

区域，如下棋，可以栽植一些乔木，夏可遮荫，冬可晒太阳。相关调查表明：一些体育器材并没有达到较高的使用频率，原因是部分老年人在健身区并不是寻求体育锻炼，而是与同龄人交流。因此，在植物设计中，除了体育活动设计外，老年人活动区域还要一些长椅、长廊或是亭子供老年人休息。老年人休息的区域要种植一些球根或宿根的地被花卉，结合花灌木形成较好的观赏效果。

图7-44　用于健身的中心开阔区域

老年人活动区域要成为独立的活动空间，必须与其他功能区域进行有效的分割，避免各功能区域之间的相互影响。在空间分割方面，植物是一个常用的要素。一般选用树体较大，枝叶繁茂的乔木或是分枝较多的灌木。常见的乔木有：桂花、雪松、香樟、广玉兰、黄葛树、竹子、天竺桂、柳树、银杏等。常见的灌木有：日本珊瑚、海桐、构树、柞木、法国冬青、大叶女贞、圆柏、榆树、锦鸡儿、紫穗槐。在活动区域内，选择一些常绿或落叶的乔木栽植成种植池满足老年人的下棋和交流。在一些集体活动周边可以布置一些花坛或花镜结合草坪、灌木，满足老年人的视觉观赏。

②体育运动区：此区域主要是满足中青年人的体育活动。可以设计篮球场、羽毛球场、网球场、乒乓球场等（图7-45）。植物一方面可分割每一个活动空间，另一方面可满足运动员的休息、庇荫。在植物选择上以乔木为主，灌木点缀。可选择的乔木有：桂花、雪松、香樟、含笑、黄葛树、天竺桂、柳树、银杏等。灌木以常见的红花檵木、红叶石楠、山茶、金叶女贞、小叶黄杨、瓜子黄杨、六月雪。

图 7-45　羽毛球场

③儿童活动区：居住区内儿童活动场地是儿童除了校园之外重要的生活空间，是儿童活动的重要载体，是缓解儿童的精神压力，激发儿童创造力，提高儿童交往能力的综合性文娱场所。儿童活动区的景观设计要与活动内容和活动场地相结合。

4～7 岁的儿童多在家长的照看下活动，但这时期的儿童明显好动，喜欢拍球、骑车、捉迷藏等游戏，但其活动范围还是有限的，一般在家长的视线之内才能产生安全感。对游戏器械的使用量较大，喜欢各种游戏设施。比较倾向于选择滑梯、沙坑、跷跷板、荡秋千等可以自主游戏的简单活动。植物设计主要在场地周边，以乔灌草复合搭配。植物要以观花、观叶为主，可以组成不同形状的花坛或是花镜，增添场地热烈的氛围。

对于 7～12 岁的儿童，他们活动量增大，且男女孩的游戏方式开始有差异，男孩喜欢踢小足球，追逐打闹，女孩子喜欢跳橡皮筋、跳舞、打沙包等，因此他们需要较大的场地活动，有必要为他们设置专门的活动器械，设置出专门的场地。比较倾向于选择滑梯、荡秋千、攀登架、单杠、球类等复杂性、益智性的游戏活动（图 7-46）。由于这些儿童一定的自制力，植物可以种植在活动场地边缘，儿童可以深入其中。这个时期的儿童具有一定的思维能力，在植物设计方面要种植同一属或不同属之间的植物，常绿和落叶，通过对比，引导儿童对植物的学习；也可以用植物设计成各种形状或常见的物品。如将灌木修剪成圆形、圆柱形、尖塔形、长方形，便于学

生学习；不同花卉的颜色可以让儿童认识颜色，将花坛设计成钟表、三角板等增加学生的学习兴趣。

此外，在植物总体选择中要避免选择带刺、有毒、有飞絮树种。

图 7-46　7～12 岁儿童区景观设计

7.3.3.3　小游园

小游园面积相对较小，功能亦较简单，为居住小区内居民就近使用，为居民提供茶余饭后活动休息的场所。它的主要服务对象是老人和少年儿童，内部可设置较为简单的游憩、文体设施，如：儿童游戏设施、健身场地、休息场地、小型多功能运动场地、树木花草、铺装地面、庭院灯、凉亭、花架、凳、桌等，以满足小区居民游戏、休息、散步、运动、健身的需求。

居住区小游园的服务半径一般为 300～500 m。此类绿地的设置多与小区的公共中心结合，方便居民使用。也可以设置在街道一侧，创造一个市民与小区居民共享的公共绿化空间。当小游园贯穿小区时，居民前往的路程大为缩短，如绿色长廊一样形成一条景观带，使整个小区的风景更为丰满。由于居民利用率高，因而在植物配置上要求精心、细致、耐用。

小游园以植物造景为主，考虑四季景观。如要体现春景，可种植垂柳、玉兰、迎春、连翘、海棠、樱花、碧桃等，使得春日时节，杨柳青青，春花灼灼。而在夏园，则宜选悬铃木、栾树、合欢、木槿、石榴、凌霄、蜀葵等，炎炎夏日，绿树成荫，繁花似锦（图 7-47）。

图 7-47　小游园丰富的植物景观

在小游园因地制宜地设置花坛、花境、花台、花架、花钵等植物应用形式,有很强的装饰效果和实用功能,为人们休息、游玩创造良好的条件。起伏的地形使植物在层次上有变化、有景深,有阴面和阳面,有抑扬顿挫之感。在植物选择上合理使用大乔木、小乔木、灌木和地被。植物之间既有对比又存在变化。

小游园绿地多采用自然式布置形式,自由、活泼、易创造出自然而别致的环境。通过曲折流畅的弧线形道路,结合地形起伏变化,在有限的面积中取得理想的景观效果。植物配置也模仿自然群落,与建筑、山石、水体融为一体,体现自然美。当然,根据需要,也可采用规则式或混合式。规则式布置采用几何图形布置方式,有明确的轴线,园中道路、广场、绿地、建筑小品等组成有规律的几何图案。混合式布置可根据地形或功能的特点,灵活布局,既能与周围建筑相协调,又能兼顾其空间艺术效果,可在整体上产生韵律感和节奏感。

7.3.3.4　组团绿地

组团绿地是结合居住建筑组团布置的又一级公共绿地。随着组团的布置方式和布局手法的变化,其大小、位置和形状均相应变化。其面积大于0.04 hm²,服务半径为60~200 m,居民步行几分钟即可到达,主要供居住组团内居民(特别是老人和儿童)休息、游戏之用(图7-48)。此绿地面积不大,但靠近住宅,居民在茶余饭后即来此活动,游人量比较大,利用率高。

图 7-48　供居民游憩的组团绿地

组团绿地的设置应满足有不少于1/3的绿地面积在标准的建筑日照阴影线之外的要求,方便居民使用。其中院落式组团绿地的设置还应满足表7-2中的各项要求。块状及带状公共绿地应同时满足宽度不小于8 m、面积不小于400 m²及相应的日照环境要求。规划时应注意根据不同使用要求分区布置,避免互相干扰。组团绿地不宜建造许多园林小品,不宜采用假山石和建大型水池。应以花草树木为主,基本设施包括儿童游戏设施、铺装地面、庭院灯、凳、桌等。

表 7-2　院落式组团绿地设置规定

封闭型绿地		开敞型绿地	
南侧多层楼	南侧高层楼	北侧高层楼	北侧高层楼
$L \geqslant 1.5 L_2$	$L \geqslant 1.5 L_2$	$L \geqslant 1.5 L_2$	$L \geqslant 1.5 L_2$
$L \geqslant 30$ m	$L \geqslant 50$ m	$L \geqslant 30$ m	$L \geqslant 50$ m
$S_1 \geqslant 800$ m²	$S_1 \geqslant 1\,800$ m²	$S_1 \geqslant 500$ m²	$S_1 \geqslant 1\,200$ m²
$S_2 \geqslant 1\,000$ m²	$S_2 \geqslant 2\,000$ m²	$S_2 \geqslant 600$ m²	$S_2 \geqslant 1\,400$ m²

注:L—南北楼正面距离,m;L_2—当地住宅标准日照间距,m;S_1—北侧为多层楼的组团绿地面积;S_2—北侧为高层楼的组团绿地面积。

组团绿地常设在周边及场地间的分隔地带,楼宇间绿地面积较小且零碎,要在同一块绿地里兼顾四季序列变化,不仅杂乱,也难以做到,较好的处理手法是一片一个季相。并考虑造景及使用上的需要,如铺装场地上及其周边可适当种植落叶乔木为其遮荫;入口、道路、休息设施的对景处可丛植开花灌木或常绿植物、花卉;周边需障景或创造相对安静空间地段则可密植乔、灌木,或设置中高绿篱。

（1）组团绿地的造景设计　组团绿地是居民的半公共空间，实际是宅间绿地的扩大或延伸，多为建筑所包围。受居住区建筑布局的影响较大，布置形式较为灵活，富于变化，可布置为开敞式、半开敞式和封闭式等。

①开敞式：也称为开放式，居民可以自由进入绿地内休息活动，不用分隔物，实用性较强，是组团绿地中采用较多的形式。

②封闭式：绿地被绿篱、栏杆所隔离，其中主要以草坪、模纹花坛为主，不设活动场地，具有一定的观赏性，但居民不可入内活动和游憩，便于养护管理，但使用效果较差，居民不希望过多采用这种形式。

③半开敞式：也称为半封闭式，绿地以绿篱或栏杆与周围有分隔，但留有若干出入口，居民可出入其中，但绿地中活动场地设置较少，而禁止人们入内的装饰性地带较多，常在紧临城市干道，为追求街景效果时使用。

（2）组团绿地的类型　组团绿地增加了居民室外活动的层次，也丰富了建筑所包围的空间环境，是一个有效利用土地和空间的办法。在其规划设计中可采用以下几种布置形式。

①院落式组团绿地：由周边住宅围合而成的楼与楼之间的庭院绿地集中组成，有一定的封闭感，在同等建筑的密度下可获得较大的绿地面积。

②住宅山墙间绿化：指行列式住宅区加大住宅山墙间的距离，开辟为组团绿地，为居民提供一块阳光充足的半公共空间。既可打破行列式布置住宅建筑的空间单调感，又可以与房前屋后的绿地空间相互渗透，丰富绿化空间层次。

③扩大住宅间距的绿化：指扩大行列式住宅间距，达到原住宅所需的间距的 1.5～2 倍，开辟组团绿地。可避开住宅阴影对绿化的影响，提高绿地的综合效益。

④住宅组团成块绿化：指利用组团入口处或组团内不规则的不宜建造住宅的场地布置绿化。在入口处利用绿地景观设置，加强组团的可识别性；不规则空地的利用，可以避免消极空间的出现。

⑤两组团间的绿化：因组团用地有限，利用两个组团之间规划绿地，既有利于组团间的联系和统一，又可以争取到较大的绿地面积，有利于布置活动设施和场地。

⑥临街组团绿地：在临街住宅组团的绿地规划中，可将绿地临街布置，既可以为居民使用，又可以向市民开放，成为城市空间的组成部分。临街绿地还可以起到隔音、降尘、美化街景的积极作用。

7.3.3.5　居住区宅旁绿地的植物景观设计

（1）宅旁绿地的植物选择要求　宅旁绿地的主要功能是美化生活环境，阻挡外界视线、噪声和尘土，为居民创造一个安静、舒适、卫生的生活环境。其绿地布置应与住宅的类型、层数、间距及组合形式密切配合，既要注意整体风格的协调，又要保持各幢住宅之间的绿化特色。

①以植物景观为主：绿地率要求达到 90%～95%，树木花草具有较强的季节性，一年四季，不同植物有不同的季相，使宅旁绿地具有浓厚的时空特点，让居民感受到强烈的生命力。根据居民的文化品位与生活习惯又可将宅旁绿地分为几种类型：以乔木为主的庭院绿地；以观赏型植物为主的庭院绿地；以瓜果园艺型为主的庭院绿地；以绿篱、花坛界定空间为主的庭院绿地；以竖向空间植物搭配为主的庭院绿地。

②布置合适的活动场地：宅间是儿童，特别是学龄前儿童最喜欢玩耍的地方，在绿地规划设计中必须在宅旁适当做些铺装地面，在绿地中设置最简单的游戏场地（如沙坑）等，适合儿童在此游玩。同时还布置一些桌椅，设计高大乔木或花架以供老年人户外休闲用。

③考虑植物与建筑的关系：宅旁绿地设计要注意庭院的尺度感，根据庭院的大小、高度、色彩、建筑风格的不同，选择适合的树种。选择形态优美的植物来打破住宅建筑的僵硬感；选择图案新颖的铺装地面活跃庭院空间；选用一些铺地植物来遮挡地下管线的检查口；以富有个性特征的植物景观作为组团标识等，创造出美观、舒适的宅旁绿地空间。

靠近房基处不宜种植乔木或大灌木，以免遮挡窗户，影响通风和室内采光（图 7-49），而在住宅西向一面需要栽植高大落叶乔木，以遮挡夏季日晒。

此外,宅旁绿地应配置耐践踏的草坪,阴影区宜种植耐阴植物。此外,住宅旁植物的种植要满足相关的规范要求(表7-3)。

图7-49 住宅旁的灌木绿化

表7-3 栽植树木与建筑物、构筑物、管线的水平距离

名称	最小间距/m	
	至乔木中心	至灌木中心
有窗建筑外墙	3.0	1.5
无窗建筑物外墙	2.0	1.5
道路两侧	1.0	0.5
高2m以下的围墙	1.0	0.75
挡土墙、陡坡、人行横道旁	0.75	0.5
体育场地	3.0	3.0
排水明沟边缘	1.0	0.5
测量水准点	2.0	1.0
给水管网	1.5	不限
污水管、雨水管	1.0	不限
电力电缆	1.5	
热力管	2.0	1.0
路灯、电杆	2.0	
电缆沟、电信杆	2.0	
消防龙头	1.2	1.2
煤气管	1.5	1.5

(2)宅旁绿地的植物造景设计

①住户小院绿化

底层住户小院:低层或多层住宅,一般结合单元平面,在宅前自墙面至道路留出3m左右的空地,

给底层每户安排一专用小院,可用绿篱或花墙、栅栏围合起来(图7-50)。小院外围绿化可作统一安排,内部则由每家自由栽花种草,布置方式和植物种类随住户喜好,但由于面积较小,宜简洁,或以盆栽植物为主。

图7-50 住户小院乔木、灌木绿化

独户庭院:别墅庭院是独户庭院的代表形式,院内应根据住户的喜好进行绿化、美化。由于庭院面积相对较大,一般为20~30 m²,可在院内设小型小池、草坪、花坛、山石,搭花架缠绕藤萝,种植观赏花木或果树,形成较为完整的绿地格局(图7-51)。

图7-51 独户庭院前乔木、灌木绿化

②宅间活动场地的绿化:宅间活动场地属半公共空间,主要供幼儿活动和老人休息之用,其植物景观的优劣直接影响到居民的日常生活。宅间活动场地的绿化类型主要有:

树林型:树林型是以高大乔木为主的一种比较

简单的绿化造景形式,对调节小气候的作用较大,多为开放式。居民在树下活动的面积大,但由于缺乏灌木和花草搭配,因而显得较为单调。高大乔木与住宅墙面的距离至少应在5～8 m,以避开铺设地下管线的地方,便于采光和通风,避免树上的病虫害侵入室内。

游园型:当宅间活动场地较宽时(一般住宅间距在30 m以上),可在其中开辟园林小径,设置小型游憩和休息园地,并配置层次、色彩都比较丰富的乔木和花灌木,是一种宅间活动场地绿化的理想类型,但所需投资较大(图7-52)。

图 7-52　游园型

棚架型:棚架型是一种效果独特的宅间活动场地绿化造景类型,以棚架绿化为主,其植物多选用紫藤、炮仗花、珊瑚藤、葡萄、金银花、木通等观赏价值高的攀援植物。

草坪型:以草坪景观为主,在草坪的边缘或某一处种植一些乔木或花灌木,形成疏朗、通透的景观效果。

③住宅建筑的绿化:住宅建筑的绿化应该是多层次的立体空间绿化,包括架空层、屋基、窗台、阳台、墙面、屋顶花园等几个方面,是宅旁绿化的重要组成部分,它必须与整体宅旁绿化和建筑的风格相协调。

架空层绿化:近些年新建的高层居住区中,常将部分住宅的首层架空形成架空层,并通过绿化向架空层的渗透,形成半开放的绿化休闲活动区。这种半开放的空间与周围较开放的室外绿化空间形成鲜明对比,增加了园林空间的多重性和可变性,

既为居民提供了可遮风挡雨的活动场所,也使居住环境更富有通透感。

高层住宅架空层的绿化设计与一般游憩活动绿地的设计方法类似,但由于环境较为阴暗且受层高所限,植物选择应以耐阴的小乔木、灌木和地被植物为主(图7-53),园林建筑、假山等一般不予以考虑,只是适当布置一些与整个绿化环境相协调的景石、园林建筑小品等。

图 7-53　架空层乔木绿化

屋基绿化:屋基绿化是指墙基、墙角、窗前和入口等围绕住宅周围的基础栽植。墙基绿化使建筑物与地面之间增添绿色,一般多选用灌木、地被作规则式配置(图7-54),亦可种上爬墙虎、络石等攀援植物将墙面(主要是山墙面)进行垂直绿化。墙角可种小乔木、竹子或灌木丛,形成墙角的"绿柱""绿球",可打破建筑线条的生硬感觉。

图 7-54　屋基地被绿化

7.3.3.6 居住区配套公建所属绿地的植物景观设计

居住区配套公建用地是与居住人口规模相对应配建的、为居民服务和使用的各类设施的用地，应包括建筑基底占地及其所属场院、绿地和配建停车场等。如托儿所、幼儿园、小学、中学、商业服务中心、居住区医院、行政管理等用地商业、服务中心。居住区配套公建绿地是指各类公共建筑和公共设施四周的绿地称为公建设施绿地，其绿化布置要满足公共建筑和公共设施的功能要求，并考虑人的功能 需求及与周围环境的关系。

（1）居住区幼儿园及中小学植物景观设计　幼儿园的活动群体是3~6岁的儿童，他们天生好动，喜欢在户外玩乐。在植物景观设计中，如果绿化区域较大时，可设计一个供儿童做游戏、休息的草坪。在植物选择上，要选择一年四季观赏性好且能够形成四季不同景观的植物。乔木选择的原则为春天赏花，夏天能够提供庇荫，秋天观果，冬天赏形。对于灌木及地被植物，要色彩鲜艳，观花、观果、观叶是较为理想的选择。另外，禁止选择有毒、有刺、有飞絮的植物，植物种植间距要合理，位置不能影响儿童的活动（图7-55）。

图7-55　小学生活动区域绿化

中小学的学生一般年龄在7岁以上，他们不仅喜欢观果、观花、观叶的这些观赏性较高的植物，同时由于相关课程的学习对植物的外形及生理特征产生一定的好奇心。在植物选择上除了要种植幼儿园所选择的树种外，还需种植一些季相树种及中小学课本相关的植物，将学习的内容由课堂内延伸到教室外。植物的文化意义对于提高中小学的思想道德教育具有重要意义。可在校园中规划"文化园"或是"道德园"，种植一些具有典型象征意义的植物如"花中四君子"梅、兰、竹、菊；"岁寒三友"松、竹、梅；国色天香牡丹，出淤泥而不染的荷花等。此外，通过将灌木修剪成简单几何形体，将植物整形成一些动物或其他元素，增进学生的学习乐趣。

（2）商业、服务中心植物选择　居住区的商业、服务中心与居民日常生活紧密相关。植物所起的作用是提升商业、服务中心区域的生态环境；满足区域居民的休息、观赏；分割交通和人流（图7-56）。所选的植物要与其功能相协调。对于观赏的区域，观花植物一般种植在草坪中或是一些局部的小区域（图7-57）。在休息区植物一般以冠达浓荫的植物为主，观花植物常常种植在花钵中。分割交通和人流常用一些小乔木或低矮的灌木组成的交通绿岛，有时也用一些中、高绿篱来分割人流。在商业及服务中心，植物常以小乔木、灌木、观花及观叶的地被植物组成。乔木设计形式可以三株、四株、五株的不规则种植，也可以散植、群植，可选用的乔木有：山茶、白玉兰、紫玉兰、紫薇、日本晚樱、垂丝海棠、碧桃、紫丁香、流苏、黄花槐、木芙蓉等。灌木有：红花檵木、红叶石楠、山茶、栀子、茶梅、贴梗海棠、绣线菊、溲疏、红瑞木、木本绣球、迎春、紫荆、榆叶梅、紫穗槐等。灌木在这一区域有时被修剪成各种形状或是标志性元素，具有明显的场所指示作用。观花的地被多见于一些常见一二年生花卉。

图7-56　植物分割作用

图7-57　观花植物应用

（3）医院植物选择　居住区医院一般面积不大，但要求整个医院周围的环境能够保持独立，能够为病人提供一个相对安静的区域。在医院内部，要营造大小不一的空间环境，设置公共空间、半开敞空间、私密空间（图7-58）。在每一个空间中要依据不同类型的病人，营造适合的景观类型，如：患有抑郁型病人，可选择半开敞空间，用小乔木或灌木进行空间围合，使得其活动区域既有围合作用，又体现一定私密性，所围合的植物不能太高，视线要有一定开阔性，使得心情不至于太压抑。植物营造方面，选择一些观花、观叶植物作为主景，搭配一些能够调节人体神经兴奋的植物，对治愈抑郁起到辅助作用。研究表明：不同的香气能对人类身体各项机能产生不同有益的效果，当人们闻到自己喜好或清爽的植物味道时会有心情舒畅、心胸开阔的感觉，并能消除疲劳化解人的紧张情绪。经实验论证，薰衣草的香气对缓解高血压、头痛有一定的作用；兰花的幽香可以消除人的郁闷和忧郁，并使人心情舒畅。利用

图7-58　空间的半私密性营造

不同植物的香气对人体产生的不同保健效果，根据居住区中不同人群的需求及不同场地的功能性质，将这些植物按照其功效分类布置在不同的环境空间中，让其充分发挥对居民的保健作用。

研究表明，有些植物挥发出的成分不但可以调节人体的中枢神经以增强身体的免疫力，而且还可以对有些疾病有一定的治疗作用。例如，桉树脑，是一种祛痰剂，其挥发出的气体有助于止咳、化痰、支气管炎甚至哮喘等呼吸道疾病的预防和治疗；香叶天竺葵油对抑制肿瘤尤其是宫颈癌具有较好效果。利用这些植物特殊的治疗功效，可将其布置于一个静谧、不易被打扰的空间环境中，提供给有需要的居民使用。此外，在进行保健植物规划设计时，需要特别注意的是不同种类植物之间的相生相克作用，避免几种挥发类植物放在一起时产生对人体有害的物质。

除了植物造景外，植物可以与其他园林要素一起为病人创造宜人的环境。如利用潺潺的流水配以自然种植的水生植物，打造动态景观与静态景观的结合，可以转移病人的注意力；在假山上种植被雷击或雨打的植物作为主景，让患病人感受到生命的宝贵和对生命的敬畏；富有启发性的雕塑与植物搭配也可以起到激励病人意志的作用。

（4）行政管理用地植物选择　居住区行政管理是用来服务居民和管理居住区各项事务的部门，包括物业管理中心，小区居委会、房管所。这些部门所占面积不大，但要与居住区的其他地方相对独立。因此，可以用一些乔木进行空间的围合。此区域绿化重点是营造舒适和办公环境。在植物选择上，以乔木为主，选择一些冠达浓荫的乔木、灌木、地被有效搭配便可以。

（5）停车场植物选择　停车场是居住区必不可少的公用设施。停车场的绿化要结合场地来进行种植设计。如果停车场位于住户的下面，绿化区域主要是两个地方，一个是嵌草砖结合草坪，另一个是停车位之间的植物分割，通常用小乔木即可。如果有室外单独的停车场，停车场之间的分割可用乔木、灌木或是乔木与灌木相结合。植物最好选择本地的乡土树种。乔木最好冠达浓荫，分枝点较高，

能够为汽车提供遮荫(图7-59)。

图7-59　停车场乔木绿化

7.3.3.7　居住区道路植物景观设计

由于道路性质不同,居住区道路可分为主干道、次干道、小道3种。主干道(居住区级)用以划分小区,在大城市中通常与城市支路同级;次干道(小区级)一般用以划分组团;小道即组团(级)路和宅间小路,组团(级)路是上接小区、下连宅间小路的道路,宅间小路是住宅建筑之间连接各住宅入口的道路。

居住区的道路把小区公园、宅间、庭院连成一体,它是组织联系小区绿地的纽带。居住区道旁绿化在居住区占有很大比重,它连接着居住区小游园、宅旁绿地,一直通向各个角落,直至每户门前。因此,道路绿化与居民生活关系十分密切。其绿化的主要功能是美化环境、遮荫、减少噪声、防尘、通风、保护路面等。绿化的布置应根据道路级别、性质、断面组成、走向、地下设施和两边住宅形式而定。

(1)主干道　主干道(区级)宽10～12 m,有公共汽车通行时宽10～14 m,红线宽度不小于20 m。主干道联系着城市干道与居住区内部的次干道和小道,车行、人行并重。道旁的绿化可选用枝叶茂盛的落叶乔木作为行道树(图7-60),以行列式栽植为主,各条干道的树种选择应有所区别。中央分车带可用低矮的灌木,在转弯处绿化应留有安全视距,不致妨碍汽车驾驶人员的视线;还可用耐阴的花灌木和草本花卉形成花境,借以丰富道路景观。也可结合建筑山墙、绿化环境或小游园进行自然种植,既美观、利于交通,又有利于防尘和阻隔噪声。

图7-60　主干道乔木、灌木绿化

(2)次干道　次干道(小区级)车行道宽6～7 m,连接着本区主干道及小路等。以居民上下班、购物、儿童上学、散步等人行为主,通车为次。绿化树种应选择开花或富有叶色变化的乔木,其形式与宅旁绿、小花园绿化布局密切配合,以形成互相关联的整体。特别是在相同建筑间小路口上的绿化应与行道树组合,使乔、灌木高低错落自然布置,使花与叶色具有四季变化的独特景观(图7-61),以方便识别各幢建筑。次干道因地形起伏不同,两边会有高低不同的标高,在较低的一侧可种常绿乔、灌木,以增强地形起伏感,在较高的一侧可种草坪或低矮的花灌木,以减少地势起伏,使两边绿化有均衡感和稳定感。

图7-61　次干道多种类型植物绿化

(3)小道　生活区的小道联系着住宅群内的干道,宽0.8～2 m。住宅前小路以行人为主。宅间或住宅群之间的小道可以在一边种植小乔木,一边种植花卉、草坪(图 7-62)。特别是转弯处不能种植高大的绿篱,以免遮挡人们骑自行车的视线。靠近住宅的小路旁绿化,不能影响室内采光和通风,如果小路距离住宅在 2 m 以内,则只能种花灌木或草坪。通向两幢相同建筑中的小路口,应适当放宽,扩大草坪铺装;乔、灌木应后退种植,结合道路或园林小品进行配置,以供儿童们就近活动;还要方便救护车、搬运车能临时靠近住户。各幢住户门口应选用不同树种,采用不同形式进行布置,以利辨别方向。另外,在人流较多的地方,如公共建筑的前面、商店门口等,可以采取扩大道路铺装面积的方式来与小区公共绿地融为一体,设置花台、座椅、活动设施等,创造一个活泼的活动中心。居住区公园、小游园中的小道植物种类要依据功能及活动内容进行设计。

图 7-62　住宅区前小道

7.4　居住区植物景观案例分析

7.4.1　重庆万州某居住区景观设计

重庆万州某居住区景观设计见二维码 7-1。

二维码 7-1　重庆万州某居住区景观设计

7.4.2　某生态小区植物造景案例分析

某生态小区植物造景案例分析见二维码 7-2。

二维码 7-2　某生态小区植物造景案例分析

思考题

1.居住区、居住小区、居住组团的区别是什么?

2.居住区植物选择的原则是什么?

3.居住公园植物选择的要点是什么?

4.居住区主干道植物选择的要点是什么?

5.试举例说明节约型园林理念在居住区中的应用。

公园绿地植物造景

本章内容导读：公园是供群众休息和从事户外文娱活动的园林，具有改善城市生态、城市形象展示、科教健身、文化艺术、防灾避难等多项功能，有较完善的设施和良好的生态环境的城市公共开放空间。城市公园属于园林中的一个大的类型，根据建设部颁布的《城市绿地分类标准》，公园绿地类型众多。公园植物景观是建设生态园林城市的重要内容和主要基础。本章内容由七个部分构成。

第 1 部分主要介绍城市公园的类型。第 2 部分主要介绍城市公园植物景观特点与造景内容。第 3 部分首先介绍综合性公园的含义与类型，然后阐述了综合性公园植物造景要点，并进行优秀公园案例介绍。第 4 部分首先介绍纪念性公园的含义与分类，然后介绍纪念性公园的植物造景要点。第 5 部分首先介绍植物园的含义、性质与任务，然后阐述植物园植物造景要点，并进行优秀案例介绍。第 6 部分首先介绍动物园的含义，然后阐述动物园植物造景特点与种植设计要点，并进行优秀动物园案例介绍。第 7 部分介绍湿地公园概念、环境特征、植物造景要点和优秀案例。

8.1 城市公园的类型

随着近代产业革命发展后带来的环境恶化、新民主思想的发展、功利主义的兴起以及新学科理论的产生等方面促进了近代公园的产生与发展。1843 年，英国利物浦市建造了公众可免费使用的伯肯海德公园（Birkinhead Park），标志着第一个城市公园的诞生。它的建成推动了英国早期公园运动，影响了两次来此参观的现代园林之父奥姆斯特德，随后美国纽约市于 1856 年在曼哈顿中央商务区内建成了纽约中央公园（Central Park），这次具有深远意义的设计与建造，拉开了欧美国家建设城市公园的序幕。我国的城市公园首次出现在清末时期的帝国租界，上海英美公共租界的黄浦公园，于 1868 年对外国人开放，随后在租界内兴起了公园的建设，公园的形式多采用国外当时流行的形式，在内容和形式上促进了中国近代城市公园的发展，成为后来的中国城市公园的借鉴典型。1906 年，在无锡由国人出资建造的"锡金公园"，被公认为全国最早的免费开放式城市公园，也是我国第一个真正意义上的现代公园。

城市公园是供群众休息和从事户外文娱活动的园林，具有改善城市生态、城市形象展示、科教健身、文化艺术、防灾避难等多项功能，有较完善的设施和良好的生态环境的城市公共开放空间。

城市公园是城市绿地系统中的重要组成部分，是城市基础设施之一。根据 2017 年建设部颁布的中华人民共和国行业标准《城市绿地分类标准》（CJJ/T 85—2017）将公园绿地（G1）分为 5 项 4 个亚项，即综合公园（G11）、社区公园（G12）、专类公园（G13）、游园（G14），其中专类公园（G13）又细分为动物园（G131）、植物园（G132）、历史名园（G133）、遗址公园（G134）、游乐公园（G135）、其他专类公园（G136）（表 8-1）。

表 8-1　城市公园(G1)分类标准（CJJ/T 85—2017）

类别代码			类别名称	内容	备注
大类	中类	小类			
G1	G13	G132	植物园	进行植物科学研究、引种驯化、植物保护,并供观赏、游憩及科普等活动,具有良好设施和解说标识系统的绿地	
		G133	历史名园	体现一定历史时期代表性的造园艺术,需要特别保护的园林	
		G134	遗址公园	以重要遗址及其背景环境为主形成的,在遗址保护和展示等方面具有示范意义,并具有文化、游憩等功能的绿地	
		G135	游乐公园	单独设置,具有大型游乐设施,生态环境较好的绿地	绿地占地比例应大于或等于65%
		G136	其他专类公园	除以上各种专类公园外,具有特定主题内容的绿地。主要包括儿童公园、体育健身公园、滨水公园、纪念性公园、雕塑公园以及位于城市建设用地内的风景名胜公园、城市湿地公园和森林公园等	绿化占地比例宜大于或等于65%
	G14		游园	除以上各种公园绿地外,用地独立,规模较小或形状多样,方便居民就近进入,具有一定游憩功能的绿地	带状游园的宽度宜大于12 m　绿地占地比例应大于或等于65%

8.2 城市公园植物景观特点与造景内容

城市公园的构成要素以植物为主,有的结合地形和水体,还包括道路广场、必要的建筑物和构筑物,其中植物景观通过运用乔木、灌木、藤本、竹类、花卉、草本等植物材料,利用艺术手法及生态因子的作用,产生丰富的季相变化,以反映当地自然条件和地域景观特征,展示植物群落的自然分布特点和整体景观效果,营造多样的城市公园景观。

8.2.1 城市公园植物景观特点

城市公园植物丰富,地形复杂,特别是一些具有历史意义的公园本身就拥有特殊的地理环境,其所形成的植物景观具有以下三种景观特点。

8.2.1.1 展现原生植物景观

原生植物景观是指当地原产的植物多年以来能够适应该区域的自然条件并在该地形成独特的植物景观。这种原生植物景观实际上也就是当地的自然景观。城市公园的选址多是考虑有风景优美的自然环境,这样较容易形成优美的自然景观。例如,昆明西山森林公园具有成片的原生滇青冈—云南油杉混交林所构成的森林景观。

8.2.1.2 营造人工植物景观

人工植物景观是指在营建城市公园的区域,没有或是较少可利用的原生植物资源,公园全部通过人工手段进行营造,在此可依据公园设计构思,选择规则式植物造景、自然式植物造景以及混合式植物造景等人工方式进行营建。

例如,北京奥林匹克森林公园是目前北京最大的一块完全由人工营造的绿地,被称为北京北部的一块"绿肺"。在充分贯彻和体现公园"通向自然轴线"的设计理念之上建立多种多样的植物景观、群落类型,并能够为其他生物如哺乳动物、鸟类、土壤微生物等提供良好的栖息环境,从而建立良好的生态系统(图 8-1 至图 8-5)。

图 8-1 北京奥林匹克森林公园—奥海

图 8-2 北京奥林匹克森林公园—仰山 1

图 8-3 北京奥林匹克森林公园—仰山 2

图 8-4 北京奥林匹克森林公园—大草坪

图 8-5 北京奥林匹克森林公园

8.2.1.3　更新自然恢复景观

自然恢复景观是充分将原生植物与人工化植物有机地结合在一起，以原生植物展现场地特征，保持物种的稳定性，在此基础上，利用人工植物设计补充、完善和发展，以期场地能够恢复自身的生态作用，延续过去的植物空间特色，最终形成和谐自然的生态化景观。

8.2.2　城市公园植物造景内容

现代景观设计使我们无论在观念上、创作方法上还是思维方式上都在发生变化，这里从设计思维方式和使用功能的角度将公园植物景观设计划分为区域植物景观设计、界面植物景观设计、路线植物景观设计、节点植物景观设计、特色植物景观设计五个层面。

8.2.2.1　区域植物景观设计

在开展公园植物景观设计之初，应先解剖场地内外特征，分析公园与城市的关系以及公园与周边区域的联系，形成将简洁、生态和开放的绿地形态渗透到城市中，与城市的自然景观基质相融合，在这一阶段，还需要根据环境的功能要求，对不同区域进行植物空间设计（开敞空间、半封闭空间、封闭空间等）、色彩设计（主要指四季色彩或植物的区域主题色彩）等，而不是去考虑具体选用何种植物以及植物之间搭配问题。如合肥环城公园从整个城市环境设计入手，与城市长距离毗连，公园与城市空间联结渗透，引"满园春色"入城，与城市融为一体，成为城市环境的有机组成部分，抱旧城于怀，融新城之中，其间连接六个景区，被誉为城市的"一串镶嵌着数颗明珠的翡翠项链"，也给市民创造了方便的游憩条件。杭州西湖的湖水、山丘、水岛、长堤完全渗透并溶解在城市环境中，西湖也成为城市绿色的有机体，同时西湖景区成为城市的文脉象征，是城市空间序列的绿色中枢。

8.2.2.2　界面植物景观设计

在城市公园植物景观设计中，应关注城市与公园交接的区域，彼此之间常常会带来相互的视觉、空间影响。同时，在设计中还应充分利用场地形态，将植物与水体、建筑、地形等之间相互融合，特别应着重考虑利用植物的群落设计进行界面地带的天际线设计，溶解城市与公园的边界（图 8-6、图 8-7）。

图 8-6　昆明翠湖公园与城市边界

图 8-7　广西柳州柳侯祠公园与城市边界

8.2.2.3　路线植物景观设计

路线指的是公园道路以及公园中呈线性的水系，这样的路线与植物组合变构成公园生态绿廊和水系廊道。

公园道路植物景观布置，有自然式园路和规则式园路。自然式园路的设计可以比较自由，两侧可栽植不同树种，植物组合可按照自然式丛植方式，并考虑透景线，以产生"步移景异"的效果。规则式的园路，在植物选择上可采用 2～3 种乔木或灌木相搭配，这样可削弱规则式景观的单调感。

公园道路路口可设计为对景或作为入口标志,因而可选择具有鲜明色彩的植物作孤植树或树丛,如三角枫、羽毛枫、枫香等植物起到引导作用(图8-8)。

公园中的水系廊道一般线条优美,很多公园均利用城市水系植物景观以及其他的游戏设施构成优美、有韵律的彩带。

图8-9 杭州太子湾公园春景

8.2.2.5 特色植物景观设计

一些形态独特的植物往往可以用来营造具有浓郁地方特色的植物景观,例如,旅人蕉、王棕、三药槟榔、蝎尾蕉等展现热带植物景观;金钱松、无患子、悬铃木与大片草坪构成疏林草地景观以展现华中以北的辽阔风光;竹影婆娑、柳叶扶苏则展现江南的美好与清雅。

植物专类园可以是专门展示某一类型的花卉植物的展览,例如,月季园、鸢尾园、梅园、牡丹园等展示多样的花卉品种,也可将会散发芳香气味的植物集中在一起构成"芳香园",或者通过选用浅色系或能释放芳香气味的植物形成在夜间以视觉、嗅觉感知为主体的"夜花园",选择栀子、昙花、夜来香、晚香玉、月见草、香叶天竺葵等;或可以是园林技术手段以及园林形式的集中展示,例如花境展示、行道树展示、法国花园式、英国维多利式花园等(图8-10、图8-11)。

图8-8 北京海淀公园

8.2.2.4 节点植物景观设计

节点是公园结构的重要组成部分,是公园立意集中体现的场所,往往能够引发人们的驻足游赏,节点植物景观应精致并富有特色。通常有出入口节点、活动广场节点、文化景观节点、安静休息节点、儿童活动节点等不同区域,将节点与绿廊和水系连接便可构成公园的面(图8-9)。

图 8-10　香港公园—旅人蕉特色景观

图 8-11　北京植物园月季园

8.2.2.6　城市公园植物景观的意境创作

城市公园中园林植物景观是科学性与艺术性的结合,设计中存在着设计者的审美观,这种审美观点使不同的人产生不同的审美心理,这便是意境的体现。唐代王维在《山水论》中说"凡画山水,意在笔先",即绘画、造园要先思考立意和整体布局,也就是说在动笔之前要胸有成竹。立意不是凭空而来,而是设计者依据自然条件、功能要求并结合自己的审美趣味进行构思组织,经营建筑绿化,依山而得山林之境,依水而得观水之趣。游人通过物质实体能够触景生情,从而使得情景交融,达到意境体现。

利用植物景观体现公园意境的案例比比皆是,运用植物"比德"手法、诗词典故,利用植物再现著名风景,运用声音、植物色彩、光影、姿态、气味展现意境。如扬州个园园门两侧植翠竹,使人联想到园

记所说:"主人性爱竹,盖以竹本固。君子见其本,则思树德之先沃其根,竹心虚,君子观其心,则思应用之务宏其量。"位于合肥环城公园内的庐阳饭店,临水依山,山水林木繁茂,在建筑周围的庭院内,叠山置石,周围多植碧桃,一副桃源景象。

杭州西湖自古有"苏堤春晓",四时美景各不同,间株杨柳间株桃;"曲院风荷"突出了"碧、红、香、凉"的意境美,即荷叶的碧,荷花的红,熏风的香,环境的凉,呈现出"接天莲叶无穷碧,映日荷花别样红"的景观。"平湖秋月"种植红枫、鸡爪槭、乌桕等秋色叶与众多桂花,体现"月到仲秋桂子香";"云栖竹径"以"万千竿竹浓荫密,流水青山如画图",充分体现云栖特色。新建的太子湾公园以樱花、无患子,花港观鱼的樱花、牡丹,植物园的杜鹃、玉兰、海棠等展现现代公园特色(图 8-12 至图 8-15)。

图 8-12　香港动植物园(以雕塑深化主题)

图 8-13　杭州柳浪闻莺入口

图8-14　杭州曲院风荷—春

图8-15　杭州曲院风荷—夏

经文人歌咏或借以抒怀的植物景观情趣,勾勒出植物形成的空间,为人们留下深刻的场所印象,便是植物亦构成特定的场所文化符号。物质与文化的结合增添了植物景观情趣,更加重了植物景观对城市公园形象影响分量。

8.3　综合性公园植物造景要点与案例分析

8.3.1　综合性公园的含义

综合性公园是城市公园系统中重要的组成部分,城市综合性公园除具有大规模的绿地满足生态功能外,更重要的是还应具有丰富居民文化娱乐生活的功能,其相应的设施可以全面照顾各年龄段、职业、爱好、习惯等不同的人群需求,所设置的游览、娱乐、休闲设施可进行一日或半日的游赏活动。综合性公园还应有相应的场地可以满足政治文化方面的宣传、举办各类活动以及普及科普知识的场地,从而通过公园中各要素的组成影响、提高人民群众的科学文化水平。综合性公园面积通常大于10 hm²。图8-16为北京海淀公园门口。

8.3.2　综合性公园植物造景要点

公园的植物造景首先应满足公园的功能,以提升公园的环境质量、满足游人活动要求、遮荫为重

图8-16　北京海淀公园

点。此外,还应考虑公园的经济性和生物学特性与植物景观的关系,最后才是植物造景的艺术性问题。

8.3.2.1　着眼规划,重点突出,近中远期相结合

在进行公园总体规划时,应依据公园各分区的情况,按公园的自然地形、功能及风景分区,规划每一区的主要植物种类及其形成的大致效果。例如,休闲娱乐区可以观花灌木为主。公园内的原有植物应尽量保留并加以利用,这样有利于快速形成公园的绿色植物骨架。在重要节点、出入口、主要景观区应重点考虑,多使用大苗尽快形成景观。

公园植物景观的建设规划,应考虑近中远期的设计,使快长与慢长植物相结合,最终实现远景规划。在重要的区域,如大型建筑附近、庇荫广场、儿童游戏场、主干道行道树最好选择速生树种。其他

地区可考虑搭配小苗。

在公园的总体规划中,应做全园庇荫方式的规划,庇荫场地和不庇荫场地应有一定的比例,如庇荫铺砖广场、庇荫道路、庇荫的疏林草地、庇荫的花架、庇荫的小园路以及林中小场地。例如,昆明翠湖公园的水月轩、西泠印社的碎石铺砖场地、颐和园的苏州街一带均有良好的庇荫,深得游人喜爱。

8.3.2.2　分区景观特色突出,植物空间形式多样

综合性公园的分区多从公园所在地的自然条件以及各区功能上的特殊要求、面积以及彼此之间的相互关系来确定安排。常作以下几个分区。

①文化娱乐区:影剧院、展览馆、各类游戏场。

②体育运动区:各种运动场、游泳池、游船码头等。

③儿童游戏区:为儿童提供游戏方式,如玩沙区、戏水区等、游玩器械区和一些辅助性设施。

④安静休息区:面积大,公园的主要构成部分。

⑤经营管理区:公园管理处、仓库、杂物用地及温室苗圃等。

在规划中往往根据实际情况,对各个分区再做具体调整。文化娱乐区通常位于主要入口附近,是规则式的城市面貌与自然园林景观之间的过渡。因此,文化娱乐区的植物景观形式多与入口结合构成规则式景观。该区的建筑以展览馆、剧院为主,因建筑密度不大,需大面积隐于绿色之中。文化娱乐区还会涉及公共活动区域,尽量以露天布置为主,使人们能够在绿荫中游玩(图8-17)。

体育活动区多位于公园次入口附近,地势多较平坦,土壤坚实,因而树木生长较少。通常比赛场地周边都是集中整形场地,植物景观以不妨碍比赛时的活动为宜,但周边可以是自然式的丛林环境。而一些非正式的场地(乒乓球台、网球场等)以及供人们健身的场地,可以自然散放于林中空地形成优良的庇荫。体育活动区中的林间小道可结合自然式丛林的布置方式与公园的整体布局相协调。

儿童游戏区一般位于入口附近,通常地势平坦,自然景色开朗,绿化条件好。儿童游戏区在植物选择上要注意无毒、无刺、无臭味以及容易引起皮肤过敏或是产生飞絮的植物,如玫瑰、夹竹桃、毛白杨、漆树等。应多选择形体、色彩美丽独特的叶、花、果的植物,如鹅掌楸、银杏、樱花、白玉兰、紫薇、醉蝶花等植物,同时还应多考虑冠大荫浓的阔叶乔木以增加庇荫场地。儿童活动区的周围应用稠密的林带或树墙与公园的其他地区分隔,除必要的道路和铺砖外,地面都应用草地覆盖,既可以防止扬尘,也可以减少安全隐患。

安静休息区常与体育活动区、文化娱乐区、儿童游戏区主要入口具有一定的距离。优秀的安静休息区拥有水面,甚至是湖泊,因而本身便具有优良的绿化基础条件。植物种类也是全园最丰富的区域,有的甚至还可以布置专类花园(牡丹园、月季园、鸢尾园等)。植物景观应结合不同的地形、建筑、水体创造丰富多彩的树群、密林、草地和优美的孤植树,构成不同的景观空间,使游人享有自然的休闲空间。如柳州龙潭公园(图8-18)。

图8-17　杭州花圃

图8-18　广西柳州龙潭公园

续图 8-18

8.3.2.3 物种选择注重艺术布局

公园在植物景观上应注重四季景观的构建，形成自己的特色。例如，杭州西湖、孤山公园以梅花为主景，曲院风荷以荷花为主景；昆明金殿公园以山茶为主景、黑龙潭公园以梅花为主景；北京玉渊潭公园以樱花为主景，北京紫竹院公园以竹为主景（图 8-19）。

图 8-19　杭州柳浪闻莺园路

全园的树种规划应以一个或两个树种，作为全园的基调，分布于整个公园中，在数量上占有优势，全园视不同分区的特点再定各区的主调树种以形成不同景区的风景主题。此外，还应考虑各景区的配调，使各景区之间既各有特色，又协调统一。

8.3.2.4 公园道路植物景观设计注重景观的连接性

公园的道路是连接全园各个景点的重要纽带。沿路的风景应有一定的变化，既不是一成不变的开朗风景，也不是变化过于频繁而让人觉得繁乱的道路景观。

规则式道路采用规则行列式行道树，自然式道路既可采用行列式行道树，也可采用自然式行道树。当道路宽达 8～20 m 时，在道路中央或两旁可以布置带状花坛、花境，也可用两条绿带将道路分隔成两旁次要的林荫道。

8.3.3 优秀综合性公园案例

优秀综合性公园案例见二维码 8-1。

二维码 8-1　优秀综合性公园案例

8.4 纪念性公园植物造景要点与案例分析

8.4.1 纪念性公园的含义

纪念性公园具有某种特定的精神内涵和纪念意义，是以留住或唤起某种特殊记忆的性质为公园的主要特征，它既是某一群体记忆的凝结和象征，也具有了城市公园的休闲性与参与性。

纪念公园往往通过建筑、雕塑等表达纪念的主题，但没有植物的映衬也很难营造出庄严、肃穆的纪念氛围，给前来参观及祭奠的人们带来视觉、精神的情绪变化。

8.4.2 纪念性公园的分类

依据纪念对象，可将纪念性公园分为两类：纪念人物和纪念事件。例如，广西柳州柳侯祠公园，纪念柳宗元;上海静安公园,纪念蔡元培;南京雨花台烈士陵园。

从纪念的形成过程来看,纪念性公园可分为主动型和被动型两种。主动型是指营建的初期是为了留住某种回忆的纪念客体而营建形成的场所,如烈士陵园、墓园等;被动型是指在营建之初不具有纪念功能,通过长期演变而具有纪念意义,如名人故居(上海宋庆龄故居)、文化遗址公园(北京元大都遗址公园)等。

8.4.3　纪念性公园的植物造景要点

8.4.3.1　纪念性公园植物选择原则

纪念性公园的植物选择上符合适地适树原则,尽量保留原有场地的大树,特别是古树名木,注重快长树种与慢生树种的结合,兼顾四季的植物景观变化,营造纪念性场所的环境氛围。

8.4.3.2　纪念性公园利用植物营造意境

纪念性公园中的陵园多用松、杉、柏等常绿植物,寓意烈士万古常青的精神内涵。在纪念人物的公园中或兼有优美风景的纪念性公园则应依据场所选择观赏性强且寓意丰富的植物,如丁香、腊梅、山茶等,表达纪念人物的高尚品格或某种情怀。通常在纪念区还应选择与所纪念的人物、事件原有的场地植物作为基调。如鲁迅公园的中日友好钟座,借樱花绽放与罗汉松交相辉映,以表达中日友好的情感氛围。宋庆龄生前比较喜爱香樟,在宋庆龄陵园中便采用以香樟为基调树种,体现宋庆龄生前崇高的人格和高贵的品格。

此外,不同的植物可以表达不同的情感。若表达神圣、严肃的情感场所则多以松柏类植物(龙柏、铅笔柏、雪松、日本五针松等)、广玉兰、女贞等作为场所的基调树种。若为反省、深思的纪念主题场所则多选松科植物如蜀桧、黑松,以及竹类(刚竹、孝顺竹等)并辅以观花植物。以激励教育为主题的多采用香樟、玉兰、苦楝、二球悬铃木、三角枫等为基调。而对歌颂欢乐、胜利的纪念场所则采用观赏性强的植物为场所基调树种。

另外,在纪念性公园中并不是只有常青的绿色植物才能表达对先烈的哀思,还可利用植物的花色表达纪念情感,"鲜花伴英灵"也是时下人们对纪念的理解,例如白色花象征纯洁、肃静,黄色花、红色花、紫色花表达神圣、哀悼、缅怀、欢乐、胜利、激动等各种情感。

8.4.3.3　纪念性公园利用植物塑造空间结构

纪念性公园根据场地的大小与功能可以分为两个区:纪念瞻仰区和游憩观赏区。

纪念瞻仰区大多采用中轴对称式设计形式,营造肃穆庄严的纪念意境。在空间中可以采用多种空间形式营造纪念的空间气氛,包括开敞植物空间、半开敞植物空间、垂直植物空间、覆盖植物空间、密闭植物空间等。在现代纪念性环境的设计中越来越表现出简约化的特征。因此,植物景观往往应配合简约的空间特征突出纪念的意义。例如,英国政府出资,由杰里科在兰尼米德设计的肯尼迪纪念花园。杰里科设计了一条穿过一片自然生长的树林的小路通向纪念碑,在纪念碑的旁边有逢 11 月会变红色的美国橡树营造覆盖空间,以此暗示肯尼迪的遇刺时间(1963 年 11 月 22 日),接下来便是一片开阔的草地,人们可以在俯瞰周边的乡村景观和泰晤士河时由此引发参观者的凝想,从而塑造了娴静的游憩纪念氛围。在此,垂直植物空间是最有利于突出纪念主体,营造纪念氛围,许多陵园多用此手法。

8.4.4　优秀案例——南京雨花台烈士陵园

优秀案例——南京雨花台烈士陵园见二维码 8-2。

二维码 8-2　优秀案例——南京雨花台烈士陵园

8.5　植物园植物造景要点与案例分析

8.5.1　植物园的含义

国际植物园保护组织对植物园的定义是:拥有

活植物收集区,并对收集区内植物进行记录管理,使之可用于科学研究、保护、展示和教育的机构。

北京林业大学苏雪痕教授认为:植物园是搜集和保护大量从国内外引种的植物供科研、科普和游憩的场所,为游人展示模拟的自然植物景观和人工植物景观,了解植物的观赏特性、生态习性及生产功能,从而教育游人更加热爱自然、保护环境。

8.5.2 植物园的性质与任务

植物园虽然附属于公园,但植物园与其他单纯的娱乐、休闲、运动等类型的公园在所承担的任务上有很大的差异,植物园主要完成科学研究、科学教育以及科学生产方面的任务。根据植物园的规模、隶属关系以及研究能力来看,并不是所有的植物园都要承担以上三种任务,有的植物园全部进行,有的只进行其中的一部分,有的除了这些外还扩展更广泛的任务。

8.5.3 植物园植物造景要点

植物园的设计应注意三点:科学内容、景观特色和文化内涵。

8.5.3.1 科学内容

植物园作为一个以植物为主的科普教育基地,其主要展示植物之间的亲缘、进化关系以及植物的个体生态。

在被子植物中我国杭州植物园采用的是恩格勒系统,昆明植物园、华南植物园采用哈钦松系统,北京植物园、上海辰山植物园采用克朗奎斯特系统,中国科学院西双版纳勐仑植物园逐渐采用APGⅢ系统替代传统分类系统。不同的分类系统均通过分析和比较植物的原始和进化形状以及不同植物类群之间的系统演化和亲缘关系。在这其中,以克朗奎斯特系统进行植物园的设计分类最能够体现园林景观外貌。

在克朗奎斯特系统中,将被子植物分为木兰纲(6个亚纲)和百合纲(5个亚纲),共11个亚纲。每一个亚纲都可以形成其独特的园林景观区或是专类展示园,以木兰亚纲为例,可以营建景观丰富的木兰水景园;金缕梅亚纲中有连香树科、金缕梅科、

悬铃木科、壳斗科、桑科等大型乔木为主,因此可按科属关系设计不同的植物空间,如树群、树丛、密林、孤植树等,同时也可与石竹亚纲构建疏林缀花草地;五桠果亚纲可以设计山茶专类园与牡丹专类园;蔷薇亚纲集中了大量开花的美丽乔灌木以及秋色叶植物,可以营建春华炫秋园,其中蔷薇科中可设计蔷薇园、桃李园、樱花园等专类园,漆树科、槭树科中大量的秋色叶植物可以营建秋色园,此外,豆目中的三个科(含羞草科、苏木科、蝶形花)以及野牡丹科、木棉科、使君子科中的大量植物构成了亚热带、热带地区的重要植物景观;菊亚纲中可设计桂花园、丁香园、琼花园以及忍冬园等四个专类园,逢秋季还可做菊花展;泽泻亚纲可与鸭跖草亚纲共同设计构成美丽的水景园,其中鸭跖草亚纲中多为挺水植物及观赏草(莎草科、禾本科、香蒲科),泽泻亚纲中有挺水、浮水和沉水植物(泽泻科、水鳖科、眼子菜科、丝粉藻科),可形成与睡莲目风格不一致的水景园;棕榈亚纲可营建棕榈专类园,如中国科学院西双版纳植物园的棕榈园(图8-20);百合亚纲可设计百合园、鸢尾园以及兰花专类园。

各地在营建植物园时可依据各地的植物区系特点,综合评价,利用克朗奎斯特植物分类系统营建各具特色的植物园景观展现科学内容。

图8-20 中国科学院西双版纳植物园
棕榈园(贝叶棕与圆叶轴葵的对比)

8.5.3.2 景观特色

利用植物的个体美(植株形体、枝干、叶、花、

果、味)(图 8-21)营建植物园景观,构成自然式、规则式植物景观,展现植物的个体美与群体美,模拟自然界中的密林、疏林、草甸、树丛、群落、林间小道等形式展现植物特色,在设计中从形式美法则出发,使植物景观结合道路、建筑、水体、岩石、小品等硬质景观组成自然和谐的园林外貌,以此提高人们对植物应用的认识、技术方法提供借鉴。依据岩石植物和高山植物的生态要求,结合岩石植物和高山植物的色彩及基本特征布置岩石园及高山植物园,如昆明植物园的岩石园,丽江高山植物园;依据水生植物在不同深浅水体中的生态特点,设计水生植物园,如中国科学院西双版纳热带植物园的水景园(图 8-22)。

图 8-21 中国科学院西双版纳植物园
(粉花山扁豆)

图 8-22 中国科学院西双版纳植物园
水景园(大王椰子)

8.5.3.3 文化内涵

植物园的植物造景应注重植物文化性的展现,这也是对当地文化民俗的一种表现,文化性体现在既包括当地文化民俗的体验,如西双版纳景洪市药用植物园(以傣族医药作为主要的植物展示),也包括人类对于植物的认知层次的需求,如新加坡植物园的夜花园(游客可以在晚上欣赏到夜间开花的植物),以及出于人本关怀精神的盲人花园、康复花园,如上海辰山植物园的盲人花园。

中国科学院西双版纳热带植物园——百花园(图 8-23,图 8-24),目前收集保存与展示热带花卉植物 645 种(品种)。利用孤植、纯林大片种植、同类多品种集中收集、专科专属保存、攀援及水生花卉植物等多种方式,使植物与地形水域巧妙结合,形成不同的赏景空间,充分展示花卉的文化内涵,利用多彩的花卉营造"天女散花""层林尽染""五彩缤纷"和"花开花落"等景观效果。中国科学院西双版纳热带植物园的民族博物馆利用现代简约的造型形式并结合傣族的建筑元素,与大片草坪构成具有一片开阔场地的博物馆区域(图 8-25)。

图 8-23 中国科学院西双版纳植物园
百花园(鲁比蝎尾蕉)

图 8-24　中国科学院西双版纳植物园
百花园

图 8-25　中国科学院西双版纳植物园
（民族博物馆）

上海辰山植物园的盲人园充分考虑盲人的行为特点，从触觉感知、听觉感知和嗅觉感知等方面构建感知体系来设计盲人植物园，其中以触摸作为最重要的体验方式。该园分为视觉体验区（主要针对低视力盲人）、嗅觉体验区、叶的触摸区、枝条触摸区、花果触摸区、水生植物触摸区、科普触摸区 7 个体验区域。视觉体验区，主要是强调色彩，出入口广场以彩色压膜地坪和红枫、红花檵木、红叶石楠、锦绣杜鹃等色叶或开花植物展示。嗅觉体验区主要以香花植物与香叶植物表现，如桂花、腊梅、薰衣草等。触摸区是整个盲人植物园中最为细致、具体的感受区域，包括了植物体（叶、枝条、花果部

分）、水生植物、植物科普等多方面的感受要素。其中，叶的触摸区叶的形态、大小、软硬、光滑（粗糙）等要素体现，如芭蕉、一叶兰、广玉兰、茶梅、银杏、鸡爪槭、海桐、糙叶树等表达；枝条触摸区反映一些柔软或坚硬的枝条，如垂柳、结香等；花果触摸区表现特型花果柿子、枇杷等；水生植物触摸区在流水墙前的水槽中布置水生植物种植缸，如狐尾藻、睡莲、荇菜等；科普触摸区则主要包括基本形态区、入口指示牌（入口指示牌以凹凸地图反映场地），以多种乔木的树干制成树干编钟增添盲人游客科普知识（图 8-26，图 8-27）。

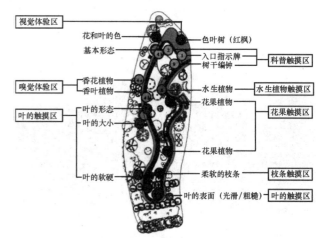

图 8-26　上海辰山植物园盲人花园
（植物分区）

图 8-27　上海辰山植物园盲人花园

8.5.4　优秀植物园案例

优秀植物园案例见二维码 8-3。

二维码 8-3　优秀植物园案例

8.6　动物园植物造景要点与案例分析

8.6.1　动物园的含义

动物园是以通过展出野生动物向人们宣传、普及有关野生动物的科学知识,通常动物园是一个国家、地区的科普教育基地,同时,动物园也对野生动物的习性、物种繁育展开科学研究。除此以外,动物园也具有一定的休闲、游赏功能。

8.6.2　动物园植物造景特点

植物景观在动物园的规划建设中具有重要的主导作用。通过植物景观的营造可为动物创造适宜的生活环境,甚至是接近动物的自然生存景观,同时也为动物园营造优美的环境,提供遮挡视线不佳景观,净化空气的作用,对创造良好的游赏环境发挥重要作用。通常动物园的绿化要占全园面积的 50% 以上。

动物园的周围一般应设有相应的防护林带,可以起到防风、防尘、消毒的作用,通常以半透风结构为好。在北方多以常绿与落叶混交为主,在南方多以常绿为主。动物一般都怕风,在主要风向处,可加宽防护林带的宽度。另外,在陈列区与管理区之间也应有相应的隔离防护林带。

动物园还可利用植物设计有效地分割空间,在各展示区利用绿篱分割空间,使功能区类型清晰、互不干扰,有助于创设多样化的情境,为人们提供良好的嬉戏空间。

8.6.3　动物园植物种植设计要点

8.6.3.1　依据动物的陈列要求,配合动物的生长、生活特点进行布置

在动物陈列区应尽可能结合动物的原产地的地理景观和动物本身的生活习惯创造适合动物生活的环境氛围,也可以结合老百姓喜闻乐见的形式来布置展区。例如,大熊猫馆周围可多栽培竹子;猴山周边可布置为花果山的形式来烘托气氛。鸟禽展区可借用山石水体与植物的组合营造鸟语花香的水景庭院(图 8-28、图 8-29)。

图 8-28　北京动物园鸣禽区

图 8-29　昆明野生动物园长颈鹿园

8.6.3.2　动物园的环境应有较多的绿荫空间

动物园同样也具有文化休闲公园的休息游赏功能,因此动物陈列区附近应有相应的绿荫空间,园路应按照林荫路的方式布置,方便游人休闲。在儿童游戏场区域还可将植物修剪为动物形状以增加乐趣。在重要的景观节点处应注重观赏性强的植物景观的展示,例如花坛、花境、花架、开花的乔灌木等(图 8-30)。

图 8-30　植物造型

8.6.3.3　植物材料选择要求

动物园中的植物应选择对动物无害的植物,特别是动物展览区,构树对梅花鹿有毒,胡桃、国槐、皂荚这类有尖刺的植物容易伤害食草类动物。另外,在动物活动区,特别是食草动物区应尽量避免种植动物喜爱吃的树种,以防止动物啃光,影响景观。如:椴树、柳树、榆树等。

8.6.4　优秀动物园案例

优秀动物园案例见二维码 8-4。

二维码 8-4　优秀动物园案例

8.7　湿地公园植物造景要点与案例分析

8.7.1　湿地公园概念

城市湿地公园是利用自然湿地或人工湿地,将纳入城市绿地系统规划的湿地,运用湿地生态学原理和湿地恢复技术进行规划设计、建设和管理,并能够发挥生态保护、科普教育、自然野趣和休闲游览等功能为一体的公园。

与自然湿地、湿地保护区以及水景公园相比,湿地公园具有不同的特点。与自然湿地相比,湿地公园常受人工干扰,斑块之间的分布不均且破碎化程度较高,植物群落种类丰富。与湿地保护区相比,湿地公园规模较小,仅属于自然保护区中的实验区域,但其功能除满足湿地的保护外,还要满足游憩、休闲。与水景公园相比,湿地公园具有相对完备的湿生或沼生生态系统,而水景公园仅只是具有较大面积的水面和少量的湿地景观,更注重旅游、休闲景观的体现。

8.7.2　湿地公园分类

依据场地基底条件(湿地资源)的不同,可将湿地公园分为湖泊型、江河型、滨海型、农田型以及修复型五大类(表 8-2)。

表 8-2　湿地公园分类

类型	特征	代表案例
湖泊型	依托大型自然湖泊或人工水库,在水面与陆地交界处建设的湿地公园	昆明古滇国湿地公园、绍兴镜湖国家湿地公园
江河型	依托江河,在水陆交汇处的河滩、江滩所建设的湿地公园	南京幕燕滨江湿地公园
滨海型	由上游泥沙淤积而成以及港湾与泻湖的潮间带而形成的区域建设的湿地公园	香港米沛湿地公园
农田型	原自然基底为农田、鱼塘、蟹塘的湿地公园类型	杭州西溪国家湿地公园
修复型	由于人工采挖、工业污染废弃以及水库堤坝建设等导致地表塌陷、地下水位上升而形成的大面积湖泊建设而来的湿地公园	上海炮台湾湿地公园、北京翠湖湿地公园

8.7.3　湿地公园的环境特征

8.7.3.1　湿地公园的生态特征

湿地公园受人为干扰影响大,植物多由人工种植,群落结构不合理,植物抗干旱能力差。在湿地公园的营造中会选择多种类型的湿地景观,如森林湿地景观、芦苇丛湿地景观等,植物选择多以一种或几种植物作为优势种(或基调植物种)栽植,以使景观效果典型。但在实际应用过程中,当人工湿地略微干旱时,杂草便会大量入侵,并抑制大量栽种植物的生长,影响生长速度,造成植物衰退。另外,湿地公园建设中,通过密植快速提高绿量的做法,使得大量植物残体、动物粪便以及果实等有机物堆积,若清理不及时,会导致湿地被这些有机物填埋,从而向陆生系统转化,造成湿地的退化。图 8-31 是昆明古滇国湿地公园全景图。

8.7.3.2　湿地公园的空间特征

与其他公园相比,湿地处于陆生系统与水生系统的中间过渡状态,斑块破碎化程度较高,这是湿地公园典型的空间特征。另外,湿地植物生长旺

图 8-31　昆明古滇国湿地公园

盛,多以单一的自然植被形态为主,因而视野开合及竖向变化少,空间层次单一,天际线平缓,所形成的空间形态也较为均质(图 8-32、图 8-33)。

图 8-32　昆明捞鱼河湿地公园——水森林

图 8-33　昆明捞鱼河湿地公园——柳林

8.7.4 湿地公园植物造景要点

8.7.4.1 植物选择注重形成食物链、生物链

湿地公园的设计要利用植物和动物形成食物链以此构建初具规模的湿地生态系统。水生植物、鱼、螺蛳构成水下食物链，岸上种植苦楝、柿、海棠、黄葛树、山楂等鸟类喜食的果实，由此水中的鱼、虾以及陆地的植物便可吸引鸟类。种植国槐、桂花、椴树、荆条、六道木等吸引大量的蜜蜂，种植五色梅、合欢、黄连木、香樟、橘子、醉蝶花等能够吸引大量蝴蝶的成虫和幼虫。由此便可形成一个完整的食物链，构建湿地生态系统。

在植物设计中要注重乔-灌-草结构、乔-草结构与灌-草结构相互搭配，增加植物生境与周围环境交流的多种可能，使植物群落单体之间相互作用、相互影响，形成综合的鸟类栖息地植物生境集团，提高整个鸟类栖息地的植物景观异质性。

8.7.4.2 植物选择注重净水能力

在城市湿地植物造景中，应根据水体的富氧化或污染程度，分析污染物质的种类、位置和季节不同，进行综合评价后选择适合的湿地植物，根据蔡建国的博士论文，通过对24种常见湿地植物进行试验分析，总结出在单因子影响下和综合因子影响下植物的净化能力，为湿地植物造景提供了科学依据（表8-3）。

表8-3 单因子对植物富集营养元素的能力

单因子污染影响	植物净化能力
植物对 N 素的吸收能力	旱伞草＞泽泻＞水烛＞姜花＞细叶莎
植物对 P 素的吸收能力	花菖蒲＞香蒲＞荇菜＞苦草＞水生美人蕉
植物富集 K 素的能力	水烛＞水生美人蕉＞香菇草＞荇菜＞水禾
植物富集 Ca 素的能力	泽泻＞荇菜＞旱伞草＞千屈菜＞香菇草
植物对 Mg 素的富集能力	荇菜＞水禾＞再力花＞慈姑＞泽泻

续表8-3

单因子污染影响	植物净化能力
植物对 Fe 素的富集能力	千屈菜＞香菇草＞金鱼藻＞细叶莎草＞荇菜
植物对 Mn 素的富集能力	苦草＞香菇草＞金鱼藻＞梭鱼草＞再力花
植物对 Zn 素的富集能力	苦草＞荇菜＞千屈菜＞香菇草＞水禾
植物对 Al 素的富集能力	千屈菜＞花菖蒲＞苦草＞梭鱼草＞睡莲
植物对 Na 素的富集能力	荇菜＞苦草＞睡莲＞水禾＞再力花

当然，在湿地污染水体中各种营养元素的吸收或富集的影响往往是综合的，在这种综合影响下苦草、千屈菜、香菇草、荇菜、泽泻、金鱼藻、睡莲、细叶莎草、慈姑、再力花等10种湿地植物的吸收或富集污水中的营养元素能力较强，适合作为多数和污水净化的特色湿地植物，其中苦草、千屈菜、香菇草、荇菜更为突出。

8.7.4.3 利用生态位理论设计植物群落

同一生态位的植物在一个稳定的群落中若超过两个以上，则终究有一个是要灭亡的，同样在一个稳定的湿地植物群落中，由于各种群在群落中具有各自的生态位，种群间能避免直接的竞争，从而又保证了群落的稳定，一个相互起作用的生态位分化的湿地植物种群系统，各种群在它们对群落的时间、空间和资源的利用方面，以及相互作用的可能类型方面，都趋向于互相补充而不是直接竞争。因此，由多个种群组成的湿地植物群落，要比单一种群的群落更能有效地利用环境资源，维持长期较高的生产力的稳定性。

8.7.4.4 遵循植物的自然演替规律设计植物群落

从自然湿地演替进程来看，整个水生演替过程也就是湖沼填平的过程，即自由漂浮植物阶段—沉水植物群落阶段—浮叶根生植物群落阶段—挺水植物群落阶段—湿生草本植物群落阶段—木本植物群落阶段，这个过程也是从湖沼的周围向湖沼的

中心顺序发生的,演替的每一阶段都为下一阶段创造了条件。在湿地公园植物景观设计时要充分利用群落演替的理论指导湿地植物群落构建,以减缓、调节和改变湿地演替进程,选择地带性植物(乡土植物)作为湿地群落构建的基本素材,以展示湿地的生产、景观、生态和人文功能。

8.7.5　优秀案例——北京翠湖国家湿地公园

优秀案例——北京翠湖国家湿地公园见二维码 8-5。

二维码 8-5　优秀案例——北京翠湖国家湿地公园

思考题

1.依据城市公园分类标准来看,各类型公园的植物造景有什么典型的特点?

2.植物专类园的类型较多,如何依据当地情况建设适宜的植物专类园?

3.湿地公园的植物造景要点有哪些?如何体现湿地公园与一般水景公园的差异性?

4.在对动物园造景时,如何依据不同的分区进行植物景观设计?

5.综合性公园的特点以及植物造景要点有哪些?

第9章

城市道路绿地植物造景

本章内容导读：本章主要从 4 个部分进行介绍。

第 1 部分，城市道路环境特点。主要从以下两个方面说明：城市道路的定义及类型，按照现代城市交通工具和交通流的特点进行道路功能分类，可把城市道路大体分为高速干道、快速干道、交通干道、区干道、支路以及专用道路。城市道路的功能主要有交通功能、构造功能、设施承载功能、防火避灾功能以及景观美化功能；城市道路绿化是指以道路为主体的相关部分空地上的绿化和美化，道路绿化现已由最初的行道树种植形式逐步发展为类型多样、功能多种的道路绿化。

第 2 部分，城市道路植物造景设计。介绍了道路绿化的 4 个组成部分，即行道树绿化、分车带绿化、林荫带绿化和交通岛绿化。为充分体现城市的美观大方，不同的道路或同一条道路的不同地段要各有特色，景观规划在与周围环境协调的同时，4 个组成部分的布局和植物品种的选择应密切配合，做到景色的相对统一。

第 3 部分，高速公路植物造景设计。首先简要介绍了高速公路植物设计的特点，其次说明高速公路植物的生态特点，然后说明高速公路植物类型及其作用，最后针对高速公路绿化区域分类及造景技术做一个简要说明。

第 4 部分，简单介绍国内外优秀案例。

9.1 城市道路环境特点

9.1.1 城市道路环境

9.1.1.1 城市道路定义与类型

城市道路是指城市建成区范围内的各种道路，按照现代的城市交通工具和交通流的特点进行道路功能分类，大体分为 6 类。

（1）高速干道（图 9-1） 高速交通干道在特大城市、大城市设置，为城市各大区之间远距离高速交通服务，联系距离 20～60 km，其行车速度在 80～120 km/h。行车全程均为立体交叉，其他车辆与行人不准使用。最少有四车道（双向），中间有 2～6 m 分车带，外侧有停车道。

图 9-1 高速干道

（2）快速干道（图 9-2） 快速交通干道也是在特

大城市、大城市设置。城市各区间较远距离的交通道路，联系距离 10～40 km，其行车速度在 70 km/h 以上。行车全程为部分立体交叉，最少有四车道，外侧有停车道，自行车、人行道在外侧。

图 9-2　快速干道

（3）交通干道（图 9-3）　交通干道是大、中城市道路系统的骨架，是城市各用地分区之间的常规中速交通道路。其设计车行速度为 40～60 km/h，行车基本为平交，最少有四车道，道路两侧不宜有较密出入口。

图 9-3　交通干道

（4）区干道（图 9-4）　区干道在工业区、仓库码头区、居住区、风景区以及市中心地区等分区内均存在。共同特点是作为分区内部生活服务性道路，行车速度较低，但横截面形式和宽度布置因"区"制宜。其行车速度为 25～40 km/h，行车全程为平交，

按工业、生活等不同地区，具体布置最少两车道。

图 9-4　区干道

（5）支路（图 9-5）　支路是小区街坊内道路，是工业小区、仓库码头区、居住小区、街坊内部直接连接工厂、住宅群、公共建筑的道路，路宽与断面变化较多。其行车速度为 15～25 km/h，行车全程为平交，可不划分车道。

图 9-5　支路

（6）专用道路（图 9-6）　专用道路是城市交通规划考虑特殊要求的专用公共汽车道、专用自行车道、城市绿地系统和商业集中地区的步行林荫路等。断面形式根据具体情况而定。根据城市街道的景观特征又可把城市道路划分为城市交通性街道、城市生活性街道（包括巷道和胡同等）、城市步行商业街道和城市其他步行空间。

图9-6 专用道路

9.1.1.2 城市道路功能

城市道路既是城市环境的重要表现环节,又是构成和谐人居环境的支撑网络,也是人们感受城市风貌及其景观环境最重要的窗口。其主要功能有:

(1)交通功能 城市道路作为城市交通与运输工具的载体,为各类交通工具及行人提供行驶的通道与网络系统。随着现代城市社会生产、科学技术的迅速发展和市民生活模式的转变,城市交通的负荷日益加重,交通需求呈多元化趋势,城市道路的交通功能也在不断发展和更新。

(2)构造功能 城市主次干路具有框定城市土地的使用性质,为城市商务区、居住区及工业区等不同性质规划区域的形成起分隔与支撑作用,同时由主干路、次干路、环路、放射路所组成的交通网络,构造了城市的骨架体系和筋脉网络,有助于城市形成功能各异的有机整体。

(3)设施承载功能 城市道路为城市公共设施配置提供了必要的空间,主要指在道路用地内安装或埋设电力、通信、热力、燃气、自来水、下水道等电缆及管道设施,并使这些设施的服务水平能够保证提供良好的服务功能。此外,在特大城市与大城市中,地面高架路系统、地下铁道等也大都在建筑用地范围之内,有时还在地下建设综合管道、走廊、地下商场等。

(4)防火避灾功能 合理的城市道路体系能为城市的防火避灾提供有效的开放空间与安全通道。在房屋密集的城市,道路能起到防火、隔火的作用,是消防救援活动的通道和地震灾害的避难场所。

(5)景观美化功能 城市道路是城市交通运输的动脉,也是展现城市街道景观的廊道,因此城市道路规划应结合道路周边环境,提高城市环境整体水平,给人以舒适、舒心和美的享受,并为城市创造美好的空间环境。

9.1.2 城市道路绿化的类型、功能及布置形式

道路绿化是指以道路为主体的相关部分空地上的绿化和美化。道路绿化现已由最初的行道树种植形式逐步发展为类型多样、功能多种的道路绿化。

9.1.2.1 城市道路绿化类型

道路绿地是道路环境中的重要景观元素。道路绿地的带状或块状绿化的"线"性可以使城市绿地连成一个整体,可以使街景美化,更加衬托出城市的面貌,大大改善城市的景观。因此道路绿地的形式直接关系到人们对城市的印象。现代化大城市也有不同性质的道路,其道路绿地的形式、类型也因此丰富多彩。根据不同的种植目的,道路绿地可分为景观种植与功能种植两大类。现代城市中,众多的人工构筑物往往使得整个城市景观单调枯燥,而绿化在视觉上能给人以柔和安静感,用树木、灌木、花卉点缀着城市的道路环境,它们以不同的形状、色彩和姿态吸引着人们,具有多种多样的观赏性,大大丰富了城市景观。成功的道路绿地往往能成为地方的特色。绿地除了能成为一个地方的特色以外,不同的绿地布置形式也能增加道路的特征,从而使一些街景雷同的街道由于绿地的不同而区分开来。

(1)景观种植 景观栽植从道路美学观点出发,从树种、树形、种植方式等方面来研究绿化与道路、建筑协调的整体艺术效果,使绿地成为道路环境中有机组成的一部分。景观栽植主要从绿地的景观角度来考虑栽植的形式,可以分为如下几种:

①密林式(图9-7):沿路两侧浓茂的树林,主要以乔木再加上灌木和地被,封锁了道路。行人或汽车走入其内犹如进入森林中,夏季绿荫覆盖带来凉意,且具有明确的导向性,引人注目,一般用于城乡交界处或环绕城市或结合河湖布置。宽度一般在

50 m以上。郊区多为耕作土壤,树木枝叶繁茂,两侧的景观不容易看到。若是自然种植,则比较适应地形现状,可结合丘陵、河湖布置。采取成行成排整齐种植,反映出整齐划一的美感。假若两种以上树种相互间种,这样的交替变化就可以产生韵律,但变化不应过多,否则会失去规律性变得混乱。

图9-7 密林式

②自然式(图9-8):自然式绿地主要用于造园,路边休息场所、街心,路边公园等也可应用。形式模拟自然景色,自由奔放,主要根据地形与环境来决定。沿街在一定宽度内布置自然树丛,树丛由不同植物种类组成,具有高低、疏密和各种形体的变化,形成生动活泼的气氛。自然式栽植能很好地与附近景物配合,增强了街道的空间变化,但在夏天的遮荫效果不如整齐式的栽植行道树。在路口,拐弯处的一定距离内减少或不种灌木以免妨碍司机视线。在条状的分车带内自然式种植需要有一定的宽度,一般要求最小6 m。

图9-8 自然式

③花园式(图9-9):此方式沿道路外侧布置成大小不同的绿化空间,有广场,有绿荫,并设置必要园林设施,亦可设置供少量车辆停放和幼儿游戏场等。道路绿化可以采用分段式与周围的景观相结合,在城市密集、缺少绿地的情况下。这种形式可在商业区、居住区内使用,在用地紧张、人口稠密的街道旁可多布置孤立乔木或绿荫广场,弥补城市绿地分布不均匀的缺陷。

图9-9 花园式

④田园式(图9-10):田园式道路两侧的植物都在视线以下,大都为草地,空间全面敞开。在郊区直接与农田、菜田相连;在城市边缘也可与苗圃、果园相邻;用于高速路两侧,视线较好。这种形式开朗自然,富有乡土气息,极目远眺,可见远山、白云、海面、湖泊,或欣赏田园风光。主要适用于气候温和地区。

图9-10 田园式

⑤滨河式(图9-11):道路的一面临水,空间开阔,环境优美,是市民休息游憩的良好场所。在水面不十分宽阔,对岸又无风景时,滨河绿地可布置得较为简单,树木种植成行,岸边设置栏杆,树间安

放座椅,供游人休憩。如水面宽阔,沿岸风光绮丽,对岸风景较多,沿水边就可设置较宽阔的绿地,布置园林设施。游人步道应尽量靠近水边,或设置小型广场和临水平台,满足人们的亲水感和观景要求。

图 9-11　滨河式

⑥简易式(图 9-12):沿道路两侧各种一行乔木或灌木形成"一条路,两行树"的形式,在街道绿地中是最简单、最原始的形式。

图 9-12　简易式

(2)功能种植　功能栽植是通过绿化栽植来满足某种功能上的效果。一般这种绿地方式都有明确的目的,如为了遮蔽、装饰、遮荫、防噪声、防风、防火、防雪、地面的植被覆盖等。但道路绿地功能并非唯一的要求,不论采取何种方式都应考虑多方面的效果,如功能栽植也应考虑视觉上的效果,并成为街景艺术的一个方面。

①遮蔽式栽植:是考虑需要把视线的某一个方向加以遮挡,以免见其全貌。如街道的某一处的景观不好,需要遮挡;城市的挡土墙需要遮挡;其他构造物影响街道景观等等,种上一些树木或攀援植物加以遮挡。

②遮荫式栽植:我国许多地区夏天比较炎热,

道路上的温度也很高,所以对遮荫树的种植十分重视。不少城市道路两侧建筑多被绿化遮挡也多出于遮荫种植的缘故。遮荫树的种植对改善道路环境,特别是夏天降温效果显著。

③装饰栽植:可用于建筑用地周围或道路绿化带、分隔带两侧作局部的间隔与装饰之用。它的功能是作为界限的标志、防止行人穿过、遮挡视线、调节通风、防尘、调节局部日照等。

④地被栽植:地被即使用地被植物覆盖地表面,如地坪等,可以防尘、防土、防止雨水对地面的冲刷,在北方还有防冰冻的作用。由于地表面性质的改变,对小气候也有缓和作用。地被的宜人绿色可以调节道路环境的景色,同时反光少,不炫目,与花坛的鲜花相对比,草坪色彩效果则更好。

⑤其他:如减噪、防风、防雪栽植等。

9.1.2.2　城市道路绿化功能

城市道路绿化以"线"的形式广泛地分布于城市,联系着城市中分散的"点"和"面"的绿地,组成完整的城市园林绿地系统,在多方面产生积极的作用:如调节街道附近地区的温度、湿度,降低风速,在一定程度上改善街道的小气候,街道绿化的好坏对城市面貌起决定性的作用,是城市园林绿化的重要组成部分。

(1)生态功能

①净化空气:街道绿化可以净化空气,减少城市空气中的烟尘,同时利用植物吸收二氧化碳和二氧化硫等有毒气体,释放出氧气。街道的粉尘污染源主要是降尘、飘尘、汽车尾气的铅尘等,灌木绿带是一种较理想的防尘材料,它可以通过比自身占地面积大 20 倍左右的叶面积,同时具有降低风速的功能。将街道上的粉尘减少 23%～52%,使飘尘量减少 37%～60%。所以植物净化空气的作用是很显著的。

②降低噪声:据调查,环境噪声 70%～80%来自地面交通运输。如果在频繁的街道上噪声达到 100 dB 时,就会产生许多不良症状而有害于身体健康。街道绿化好,在建筑物前能有一定宽度来合理配置绿化带,就可以大大降低噪声。所以道路绿化是降低噪声的措施之一。当然,消除噪声主要还应

对声源采取措施。要达到良好的效果,就须把各个方面的措施结合起来。

③降低辐射热:太阳的辐射约有17％被空气吸收,而绝大部分被地面吸收,所以地表温度升高甚多。街道绿化可以降低地表温度及道路附近的气温。对于不同树种、不同质量的地面在降低气温的作用上,是有不同程度的影响的。

④保护路面:夏季城市的裸露地表往往比气温高出10℃以上,路面因常受日光的强烈照射会受损。当气温达到31.2℃时,地表温度可达43℃。而绿地内的地表温度会低15.8℃,因此街道绿化在改善小气候的同时,也对路面起到了保护作用。

(2)交通组织功能　城市交通与街道绿化有着非常重要的关系,绿化应以创造良好的环境,保证与提高行车安全为主。在道路中间设置绿化分隔带可以减少车流之间的互相干扰,使车流在同一方向行驶分成上下行,一般称为两块板形式。在机动车与非机动车之间设置绿化分隔带,则有利于缓和快慢车行驶的矛盾,使不同车速的车辆在不同的车道上行驶,一般称为三块板形式。在交叉路口上布置交通岛,立体交叉、广场、停车场、安全岛等,也需要进行绿化,都可以起到组织交通、保证行车速度和交通安全的作用。

(3)美化市容　街道绿化可以点缀城市,美化街景,烘托城市建筑艺术,也可以遮挡令人不满意的建筑地段。道路绿化增强了街道景色,树木、花草本身的色彩和季相变化,使得城市生机盎然、各具特色。例如,南京被称为街道绿化的标兵,市内有郁郁葱葱的悬铃木行道树和树形优美的雪松;湛江、新会的蒲葵行道树,四季景色都很优美;北京挺拔的毛白杨,苍劲古雅的油松、槐树,使这座古城更加庄严雄伟;合肥市把整个街道装扮的就像一个花园一般。

(4)增收副产　在我国悠久的历史中,有很多街道两侧种植既有遮荫效果又有副产品增加收益的例子。如今我们进行街道绿化,首先满足街道绿化的各种功能要求,同时也可根据各地的特点,种植具有经济收益的树种。如广西南宁街道上种植四季常青、荫浓、冠大、树美的果树——扁桃、木菠

萝、人面果、橄榄等果树1万多株;陕西省咸阳市在市中心种植多品种的梨树,年年丰收,收益颇丰。甘肃兰州的滨河种植梨树也有了很好的效果,取得了很大的收益;广东新会用蒲葵做日用品,如牙签,畅销到了海外。北京的街道也种植了一些粗放管理的果树,如核桃、梨、海棠、柿子等等;合欢、侧柏可以采集大量果实种植入药。尤其是行道树绿化线长、面广、数量很大,在副产品增收上有很大的潜力。

(5)组成城市绿地系统　城市道路绿地在构成城市完整的绿地网络系统中扮演着重要的角色,城市道路绿地像绿色纽带一样,以"线"的形式,联系着城市中分散的"点"和"面"的绿地,把分布在市区内外的绿地组织在一起,联系和沟通不同空间界面、不同生态系统、不同等级和不同类型的绿地,形成完整的绿地系统网。做好城市道路绿地的规划建设对于增加城市绿地面积,提高城市绿地率和绿化覆盖率,改善城市生态环境等都起着不可替代的作用。

(6)提高城市抗灾能力　城市道路绿地在城市中形成了纵横交错的一道道绿色防线,可以减低风速,防止火灾的蔓延;地震时,道路绿地还可以作为临时避震场所,对防止震后建筑倒塌造成的交通堵塞具有疏导作用。

9.1.2.3　城市道路绿化布置形式

城市道路绿地断面布置形式是规划设计所用的主要模式,常用的有一板两带式、两板三带式、三板四带式、四板五带式及其他形式(图9-13)。

(1)一板两带式　道路绿地中最常用的一种形式。在车行道两侧人行道分隔线上种植行道树,简单整齐,用地经济,管理方便。但当车行道过宽时行道树的遮荫效果较差,不利于机动车辆与非机动车辆混合行驶时交通管理。

(2)两板三带式　在分隔单向行驶的2条车行道中间绿化,并在道路两侧布置构成两板三带式绿带。这种形式适用于宽阔道路,绿带数量较大,生态效益较显著,多用于高速公路和入城道路。

(3)三板四带式　利用2条分隔带把车行道分成3块,中间为机动车道,两侧为非机动车道,连同

车道两侧的行道树共为 4 条绿带。虽然占地面积大,却是城市道路绿地较为理想的形式。其绿化量大,夏季庇荫效果较好,组织交通方便,安全可靠,解决了各种车辆混合互相干扰的问题。

(4)四板五带式　利用 3 条分车带将车道分为 4 条,而规划 5 条绿化带,使机动车与非机动车辆均形成上行、下行各行其道,互不干扰,利于限定车速和交通安全。若城市交通较繁忙,而用地又比较紧张时,则可用栏杆分隔,以便节约用地。

(5)其他形式　按道路所在地理位置、环境条件等特点,因地制宜地设置绿带,如山坡、水道等的绿化设计。

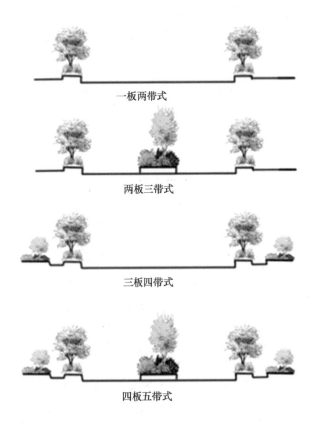

一板两带式

两板三带式

三板四带式

四板五带式

一板两带式效果图

两板三带式效果图

三板四带式效果图

四板五带式效果图

图 9-13　城市道路绿化布置样式

9.2　城市道路植物造景

　　绿地是道路空间的景观元素之一。一般道路、建筑物均为建筑材料构成的硬质景观,而道路绿地中的植物是一种软材料,可以人为地进行修整,这种景观是任何其他材料所不能替代的。道路绿地不单纯考虑功能上的要求,作为道路环境中的重要视觉因素就必须考虑现代交通条件下的视觉特点,综合多方面的因素进行协调。

9.2.1　城市道路绿地植物造景原则

9.2.1.1　与城市道路的性质、功能相适应

　　城市从形成之日起就和交通联系在一起,交通的发展与城市的发展是紧密相连的。现代化的城市道路交通已成为一个多层次、复杂的系统。由于城市的布局、地形、气候、地质、水文及交通方式等因素的影响,会产生不同的路网,这些路网由不同性质与功能的道路所组成。

　　道旁建筑、绿地、小品以及道路自身设计都必须符合不同道路的特点。交通干道、快速路的景观

构成,汽车速度是重要因素,道路绿地的尺度、方式都必须考虑速度因素。商业街、步行街的绿化,假如树木过于高大,种植过密就不能反映商业街繁华的特点。又如居住区级道路,与交通干道相比,由于功能不同,道路尺度也不同,因此其绿地树种在高度、树形、种植方式上也应有不同的考虑。

9.2.1.2　设计符合用路者的行为规律与视觉特性

道路空间是供人们生活、工作、休息、相互往来与货物流通的通道。为了研究道路空间的视觉环境,需要对道路交通活动人群根据其不同的出行目的与乘坐(驾驶、骑坐)不同交通工具所产生的行为特性与视觉性加以研究,并从中找出规律,作为道路景观与环境设计的一种依据。

(1)行为规律　出行方式有乘坐公共交通工具如公交车、电车、地铁等,有乘坐私人机动交通工具如小汽车、摩托车等,还有骑自行车的人和步行者。人们的出行方式还因不同国家经济发展水平不同而不同,这也是考虑道路视觉环境设计时应注意的因素。

街道上出行居民中步行者有过路者、购物者、散步休闲与游览观光者。上班、上学、办事的过境人员行程往往受时间的限制,较少有时间在道路上停留,争取尽快到达目的地。他们在意的是道路的拥挤情况、步道的平整、街道的整洁、过街的安全等,除此之外,往往只有一些意外变化或吸引人的东西能引起人们的关注。购物者多数是步行,一般带有较明确的目的性,他们注意商店的橱窗和招牌,有时为购买商品在街道两边来回穿越(过街)。而游览观光者,他们游街、逛景、观看熙熙攘攘的人群,注意其他行人的衣着、店面橱窗、街头小品、漂亮的建筑等。散步休闲的人多带有悠闲的锻炼性质,他们更希望有一个有益于身心健康、整洁优雅的街道环境。

骑行者每次出行均带有一定的目的性,或赶路或购物或娱乐。平均车速每小时 10～19 km/h,上下班骑车者处于如水车流中,一般目光注意道路前方 20～40 m 远的地方,思想上关心着骑行的安全,

偶尔看看两侧的景物,并注意自己的目的地,因此很难注意到周围景观的细节,更不会左顾右盼。而悠闲自得的骑车者多看路边 8 m 远的地方。由于行进速度的差别,骑车者与步行者对于街景细部的观察上有一定区别,且骑车者因受到自行车行驶位置的限制,对道路及视觉环境的印象具有明确的方向性,这也导致了骑车者与步行者脑中的视觉环境印象亦有所不同。

对于乘坐公交车或旅游客车等的乘客来讲,在车辆运行过程中,正好可以通过透明的车窗浏览沿街的景色,欣赏城市风光。尤其对外地乘客或观光者,更应该满足他们在这方面的视觉和心理要求。

(2)视觉特性　不同用路者的视觉特性也是进行道路景观设计时的重要依据。在街道上行走或车辆低速行驶时,最强视力看到的物体细节的视场角为 3°,如集中精力观察某物体时人眼的舒适角度大约为 18°,有些情况下我们观察物体时头部不动而需转动眼球,一般眼睛容易转动的角度为 30°,其最大界限为 60°。如果看不清,在身体不动情况下转动头部,视场角范围 40°～120°,在街上行走或乘车者有时为了扩大观察范围,还可以转动身体以扩大视场范围。

用路者在道路上活动时,俯视要比仰视来得自然而容易,站立者的视线俯角约为 10°,端坐俯角为 15°,如在高层上对道路眺望,8°～10° 则是最舒服的俯视角度。在速度较低的情况下,速度对视场角没有明显的影响,因此对路面以上一定高度的景物,用路者印象较清晰,而对上部则印象较为淡薄。

道路上的用路者是进行有方向性的活动,特别是车辆驾驶者,在速度逐渐增高的情况下,头部转动的可能性也渐渐变小,注意力被吸引的车道上,视线集中在较小的范围以内,注视点也逐渐固定起来,此时视野很窄而形成所谓的隧道视。且车速越大,驾驶员对前面不容易注意到的范围越大。驾驶员只有在行车不紧张的情况下,才可能观察与道路交通无关的事物或注意两旁的景物。行车过程中两侧景物在中等车速情况下,驾驶员或乘客有 1/16 s 的时间,才能注视看清目标,视点从一点跳到

另一点时中间过程是模糊的,如要看清则需要相对固定,当两侧景物向后移动得很快时,一旦辨认不清,就失去了再次辨认的机会。同时外界景物在视网膜上移动过快时,则视网膜分辨不清,景物就会模糊。可见运动过程中视野的大小随车速在变化,而视野中画面也随着道路周围环境而变化。路面在驾驶员的视野中的比例也因车速增加而变大。

在各种不同性质的道路上,要选择一种主要用路者的视觉特性为依据。如步行街、商业街行人多,应以步行者视觉要求为主。有大量自行车交通的路段,环境设计要注意骑车者的视觉特点。交通干道、快速路主要通行机动交通,路线要作为视觉线形设计对象,它的环境设计也要充分考虑到行车速度的影响。设计人员要考虑到我国城市交通的构成情况和未来发展前景,并根据不同的道路性质、各种用路者的比例,做出符合现代交通条件下视觉特性与规律的设计,以提高视觉质量,设计规划出具有时代气息的道路景观。

(3)与多种元素协调 街道由多种景观元素构成,各种景观元素的作用、地位都应恰如其分。一般情况下绿地应与道路环境中的其他景观元素协调,单纯地作为行道树而栽植的树木往往收不到好的效果。道路绿地的设计应符合美学的要求。通常道路两侧的栽植应看成是建筑物前的种植,应该让用路者在各方面来看都有良好的效果。有些街道树木遮蔽了一切,绿化变成了视线的障碍,用路者看不清街道的面貌,从街道景观元素协调看就不适宜。道路绿地除具有特殊的功能方面的要求以外,应根据道路性质、街道建筑、气候及地方特点要求等作为道路环境整体的一部分来考虑,这样才能有很好的效果。

现代的道路环境往往容易雷同,采用不同的绿地方式将有助于加强道路特征,区分不同的道路。现代的道路环境往往以其绿地而闻名于世。在现代交通条件下,要求道路具有连续性,而绿地则有助于加强这种连续性,同时绿地也有助于加强道路的方向性,并以纵向分割使行驶者产生距离感。

街道绿地的布局、配置、节奏以及色彩的变化都应与街道的空间尺度相协调。切忌过分追求技巧、趣味而纠缠于细节,使街道两侧失去合理的空间秩序。高大的栽植对道路空间有分隔的作用,在较宽的道路中间分隔带上种植乔木,往往可以将空间分隔开。

在条件允许的情况下,道路与建筑连接处可用绿化作为缓冲带(过渡带)使之有机地连接,如在人行道与建筑之间的绿地中铺装草皮、种植鲜花。从街道美学的观点看,这就是所谓的外部秩序与内部秩序的过渡带,这种绿地既是街道绿地又是住宅或其他公共建筑前的绿地,这样处理的空间是富有魅力的。公共建筑前的绿地要与其协调,或者利用反差来突出其特征。

城市地形的特征会给城市景观带来个性,而道路作为一个城市的骨架须与地形尽量融合,以形成道路与地形特点相适应的视觉特征。道路绿地则应与周围的地形协调,对靠近山地、河流、丘陵的绿地应有不同处理。道路绿地在配合道路交通功能的前提下,还需与城市自然景色(地形、山峰、湖泊、绿地等)、历史文物(古建筑、古桥梁、塔、传统街巷等)以及标志性建筑有机地联系起来,把道路与环境作为一个景观整体加以考虑进行一体化的设计,从而兼顾使用功能与城市特色。

(4)选择适宜的园林植物,形成稳定的景观 道路绿地直接关系着街景的四季变化,要使春、夏、秋、冬均有相宜的景色,应根据道路景观及功能要求考虑不同用路者的视觉特性及观赏需求,需要多品种配合与多种栽植方式的协调,处理好绿化的间距、树木的品种、树冠的形状以及树木成年后的高度及修剪等问题。

一些城市的市花、市树均可作为当地景观的象征,如南京的雪松、南方的棕榈树都使绿地富于浓郁的地方特色。这种特色使本地人感到亲切,外地人也特别喜欢。但是在选择一个城市的绿化树种时也应该避免单一化,这不但在养护管理上造成困难,还会使人感到单调。一个城市中应结合不同的立地条件以某几个树种为主,分别布置在几条城市干道上,同时也要搭配一些次要的品种。城市道路的级别不同,绿地也应该有所区别,主要干道的绿地标准应较高,在形式上也应该较丰富,在次要干道上的绿化带相应可以少一些,有时只种两排行道树。

(5)与地面上交通、建筑、附属设施、管理设施和地下管线、沟道等的配合　为了交通安全,道路绿地中的植物不应遮挡汽车司机在一定距离内的视线,不应遮蔽交通管理标志,要留出公共站台的必要范围以及保证乔木有适当高的分枝点,不致刮碰到大轿车的车顶,在可能的情况下利用绿篱或灌木遮挡汽车灯的眩光。

要对沿街各种建筑对绿地的个别要求和全街的统一要求进行协调。其中对重要公共建筑的美化和对居住建筑的防护尤为重要。

道路附属绿地是道路系统的组成部分,如停车场、加油站等,是根据道路网布置并依据需求服务于一定范围;而道路照明则按路线、交通枢纽布置。它们对提高道路系统服务水平的作用是显著的,同时也是道路景观的组成部分。

历史悠久的城市内土壤成分比较复杂,一般不利于植物生长,而客土、施肥的量会受到限制,其他方面如浇水、除虫、修剪也会受到管理手段、管理水平和能力的限制,这些因素在设计上也因兼顾。总之,道路绿地的规划设计受到各方面因素的制约,只有处理好这些问题,才能保持道路景观的长期优美。

9.2.2　行道树绿带

人行道绿化带指从车行道边缘至建筑红线之间的绿地。它包括人行道与车行道之间的隔离绿地(行道树绿带)以及人行道与建筑之间的缓冲绿地(也称基础绿地或路侧绿带)。

行道树绿带连接着沿街绿地、居住绿地、各类公共绿地、专用绿地及郊区风景游览绿地等,组成城市的绿地网。对改善城市景观、提高城市生活空间的质量起着不容忽视的作用。

9.2.2.1　行道树绿带设计

(1)行道树绿带种植分类

①树池式(图9-14):树池的形状有方形和圆形

两种。树池盖板由预制混凝土、铸铁、玻璃钢、陶粒等各种材质制成,目前也有在树池中栽种阴性地被植物等。树池的平面尺寸:最低限度为宽度 1.2 m 的正方形;树池的立面高度:树池的高度要根据具体情况而定,通常可分为平树池与高树池两种。

图9-14　树池式绿带种植

②树带式(图9-15):在人行道和车行道之间,种植一行大乔木和树篱,若种植带宽度适宜,则可分别植两行或多行乔木树篱,形成多层次的林带。

图9-15　树带式绿带种植

两种形式的应用范围:当人行道的宽度在 2.5～3.5 m 时,首先考虑行人的步行要求,原则上不设连续的长条状绿带,这时应以树池式种植方式为主。

(2)行道树的株行距与定干高度　行道树株行距一般根据植物的规格、生长速度、交通和市容的需要而定。一般高大乔木可采用 6～8 m,总的原则是以成年后树冠能形成较好的郁闭效果为准。设计初种植树木规格较小而又需要在较短的时间内形成遮荫效果时,可缩小株距,一般为2.5～3 m,等树冠长大以后再行间伐,最后定植株距为5～6 m,小乔木或窄冠型乔木行道树一般采用4 m的株距。

行道树的定干高度主要考虑交通的需要,结合功能要求、道路性质、树木分级等确定。定干高度一般不低于3.5 m,另外,要防止两侧行道树正道路上方的树冠相连,不利于汽车尾气的排放。

(3)行道树配置的基本方式

①单一乔木的种植形式,这是较为传统的种植形式(图9-16)。

图9-16　单一行道树配置

②同树木间植,园林中通常将速生树种与慢生树种间植。

③乔、灌木搭配,分为落叶乔木和落叶灌木、常绿乔木与常绿灌木搭配两种(图9-17)。

图9-17　乔灌木行道树搭配

④灌木与花卉的搭配(图9-18)。

图9-18　灌木花卉行道树配置

⑤林带式种植(图9-19)。

图9-19　林带式配置

⑥自然式种植。

9.2.2.2　行道树选择的原则

行道树绿带设置在人行道和车行道之间,以种植行道树为主。主要功能是为行人和车辆遮荫,减少机动车尾气对行人的危害。行道树选择应遵循以下原则:

(1)应选择适应当地气候、土壤环境的树种,以乡土树种为主　乡土树种是经过漫长时间,适应了当地气候、土壤环境自然选择的结果。

华北地区可以选择国槐、臭椿、栾树、旱柳、垂柳、银杏、悬铃木、合欢、刺槐、毛白杨、榆树、泡桐、油松等。

华中地区可选用香樟、悬铃木、黄山栾、玉兰、广玉兰、枫香、枫杨、鹅掌楸、梧桐、枇杷、榉树、水杉等。

华南地区可选用椰子、榕属、木棉、台湾相思、凤凰木、大王椰子、桉属、银桦、木菠萝等。

西南地区可选用紫荆、紫薇、棕榈、樱花、银杏、银桦、雪松、小叶榕、樟树、天竺葵、圆柏、水杉、枇杷、女贞、栾树、龙柏、鸡爪槭、黄槐、桂花、广玉兰、法桐、滇朴、柏木、桉树等。

(2)优先选择市树、市花,彰显城市的地域特色　市花、市树是一个城市文化特色、地域特色的体现,如北京老城区的古槐树;南京的法桐;天津的绒毛白蜡;成都的银杏和芙蓉等,无不体现城市的地域特色。

(3)选择花果无毒、无臭味、无刺、无飞絮、落果少的树种　银杏作为行道树应选择雄株,以免果实污染行人衣物;垂柳、旱柳、毛白杨也应该选择雌株,避免大量飞絮产生。

(4)选择树干通直、寿命长、树冠大、荫浓且叶色富于季相变化的树种。

9.2.2.3　行道树的修剪及树形控制

行道树是指道路两旁整齐列植的树木,主干高要求在 2.5～2.8 m。城市中干道栽植的行道树,主要的作用是美化市容,改善城区的小气候,夏季增湿降温、滞尘和遮荫。

行道树要求枝条伸展,树冠开阔,枝条浓密。冠形依栽植地点的架空线路及交通状况决定。主干道及一般干道上,采用规则形树冠,修建成杯状、开心形等形状。在无机动车辆通行的道路或狭窄的巷道内,可采用自然式树冠。

(1)杯状形行道树的修剪整形　杯状行道树,如法桐、槐树、白蜡树,具有典型的 3 叉 6 股 12 枝的冠形。选 3～5 个方向不同,分布均匀,与主干约呈 45°夹角的枝条作主枝,其余分期抹除或疏枝。冬季芽对主枝留 80～100 cm 短截,剪口芽留在侧面,并处于同一平面上,第二年夏季再疏枝。抹芽时可暂时保留直立主枝,促使剪口芽侧向斜上生长。第三年冬季疏除于主枝两侧发生的侧枝立枝、交叉枝等。如此反复修剪,经 3～5 年后即可形成杯状形树冠。骨架构成后,树冠扩大很快,疏去密生枝、直立枝,促发侧生枝,内膛枝可适当保留,增加遮荫效果。

(2)开心形行道树的修剪整形　多用于无中央主轴或顶芽能修剪的树种,树冠自然展开,如山桃、合欢,定植时将主干留 3 m 截干,春季发芽后,选留 3～5 个位于不同方向、分布均匀的侧枝进行短剪,促进枝条生长成主枝,其余全部抹去。来年萌发后选留 6～10 个侧枝,使其向四方斜生,并进行短截,促发次级侧枝,内膛枝可适当保留,增加遮荫效果。

(3)自然式冠形行道树的修剪整形　在不妨碍交通和其他公用设施的情况下,树木有任意生长的条件,行道树多采用自然式冠形,如塔形、卵圆形、扁圆形等。有中央领导枝的行道树,如银杏、毛白杨、圆柏、侧柏等,分枝点的高度按树种的特性及树木规定而定。栽培种要保护顶芽向上生长。城市干道行道树分枝点一般在 2.8 m,郊区多用高大树木,分枝点在 4 m 以上,主干顶端如受损伤,应选择 1 个直立向上的枝条或在壮芽处短剪,并把其下部的侧芽抹去,抽出直立枝条代替,避免形成多头现象。树冠形成后,仅对枯病枝、过密枝疏减,一般修剪量不大。

无中央领导枝的行道树,选用主枝干不强的树种,如旱柳、榆树等,分枝点高度为 2～3 m。留 5～6 个主枝,各层主枝间距短,自然长成卵圆形或扁圆形的树冠。每年修剪的主要对象是密生枝、枯死枝、病虫枝和伤残枝等。

行道树在定干时,同一条干道上分枝点高度应整齐划一,不可高低错落,影响美观和管理。

9.2.3　分车带绿带

分车带是车行道之间的隔离带,起着疏导交通和安全隔离的作用,保证不同速度的车辆能全速行驶。

目前,我国分车带按照绿带宽度分为 1.0 m 以下、1.0～3.0 m 和 3.0 m 以上三种。隔离带的宽度是决定绿化形式的主要因素。

分车带植物景观是道路绿带景观的重要组成部分,种植设计应从保证交通安全和美观角度出发,综合分析路形、交通情况、立地条件,创造出富有特色的道路景观。

9.2.3.1 分车带绿带选择原则

（1）绿带宽度1.0m以下 以种植地被植物、绿篱或小灌木为主，不宜种植大乔木（图9-20）。

图9-20 1.0m以下分车带

（2）绿带宽度1.0~3.0m 可以根据具体的路况条件，选择小乔木、灌木、花卉、地被植物组成的复合式小景观，乔木不宜过大，以免影响行车视线（图9-21）。

图9-21 1.0~3.0m分车带

（3）绿带宽度3.0m以上 可采用落叶乔木、灌木、常绿树、绿篱、花卉、地被植物和草坪相互搭配的种植形式，注重色彩的应用，形成良好的景观效果（图9-22）。

图9-22 3.0m以上分车带

9.2.3.2 分车带行车视线要求

道路中的交叉口、弯道、分车带等的植物造景对行车的安全影响最大，这些路段的植物景观要符合行车视线的要求。如在交叉口设计植物景观时应留出足够的透视线，以免相向往来的车辆碰撞；弯道处要种植提示性植物，起到引导作用。

机动车辆行驶时，驾驶人员必须能望见道路上相当远的距离，以便有充足的时间或距离采取适当措施，防止交通事故发生，这一保证交通安全的最短距离称为行车视距。

停车视距是行车视距的一种，指机动车辆在行进过程中，突然遇到前方路上行人或坑洞等障碍物，不能绕越且需要及时在障碍物前停车时所需要的最短距离（表9-1）。

表9-1 平面交叉视距表

计算行车速度/(km/h)		100	80	60	40	30	20
停车视距/m	一般值	160	110	75	40	30	20
	低限值	120	70	55	30	25	15

当有人行横道从分车带穿过时，在车辆行驶方向到人行横道间要留出足够大的停车视距的安全距离。此段分车绿带的植物种植高度应低于0.75m。

当纵横两条道路呈平面交叉时，两个方向的停车视距构成一个三角形，称视距三角形。进行植物景观设计时，视距三角形内的植物高度也应低于0.75m，以保证视线通透（表9-1）。

道路转弯处内侧的树木或其他障碍物可能会

遮挡司机的视线,影响行车安全。因此,为保证行车视距要求,道路植物景观必须配合视距要求进行设计。

9.2.4　路侧绿带

路侧绿地主要包括步行道绿带及建筑基础绿带。由于绿带的宽度不一,因此植物配置各异。步行道绿带在植物造景上,应以营造丰富的景观为宜,使行人在步行道中感受道路的绿化带来的舒适。在植物的选择上,应选择乔木、灌木、花卉地被植物相结合的方式来做景观规划设计。路侧绿带与沿路的用地性质或建筑物关系密切,有的建筑物要求有植物景观衬托,有的建筑要求绿化防护,因此路侧绿带应采用乔木、灌木、花卉、草坪等,结合建筑群的平面、立面组合关系、造型、色彩等因素,根据相邻用地性质、防护和景观要求进行设计,并在整体上保持绿带连续、完整和景观效果的统一。

人行道通常对称布置在道路两侧,但因地形、地物或其他特殊情况也可两侧不等宽或不在一个平面上,或仅布置在道路一侧。

9.2.4.1　路侧绿地类型分类

(1)建筑物与道路红线重合,路侧绿带毗邻建筑布设,也即形成建筑物的基础绿化带。

(2)建筑退让红线后留出人行道,路侧绿带位于两条人行道之间。

(3)建筑退让红线后在道路红线外侧留出绿地,路侧绿带与道路红线外侧绿地结合。

9.2.4.2　路侧绿带种植设计

(1)道路红线与建筑线重合的路侧绿带种植设计原则

①应注意绿带的坡度设计,以利于排水。

②绿地种植不能影响建筑物的采光和排风。

③植物的色彩、质感应互相协调,并与建筑的立面设计形式结合起来,应有相互映衬的作用,在视觉上要有所对比。

④如果路侧绿带较窄或地下管线较多时,可用攀援植物来进行墙面绿化。

⑤如宽度允许,可以攀援植物为背景,前面适当配置花灌木、宿根花卉、草坪等,也可将路侧绿带布置为花坛。

在建筑物或围墙的前面种植草皮、花卉、绿篱、灌木丛等,主要起美化装饰和隔离作用,行人一般不能入内。设计时注意建筑物做散水坡,以利排水。植物种植不要影响建筑物通风和采光。如在建筑两窗间可采用丛状种植。树种选择时注意与建筑物的形式、颜色和墙面的质地等相协调。如建筑立面颜色较深时,可适当布置花坛,取得鲜明对比。在建筑物拐角处,选择枝条柔软、自然生长的树种来缓冲建筑物生硬的线条。绿带比较窄或朝北高层建筑物前局部小气候条件恶劣、地下管线多、绿化困难的地带,可考虑用攀援植物来装饰。

(2)路侧绿带位于两条人行道之间的种植设计(建筑退让红线后留出内侧人行道)　一般商业街或其他文化服务场所较多的道路旁设有两条人行道:一条靠近建筑物附近,供进出建筑物的人们使用。另一条靠近车道,为穿越街道和过街行人使用。路侧绿带位于两条人行道之间。植物造景设计视绿带宽度和沿街的建筑物性质而定。一般街道或遮荫要求高的道路,可种植两行乔木;商业街要突出建筑物立面或橱窗时,绿带设计宜以观赏效果为主,应种植矮小的常绿树、开花灌木、绿篱、花卉、草坪或设计成花坛群、花境等。

(3)路侧绿带与道路红线外侧绿地结合(建筑退让红线后,在道路红线外侧留出绿地)　由于绿带的宽度增加,所以造景形式也更为丰富。一般宽达 8 m 就可设为开放式绿地,如街头小游园、花园林荫道等。内部可铺设游步道和供短暂休憩的设施,方便行人进入游憩,以提高绿地的功能和街景的艺术效果,但绿化用地面积不得小于该段绿地总面积的 70%。

此外,路侧绿带也可与毗邻的其他绿地一起辟为街旁游园,或者与靠街建筑的宅旁绿地、公共建筑前的绿地等相连接,统一造景。

路侧绿地与建筑关系密切,当建筑里面不雅观时,可用植物遮挡,路侧绿地可采用乔木、灌木、花卉、地被、草坪形成立体的花镜,在设计时要保持绿带的连续、完整(图 9-23)。

图 9-23 路侧绿地

当路侧绿带濒临江、河、湖、海等水体时,应结合水面与岸线地形设计成滨水绿带,在道路和水面之间留出透景线。

9.2.5 交叉口绿带

9.2.5.1 中心岛绿带

中心岛绿化是交通绿化的一种特殊形式,主要起疏导与指挥交通的作用,是为回车、控制车流行驶路线、约束车道、限制车速而设置在道路交叉口的岛屿状构造物。

中心岛是不允许游人进入的观赏绿地,设计时要考虑到方便驾驶车辆的司机准确、快速识别路口、又要避免影响视线,因此不宜选择高大的乔木,也不宜选用过于华丽、鲜艳的花卉,以免分散驾驶员的注意力。通常,绿篱、草地、低矮灌木是较合适的选择,有时结合雕塑构筑物等布置(图 9-24)。

图 9-24 中心岛绿地

9.2.5.2 立体交叉绿地设计

立体交叉是为了使两条道路上的车流可互不干扰,保持行车快速、安全的措施。目前,我国立体交叉形式有城市主干道与主干道的交叉、快速路与快速路的交叉、高速公路与城市道路的交叉等。

随着城市的发展,城市立交桥的增多,对立体交叉绿化应尤为重视。立体交叉植物景观设计应服从立体交叉的交通功能,使行车视线畅通,保证行车安全。设计要与周围的环境相协调,可采用宿根花卉、地被植物、低矮的彩色灌木、草坪形成大色块景观效果并与立交桥的宏伟大气相协调,桥下宜选择耐阴的植物,墙面可采用垂直绿化(图 9-25)。

图 9-25 立体交叉绿地

9.2.5.3 立体交叉口种植设计原则

(1)种植设计应与立体交叉的交通功能紧密结合。

(2)立体交叉路口的种植设计形式与邻近城市道路的绿化风格应该相协调,但应各有特色,形成不同的景观特征,以产生一定的识别性和地区性标志。

(3)立体交叉路口的绿地布置应简洁明快,以大色块、大图案来营造出大气势,满足移动视觉的欣赏,尤其在较大的绿岛,应避免过于琐碎、精细的设计。

(4)立体交叉路口的种植设计不是孤立的、臆想式的,而应该与其周边环境密切结合。

(5)绿地的植物需进行立体空间绿化,植物的

造景形式,树种的选择运用,都应与突出立交桥的宏大气势相一致。

(6)种植设计应充分考虑其景观性与功能性结合。

(7)树种以乡土树种为主,并具有较好的抗性,以适应较为粗放的管理。

9.3 高速公路植物造景

高速公路是一种专供汽车高速、安全、顺畅行驶的现代化类型公路。在公路上由于采用了限制出入、分隔行驶、汽车专用、全部立交以及高标准的交通设施等措施,从而为汽车快速、安全、舒适、连续地行驶提供了必要的保证,高速公路具备以下特点:有4个以上的车道,在道路的中央设有隔离带,双向分隔行驶,全封闭,道路两旁设有防护栏,严禁产生横向干扰,完全控制出入口,并且全部采用立体交叉。除此之外,还设有专用的自动化交通监控系统和必要的沿线服务设施。

高速公路为城市及地区之间提供了有限、快捷的交通,进一步发展了地区经济,它在传递信息、促进文明、加速物资生产流通、发展市场经济、改善投资环境、促进旅游业和边远地区文教卫生事业等方面起着重要作用。但同时,高速公路也给环境造成了严重的破坏,它破坏原始岩土及沿线植被,加剧水土流失,危及野生动物栖息活动,给环境带来声、光、气等方面的污染。

9.3.1 高速公路绿化设计

9.3.1.1 高速公路绿化功能

(1)防眩光,引导视线 中央分隔带具有阻挡会车时灯光对人眼的刺激,即起到防眩作用,保证司机视线畅通。在弯道及出口处,植物对司机起着引导、指示等作用。

(2)生态修复功能 高速公路的建设给沿线的地貌及植被带来了很大的破坏,通过合理科学的景观设计,尽量恢复路域范围内原有的植被群落和景观,使之能与周围环境有机地融为一体,为各种生物提供栖息地。

(3)调节路面温湿度 高速公路绿地内的植被对调节沿线大气微环境有明显的生态作用,可以降低周围温度、增加湿度,这样使得路面的温度和湿度也得以调节,避免了高温干燥及温湿度的急剧变化对路面的破坏性影响。

(4)保持水土,稳定路基 在有大量的土石方工程的地段,通过护坡绿化,选择抗逆性强,具有耐干旱、耐贫瘠、抗寒、抗污染等特性的植物,防止了坡表面的水土流失,加固稳定了路基。

(5)降低污染,减少负面影响 高速公路绿地内的植物对改善路域环境起着相当重要的作用,两侧林带及分隔带上的绿色植物可以阻挡和吸收行车所产生的噪声、粉尘和有害气体,缓解大量的交通给环境带来的压力并减少对沿路居民的危害影响。

(6)美化景观,缓解疲劳 高速公路的中央分隔带和路边林带,通过植物在种类、色彩、质感、形式等方面的合理变化配置,可以减轻司机高速行驶的压力、缓解驾驶疲劳,提高驾驶者的注意力,避免漫长途中产生单调枯燥,从而减少交通事故,提高行车安全。

9.3.1.2 高速公路植物造景原则

(1)安全性原则 安全性是高速公路景观设计的基础与前提。在高速公路景观设计时,要充分考虑视觉空间大小、道路的线形变化、安全设施的色彩及尺度,以及视觉导向、视觉连续性等交通心理因素与行车安全的关系,以便消除司乘人员在行车时所产生的心理压抑感、威胁感及视觉上遮挡、眩光等视觉障碍;形成有韵律感、线性连续流畅、开敞型的空间,实现行车的安全舒适。

(2)美观性原则 高速公路的景观设计需充分考虑景观的美学功能。宏观上,这种特性由周边环境的地形、植被使用状况等客观因素决定的,它们从形体、线条、色彩和质地等外部信息上给人以美的享受;而从道路内部景观来看,景观元素的美学特征包括:合适的空间尺度,有序而整齐划一,多样性和变化性、清洁性、安静性,生命活力和土地应用潜力等。

(3)生态性原则　高速公路的建设对当地的地形、地貌、土壤、植被破坏是非常严重的,景观设计时应以"尊重自然、保护自然、恢复自然"为原则,尽量减少裸露岩石和挖方岩石,充分利用当地的自然植被和植物种类。以大环境绿化为依托,与大环境相融合,最大限度保持和维护当地的生态景观。

(4)地域性原则　景观设计时应充分地挖掘当地的地域文化特征,创造出具有地域性的道路景观。体现当地特色,首选乡土树种,也可合理引用外来树种,借鉴自然植被类型的特征,合理进行植物搭配。

9.3.1.3　高速公路植物设计特点

高速公路中适宜的绿化造景,不但可以保护路基和沿线公路设施,而且可大大改善高速公路沿线的生态环境和景观质量,这对解除司机及旅客的疲劳、减少事故的发生、提高安全行车的效率起着重要的作用。

国外很多高速公路两侧环境都经过了精心的设计,体现着一种优美、自然的韵致,形成动人的流动风景线。①高速公路与建筑物之间,用较宽的绿岛隔开,宽度不低于 4 m。②在穿越城市时,为了防止噪声及烟尘对环境的影响,一般在干道两侧留出 20~30 m 的安全防护带,采用乔、灌、草的复式绿化造景。③高速公路每 100 km 以上时,要设休息站,绿化要结合休息站设施进行,灵活运用林带、花坛、草坪等进行造景,给人以一个放松、舒适的空间。④高速公路上绿化植物的种植应注重整体的美感,配置讲究简单明快,要根据车辆的行车速度及视觉特性确定变化的节奏。⑤高速公路选择树种时要尽量采用一些常绿、抗性较好、生长量小、低维护、少修剪的种类。⑥高速公路交叉口的 150 m 以内以及汇车弯道处不宜栽植乔木,并且植物的栽植不能影响到交通标志的明示作用。⑦在环境及生态条件较好的地段,如城郊及乡镇等地方,高速公路的绿化也可以和苗木培育、用材林的生产相挂钩,发挥其经济效益,也可与农田防护林紧密结合。

9.3.1.4　高速公路植物生态特点

(1)高速公路里程较长,具有很强的地域性生态特点。

(2)高速公路一般土方量都较大,使得路旁表土缺乏,土质条件差、变化大。

(3)边坡小气候复杂,限制因子多。

(4)边坡陡峭,施工难度大。

(5)公路污染情况严重,尤其汽车尾气和铅的排放,不仅对周围环境造成污染,也影响边坡植被的生长。

9.3.1.5　高速公路植物类型及作用

(1)视线引导性植物种植　这是一种通过绿地植物来预告道路线形的变化或强调这种变化,以提醒司机进行安全操作的一种植物种植形式。它包括平面上曲线的转弯方式提示和纵断面上的线形变化。

(2)遮光植物种植　也称防眩种植,主要用于中央分车绿化带上,以减弱夜间车辆行驶时对相向行驶车辆的灯光干扰。

(3)适应明暗变化的栽植　这种植物种植用在汽车进入隧道时光线产生明暗急剧变化的地段,眼睛瞬间不能适应,看不清前方。

(4)缓冲种植　在汽车肇事时为了缓和冲击、减轻事故的一种种植手法。理想的防护栏,是能吸收车辆的运动能量,以使车体逐渐减速以至停车。车辆撞到高大树木时,冲击很大,可是,当撞到有弹性的有强枝条和又宽又厚的低树时,虽然树可能被撞倒,但车体和司机可免于遭到巨大的损伤。

(5)保护种植　挖土或堆土而成的人工斜面叫坡面。如果坡面一直处于裸露状态,便会因长期受到雨水冲击和冲刷而侵蚀。此外,由于霜柱和冻土使表层隆起,待冰霜消融后,土层就随之崩落。若为岩石层时,当淋入空隙内的雨水冻结以后,因其膨胀力而破碎,发生落石现象。为了防止坡面的侵蚀和风化,必须用植物或人工材料覆盖坡面,这就叫坡面保护种植。坡面上的植物群落有防止坡面冲刷的作用,又可缓和地表温度,有防止冰冻的效果。坡面保护种植中,用短草保护坡面的工作叫做植草。裸露的坡面,缺乏土粒子间的黏结性能,如任凭植物自然生长就很慢。植草就是人为地、强制性地一次栽好植物群落,以使坡面迅速覆盖上植物。另外,为了使坡面和周围成为整体,最好在坡面上也种植树木。在坡面上植树，最好使用比草高的树苗，并在不使坡面坍塌的程度内，在根的周围挖坡度平缓的蓄水沟。自然播种生长起来的高树，因为根扎得深，即使在很陡的坡面上也很少发生被风吹倒的现象。可是直接栽植的高树，因为在树坑附近根系扎得不深，所以比较容易被风吹倒。为防止这种现象，必须设置支柱，充分配备坡度平缓的蓄水沟。

9.3.2　高速公路绿化区域分类及造景技术

9.3.2.1　护坡及隔离栏的植物景观营造

对于保障车辆快速行驶的高速公路，单纯以静的环境保护的思想去进行护坡绿化是不够的，还要考虑司机的安全驾驶及乘客的视景，考虑到内部景观的重要性，如果护坡的处理方法（包括护坡的形状）不好，司机在行驶中就可能在视觉、听觉上产生危险感，给心理带来压力。从这种意义讲，护坡的形状要尽可能与周围景观相协调，并通过植物配置，达到与环境的自然过渡。在种植开始阶段，为尽可能尽快达到效果，可适当引进一些生长迅速的外来草种。后期护坡稳定和沉实、土壤肥力增加后，逐渐应用当地品种，达到稳定的绿化效果并与当地环境和谐自然。对于原有的自然植被，在不妨碍种植目的、护坡稳定和行驶功能时，应予以保留。

护坡按形成方式不同，可分为两种类型，一种由填方而形成，主要由大量的外来土形成坡面，土壤质地不一，肥力相差很大。植物营造方法由不同坡地高度和土质所决定，如对于高填方的护坡，可种植草坪或绿篱，以保护覆土不至滑落。另一种是由挖方而形成的护坡，它破坏了土壤表面及植被，形成坡面的土层薄，植物不易生长。可以在坡脚用种植槽，种植攀援植物，具体营造方法有：

（1）挖方地段护坡绿化　挖方造成了视线上的约束，但克服了单调感后，容易与环境相协调，对自然的破坏在感官上不明显。可是对于司机来说，高大的挖方容易产生行驶在峡谷里的感觉，因此在植物景观营造时，护坡顶部采用低矮树种或下垂植物，如连翘、迎春等，并且尽可能使用攀援植物绿化护坡。对于黏土质地段，由于上层较厚，可结合砌石或砂浆喷播工程，播撒草种为先锋种；对于沙土质地段，要采用砌石工程防止滑坡现象，可在墙面上覆以蔓性植物，在碎落台上设置花槽进行栽植，并于顶部种植低矮灌木和草皮，减缓雨水冲刷（图9-26）。

图 9-26　挖方地段护坡绿化

（2）填方地段护坡绿化　填方使线路太高，与原环境分离出来，隔断了与原有环境的联系，因此绿化的主要目的是减少对自然的破坏，使道路与自然达到和谐。

①高填方地段：高度一般在 4 m 以上。由于坡度较大，坡面较长，在种植时，就选用生长和固土能力强的植被进行绿化，并结合必要的水土保持工程，如连续网格工程，或采用弓形骨架护坡。由于高填方段多在高速公路上或远距离的公路外进行观察，要求绿化种植所采用的图案单元比例较大，并且随着护坡高度降低进行缓慢的过渡。

②中填方地段：坡面种植草皮，坡顶栽植灌木防止冲刷，坡底的边脚种植蔓性植被。

③低填方地段：是在平坦的基础上填方，高度在 2 m 以下。种植先锋树种，栽植固氮类的草本和木本植物，如鸡眼草、直立黄芪、紫穗槐等。并注意栽植当地常见草种，与周围环境相一致。

（3）边沟绿化　沿道路两侧边植树是公路最早的造景方式，也是改善道路环境最有效的方法。在平原地由于地形变化很小，植物会减轻由于地形造成的路线单调感。另外，沿道路两侧与道路线性一致的绿化，还能加强线性特征，增加道路的方向性。

在一些平面弯道,道路交叉和凸形竖曲线的顶部,种植高大的乔木对视线诱导有良好的作用,从而增加行车的安全性。植物种植要疏密相间,有的地段形成屏蔽,收敛视线。树种选用就以乡土植物为主,并注意抗性、观赏性及季相变化等因素。在边沟处地面上种植草皮,以保持水土,防止阻塞边沟。对于防护网,可以采用攀援植物加以绿化,如蔷薇类、凌霄、扶芳藤等。

(4)隔离栅绿化 在高速公路的路界内侧,需要设置禁入护栏,防止人及动物自由穿越。目前国内高速公路的禁入护栏,多采用水泥桩刺钢丝结构,既有损道路景观,又与生态环境格格不入。采用刺篱笆的形式代替钢丝网,是高速公路隔离栅的发展趋势。树种选择要求耐贫瘠、抗性强、分枝密;枝上此密度大、硬度强;以常绿为主,枝叶繁茂;有可赏花或果的更佳。可选树种有枸橘、枸骨、火棘、马甲子等。

(5)中央分隔带的植物景观营造 高速公路中央栽植绿色隔离带,可以缓解司机紧张的心理,增加行车安全。绿化带越宽,这种作用越强。分隔带的主要目的之一是防眩目。因此在进行植物配置时,色彩应随植物的高度变化形成高低错落的层次。高的植物起到防眩作用,低的植物在色彩和高度上与高层植物形成对比,组成道路中部的风景线。考虑到中央隔离带设有护栏、道牙等,基部的土壤条件恶劣,在植物的选用上要用耐贫瘠且抗逆性强的植物,具体可分为两种模式。

①平坦地段绿化模式:在高速公路中用途最广,一般设计成较低矮的景观,要设计出有变化的大色带,如可用洒金千头柏、紫叶小檗、金叶女贞组成相互交错的彩色景观,消除行车的枯燥感。

②竖曲线地段绿化模式:该段的绿化多考虑的是引导视线和防止眩目。由于在竖向上处于底部或顶部位置处,夜景行车时感受眩光的位置与平坦路段不同,因此在种植高度上要比一般路段有所增加,多采用圆锥形树形的植物(雪松、圆柏等)。在接近凸形曲线的顶部种植高度要高一些,高度从底部向上形成自然的增加。在凸形曲线和平曲线相交的地段,中央分隔带的种植要有明显的变化,以提示前方路线的变化。

(6)锥坡的植物景观营造 在公路与其他道路相交时,相交部位往往做成圆弧状的护坡,以增大承载力及缓和视觉上生硬的感觉。传统的锥坡做法多是用人工砌石砌筑,易给人枯燥单调之感。而进入崇尚自然和保护自然景观的年代以后,在保证结构稳定和保护水土的情况下,人们开始注意用植物材料代替人工土石工程,增加美观,使其本身成为一道风景线。锥坡在植物景观营造时就以低矮的草本植物为主,以保持空间的开敞,另外绿化形式要与护坡绿化和谐统一(图9-27)。

图 9-27 锥坡绿化

锥坡绿化可以利用以下三种形式:

①图案式锥坡:利用新兴建材的色彩以及彩叶植物,在坡体上做出各种图案,图案可以采用一些主题性的素材。

②花台式锥坡:借鉴园林上应用的花台,在其上栽植观赏植物,同时顶部种植下垂植物,在立面上形成层次,柔化其生硬的感觉。

③台阶式锥坡:把锥坡的单一坡度改造成台阶样式,在台阶上种植植物,增加水平方向的线条,使立面上和进深上富有层次感。

(7)立交区的植物景观营造 高速公路立交区植物配置时要强调两个方面:一是有利于司机辨认道路的走向;二是有利于美化环境,衬托桥梁的造型(图9-28)。

图 9-28　立交区绿化

景观营造时首先要衬托立交平面优美的图案，应以地被和低矮灌木为主，高大的植物会遮挡司机的视线。在匝道进出口等处，还应有指示性种植引导视线等。立交周围的景观应与其本身的绿化有机联系起来。

在建筑形式不同的各种交叉口，驾驶员通过时要能很快辨认出分流、合流、横穿等标识。速度越快，越需要迅速地辨认出来。要达到这一目的，就要充分利用路旁的垂直要素，可在立交区不同的种植空地上，根据车流的方向而采取不同的引导树种。

在匝道出口处，应根据视线诱导和指示的需要，栽植大密度的树种，在心理和视线上对司机行车方向进行诱导。

在地下水位较高的地段，由于立交区中的中部挖方取土筑成匝道，故地势较低，故可因地制宜，在区内"挖池堆山"，形成自然的地形，自然式地种植植物，水既可用来浇灌植被，又可以改善立交区景观，但整个植物配置和水池造型简洁、大方。立交区的外围，通过植物高低搭配，与整个环境相协调。

分离式立交区占地较少，形成的绿化空间也小，绿化要以低矮的灌木为主。根据行车的分合，种植引导植物。立交区中每块绿地的整体面积较大，要根据排水沟渠的位置，依地形变化方式，进行微地形处理，以利于排水。

（8）服务区的植物景观营造　服务区是为了满足司机和乘客的活动、休息、维修、加油等目的而设。要提供呼吸新鲜空气、活动身体、欣赏风景等多种功能。为此在其空间构成上要设置过境道路

和存车区之间的分隔带（宽度不小于 5 m），整个服务区的环境要优美（图 9-29）。

图 9-29　服务区绿化

服务区应根据不同的服务内容而进行与之相一致的植物配置，加油区周围要通透，便于驾驶员识别，在种植上选用低矮灌木和草本宿根花卉，这些植物要具有抗性，不易燃。停车场的绿化应以形成荫凉的环境为基调，种植高大的乔木为主。休息室外的空地，种植高大的观赏庭荫树，并且设置花坛和小品、水池，可以让人们在其中游憩、散步。根据面积大小，采用自然式或规则式绿化。地面铺装以绿为主，可以做成有承载力的草地，如碎石草地、混凝土框格草地等。

9.4　城市道路案例介绍

9.4.1　土人道路景观设计——临安经济开发区道路景观方案设计

土人道路景观设计——临安经济开发区道路景观方案设计见二维码 9-1。

二维码 9-1　土人道路景观设计
——临安经济开发区道路景观方案设计

9.4.2 城市主干道景观设计——天津津滨 大道绿地景观设计

城市主干道景观设计——天津津滨大道绿地景观设计见二维码9-2。

二维码9-2　城市主干道景观设计
——天津津滨大道绿地景观设计

思考题

1.按照交通工具和交通流的特点,城市道路大体有哪些类型？道路绿化有哪些基本内容？

2.街道绿化植物选择有什么特点？行道树选择有什么要求？

3.高速公路景观绿化与街道绿化有何不同？

第10章

城市广场绿地植物造景

本章内容导读：城市广场是城市最具有标志性、最能反映都市文明和城市风貌公共开放空间，是城市形象和面貌的体现。城市广场作为市民日常休闲交流活动中心场所，植物景观是改善广场生态环境条件、美化广场整体环境、协助广场休闲交流活动功能实现的重要组成部分。本章主要从城市广场环境特征与景观植物种类的选择，城市广场植物造景原则，城市广场植物造景设计三个方面对城市广场绿地植物造景进行介绍。

10.1 城市广场环境特征与景观植物种类的选择

10.1.1 城市广场的功能

城市广场源于古希腊，其产生和发展经历了一个漫长的过程，城市广场是最具有标志性的公共空间，是城市形象和面貌的体现，是历史文化、自然美和艺术美融合的多功能空间。

城市广场作为市民日常休闲交流的活动中心，植物景观成为广场的重要组成部分，它赋予了广场春、夏、秋、冬多样的季相变化，是市民接近自然、亲近自然的重要窗口，所以广场植物整体的质量和艺术水平的提高，在很大程度上取决于园林植物的选择和配置问题，植物造景已成为城市广场绿地建设的重要内容之一。广场的植物造景必须与广场的整体环境相协调，通过绿化可以丰富和装饰建筑艺术，此外，通过植物景观营造还可以改善广场的小气候，营造一个四季景色变化、富有生机的游憩环境。

10.1.1.1 城市广场的定义

城市广场的概念是随着时代的发展而不断发展，内容更加的丰富完善，内涵更加的深刻。《城市规划原理》中指出：广场是由于城市功能上的要求而设置的，是供人们活动的空间。城市广场通常是城市居民社会活动的中心，广场上可以组织集会、交通疏散、组织居民游览休息、组织商业贸易的交流等，这个概念是从城市广场的功能出发而得出来的。《中国大百科全书》（建筑·园林·城市规划卷）中，把城市广场定位为：城市中由建筑、道路或绿化地带围绕而成的开敞空间，是城市公众社区生活的中心。广场又是集中反映城市历史文化和艺术面貌的建筑空间，这是从广场的内容上给出的概念。《风景园林规划设计》一书中指出：以城市历史文化为背景，以城市道路为纽带，由建筑、道路、植物、水体、地形等围合而成的城市开敞空间，是经过艺术加工的多景观、多效益的城市社会生活场所，这是在新的社会背景下给出的定义。

综上所述，城市广场一般是指由建筑物、街道和绿地等围合或限定形成的城市公共活动空间，是经过艺术加工的多景观、多效益的城市社会生活场所，是城市空间环境中最具公共性、最富有艺术魅力、最能反映城市地域文化特征的开放空间，是城市中不可或缺的有机组成部分，也是一个城市最具有标志性的公共空间。

10.1.1.2 城市广场的功能

城市广场被誉为"城市客厅",作为最具代表性的公共活动空间,承担着多样的城市功能,大致可概括为以下几点:

(1)组织交通　城市广场作为公共开敞空间,最主要的功能就是交通组织与集散。城市广场可以快速有效地进行人流、车流的分散,组织疏散人群,保障交通安全。处在城市密集的大型公共建筑的广场能够达到组织疏散交通的功能,进行合理的人车分流,实现行人和车辆互不干扰、畅通无阻的严谨秩序。

(2)休闲娱乐　城市广场作为公共活动场所,也是适宜的户外休闲空间。在钢筋混凝土环境下生活的城市居民,更多地渴望接触自然、感受自然。休闲广场的建设无疑给市民提供一种开放的空间,为城市注入了更多新鲜的空气、阳光和绿地。同时,广场也满足了人们日常交流、娱乐活动以及观赏游览的需求。

(3)文化传承　城市广场是城市中多种文化活动的载体,包含有各种特定文化的内涵。设计师将本土的文化情感渗透到设计的各个细节,使得广场更具有民族性和地方特色,成为展示城市景观的一张名片。如北京的天安门广场、上海的人民广场以及重庆的朝天门码头广场、三峡广场等,都因其具有独特的风格而名扬四方。这些城市中心广场在人们的心目中已经成为所在城市的地标和象征。

(4)避灾功能　现代城市中物质、人员和信息的过度密集,城市在各种天灾人祸面前变得脆弱,而且这种过度密集的状态本身往往就成为导致灾害及其衍生灾害的直接原因。而众多城市广场恰恰是对这种过度密集状况的有效缓解,在灾害发生时可以起到隔离、疏散、避灾减灾等作用。我国目前的广场建设在这方面的考虑还不是很充分,尤其是近年发生的地震,使我们更加明确地意识到广场在避灾减灾中的重要性。在今后的规划中,我们要将防灾、减灾、救灾作为城市各类广场的基本功能之一,在广场建设中应兼顾城市防灾救灾的功能,并据此确定城市广场的数量、分布和疏散线路网络;同时设置必要的防灾救灾点,如取水点、消防水池、广播与引导标志、夜间照明等,并为搭建大量临时帐篷预留必要的空间。

10.1.2　城市广场的类型及特点

城市广场的类型比较多,用不同的方法可以划分不同类型的广场。根据广场的使用功能及在城市交通系统中所处的位置分为如下类型。

10.1.2.1　市政广场

市政广场包括集会广场和宗教广场等类型,用于政治、文化集会、庆典、游行、检阅、礼仪、传统民族节日活动等。集会市政广场一般都位于城市中心地区,最能反映城市面貌,是城市的主广场。因而在广场设计时,要充分考虑与周围建筑布局协调,无论平面、立面、空间组织、色彩和形体对比等,都应起到相互衬托、相互辉映的作用,反映出中心广场开阔壮丽的景观形象(图 10-1,图 10-2)。

图 10-1　上海人民广场

图 10-2　泰安市政广场

10.1.2.2　交通广场

交通广场包括站前广场和道路交通广场。它是城市交通系统的有机组成部分，起到交通、集散、联系和过渡的作用。交通广场是人流集中的地方，如火车站、汽车站、机场、码头等站前广场，以及电影院、剧场、大酒店等大型建筑物前广场。同时也是交通连接的场所，在设计时要考虑人流和车流的分割，尽量避免车流对人流的干扰(图 10-3)。

图 10-3　沈阳中山交通广场

10.1.2.3　纪念广场

纪念广场主要是为纪念某些人或某些历史事件而建立的广场。它包括纪念广场、陵园广场、陵墓广场等等。在纪念广场中心或旁边通常都设置突出的雕塑，如纪念碑、纪念塔作为标志物，其布局及形式应满足纪念气氛及象征的要求。整个广场庄严、肃穆(图 10-4)。

图 10-4　哈尔滨防洪纪念广场

10.1.2.4　商业广场

商业广场包括集市广场、购物广场等，主要进行集市贸易和购物活动，或者在商业中心区以室内外结合的方式把室内商场与露天、半露天市场结合在一起。现代商业广场大多采用步行街的方式布置，使商业活动区集中，既便于购物，又可避免行人与车流的交叉，同时可供人们休息、交友、餐饮等使用(图 10-5)。

图 10-5　重庆三峡商业广场

10.1.2.5　休闲广场

休闲广场是供市民休息、娱乐、游玩、交流等活动的重要场所，其位置常常选择在人口较密集的地方，以方便市民使用为目的，是广大居民喜爱的、重要的户外活动场所。它可以有效地丰富民众的业余生活，缓解精神压力和身体疲劳。这类广场的形式不拘一格，就广场整体而言是不确定的，但设施比较齐全，经常配置一些可供停留的凳椅、台阶，可供观赏的花草、树木、喷水池、雕塑小品，可供活动与交往的空地、亭台、廊架等。

10.1.2.6　文化广场

文化广场应有明确的主题，与休闲广场无须主题正好相反，它是为了展示某种文化内涵或悠久历史沉淀，经过深入挖掘整理，以多种形式在广场上集中地表现出来(图 10-6)。

10.1.2.7　古迹(古建筑)广场

古迹广场是结合该城市遗存古迹保护和利用而设计的城市广场，生动地展示了一个城市古老文

图 10-6　重庆朝天门文化广场

明程度,像古城西安的城门广场就是成功的例子。

其次,按照广场的规模大小可分为:大型广场、中型广场、小型广场。

按照铺装材料可分为:硬质铺装广场、软质铺装广场。

按其空间形态可分为:平面型广场、立体型广场等不同类型。

10.1.3　城市广场景观植物种类的选择

城市广场树种的选择需要与当地的土壤和现状自然环境相适宜,掌握树种的选择原则、要求,只有适地适树、因地制宜,才能达到合理理想的绿化美化效果。种植于大型广场的植物,要严格挑选当地适宜的树种,一般须遵循以下几条原则。

(1)冠大荫浓,枝叶繁茂　植物个体姿态优美,冠幅大,枝叶密,不仅可以形成广场绿化景观,同时在炎热的夏季可以降低地面温度,为市民提供避暑乘凉的场所 。比如成年国槐冠幅可达 4 m,悬铃木更是冠大荫浓,树形美观。

(2)耐贫瘠土壤　城市广场位于城市中心,受到各种地下管线和基础设施的影响和限制,植物种植土壤浅薄,土壤肥力低,树体营养供给不足。因此,选择耐贫瘠性环境的植物种类尤为重要。

(3)具深根性　选择树木根深叶茂才不会因践踏造成表面根系破坏而影响正常生长,并能抵御撞击。而浅根性树种,根系会拱破路石或场面,不适宜铺装。

(4)耐修剪　广场树木的枝条要求有一定高度的分枝点(一般 2.5 m 左右),每年要修剪侧枝,树种需有很强的萌芽能力,修剪后能很快发出新枝。

(5)抗病虫害与污染　病虫害多的树种不仅管理上投资大,费工多,而且落下的枝、叶、虫子排出的粪便、虫体和喷洒的各种灭虫剂等,都会污染环境,影响卫生。所以,要选择能抗病虫害,易控制其发展和有特效药防治的树种。

(6)落果少或无飞毛　经常落果或飞毛絮的树种,容易污染行人的衣物,尤其污染空气环境。所以,应选择一些落果少、无飞毛的树种。

(7)发芽早落叶晚　选择发芽早、落叶晚的阔叶树绿化效果长。

(8)寿命长树种　广场绿化需要考虑到长期效果,树种的寿命长短影响到城市的绿化效果和管理工作。寿命短的树种,30～40 年后会出现发芽晚、落叶早和焦梢等衰老现象,导致树木更换,所以提高树木的生命周期,选择寿命长的树种。

10.2　城市广场植物造景功能及原则

10.2.1　城市广场植物造景的功能

10.2.1.1　生态功能

指植物景观保护自然环境(自然生态系统)免受破坏(向不良方向发展)的功能,包括防护、改善、治理功能等。

(1)防护功能　保护环境免受或减小外来因素的侵害或干扰,如涵养水源、保持水土、防风、防火、防雪、指示作用、保护生物多样性等;

(2)改善功能　对轻度污染或不良环境进行调节,如维持 C/O 平衡、滞尘、杀菌、吸收有毒气体、调节温度、改善光照、降低噪声等;

(3)治理功能　对遭受严重破坏或污染的环境进行恢复、治理。

10.2.1.2　景观功能

城市休闲广场绿化以其千姿百态、万紫千红的自然景象,融汇在周围环境之中,明显丰富了广场和城市的景观。花草树木的形状和色彩是形成城

市广场空间的景观元素之一。利用不同植物的自然观赏形态,或对植物进行适当的修剪造型,从而利用几何形态或自然形态作为景观元素,给广场增添美的景观;利用植物的季相变化,能给广场带来不同的面貌和气氛;而结合观叶、观花、观景等的不同植物及观赏期的巧妙组合,又可以谱写动态的广场景观乐章,丰富广场美的感受。

10.2.1.3 生理与心理功能

(1)缓解紧张情绪 人是从自然中诞生的,和自然有着与生俱来的亲切感。居住在现代都市中的人们,常有精神紧张与疲劳反应,而紧张是人们对压力环境或危及身心健康的一种心理和生理反应。从人类心理健康角度看,通常条件下的紧张被当作一种不利于个体身心健康的有害状态。对于城市环境条件下的紧张情绪,人们一般认为城市自然景色或植被在一定程度上能起到缓解的作用。

(2)提高环境舒适度 人的热舒适感觉与人体活动强度、衣着量、空气温度、平均辐射温度、空气流速和空气相对湿度有关。城市休闲广场绿化通过遮荫、蒸发作用、降低风速、形成空气对流等改善人体对环境的热感觉;而且绿色植物对于放松神经、调节心理舒适也有积极的作用。

10.2.1.4 建造功能

广场中植物就像建筑物地面或围墙,具有建造功能,包括限制空间、障景作用,控制广场的空间私密性以及形成空间序列和时间序列。

10.2.2 城市广场植物造景的原则

城市广场是一个城市标志性公共空间,广场中的植物除了起到装饰和软化周围环境作用外,还可以为市民创造一个好的休息环境,广场植物景观不仅要满足绿化的需要,同时也要满足人们的审美需求,总的来说,在进行广场植物造景设计时需遵循以下原则。

(1)广场植物景观应与城市广场总体布局统一,使植物景观成为广场的有机组成部分。

(2)在植物种类选择上,应与城市总体风格协调一致,并符合植物区系规律。结合城市的地理位置、气候特征,突出地方特色。应考虑植物的文化内涵与当地城市风俗习惯、城市文化建设需求相一致。

(3)广场植物景观规划应结合广场竖向特点,具有清晰的空间层次。充分运用对比和衬托、韵律与节奏等艺术原理,独立或配合广场周边建筑、地形等形成良好、多元、优美的空间体系。

(4)协调好交通、人流等因素。避免人流穿行和践踏绿地,在有大量人流经过的地方不布置植物景观,必要时设置栏杆,禁止行人穿过。

(5)广场植物景观应结合广场类型,并与广场内各功能区的特点一致,更好地配合和加强该区功能的实现。如休闲区规划应以落叶乔木为主,冬季的阳光、夏季的遮荫都是人们户外活动所需要的。

(6)协调好植物配置与地下和地上管线和其他要素的关系。最重要的是热力管线,一定要按规定的距离进行设计。植物和道路、路灯、座椅、栏杆、垃圾箱等市政设施能很好地配合,最好一次性施工完成,并能统一设计。

(7)一般选用大规格苗木,对场地上原有的大树应加强保护。保留原有大树有利于广场景观的形成,有利于体现对自然、历史的尊重。

10.3 城市广场植物造景设计

10.3.1 不同类型广场的植物造景设计

不同的广场由于其使用特点不同,所体现的功能要求和环境条件不同,因此在进行植物造景设计时,需要根据不同的类型有所侧重。

10.3.1.1 市政广场

市政广场中心一般不设置绿地,多为水泥铺设,但在节日又不举行集会时可布置活动花卉、盆花摆放等,以创造节日新鲜、繁荣的欢乐气氛。这类广场的绿化设计大多以大面积草坪为主,在大草坪上和边角地带点缀几组红叶小檗、黄杨和金叶女贞等彩叶矮灌木,或由彩叶矮灌木组合成线条流畅、造型明快、色彩富于变化的图案。在主席台、观

礼台两侧、背面则需绿化,常配置常绿树,树种要与广场四周建筑相协调,达到美化广场及城市的效果(图10-7)。

图 10-7　北京天安门广场植物配置

10.3.1.2　纪念广场

　　这类广场以景观功能为主,生态功能为辅。植物造景设计方式应以烘托纪念气氛为主,按广场的纪念意义、主题来选择植物,并确定与之相适应的配置形式和风格。纪念人物的广场常根据人物的身份、地位、生平事迹、性格特征选择有代表性的植物,如松、柏科常绿针叶植物,采用对称式栽植。纪念事物的广场则根据事物的性质不同,采用风格灵活多样的形式。纪念严肃的政治事件或悲壮的革命事件常采用规则对称式布置,选用绿、蓝、紫、灰等庄严肃穆的装饰色彩。

　　纪念历史事件的广场应体现事件的特征(可以通过主题雕塑),并结合休闲绿地及小游园的设置,提供人们休憩的场地。纪念广场的选址应尽量远离喧闹的城市繁华区或其他干扰源,以求体现其深刻严肃的文化内涵。广场设计要创造良好的观赏效果,以供游人观瞻。绿化设计要合理地组织交通,满足最大人流集散的要求。在绿化种植上,应考虑选用常绿树种为主,配合有象征意义的建筑小品、雕塑,从而形成庄严、肃穆的环境空间;广场后侧或纪念物周围的绿化风格要完善,要根据主题突出绿化风格;如陵园、陵墓类的广场的绿化要体现出庄严、肃穆的气氛,多用常绿草坪和松柏类常绿乔、灌木(图10-8)。

图 10-8　唐山纪念广场植物配置图

10.3.1.3　交通广场

　　交通广场有两类:一类是城市多种交通会合转换处的广场,如火车站站前广场;另一类是城市多条干道交汇处放大形成的交通广场,即环岛。交通广场可从竖向空间布局上进行规划设计,分隔车流、人流,保证安全畅通的交通状况。这类广场的主要功能是组织交通,其次是景观功能和生态功能。植物景观设计的要求是在不影响交通实用功能的前提下见缝插绿、见缝插景,使得景观效益和生态效益最大化。如分枝点高的乔木作行列式配植,或以低矮的绿篱、花境、花池、花坛等形式配植,或多种形式混合配植。站前广场除要协调好人行、车行、公共交通换乘、人群集散、绿地、排水、照明等各方面设施以外,还应该考虑到其空间形体与周围建筑的关系,创造整齐、开畅的城市空间,从而丰富城市的景观风貌。绿化按其使用功能合理布置。一般沿周边种植高大乔木,起到遮荫、减噪的作用。供休息的绿地不宜设在车流包围或主要人流穿越的地方。步行场地和通道种植乔木遮荫,树池加格栅,保持地面平整,使人们行走安全,不影响树木生长。

　　环岛,一般以圆形为主,常位于城市的主要轴线上,或主要道路的交汇点。除了适当的绿化外,广场上应有主要的标志性构筑物或喷泉,使之成为城市景观中的重要节点。要有利于组成交通网,满足车辆集散要求,种植必须服从交通安全,构成完整的色彩鲜明的绿化体系。绿岛是交通广场中心的安全岛。可种植乔木、灌木并与绿篱相结合。面积较大的绿岛可设地下通道,围以栏杆。面积较小的绿岛可布置大花坛,种植一年生或多年生花卉,组成各种图案,或种植草皮,以花卉点缀(图 10-9)。

图 10-9 环岛植物配置图

10.3.1.4 商业广场

商业广场是城市广场比较古老的一种形式,其形态布局和空间形式没有固定的模式,商业广场必须与环境相融、与其功能相符,交通组织合理,同时充分考虑人们购物和休闲的需要。所以商业广场植物造景设计时应根据休息小品设施,种植遮荫树,体现四季变化的观花、观叶植物。将植物种植与座凳、雕塑等休闲设施相结合,并利用植物进行相关空间的分隔,形成人性化的环境。如北京西单广场结合商业街特点,布置花境、树丛等手法,将西单广场划分为不同的空间(图 10-10)。

图 10-10 西单商业广场植物配置图

10.3.1.5 休闲广场

休闲广场已经成为市民最喜爱的户外活动空间。这是市民娱乐、休闲、交流的重要活动场所,休闲广场以轻松愉快为主要的目的,因此在具体设计时,广场的尺度、空间形态、环境小品、休闲设施及植物景观都应该符合人的行为规律和人的尺度要求。其中,强调植物造景是休闲广场的前提,其景观设计应注重生态原则。因此,形成一定植物景观是该类广场的一大特征,但植物配置灵活自由,要善于运用植物材料来划分和组织空间,使不同的人群都有适宜的活动场所,避免相互干扰。在满足植物生态要求的前提下,可根据景观需要选择植物材料。若想创造一个热闹欢乐的氛围,可以利用开花植物组成盛华花坛或花丛;若想闹中取静,则可以倚靠某一角落设立花架,种植枝繁叶茂的藤本植物。南京的北极阁广场的植物造景颇具特色,以银杏树阵、竹林、屋顶绿化,配合点缀紫薇等多种种植形式。

10.3.1.6 文化广场

文化广场是为了展示城市深厚的文化积淀和悠久历史,经过深入挖掘处理,从而以多种形式在广场上集中地表现出来。文化广场的植物造景应该体现城市的文化韵味,如宁波的中山文化广场,利用参天古树,以此来体现城市历史的深厚。

10.3.1.7 古迹广场

古迹广场是表现古迹的舞台,所以古迹广场的规划设计应从古迹出发组织景观。在植物造景时,为了体现对历史的缅怀与现存遗迹的保护和纪念,一般多选择常绿树为基调树种,冷色调植物花卉和藤本植物相间其中,突出遗留历史的沧桑和岁月痕迹。

城市广场植物景观设计的关键在于强调科学原则、实用原则、艺术原则与文化原则的结合,根据不同的环境条件选择相适应的植物,了解植物正常生长发育的生态需求,体现植物景观的科学性。同时应注重城市广场的特色景观塑造,既要使植物培植与广场总体布局、景观立意相协调一致,又要挖掘广场文化内涵,使植物景观能体现当地的历史文化。

10.3.2　广场常见的植物造景形式

10.3.2.1　规则式种植

这种形式属于整形式,适用于市政广场、纪念广场等,以及广场周围、大型建筑前和广场道路的植物造景。多用列植乔木或灌木的手段,以起到严整规则的效果。既可用作遮挡或隔离,又可以作为背景。早期的广场还常常采用大量的灌木篱墙和模纹。

为了使植物景观不至于单调,可在乔木之间加种灌木,在灌木之间加种花卉,但要注意使株间有适当距离,以保证有充足的阳光和营养面积。乔木下的灌木和花卉要选择耐阴种类。在株距的排列上近期可以密一些,几年以后通过间移而加宽。单排种植的各种乔、灌木在色彩和体型上也要注意协调(图10-11)。

图10-12　集团式种植

受统一的株、行距限制,疏落有致地布置;从不同的角度望去有不同的景致,生动而活泼。这种布置不受地块大小和形状的限制,并可以巧妙地解决与地下设施的矛盾。常见自然式丛植类型如图10-13所示。

图10-11　规则式种植

10.3.2.2　集团式种植

为了避免成排种植的单调感,可以选择几个树种,乔灌木结合,配置成树丛。几个树丛可以有规律地排列在一定的地段上,也可以形成自然式搭配。也可用花卉及矮灌木进行一定面积的片植,形成较为整体的景观效果。这种形式丰富、浑厚,远看时群体效果很壮观,近看又很细腻(图10-12)。

10.3.2.3　自然式种植

适于一般的休闲广场、文化广场等,或者其他广场的局部范围内。在一定的地段内,植物种植形式不

自然式孤植

三株丛植　　五株丛植

同类乔-灌木组合树丛　　异类乔-灌木组合树丛

图10-13　自然式种植

10.3.2.4　广场草坪

草坪是广场植物景观设计运用普遍的手法之一,一般布置在广场的辅助性空地,也有用作广场主景的。草坪空间具有视野开阔的特点,可以增加景深和层次,并能充分衬托广场的形态美感和空间的开放性。常用的草坪草有早熟禾、黑麦草、假俭草、野牛草、翦股颖等(图10-14)。

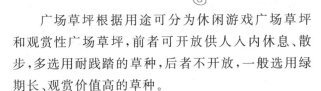

图 10-14　广场草坪

广场草坪根据用途可分为休闲游戏广场草坪和观赏性广场草坪,前者可开放供人入内休息、散步,多选用耐践踏的草种,后者不开放,一般选用绿期长、观赏价值高的草种。

10.3.2.5　广场花坛、花池

花坛、花池等花卉布置形式是广场的重要造景元素之一,可以给广场的平面、立面形态增加变化,尤其是在节庆日更是如此。如北京天安门广场的国庆花坛布置。广场上常见的花卉布置形式有花坛、花台、花钵及花池组合等,布置位置灵活多变(图 10-15)。

图 10-15　广场草坪

整体而言,要根据广场的整体形式来安排。可放在广场中心,也可布置在广场边缘四周;既可是固定的,也可以是移动的,还可以与座椅、栏杆、灯具等广场设施结合起来加以统一处理。一般情况下在进行广场花坛造景时,需注意以下问题。①花坛与花坛群的面积占城市广场面积的比例:一般最大不超过 1/3,最小也不小于 1/15,这样的花坛比例和广场整体比例协调。②可以结合喷泉小品的搭配来提高花坛造景的趣味性。③花坛不能离地面太高,种植床土面高出平地 7～10 cm,为有利于排水,花坛的中央拱起,四面呈倾斜的缓坡面。④花坛往往利用路缘石和栏杆保护起来,缘石和栏杆的高度通常为 10～15 cm。也可用植物材料作矮篱周

边,以替代缘石或栏杆。

此外,在一些非政治性的广场尤其是休闲广场常布置花架,在广场中既起点缀和联系空间的作用,也能给人提供休息、遮荫、纳凉的场所。

思考题

1.城市广场植物造景原则是什么? 常见的广场植物造景方式有哪些?

2.调查当地城市广场类型,并分析其植物造景方式。

3.结合园林植物配置与造景知识,分析当地学校内某一广场园林植物配置与造景的优缺点。

第11章

机关与企事业单位附属绿地植物造景

本章内容导读:本章主要介绍了工业企业绿地、校园绿地、机关单位附属绿地类型和植物造景设计要点。工业企业绿地的重点是针对工厂特点选择适合的植物种类,进行污染防护。校园绿地的重点针对不同年龄段的学生特点,营造舒适的校园环境,满足师生教学、生活、科研的需求。机关单位绿地,针对机关的不同性质和服务对象的特点,创造出丰富的绿色空间。

11.1 机关与企事业单位绿地类型与特点

城市建设用地中除绿地之外各类用地中的附属绿地用地,均归入附属绿地,本章主要介绍校园绿地、机关单位绿地、工业企业绿地。

单位附属绿地在城市建设中分布最广,面积较大,且分散性强,主要改善和美化以建筑设施为主的公共建筑庭院环境,直接为各类生产、经营、办公以及生活等服务。单位附属绿地一般不对外开放,只为单位职工及少数社会人群服务,且绿地多围绕各类建筑物或设施展开布置,绿地不具有独立性。与公园绿地等其他城市绿地类型相比,具有环境复杂、生产局限和功能多样等特点。

11.1.1 校园绿地的类型及特点

根据我国目前的教育模式,学校教育可分为小学、中学和大学院校,由于学校规模、教育阶段、学生年龄的不同,其绿地建设也有很大的差异。一般情况中小学校的规模较小、学生年龄较小,学生大部分以走读为主,绿地建设比较简单;而大学院校规模较大、学生年龄较大、学生以住校为主,绿地功能要求也比较复杂。

校园绿化应尽可能地多样化,即种类多样化、色彩多样化、形状多样化、形式多样化等,充分发挥植物的生态功能、观赏功能和文化教育工能,以陶冶学生情操、扩大学生在植物方面的知识领域,为师生提供舒适宜人的学习和生活环境。

11.1.2 机关单位绿地特点

机关单位绿地是指党政机关、行政事业单位、各种团体及部队用地范围内的附属绿地,具体包括行政机关、科研院所、卫生医疗机构等。机关单位绿地服务对象构成比较复杂,职业、地位、兴趣爱好各不相同,因此绿化形式也丰富多样。绿化的风格与建筑物的性质和风格相一致。如行政机关绿地植物配置宜简洁大方;宾馆、餐厅绿地宜活泼自由;纪念性建筑绿地宜庄严肃穆等。

11.1.3 工业企业绿地特点

工业企业单位附属绿地(简称工业企业绿地)是指在工厂内部及周边地区进行绿化,主要目的在于创造卫生、整洁、美观的环境。许多的工业是城市环境的最大污染源,散发出大量粉尘、金属粉尘以及一些有毒气体。工业企业绿地可以改善工

企业的生态环境,起到滤尘、隔音、净化空气、减少污染的作用,并恢复自然环境,维护生态平衡。

工业企业多建在土质较差的城市边缘地段,环境较差,不利于植物的生长,且工厂内的绿地面积狭小,而且很多绿地多作为建筑预留用地而保留,以备日后工厂扩建或生产工艺更新使用。因此,工业企业应充分利用一切绿地资源,见缝插绿,在保证工厂的安全生产的前提下,积极发展立体植物造景,扩大绿色植物的覆盖面积和绿色生物量,提高环境景观效果和生态功能。

工业企业绿地的服务对象相对稳定,主要以本企业职工为主,规律性强。企业工人的休息时间短,次数少,绿地的使用频率少,时间短。因此,工业企业绿地应最大限度地满足使用者的需求,使其在短时间内能够调节身心,消除疲劳,以达到休息的目的,使有限的绿地发挥最大的使用效率。

11.2　校园绿地植物景观设计与案例分析

11.2.1　校园绿地植物景观的功能

11.2.1.1　柔化建筑物,美化校园环境

建筑物是校园建设的主体,其形体多为生硬的几何线条,材料也给人以刚硬感。而园林植物的形体和质地柔美而富于变化,可以柔化建筑生硬、单调的几何形体,使得建筑物外部空间更加活泼,将植物的自然美和建筑的人工美完美地结合,形成美丽的校园环境。

11.2.1.2　陶冶情操,体现校园特色

校园植物景观要符合校园的景观、气候、土壤等特色,多选用乡土树种,展现校园景观的地域性特征。如浙江大学紫金港校区,紧临西溪湿地,校园环境结合湿地景观,采用了许多乡土树种,展现校园地方特色。校园绿色景观可以陶冶学生情操,增长学生知识。

11.2.1.3　满足生态功能和生物多样性要求

校园植物景观的生态功能主要体现在改善环境、调节小气候、减小风速、降低噪声、防晒遮荫、制造氧气、吸附尘埃等方面。校园植物多样性,有利

于形成稳定的植物群落,能够可持续地利用校园环境资源。

11.2.1.4　延续历史,彰显文化

学校的建设不能抛弃历史,只有尊重历史、延续历史,才可以使学校得以发展和传承。植物景观也要注重历史渊源,注重挖掘历史,体现校园文化,使本校的内涵更加丰富,文化更加深厚。

11.2.2　校园绿地植物景观的要求

11.2.2.1　因地制宜,适地适树

校园植物配置要因地制宜,适地适树,选择的植物能够适应所在地的土壤及小气候等自然条件,使植物能够健康生长,充分发挥其生态效益。在植物配置中,充分考虑植物的生态位特征,合理选择植物种类,综合利用空间和环境资源,形成乔、灌、草相结合的绿色植物空间。同时,要确保植物群落的生物多样性,以提高群落的观赏性、抗逆性和稳定性。高等院校的植物配置,要因地制宜地合理配置各类植物,形成稳定的植物群落,以创造出美好的校园生态环境。

11.2.2.2　符合园林美学原理

校园绿化的主要功能之一就是满足人们的审美需求,因此,园林植物配置必须符合园林美学原则:多样与统一、对比与调和、均衡与稳定、韵律与节奏、比例与尺度等。园林植物配置就是在园林美学原理指导下,利用植物的色、香、形态与形体的变化组合,形成多样园林空间。如在教学楼入口、图书馆等学术氛围浓厚的场所,建筑尺度通常较大,配置大尺度的植物能给人一种庄重、严肃的感觉。

11.2.2.3　满足师生行为和心理特征

校园植物配置,应充分把握师生的心理特点和行为需求,构成可持续绿色空间,并有利于师生心理健康。师生的户外活动可分为动、静两种,动的活动包括文娱、体育、聚会等,静的活动包括阅读、休息、闲谈、沉思等。在植物配置时,可充分利用植物的建造功能,创造出多种植物空间类型,以满足师生活动空间需求,缓解心理、释放学习和工作压力。

11.2.2.4　体现校园文化和特色

校园的绿化配置应与学校的办学传统和风格

相统一,充分挖掘校园丰富的人文资源和历史文化,创造出具有文化内涵、特色鲜明、景观优美的校园环境。比如用竹子表达学生虚心好学;用"桃李园"寓意学校桃李满天下。此外,还可利用市树、市花等形成个性化的校园植物景观。

11.2.3 校园类型及植物配置方法

根据我国教育情况,校园主要由高等院校和中小学校园组成。在校园环境建设中,根据学校的自然和人文特点,选择合适的植物,创造出文明高雅、清新优美现代校园景观。

11.2.3.1 高等院校植物景观

(1)高等院校校园特点分析

①校园面积规模庞大:高等院校校园具有规模大、面积广、建筑密度低等特点,尤其重点院校,相当于一个小城镇,其中包含着丰富的内容和设施,校园具有明显的功能分区,各分区以道路分割、联系。

②校园空间需求多样化:随着时代的发展,大学校园的功能也在不断扩大,校园的空间需求也随之丰富。校园越来开放,富有朝气,校园内除了教师、行政人员和学生外,还有许多人如后勤人员、研究中心工作人员、出版社人员等,这些人群丰富了校园的空间类型。因此,院校内的绿地空间也应多样化,以满足不同人群的空间需求。

③校园建筑多样化:大学校园的学生以住宿为主,需要建筑种类多种多样,包括教学楼、办公楼、实验楼、宿舍楼、餐厅、超市、图书馆、运动馆等。因此,在校园绿化中,植物配置应与建筑的形体、功能相协调统一,为师生的教学、学习、生活提供优美舒适的校园环境。

④师生行为及心理特点:大学校园中的主体是师生,师生的教学行为及心理决定着校园空间的使用方式。师生的基本行为具有规律性、多样性、集体性和私密性等典型特性。如在教学楼、图书馆、宿舍周边设绿色的户外学习和讨论空间;为班级或社团提供疏林草地,以满足集体性的活动需求。

⑤高等院校的风格与性质:各个高等院校都有自己的学术传统和治学风格,如军事院校整体布局规则整齐,植物景观也要简洁、规整、开阔,给人以庄严、正规的印象;艺术院校植物配置则要求以自然风格出现,力求体现校园浪漫的艺术气质;农林院校则要体现"农"或"林"字上,如南京林业大学、浙江林学院等都塑造了植物园式的校园环境,以突出林业院校的氛围。

(2)高等院校各功能区植物配置 由于高等学校规模、专业特点、办学方式及周围社会条件的不同,其功能设置也不尽相同。一般可以分为校门区、教学科研区、生活区、体育运动区、道路绿化区和休闲游览区等。

①校门区:校门区是校园给人们的第一印象,在功能上主要是满足人流、车辆的集散,不仅具有识别性,具有大学的风格和文化特色。该区的植物配置多采用对称式植物种植,突出校园的庄重典雅、简洁明快、安静优美的高等学府形象。

校门区绿地可细分为入口前和入口后绿地。入口前绿地可选用观赏价值高的常绿乔灌木和开花植物对入口建筑进行装饰,以形成生动、活泼、开阔的景观。在入口后绿地上,可布置成对称式装饰性或休憩性绿地,在开阔的草地上种植树丛,点缀花灌木或整形修剪的绿篱,形成开阔的绿荫大道。

②道路绿化:校园道路绿化是校园绿化的重要组成部分,可以选择乡土树种或特色树种,形成校园的景观特色。校园道路通常分为主干道、支路和绿地小径。主干道绿化以遮荫为主,支路、小径以美化为主,主干道可选用水杉、银杏、合欢、楝树等落叶乔木,支路和小径的绿化应活泼多变,并与道路周边的绿地类型相结合。

③教学科研区:教学科研区是校园的主体建筑群,也是校园绿化的重心。教学科研区的教学楼、实验楼、图书馆、行政办公楼等建筑群的周边绿地利用率高,空间类型丰富。在植物配置中,应利用园林植物的建造功能,形成满足不同需求的空间。植物种类多选用除尘降噪的树种,隔离周围各种噪声和干扰,使教学科研区形成安静、有序的绿色空间,如教学楼、图书馆等建筑周围绿化。对于实验楼的绿化还要注意防火、防爆、净化空气等方面的要求。而行政办公楼则要注意校园形象和文化底蕴的塑造,多采用规则的植物种植形式,以体现校园的风格特色。

④学生生活区:生活区的绿化以方便日常生活起居,给师生营造一个轻松舒适的居住环境为目标。植物种类以观花、观叶、观果、花香及抗菌防病为主,采用自然式与混合式的植物配置手法,营造出生活化的绿色空间。针对师生的行为及心理特征,可采用多种多样植物配置形式,并注意植物树形、色彩和质感的搭配。

⑤体育运动区:该区的植物配置形式以规则、简洁为主,以植物群落季相景观为主格调,选择抗尘和抗机械破坏性能的植物,为师生提供休息场地,并有效地减少运动对外界的干扰。运动场周围可种植秋色叶树种,夏季遮荫、秋季赏叶、冬季享受阳光。

11.2.3.2　中小学校园植物景观

小学生年龄介于 6～12 岁,处于儿童期,对于未知世界充满好奇。进行小学校园的植物配置时,应充分考虑小学生的心理和生理特点,创造色彩丰富、生动有趣、安全舒适的校园环境。而 12～19 岁的中学生,正处于青少年期,是个性基本形成、智力发展基本成熟的关键时期。校园植物配置时要注重植物景观的文化教育性,挖掘园林植物的文化内涵,提升校园环境的知识含量及文化氛围。

(1)中小学校园园林植物配置的原则　中小学校园的绿化除了遵循上述提到的原则外,还应该遵循以下原则。

①节约性原则:在中小学校园中,土地面积有限,校园绿化应充分"见缝插绿",提倡垂直和立体绿化,合理应用藤本植物,如凌霄、爬山虎、南蛇藤等。植物种类应尽量选择适合粗放管理的植物,以节约植物的养护管理成本。

②趣味性原则:中小学生认知水平有限,兴趣直接影响他们的活动。在校园植物配置时应体现生动活泼的环境氛围,选择丰富多彩、形态各异的植物种类,突出植物色彩美、造型美,创造出各种趣味性绿色空间,以利于学生思维和智力的开发。

③安全性原则:中小学的学生年龄较小,缺乏安全知识和安全意识,校园植物不宜选择多飞毛、多刺、有异味、有毒或易引起过敏的植物,如夹竹桃、凌霄、络石、醉鱼草、漆树等有毒植物;枸骨、花椒、皂荚、十大功劳等多刺植物。

④教育性原则:中学阶段是世界观、人生观形成的关键时期。校园植物的合理配置,可以引导学生从认识一花、一草、一树木开始,逐渐认识自然的美。陶冶学生的情操,积极引导学生建立正确的世界观和人生观。

(2)中小学校园各功能分区的植物配置　中小学的校园生活比较简单,可以分为校门区、教学区、运动区和生活区。校门区是学校的门户和标志,植物配置要求整齐、美观、活泼、醒目,多采用规则式植物配置。入口处还以布置各种时令盆花或设置花坛,以增加校园的活泼氛围。

教学区的植物配置以安静、整洁和环境为主。在教室的周围可以配置南天竹、腊梅、杜鹃、连翘等观赏价值高的花灌木或小乔木,利用植物围合一定的游憩场地或小型的运动场地。此外,在保证教室通风采光的前提下,还可以配置一些具有文化内涵的植物,如梅花,激励学生勤奋学习、奋发向上。

运动区周围设置绿化隔离带,避免噪声对教室的干扰。隔离带多选用高大的乔木,如无患子、榉树、芒果等,夏季遮荫,冬季晒太阳,并尽量少使用灌木,留出空地供学生活动。

在寄宿类的中学校园中,生活区以自然式植物配置为主,植物可选用香花植物和色叶植物,如含笑、桂花、栀子花、银杏、鸡爪槭等,增加学生的观赏兴趣,也可配置花坛、花境等,还可以设置一些小型的休闲绿地供学生学习和休闲。

11.2.4　校园绿地植物景观设计案例

11.2.4.1　杭州电子科技大学下沙新校区环境景观设计

杭州电子科技大学下沙新校区环境景观设计见二维码 11-1。

二维码 11-1　杭州电子科技大学下沙新校区环境景观设计

11.2.4.2 黄冈中学绿地植物造景

黄冈中学绿地植物造景见二维码11-2。

二维码11-2 黄冈中学绿地植物造景

11.3 机关单位绿地植物景观设计与案例分析

与其他类型绿地相比,机关单位绿地规模比较小,分布较为分散,功能多样。机关单位绿地美化了单位环境,并针对不同机关单位的性质差异,利用植物形成多样的空间形式,如医院,可以利用植物的建造功能,形成丰富空间形式,满足医护人员和患者的需求,优美的绿色空间可以缓解医护人员紧张的工作压力,并可排解患者的痛苦。因此,绿化设计、立意构思要与单位的性质紧密结合,打造景色优美、品位高雅、特色分明的个性化绿色景观。

机关单位的绿化直接影响到机关单位的面貌和形象,美好的绿色景观可以给人留下深刻的印象,从而提高单位的知名度和荣誉度。如机关政府单位绿地,良好的绿色景观反映着整个城市的管理状况、文明程度、精神面貌和整体形象。

同时,机关单位绿地也是提高城市绿化覆盖率的一条重要途径,对于绿化美化市容市貌,保护城市生态环境的平衡,起着举足轻重的作用。

11.3.1 机关单位绿地的构成

机关单位绿地功能复杂,其绿地主要由主入口处绿地、办公楼前绿地(主建筑物前)、附属建筑旁绿地、小游园、道路绿地。

11.3.1.1 主入口处绿地

主要是指城市道路到单位大门口之间的绿化用地,是单位形象的缩影,也是单位对外宣传的窗口。一般大门外两侧采用规则式种植,以树冠规整、耐修剪的常绿树种为主,与大门形成强烈对比,或对植于大门两侧,衬托大门建筑,强调入口空间。为了丰富景观效果,可大门后设置花坛、树丛、树坛、喷泉、假山、雕塑及影壁等。大门外两侧绿地,应适当与街道绿地中人行道绿化带的风格协调,围墙要通透,也可用攀援植物绿化。

11.3.1.2 办公楼前绿地

办公楼前绿地是机关单位对外联系的枢纽,是机关单位绿化设计最为重要的部位。办公楼绿地可分为办公楼前装饰性绿地、办公楼入口处绿地以及办公楼周围的基础绿地。

办公楼前空地面积较大时可以设装饰性绿地,并满足停车、人流集散等功能。办公楼前绿地面积较小时,以规则式、封闭型为主,对办公楼起装饰衬托和美化作用;绿地面积较大时,则以开放型绿地为主,可适当考虑休闲功能。

办公楼入口处绿化,可以结合台阶,可设花台、花坛,或摆放大型盆栽植物,如苏铁、南洋杉、散尾葵等,也可用耐修剪的花灌木或常绿针叶树,对植于入口两侧,增强入口的空间特征。

办公楼周围基础绿带,位于楼与道路之间,呈条带状,既美化衬托建筑,又进行隔离,保证室内安静,还是办公楼与楼前绿地的衔接过渡。绿化设计应简洁明快,栽植常绿树与花灌木,低矮、开敞、整齐,富有装饰性。为保证室内通风采光,高大乔木可栽植在距建筑物5 m之外。在建筑物的阴面,要选择耐阴植物。为防日晒,也可用于建筑两山墙处结合行道树栽植高大乔木。

11.3.1.3 附属建筑旁绿地

机关单位内的附属建筑绿地主要是指食堂、锅炉房、供变电室、车库、仓库、杂物堆放等建筑周围的绿地。这些地方的绿化只需把握一个原则:在不影响使用功能的前提下,进行绿化、美化,并对影响环境的地方,利用植物进行遮挡,做到"俗则屏之"。

11.3.1.4 小游园

如果机关单位内的绿地面积较大,可考虑设计休息性的小游园。游园中一般以植物造景为主,结合道路和休闲广场布置水池、雕塑以及亭、廊、花架、桌椅、园凳等园林建筑小品和休息设施,满足人们休息、观赏、散步等活动。小游园绿化布局灵活,同时应根据服务对象的特征,进行合理的绿化,如儿童医院,则要避免有毒、有刺的植物种植。

11.3.1.5　道路绿地

道路绿地也是机关单位绿化的重点,它贯穿于机关单位各组成部分之间,起着交通、空间和景观的联系和分隔作用。在进行道树绿化设计时要注意处理好植物与各种管线之间的关系,且应注意行道树种不宜繁杂。

11.3.2　机关单位绿地的案例

亚利桑那州立大学生物设计研究所景观设计见二维码 11-3。武汉泛海国际中心景观规划见二维码 11-4。

二维码 11-3　亚利桑那州立大学生物设计研究所景观设计

二维码 11-4　武汉泛海国际中心景观规划

11.4　工业企业绿地植物景观设计与案例分析

工业企业绿地包括各类生产资料、生活资料制造或加工等工业企业单位附属绿地。这类绿地以改善和提高企业环境质量为主要功能,并着力于减轻对场内外环境的污染,发挥减轻火灾、爆炸危害的功能,同时也是生物防治"三废"污染的主要途径。

11.4.1　工业企业绿地的功能

11.4.1.1　改善工作环境,树立企业形象

在保证工厂生产活动安全的前提下,丰富多样的植物可以对厂区内的建筑、道路、管线等工业设施进行绿化,改善职工的工作环境,并为企业环境增添了生命的活力。良好的企业绿地可增强企业的社会认同感,树立良好的企业形象,也是企业经济实力的象征。整洁、美观的工作环境陶冶了职工的情操,缓解职工的工作压力,便于职工调整工作状态,并可建立积极向上的企业文化,增强职工对企业的归属感,使职工更加喜欢企业的环境氛围。

11.4.1.2　选择适宜树种,改善生态环境

工业企业绿地的生态功能主要体现在吸收二氧化碳,释放氧气;吸收有害气体、放射性物质;吸滞粉尘和烟尘、杀菌;调节和改善小气候;减弱噪声;防火、防爆、隔离、隐蔽等。在不同工厂对环境的质量要求不同,在绿化时应有针对性地选择植物种类。如炼油厂、易燃物仓库、造纸厂等应选用防火性强的树种,如珊瑚树、蚊母、银杏等;如光学仪器厂、精密仪器厂、实验室等对空气要求清洁度高的工厂应选用能阻滞粉尘、净化空气等作用强树种,如榕树、刺楸等。

有些工业企业在生产过程中产生二氧化硫、氯气、氯化氢等有害气体,在企业绿化时应选择对其抗性强的树种,如抗二氧化硫的树种海桐、合欢、夹竹桃、桑树、黄杨等。

11.4.1.3　监测环境污染

在工厂内部选择种植一些对有毒气体敏感的树种,用来检测工厂对于有害气体的排放情况。如对氨气敏感的植物小叶女贞、悬铃木、杜仲、刺槐等。

11.4.2　工业企业绿地设计要点

11.4.2.1　工业企业绿地构成

工业企业绿地包括厂前区绿化,生产区的绿化布置,仓库、堆场区绿地设计,工厂小游园设计,工厂道路的绿化,水源地绿化,工厂企业的卫生防护林带。

(1)厂前区绿化　厂前区是工厂对外联系的中心,是厂内外人流最集中的地方,通常与城市道路相

连,是工厂的"窗口"地带,在一定程度上代表着企业的形象。厂前区在工厂中的位置一般在上风方向,受生产工艺流程的限制较小,离污染源较远,工程网也比较少,空间集中,绿化条件比较好。因此,其绿地从设计形式到植物选择搭配以及养护管理,都提出了较高的要求。通常采用乔木、灌木、草本相结合的形式进行重点布置,形成较好的景观效果。

(2)生产区的绿化 生产区绿化主要以车间周围的带状绿地为主。在满足生产运输、安全、维修等方面要求的前提下,车间出入口、休息室旁、窗口附近等是生产区绿地的建设重点。同时要考虑车间的室内采光和通风,处理好植物与各种管线的关系。如车间南侧宜布置大型落叶乔木,夏季遮荫,冬季有阳光;北侧宜布置常绿和落叶乔木,以阻挡冬季寒风和飞尘;东、西两侧布置大乔木,防治夏季西晒。

车间绿地的主要功能有两个方面:一方面为车间生产创造良好的外部绿色环境,有利于职工的工作和休息;另一方面防止和减轻车间污染物对周围环境的危害与影响。工厂的类型是多种多样的,对绿地的要求也各不相同。

对环境有严重污染车间,如化工厂周围的绿化布置,首先要了解其污染源及污染程度,污染车间周围绿化应以卫生防护功能为主,休息绿地应远离污染严重的地区,有针对性地选择抗性强、生长快的植物;对于高温车间树种选择不宜栽植针叶树和其他油脂较多的松、柏植物,栽植符合防火要求、有阻燃作用的如海桐、银杏、冬青等;在发出强烈噪声的车间周围,选择枝叶茂密、树冠矮、分枝低的植物,以减少噪声的危害。在多粉尘的车间周围应布置的常绿乔灌木,密植叶面积大、滞尘、抗尘能力强,叶面粗糙、有黏液分泌的树种。

对环境无污染的车间,指本身既无有害物质污染,也无特殊卫生防护要求的车间,如刺绣、雕刻、地毯等工艺美术车间,这类车间周围的绿化较为自由,限制不大,可形成良好的园林景观。

对环境绿化有一定要求的车间,周围的空气质量直接影响产品质量和设备的寿命,其环境设计要求清洁、防尘、降温、美观、良好的通风和采光。如光学、机密仪器、压缩空气车间要求尽量减少空气中的灰尘和杂质,车间绿化多采用树冠大的常绿树种,且要求树种无飞絮、种毛、果实等;食品、医药卫生等车间,要求空气中的含尘量少,细菌含量少,绿化树种多选择松柏类、香樟、黄连木、臭椿、楝树等能挥发杀菌素、抑菌素的植物;易燃易爆车间,如烟花、鞭炮车间、大型油库、木材仓库等绿地,绿化以防火隔离为主,多采用防火树种。

(3)工厂休憩性绿地 休憩性绿地的主要功能是满足职工恢复体力、松弛精神、调剂心理的需求。对提高劳动生产率、保证安全生产,开展职工文化娱乐活动有重要意义,对美化企业面貌有着重要作用。绿地设计必须依据不同的生产性质和特征做不同的布置,还要对使用者做生理和心理的分析,按使用者的不同要求,进行合理的绿化布置。如工作环境噪声大和强光,休息环境则宜安静、光线柔和、色彩淡雅;工作环境肃静和光线暗淡,休息环境则宜空间开阔、光线充足、色彩艳丽等。

(4)工厂道路的绿化 工厂道路是厂区的动脉,贯穿厂区内外交通,并将厂区内的各个部分连接成一个整体,因此,工厂道路的绿化是工厂绿地中的重点之一。道路两侧绿地有遮荫、降温、减弱噪声、阻滞吸收有害气体、净化空气等功能,不宜种植过密过高的林带,不利于工业废气的疏散,如只能种植一排行道树,则尽可能种植在东西向道路的南侧,或是南北向道路的西侧,可以产生绿荫。

厂区道路两侧绿化要满足生产要求的同时,还要保证厂内交通运输安全通畅。在道路交叉口或转弯处,不适宜种植高大的灌木丛和低分枝点的乔木,以免遮挡驾驶员视线,妨碍车辆安全行驶。此外,道路绿化还应注意地下及地上的管线位置,避免植物与工程管线相冲突。

工厂道路绿化多采用一板二带式的绿地类型,对于大型或特大型工厂较宽的主干道,道路绿地常用三板四带式,将车流和人流分开。道路的绿化形式依据道路绿地的宽窄而定,一般工厂多采用规则式,当道路绿地较宽时多采用自然式或混合式绿化形式。规则的道路绿化形式节奏感强,变化幅度小,而自然式和混合式绿化,较为活泼,植物配置形式多样,富于变化。工厂道路绿化的树种要求形态美观、树冠高大、枝繁叶茂、耐修剪、适应性和抗污染性强、病虫害少,飞絮少的植物。

（5）工业企业的防护林带　工厂的防护林带包括卫生防护林带、防风林带和防火林带，其主要功能是隔离工厂有害气体、烟尘等污染物质对职工和居民的影响，降低有害物质、尘埃和噪声的传播，以保持环境的清洁。

防护林的结构有通透式的透风林，一般由乔木组成，不种植灌木；半通透式的半透风林，一般以乔木为主，在林带两侧配置灌木；紧密式的不透风林，由大乔木、小乔木和灌木多种植物配置成林。防护林必须选用抗污染能力强的树种，常见的有构树、枫杨、喜树、楝树、泡桐、侧柏、桧柏、接骨木、皂荚等。

①卫生防护林带即防污染隔离林带，设在生产区与居住区或行政区之间，一般上风方向建生活区，下风方向建生产区，以降低生产区对周围环境的污染，改善区域小气候。卫生防护林带的设置，主要依据污染物的种类、排放形式、污染源的位置、排放浓度以及当地的气象特点等因素而定。对于

车间溢散的无组织排放，林带要就近设置，以便将污染限制在尽可能小的范围内；对于有组织的烟囱排放，林带应设在烟体上升高度的 10～20 倍范围内，这个范围是污染最重的地段。对于污染严重、对周围环境影响较大的工厂，可运用透风林、半透风林、不透风林三种结构形式的林带组织进行防护。具体的做法是，在靠近污染源的位置设透风林，降低污染物质的浓度，再设半透风分林，最后设置不透风林，将扩散的污染物质阻滞在林带前。

②防风林带是防治风沙灾害，保护工厂生产和职工生活环境的林带。防风林带的保护范围有限，一般应紧邻被保护的工厂、车间、居住区等附近进行设置。在防风林带的迎风面，防护范围是林带高度的 10 倍左右，可以降低风速 15%～25%；在林带后的防护距离则为林带高度的 25 倍左右，能减弱风速的 10%～70%，在这个范围之外的防护效果很小（表 11-1）。

表 11-1　与林带不同距离处风速减低率　　　　　　　　　　　　　%

林带结构类型	林带高 5 倍处	林带高 10 倍处	林带高 15 倍处	林带高 20 倍处
不透风林	54.7	24.5	15.1	5.7
半透风林	52.9	29.5	20.6	16.5
透风林	32.4	27.1	18.9	10.8

防风林带以半透风林为最佳，能够使大部分的气流穿过林带，并消耗掉气流大部分的能量，当通透率为 48% 时防风效果最高，过密或过稀效果均不佳。防风林带的走向一般与主导风向呈 90° 或不低于 45°，这样的防风效果最佳。

③防火林带设置在石油化工、化学制品等易燃易爆工厂周围，确保安全生产，减少事故损失。防火林带由防火耐火树种组成。常见的防火树种有珊瑚树、厚皮香、山茶、罗汉松、蚊母、夹竹桃、海桐、女贞、冬青、大叶黄杨、银杏、泡桐、悬铃木、乌桕、白杨、柳树、国槐、臭椿等。

防火林带的宽度依据工厂规模和火种类型而定，火灾规模小的林带可达 3 m 以上，石油化工、大型炼油厂的有效宽度应为 300～500 m。

11.4.2.2　工业企业绿地树种的选择及常用植物

（1）植物选择的基本原则

①适地适树的原则：工业企业绿地土壤条件

差，不利于植物的生长，地上、地下各种管线密布，有害气体、液体、尘埃等环境污染严重。工厂绿地植物必须选择能适应工厂环境条件的植物种类，确保植物能正常生长发育，并满足企业绿化的各种功能。

②满足生产工艺流程对环境的要求：如光学仪器厂、实验室、精密仪表类工厂，要求空气洁净，可选择阻滞尘埃、净化空气的树种；炼油厂、易燃物仓库等工厂宜采用防火树种；医院、制药厂、食品加工等工厂宜选用杀菌、除尘树种。

③选择易于繁殖、移栽和管理粗放的植物：工业企业绿地管理力量不足，选择自播能力强的一二年生露地花卉和适应性强的宿根、球根花卉，可以减少花草的养护管理成本。如波斯菊、紫茉莉、葱兰、玉簪、美人蕉、鸢尾、萱草等。

（2）常用抗污染性绿化树种（表 11-2）

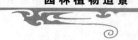

表 11-2 常见植物对有害气体的抗性分级表

气体名称	抗性极强	抗性强	抗性中	抗性弱（敏感）
SO₂	柏树、杨树、刺槐、桑树、夹竹桃、无花果、黄杨、石竹、向日葵、蓖麻、菊花	臭椿、白蜡、梧桐、广玉兰、君迁子、木兰、紫叶李、桂花、蚊母、冬青、海桐、扶桑、月季、石榴、大丽花、蜀葵、唐菖蒲、翠菊、美人蕉、鸡冠花、龟背竹、鱼尾葵、苏铁	柳杉、龙柏、棕榈、白玉兰、紫荆、南天竹、芭蕉、紫茉莉、鸢尾、一串红、荷兰菊、波斯菊、矢车菊、蛇目菊、桔梗、杜鹃、叶子花、一品红、红背桂、彩叶苋	苹果、水杉、白榆、悬铃木、木瓜、樱花、雪松、美女樱、月见草、麦秆菊、福禄考、滨菊、瓜叶菊
HF	龙柏、构树、桑树、黄连木、丁香、小叶女贞、无花果、罗汉松、木芙蓉	柳杉、臭椿、杜仲、银杏、悬铃木、广玉兰、柿树、枣树、女贞、珊瑚树、蚊母、海桐、大叶黄杨、石楠、火棘、凤尾兰、腊梅、石榴、紫薇、山茶、一品红、秋海棠、大丽花、万寿菊、牵牛	白榆、三角枫、丝棉木、枫杨、木槿、金银花、桂花、丝兰、小叶黄杨、美人蕉、百日草、蜀葵、水仙、栀子、红背桂、白蜡、樱桃、核桃	合欢、杨树、桃树、枇杷、垂柳、黑松、雪松、海棠、碧桃、桂花、玉簪、凤仙花、杜鹃、万年青、彩叶苋
Cl₂	合欢、乌桕、接骨木、木槿、紫荆	臭椿、刺槐、三角枫、泡桐、苦楝、丝棉木、洒金柏、桂花、海桐、珊瑚树、大叶黄杨、夹竹桃、石榴、月季、万年青、罗汉松、南洋杉、苏铁、杜鹃、唐菖蒲、一串红、鸡冠花、金盏菊、大丽花	黑松、白榆、木瓜、南天竹、牡丹、六月雪、地锦、凌霄、一品红、八仙花、叶子花、米兰、黄蝉、凤仙花、万寿菊、波斯菊、百日草、金鱼草、矢车菊	广玉兰、紫薇、竹、糖槭、山荆子、月见草、福禄考、茉莉、倒挂金钟、四季秋海棠、瓜叶菊、天竺葵
HCl	苦楝、龙柏、杨树、桑树、刺槐、国槐、小叶女贞、日本樱花、无花果、美人蕉、紫茉莉	白蜡、合欢、乌桕、紫叶李、紫薇、锦带花、海桐、棕榈、蜀葵、栀子	白榆、女贞、腊梅、夹竹桃	广玉兰、黑松、雪松
H₂S	构树、樱花、罗汉松、蚊母、月季、羽衣甘蓝	龙柏、悬铃木、白榆、桑树、桃树、樱桃、夹竹桃	石榴、唐菖蒲、矢车菊、向日葵、旱金莲	桂花、紫菀、虞美人

11.4.3 工业企业绿地植物景观设计案例

——南京钟山创意产业园区的景观规划设计

南京钟山创意产业园区的景观规划设计见二维码 11-5。

二维码 11-5 南京钟山创意产业园区的景观规划设计

思考题

1. 校园绿地的类型及特点有哪些？
2. 机关单位绿地构成有哪些？
3. 工业企业绿地的功能有哪些？
4. 工业企业绿地设计要点有哪些？
5. 校园绿地植物景观设计要求有哪些？

本章内容导读：本章主要阐述了城市废弃地类型与特点、城市退化生态系统恢复与重建理论、城市废弃地植物造景设计、城市废弃地植物造景实践4个部分内容。从理论到实践分别给予了介绍，可为城市废弃地植被的恢复和活力的再生提供理论与方法支持。

12.1 城市废弃地类型与特点

12.1.1 废弃地的概念

"废弃地"，顾名思义，就是弃置不用或是主要价值已被开发完的土地。也可以说是被毁坏或不再使用的土地。我国废弃地的概念起源于对矿业废弃地的界定，对其最早的正式界定是来自倪彭年等编译的 *Colonization of Industrial wasteland* 中所做的界定，即指为采矿活动所破坏的，非经治理无法使用的土地。然而，从事废弃地研究的专业不同，其对废弃地概念的理解也不尽一致。我国废弃地的研究起步较晚，现有研究对于废弃地内涵的界定大部分只侧重某一个方面，因此，目前对于废弃地的概念还没有形成一个全面的权威的界定。

国外通常用"brownfield，brownland"等词来表示废弃地，我国将其直译为"棕地"。西方发达国家对废弃地（即棕地）的关注早在20世纪60年代就已开始，"棕地"一词的出现有两个主要起源：一是棕地（brownfield）作为与绿地（greenfield）相对应的规

划术语，最早出现在英国的规划文献中，用"棕地"一词来描述已经开发利用了的土地。另一个来源是美国1980年颁布的《环境反应、赔偿与责任综合法》（也称超级基金法，Superfund Act），也是棕地最早的正式界定，该法案定义棕地为"废弃及未充分利用的工业用地，或已经或疑为受到污染的用地"。自此以后，棕地这一概念在西方国家中传播开来，对棕地的治理与再生、再开发、再利用也逐渐成为各国近年来广受重视的土地利用实践。"棕地"概念除了法国之外，其他国家仅限于城市区域的空置、废弃、被污染的土地，不仅包括被毁坏的工业用地，还包括别的产业用地、旧的商业建筑，不经过有效的干预处理，不能被直接利用。因此，我们可以把国外的棕地理解为城市产业废弃地。

纵观国内外有关废弃地概念的起源和发展，结合目前我国废弃地的现状，废弃地的主要特点可理解为：在各种类型的土地利用过程中所产生；已经使用或开发过的土地或建筑物；目前处于闲置、被遗弃或未被完全利用的各类用地（包括工业、农业、建设用地和交通用地等）；需经过一定的治理才能进行再次利用；其他目前仍在使用但还有再开发潜能的土地；该地块可能遭受（工业）污染。因此，基于废弃地的特点，根据有关废弃地的探讨，可将废弃地定义为：在各种类型土地的利用过程中，随着人类活动的停止而使得已经使用或开发的土地，目前处于闲置、遗弃或未被完全使用的特殊状态，且该类土地需要经过一定的治理才能投入将来的再

次利用。该概念包括城市与农村废弃地,可为广义概念,根据图 12-1 所示的废弃地定义模型,在判断废弃地时用所看到的现象去进行必要条件的判别,只要其现象符合每一个必要条件,则可判定为废弃地。

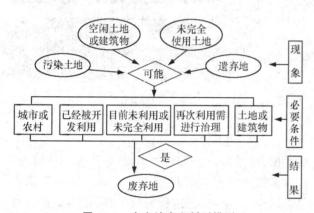

图 12-1　废弃地定义判别模型
(引自张丽芳,濮励杰,涂小松)

狭义的概念是指曾经为工业生产用地或为与工业生产相关的交通、运输、仓储等用地,后来废置不用的地段:如废弃的矿山、采石场、工厂、铁路站场、码头、工业废料倾倒场等等,也即城市产业废弃地。

12.1.2　我国废弃地的成因

根据废弃地的不同类型以及现阶段我国的社会背景,可将废弃地的成因归纳为两个方面:

(1)由自身的利用生产方式或自然因素所引起的废弃地　具体表现在:①通过开采、挖掘的方式利用自然资源的采矿业。采矿业是开发利用自然资源的第一产业,主要以采掘型的利用方式为主,在这种方式的利用过程中,因挖损、压占、垮塌或地表污染对土地造成一定程度的破坏而弃之不用,以致形成废弃地。此外,不规范和无序的乱采滥挖采掘及落后的开采工艺和手段,将会增加废弃地的产生。②污染性的工厂。由于工厂本身生产具有污染性物质的这种特性,使得其对工厂用地以及周围土地造成污染。随着环保处理力度的不断加强,对于一些污染性质的工厂要求关闭或搬迁,但其旧厂址及周围土地因污染不能利用而废弃。类似的还有污水处理厂、垃圾堆放地、砖窑厂等污染性的废

弃地。③退化的土地。由于土地的退化如风化、塌陷以及侵蚀等自然因素引起土地生产力的降低乃至废弃。如低洼地、盐碱地、河流滨水区域等。④随着国家经济的发展和产业结构的调整,许多企业,尤其是生产过程中会产生污染的工业企业和原土地利用率不高占地又广的低端制造业,开始从城中心移向郊区,遗留下大量棕地和灰地。这些土地不少位于城市内部,其破败会造成土地闲置、社区衰退、环境污染、城市空间破碎等不良后果,对城市的经济、社会、环境等产生不利影响。

(2)由于人类活动对土地资源的不合理利用最终导致的废弃地　如新农村建设中的拆旧建新。很多地方对原有村庄的凌乱分散居民点布局进行了规划和调整,实行集中居住。然而在具体实施的过程中,由于资金和农户搬迁不一致等各种原因的限制,形成了村庄内部已搬迁与未搬迁宅基地交叉分布的格局,给村庄的统一整理带来了障碍,造成已搬迁宅基地的闲置。还有工业化进程中土地的粗放利用。许多地方政府由于利益驱动,为了大力发展地方经济,以土地作为招商引资的主要动力,从而形成多批少用,征而不用的现象,造成土地资源的闲置浪费。

12.1.3　废弃地分类

人类对土地的利用形式不同,产生的废弃地类型也不同。目前对废弃地的分类不尽一致,有学者以废弃地的数量规模和城市规模为依据来进行分类,但前者的分类过于笼统不清楚,后者的分类不全面,忽略了城区内部产生废弃地的情况;使用最多的分类是依据产业所划分的分类,涵盖了各种重要产业的废弃地,像工业、矿业、农业等废弃地类型,然而该分类忽略了农村宅基地和城镇居民点的闲置废弃,尤其是当前新农村建设之际,农村宅基地的闲置废弃随处可见,农村宅基地的废弃闲置不容忽视。因此,张丽芳等(2010)结合土地分类的标准,参照英国全国土地利用数据库(NLUD)的分类方法,根据不同的分类层面,按照不同分类依据之间互相交叉补充界定的原则对废弃地进行分类认定,可供借鉴,详见表 12-1。

表 12-1　废弃地分类

分类依据	废弃地类型	含　义
存在的时间长短	短期废弃地	指土地或建筑物废弃时间为 2～3 年
	中期废弃地	指土地或建筑物的废弃闲置时间达 3～5 年
	长期废弃地	指土地或建筑物的废弃闲置时间达 5 年以上
	永久性废弃地	指先前的人类活动对土地利用造成了严重的污染和破坏,使得其在很长时间内不可恢复利用的土地,如重金属矿,核电站等的放射性废弃物填埋场
土地利用功能	矿业废弃地	指开采后的矿山、采石场以及采矿引起的塌陷、压占地等
	工业废弃地	指因污染关闭的化工厂、煤气厂、砖瓦厂等工业原料制造厂、工业垃圾填埋场、工业污水处理厂等工业废物处理设施及废旧厂房
	交通废弃地	指在交通用地的过程中形成的废弃地以及废旧的陆路、水路等交通用地,如修建高速公路时在公路两侧形成的挖废大坑、废弃的码头河道等
	商业废弃地	指仓库、办公楼等商业用地因搬迁、废旧以及周围环境的影响而形成的废弃地
	居民点废弃地	指因人口迁移或死亡而形成居民点的闲置废弃,如闲置的农村宅基地、城镇居民房屋等
	生活及公益设施废弃地	指废弃的日常生活设施用地以及用于公益性用途的用地、因搬迁合并等产生的建筑物及土地的闲置,如废旧的学校、医院、养老院等
	军用设施废弃地	指用于军事用途的各类用地因搬迁、改造或合并等各种原因而产生的废弃
	农业废弃地	指受周围生产活动的影响而荒废的耕地、水面、鱼塘、退化的牧草地、烧毁砍伐后的林地等农业用地
存在状态	闲置废弃地	指闲置、空闲的土地或建筑物,如征而未用土地、闲置建筑物等
	低效利用地	指未完全利用的土地,即土地用途、投资强度、容积率、建筑密度、人均用地等未达到要求,仍有调整利用空间的用地
	污染废弃地	因土地被污染无法利用而废弃的土地
	退化废弃地	因自然风化、侵蚀等形成的土地退化以致失去了利用功能的土地
城乡分布	城市废弃地	指在城市中因规划或搬迁等出现的各种废弃地,包括工业废弃地、商业废弃地、闲置建筑物及居民点等
	村镇废弃地	指在村镇中出现的各类废弃地,如弃耕地、遗弃的荒地、新农村建设过程中形成的宅基地闲置、废旧闲置厂房、畜禽养殖场、鱼塘等

(引自张丽芳,濮励杰,涂小松)

12.1.4　城市废弃地的类型与特点

　　狭义的城市废弃地指曾经为工业生产用地或为与工业生产相关的交通、运输、仓储等用地,后来废置不用的地段,如废弃的矿山、工厂、码头、工业废料或垃圾倾倒场等。广义的城市废弃地是指因破坏而失去功能或原有功能已没有价值而被遗弃的建筑物或地区。产生城市废弃地的主要原因包括能源和资源开采、城市和工业的发展以及人类废弃物的处置不当等。城市废弃地隐喻有三层含义:①城市废弃地以片段的形式存在,意味着有更大、更完整的整体存在,这契合人们的想象空间;②城

市废弃地隐喻了片段的真实性;③城市废弃地象征着丧失了完整性、整体性和平衡性。城市废弃地主要包括矿区废弃地、工业废弃地和垃圾处理场3种类型。

12.1.4.1　矿区废弃地

为采矿活动所破坏的,未经治理而无法使用的土地。矿区废弃地按照采集类型的不同可以分为露天采集区和非露天采集区,露天采集区对生态系统的破坏是根本性的,所有原生生态系统完全被破坏;非露天采集区对地面生态系统的破坏相对小一些。矿区废弃地对本地生态景观造成严重影响,矿产地在开采前都是森林、草地和植被覆盖的山体,一旦开采后,植被消失,山体遭破坏,矿渣与垃圾堆置,原生生态系统完全被破坏,最终形成一个与周围环境完全不同甚至极不协调的外观。而且,矿产作业清除或挖走了矿地的表土,留下的通常是心土或矿渣,结果所暴露出的往往是坚硬、板结的基质,极不利于植物生长。

根据其来源可划分为:由剥离的表土、开采的废石及低品位矿石堆积形成的废石堆废弃地;随着矿物开采形成的大量的采空区域及塌陷区,即开采坑废弃地;利用各种分选方法分选出精矿物后的剩余物排放形成的尾矿废弃地;采矿作业面、机械设施、矿山辅助建筑物和道路交通等先后占用后废弃的土地。各不同类型矿区废弃地特点分别为:

(1)废石堆废弃地　开采矿石必须首先剥离废石(露天矿)或开拓(地下矿),由此生产出没有工业价值的废石。这种废弃地的特点是废弃物粒径常在几百乃至上千毫米,难以在短期内自行粉碎风化,废弃地持水性差,空隙大。

(2)采空区及塌陷区废弃地　这是地下采矿形成的块状、带状的塌陷地面,地表破碎,起伏不平,水土流失严重。由于垮塌,地面变得疏松,高低不平,且石块与泥土混杂,难以利用,垮塌严重时,采矿坑废弃地往往形成一个深坑,常年积水或形成潮湿的湿地。

(3)尾矿废弃地　尾矿是在矿产资源开发利用过程中,在当时采选技术和设备条件下,对矿石中某一或若干元素组分进行分选、回收后而排放的固体废料。由于选矿回收率低,尾矿的排放量非常大,尾矿含有大量有毒有害的物质,这主要是来自选矿工艺中使用的化学药剂(如金矿开采中的氰化物、铅锌矿选矿投放的黄药等)及尾矿本身含有的重金属经过雨水的淋溶作用,尾矿中的有毒有害物质进入土壤及水体,造成对周围土壤及水体的污染。

(4)矿山辅助设施在使用后形成的废弃地　矿山开采时修建的厂房建筑物、道路等辅助设施,在矿山开采完后丢弃的厂房、道路等多为水泥修建,这使得废弃地无法复垦作为农业或林业利用。

12.1.4.2　城市工业废弃地

城市工业废弃地来源于城市中工业迁移或者改建而遗留下来的废弃地,以及城市规划的变动,以前的一些城市工业被拆除,土地也就随之弃置。旧的城市设施被拆除,新的城市机构被建立,城市交通系统、运输系统和一些城市居住地的改造形成了一些新的弃置土地。城市工业废弃地大多数处于城市的中心地带,因此对它进行生态恢复对城市具有十分重要的意义。由于城市的巨大影响,城市工业废弃地的生态恢复也具有一些独有的特点。首先,城市工业废弃地的生态恢复具有很大的便利性,一方面,城市工业废弃地往往具有相对小的污染效应,这就避免了对土壤系统进行修复的复杂性;另一方面,城市工业废弃地处于城市中央,废弃地进行生态恢复后具有很大的经济利用价值和多种用途,资金比较容易筹集,运输等工程也比较便利。其次,城市工业废弃地的生态恢复具有一定的局限性,一方面,生态恢复应该和城市的景观风格相适应,生态恢复的主要目标应该是人工生态系统,在利于进行管理的同时应对城市的生态、社会、经济发展都有很大的益处;另一方面,在城市中进行生态恢复工程也需要注意对城市居民生活的影响。目前,在城市中进行的废弃地生态恢复大多数都是将城市工业废弃地改造为城市公园,因此,城市工业废弃地的生态恢复的主要特点是生态和景观的设计。

12.1.4.3　垃圾处理场地

伴随工业化和城市化进程的加快,工业产值不断增长,生产规模不断扩大,人们的物质生活水平和需求不断提高,人类的废弃物产生量也在不断增加,这些废弃物主要包括城市生活废弃物和工业产生的工业废弃物。人们对这些城市固体废弃物的简单处置形成了垃圾处置场地废弃地。由于对土地的占用和覆盖,城市垃圾处理填埋场会完全破坏原生生态系统,垃圾处理场的主要成分是生活垃圾,垃圾在降解的过程中,会产生垃圾渗滤液和主要成分为甲烷的溢出气体,改变了土壤的性质,影响植物的成活,并对周围的生态环境产生不良的影响。对垃圾处理场的生态设计,首先要克服填埋物的负面影响。

12.2　城市退化生态系统恢复与重建

12.2.1　生态修复理论

随着土地复垦及环境生态学、景观生态学、恢复生态学的发展,我国生态修复的概念也大量出现。生态修复是指按照生态系统的演进规律,利用自然和人为力量,对被破坏的生态系统停止人为干扰,以减轻负荷压力,依靠生态系统的自我调节能力与自我组织能力,辅以人工措施,进行修理、改良、重建、维护和管理,使遭到破坏的生态系统逐步恢复或使其向良性循环发展,主要致力于那些因自然突变和人类活动而遭到破坏的自然生态系统的恢复与重建工作。生态修复包括生态自我修复和生态人为修复。生态修复并非意味着在所有场合下恢复原有的生态系统,其关键在于恢复生态系统的功能,并能自我维持。在生态修复的研究和实践中,涉及的相关概念有生态恢复(ecological restoration)、生态修复(ecological rehabilitation)、生态重建(ecological reconstruction)、生态改进(ecological enhancement)、生态改造(ecological reclamation)等。虽然各种概念在含义上有所区别,但是都具有"恢复和发展"的内涵,即使原来受到干扰或者损害的系统恢复后能可持续发展,并为人类持续利用。

生态修复在尊重自然、顺应自然、保护自然的基础上,能有效地实现逐步恢复受损环境、改善环境的目的,促进生态系统的可持续发展,是一种友好的环境修复方式。国际恢复生态学会提出,生态恢复是帮助研究生态整合性的恢复和管理过程的科学,生态整合性包括生物多样性以及生态过程、结构、区域及其历史情况,可持续的社会实践等广泛的范围。生态恢复过程一般是由人工设计和自我设计进行的,并是在生态系统层次上进行。

12.2.2　城市退化生态系统恢复的基本目标

根据不同的社会、经济、文化与生活需要,人们往往会对不同的退化生态系统制定不同水平的恢复目标,但是无论对什么类型的退化生态系统,基本的恢复目标或要求主要有以下几个方面:①实现生态系统的地表基底稳定性。因为地表基底(地质地貌)是生态系统发育与存在的载体,基底不稳定(如滑坡),就不可能保证生态系统的持续演替与发展。②恢复植被和土壤,保证一定的植被覆盖率和土壤肥力。③增加种类组成和生物多样性。④实现生物群落的恢复,提高生态系统的生产力和自我维持能力。⑤减少或控制环境污染。⑥增加视觉和美学享受。

12.2.3　退化生态系统恢复与重建的基本原则

退化生态系统的恢复与重建要求在遵循自然规律的基础上,通过人类的作用,根据技术上适当、经济上可行、社会能够接受的原则,使受害或退化生态系统重新获得健康并有益于人类生存与生活的生态系统重构或再生过程。生态恢复与重建的原则一般包括自然法则、社会经济技术原则、美学原则3个方面(图12-2)。自然法则是生态恢复与重建的基本原则,也就是说,只有遵循自然规律的恢复重建才是真正意义上的恢复与重建,否则只能是背道而驰,事倍功半;社会经济技术条件是生态恢复重建的后盾和支柱,在一定尺度上制约着恢复重建的可能性、水平与深度;美学原则是指退化生态系统的恢复重建应给人以美的享受。

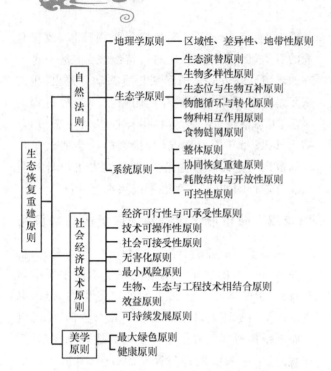

图12-2 退化生态系统恢复与重建应遵循的基本原则

12.2.4 生态恢复与重建的一般操作程序

退化生态系统的恢复与重建一般分为下列几个步骤：①首先要明确被恢复对象，并确定系统边界；②退化生态系统的诊断分析，包括生态系统的物质与能量流动与转化分析、退化主导因子、退化过程、退化类型、退化阶段与强度的诊断与辨识；③生态退化的综合评判，确定恢复目标；④退化生态系统的恢复与重建的自然-经济-社会-技术可行性分析；⑤恢复与重建的生态规划与风险评价，建立优化模型，提出决策与具体的实施方案；⑥进行实地恢复与重建的优化模式试验与模拟研究，通过长期定位观测试验，获取在理论和实践中具可操作性的恢复重建模式；⑦对一些成功的恢复与重建模式进行示范与推广，同时要加强后续的动态监测与评价。

12.2.5 退化生态系统的恢复与重建技术

恢复与重建技术是恢复生态学的重点研究领域，但目前是一个较为薄弱的环节。由于不同退化生态系统存在着地域差异性，加上外部干扰类型和

强度的不同，结果导致生态系统所表现出的退化类型、阶段、过程及其响应机制也各不相同。因此，在不同类型退化生态系统的恢复过程中，其恢复目标、侧重点及其选用的配套关键技术往往会有所不同。尽管如此，对于一般退化生态系统而言，大致需要或涉及以下几类基本的恢复技术体系：①非生物或环境要素（包括土壤、水体、大气）的恢复技术；②生物因素（包括物种、种群和群落）的恢复技术；③生态系统（包括结构与功能）的总体规划、设计与组装技术。

12.3 城市废弃地植物造景设计

12.3.1 城市废弃地植物景观设计目标与任务

城市废弃地恶劣而复杂的环境，对植物景观的设计和适种植物的选择提出了较高的要求。植物景观设计中应以修复区域生态环境为核心，统筹兼顾区域的景观宜人性、文化性，通过环境友好型植物景观设计，促进城市、人与自然和谐相处，促进发展的可持续性。

"环境友好型"植物景观是指能够统筹人与植物，植物与植物，植物与环境之间的相互关系，并使其能和谐发展的可持续景观。以环境、资源的承载力为基础，充分尊重自然规律，保护性恢复和优化生态构架，尽量降低资源消耗和浪费，使景观形成具有较高生态、美学、经济与文化价值的动态景观综合体。通过最大限度地降低人为破坏的影响，因地制宜，科学地建立具有高效经济过程与和谐生态功能、社会功能、美学功能的植物景观。因此，植物景观设计的主要任务是：①恢复地带性植被，增加植被覆盖率；②增加种类组成和生物多样性；③建构近自然生物群落，提高城市生态系统的生产力和自我维持能力，恢复区域的生态平衡；④增强生态服务功能，减少或控制环境污染；⑤增加视觉和美学享受。使现代城市废弃地的景观突显场所精神、明晰认知环境、再现城市记忆、保护城市废弃地景观的历史文化资源，塑造具有地方特色的城市景观。

12.3.2 城市废弃地植物景观设计基本原则

12.3.2.1 自然优先,生态设计

面对资源约束趋紧、环境污染严重、生态系统退化的严峻形势,必须树立尊重自然、顺应自然、保护自然的生态文明理念。在后工业景观设计时应采用生态设计方式,注意考虑生态系统的安全,对场地的最小的干预,场地的保护和自我维持。Sim Van der Ryn 和 Stuart Cown 对生态设计的定义:任何与生态过程相协调,尽量使其对环境的负面影响达到最小的设计形式都称为生态设计。这种协调意味着设计应尊重物种多样性,自然优先,减少对资源的剥夺,保持营养和水循环,维持植物生境和动物栖息地的质量,以改善人居环境及生态系统的健康。

由于过去的工业活动,造成工业废弃地存在一系列生态问题,如地表景观支离破碎、环境污染、工业废料的安全处置问题等,极大影响景观的环境服务功能。通过对污染载体的净化、对闲置资源的重新利用实现改善城市环境的目的,运用植物景观设计的手段来实现植物对外的生态功能,改善环境质量,协调人与自然的关系。在生态设计理念的指导下,尽量减少对原生态系统的干扰,主张利用自然生态系统的自我恢复能力来实现其恢复和再生。

12.3.2.2 师法自然,因地制宜

稳定度高的群落可提高植物景观的可持续性。师法自然,顺应植物群落演替规律,运用生态位和植物他感作用合理配置群落。植物景观设计既要讲究植物和植物群落的组合搭配,更要考虑植物本身的生物学特性,如阴性植物配置设计中,符合阴性植物生物学特性的立地条件,一般利用高大乔木冠幅的遮荫效果来实现。要以乡土植物为主,兼容已长期驯化的外来植物;要根据各种植物的生态习性和环境要求,做到"适地适树"。

12.3.2.3 低碳节能,资源高效可持续利用

低碳节能的植物景观设计是一种可持续性的景观设计,对减少资源和能源耗损、促进生态系统良性发展有积极意义。在植物景观设计中应注重适宜绿化植物的选择,合理构建高固碳植物群落,

采取节约型绿化技术。植物景观的碳效应可分为直接碳效应和间接碳效应。直接碳效应包括 CO_2 排放和固定;间接碳效应是植物景观在改善环境的同时,降低建筑、设施等对能源的消耗。园林绿化建设中,最佳效应是园林植物在生产运输以及景观营造和养护管理过程中的碳排放量降到最低,而碳固定效率最高。同时,合理利用乡土植被、具有较高园林应用价值的野生植被、自播型或粗放管理型植被,保留和保护有价值的自然生长植被,科学营造结构稳定的近自然群落,增加植物多样性和群落丰富度及稳定性。避免盲目的"草坪热""大树移植""重草轻树"等,或利用植物构建生态雨水滞留池等,增强城市园林景观的碳汇能力和节约水资源、能源的能力。致力于以最小的投入、资源消耗,最大限度地提升城市环境质量,完善城市园林绿化,实现城市的可持续发展,获得最大的经济与社会效益。

12.3.2.4 以人为本,满足多元需求

新时代的以人为本,就是要尊重、理解、关心人,要把不断满足人的全面需求、促进人的全面发展,作为发展的根本出发点。并且,在景观设计中除了考虑为当代人服务,强调以进入该场所的人为本,还应该考虑未进入该场所的潜在利用者及后人的需求,为子孙后代考虑。此外,还应尊重场地中的动物等其他生物,寻求人与自然、人与社会、人与人之间关系的总体性和谐可持续性发展。

以人为本的植物景观设计,是景观设计中营造适宜的人性场所的重要途径之一,是对人性的尊重。作为一种人性化的设计,应科学高效地发挥植物景观的对外功能。植物景观设计还应满足人类生理需求和精神需求。城市中的景观设计究其根本是为人服务,没有人参与的城市景观也是不可持续的。工业废弃地的景观营造是在工业用地开发影响区域进行资源的重新整合后的综合利用,重新建设对人类适宜生存和发展的良好的自然生态环境,并且从中可以产生和获得越来越多的物质和经济以及精神方面的效益。因此,在城市工业废弃地植物景观设计中,应运用环境心理学和美学理论等,结合人的生理结构、心理特征、行为习惯和生活

方式等,从空间营造、色彩运用、材质重组、动物保护与吸引以及景观游线的组织等方面对植物景观做出人性化设计,使人们在这个场所中得到愉悦的感官体验和在场所行为中的动态体验,营造可持续性的景观,构建人与自然和谐发展的良好环境。

12.3.2.5 文脉延续,体现场所精神

每一个城市都有自己深厚的历史和多样性的文化,有自己独特的景观空间形态、肌理特质和风俗民情,承载着一代又一代人的记忆,是为公众提供丰富的文化体验的场所。没有场所精神的景观缺少文化认同感和归属感,既缺乏吸引外地人的特色,也难以唤起居民的共鸣。环境友好型植物景观设计需要综合自然美、生活美和艺术美,将城市文脉、场所精神融入设计中,为城市景观注入文化活力。而城市工业废弃地,作为城市的片段,具有较悠久的历史,是城市工业化和城市化过程中工业文明的印记,这些无形中承载着城市历史和工人、居民的集体记忆就是其宝贵的场所精神。

在植物景观设计中,除了恢复其良好的生态环境,创造舒适宜人的景观环境以外,就是要充分挖掘、整理、强化场所空间、场所所处城市的历史文化和风土人情、游人和附近居民之间的内在关系,借鉴一些美学的艺术手法来将场所精神通过植物景观的形式具体化、视觉化,传达工业废弃地特殊价值,让人能更直观地理解场地的文化内涵,有利于城市记忆的保留和城市文脉的延续。

12.3.3 环境友好型植物景观的特征、功能和类型

植物景观作为环境中的生物成分,有其循环的生命周期、顺应自然规律的生长演替,对维持生态平衡有十分重要作用,为自然界其他生物的生生不息提供了动力源泉,展现出自然的律动美和朴素美,呈现的主要特征、功能与类型见表12-2。

表 12-2 环境友好型植物景观的特征、功能和类型

对象	方面	内容
植物景观	主要特征	季相变化特征、文化特征、地域性特征、生态修复特征、高效益特征
	功能	生态功能、美学功能、社会功能、生产功能的综合及优化
	类型	恢复型、环保型、工业型、观赏型、科普知识型、文化型、康体保健型、指示型、经济型植物景观

(引自:张丽.株洲市清水塘工业废弃地环境友好型植物景观设计研究[D].武汉:中南林业科技大学,2014)

12.3.4 城市废弃地植物景观设计手法与策略

12.3.4.1 植物景观设计手法

(1)近自然式设计 近自然式设计是应用"模拟自然"的手法,在原始的自然与营建的自然之间建立一种新的联系,使营建的自然真正具有自然的功能与属性,营造的人工群落在种类组成和群落结构上与区域顶级群落接近,又符合人的审美需求。设计方法遵循自然群落的发展演替规律,能减少养护管理的成本,并通过提高地区的物种、群落、生态系统和景观的多样性,以及绿地本身所能产生的生态效益,改善城市生态系统的质量。

在模拟地带性植物群落、进行近自然的植物群落设计中,应按当地潜在植被类型确定拟建目标绿地类型,根据植物群落的组成(突出优势种)和结构(垂直分布和平面分布)来科学地进行人工模拟,构建"近自然化"景观。近自然群落理念一般运用在观赏型、环保型、保健型、科普知识型的人工植物群落营建上。

(2)乡土化设计 不同的地形地貌环境孕育出各具特色的乡土植被,展示着地域风光,是乡土环境中独有的景观资源。乡土化植物景观设计一般通过营造生境,如营造地形、水体、硬质景观,或者巧妙利用乡土环境中植被的颜色、质感与肌理,遵循地方形式,与其他乡土材料有机组合,产生具有一定人文价值的美学效应。城市废弃地的生态环境条件特殊,可视具体情况选取抗污染能力强、适应性强、耐瘠薄、具有生态恢复作用的乡土树种,结合基地文化和地貌,进行植物景观设计。

（3）保护性设计　城市废弃地的工业遗迹包括场地上废弃的工业建筑物、构筑物、机械设备和相关运输仓储等设施。同时，原有道路系统、功能分区、现状自发生长的野生植被等同样象征着弥足珍贵的时代记忆。这些破败的现状，从某种意义上可形成较好的造园造景基础。在城市废弃地上的植被长期适应场地环境而正常生长，尽可能尊重场地的景观特征和生态发展过程，保护好现有的地形地貌或对其进行合理的改造，对这些植被进行适当保留、恢复等就是保护性设计。不但降低成本，还能形成极具场地特色、具有历史文化气息的优美的景观，作为艺术创作的主题语言，发挥历史价值、情感价值、经济价值、环境价值和技术美学价值等。

（4）恢复性设计　恢复性设计是指在设计中运用多种科技手段来恢复已经退化、损坏或彻底破坏的生态环境，达到一种可持续的发展状态。植被恢复方面，视整个生态系统遭到破坏的程度而有不同。若生态系统的损坏未超负荷并且可逆时，采取自然修复的模式，通过解除人为活动的破坏和干扰，遵循一种演变和更新规律，保留自然地，可通过植被自身长期生态演替过程恢复；当超过负荷并不可逆时，需加以人工干预，为植被的自然再生创造条件，或是通过减少场地负荷，从改善植物生长环境入手，恢复土壤性能，改善空气、水等环境因子，为植物生长创造良好的生长环境，使植被自我恢复；对于短时间不能恢复完好的土壤，用适应特殊生态因子的植物对废弃地进行生态恢复。选择适应性强的乡土植物或自然定居的先锋植物种植，发挥自然系统的能动性，通过生态演替完成植被恢复，使场地重新建立生态平衡，创造出具有新特征的景观风貌。

（5）文化展示性设计　结合场所的历史文脉，融入区域文化，注入场所精神，不仅美化城市，还为提升城市文化内涵服务。许多特殊植物能适应和改善恶劣的环境，在城市废弃地改造的景观中，这些植物可作为优选材料，通过挖掘它们的深层次内涵，欣赏自然美，创造意境美，感受精神美，展示植物文化。结合场地环境特征和发展背景，寻根溯源，提炼场地的文化符号，将植物景观设计以隐喻、象征等手法，使人们产生浓厚兴趣与联想，展示场

地的文化内涵，还可用于处理污染问题和辅助科学研究。

12.3.4.2　城市废弃地植物景观设计策略

城市废弃地植物景观设计采取的基本策略应以环境友好型植物景观设计理念为导向，以城市、人与自然和谐相处为目标，以生态、资源、景观、人文为落脚点，大力加强生态文明建设。实施策略有：

（1）与生态友好——恢复生态，还原生态安全的区域　包括完善绿地生态网络和区域生态修复（主要为重金属污染土壤生态修复、空气净化、湿地系统生态修复、野生动物多样性生态修复、受损植被生态修复、水源涵养林生态修复）两部分。通过对生态的恢复，使场地生态系统得到恢复，环境得到有效的改善，区域生态安全得到保障。

（2）与环境资源友好——低碳节约，促进环境资源的可持续发展　通过宏观上绿地系统的空间布局，微观上植物景观的选择、群落构建、与建筑或构筑物或地形的搭配等，促进城市活动能量和物质循环过程中的低碳节约、循环利用，塑造工业废弃地高品质、高功效的绿地。

（3）与人友好——完善绿地布局，打造健康宜居的幸福场所　体现"以人为本"的理念，从植物景观的宜人性、空间营造、对人的康体保健作用、防灾避险作用四个方面完善绿地布局，发挥改造后作为城市景观的工业废弃地的景观服务功能，打造环境利用率高、可持续发展的健康宜居的幸福场所。

（4）与城市文化友好——彰显地域特色，延续城市工业文脉，提升城市内涵　通过环境友好型植物景观设计，融合场所精神，延续工业区的工业文脉，保护和唤醒当地居民的工业记忆，提升城市景观的文化内涵。

12.4　城市废弃地植物景观设计实践

12.4.1　城市废弃工厂植物景观设计实践——中山岐江公园

城市废弃工厂植物景观设计实践——中山岐江公园见二维码 12-1。

二维码 12-1　城市废弃工厂植物景观
设计实践——中山岐江公园

12.4.2　垃圾处理场植物景观设计实践——上海炮台湾湿地森林公园

垃圾处理场植物景观设计实践——上海炮台湾湿地森林公园见二维码 12-2。

二维码 12-2　垃圾处理场植物景观设计实践
——上海炮台湾湿地森林公园

12.4.3　矿区废弃地植物造景设计——河南义马市矿山地质公园

矿区废弃地植物造景设计——河南义马市矿

山地质公园见二维码 12-3。

二维码 12-3　矿区废弃地植物造景设计
——河南义马市矿山地质公园

思考题

1.试述城市废弃地的主要类型与特点。

2.城市退化生态系统恢复与重建的目标与基本原则有哪些？

3.试述城市废弃地植物景观设计方式与策略。

4.简述环境友好型植物景观的特征、功能和类型。

5.根据生态恢复学理论，试做一处本地城市废弃地的植物景观规划方案。

下 篇

园林植物造景实训指导

实训1　园林树木识别与应用调查

一、实训目的

(1)通过对当地园林树木的识别,掌握常见园林树木的生长习性、基本形态特征。

(2)掌握当地常见园林树木的主要观赏特性、观赏期以及园林用途。

(3)学会用工具书检索、鉴定园林树木,并用形态术语准确描述树木形态特征。

(4)在掌握本地常见园林树木的形态特征、观赏特点、园林用途的基础上,对各类绿地中的园林树木应用进行简单的调查和评价。

(5)掌握园林树木的应用形式及配置方式,进一步理解园林植物造景理论和不同绿地树木配置的特点和方法。

二、实训条件

1. 实训材料

本地区常见园林树种和指定绿地内的园林树木。

2. 实训工具与用品

实训指导书、园林树木识别相关工具书、调查记录表、数码相机、测高仪、卷尺、放大镜、记录本、铅笔等。

3. 实训地点

当地各类园林绿地如校园、道路、居住区、各类单位附属绿地、公园、植物园等绿地。

三、方法步骤

1. 实训调查前准备

实地调查前,确定调查的对象和调查项目,收集相关资料,制定调查方案,明确实训过程中的具体要求。

2. 形态特征观察与树种识别

在校园、道路、单位、居住区、公园等各类不同绿地中,实地观察绿地中应用的园林树木的形态特征,记录园林树木的种类,利用工具书、参考书鉴定识别不确定的树种。重点掌握各树种的识别要点和识别方法等。

在综合实训中,应该熟悉的常见科有苏铁科(Cycadaceae)、银杏科(Ginkgoaceae)、松科(Pinaceae)、柏科(Cupressaceae)、杉科(Taxodiaceae)、红豆杉科(Taxodiaceae)、罗汉松科(Podocarpaceae)、木兰科(Magnoliaceae)、榆科(Ulmaceae)、桑科(Moraceae)、蔷薇科(Rosaceae)、腊梅科(Calycanthaceae)、樟科(Lauraceae)、苏木科(Caesalpiniaceae)、含羞草科(Mimosaceae)、蝶形花科(Papilionaceae)、芸香科(Rutaceae)、杨柳科(Salicaceae)、杨梅科(Myri-

caceae)、槭树科（Aceraceae）、壳斗科（山毛榉科）（Fagaceae）、山茶科（Theaceae）、木犀科（Oleaceae）、紫葳科（Bignoniaceae）、杜鹃花科（Ericaceae）、棕榈科（Palmaceae）、禾本科（Gramineae）等。在这些科里，识别一些有代表性的属和种。每一个科认识1～3个代表的属，要求能对照植物标本口述科的主要性状。每一个属认识1～3个代表的种。

3.观赏特性与园林用途调查

根据现场观察结果，并利用教材、工具书、网络等专业参考资料，掌握所识别树种的观赏特性与园林用途，并比较不同绿地在树种选择上的区别。

（1）观赏特性　分为观形树种、观花树种、观叶树种、观果树种、观干树种、观芽树种、观根树种等。

（2）园林用途　分为孤赏树、庭荫树、行道树、风景树、花灌木、绿篱、造型树、垂直绿化树、木本地被、防护林树、室内绿化树等。

4.调查记录表填写

分组按指定地点实地调查，完成园林树木识别与应用调查记录表（表1）的填写。

（1）实地调查　在调查记录表中记录所调查绿地内园林树木的种类、生长状况、主要应用形式。应用形式分为：孤植、对植、丛植、列植、片植、群植、垂直绿化、地被、绿篱等。

（2）拍摄记录或绘图　园林树木配置方式的平、立面图。

表1　园林树木识别与应用调查记录表

序号	树种	科属	拉丁名	生长习性	识别要点	观赏特性	园林用途	应用形式	生长状况	景观效果
1	雪松	松科雪松属	*Cedrus deodara*	常绿乔木	树冠尖塔形,侧枝平展,先端微垂。针形叶在长枝上螺旋状散生,短枝上簇生	观形观叶	孤赏树、行道树、风景树	孤植、列植	优	优
⋮	⋮	⋮	⋮	⋮	⋮	⋮	⋮	⋮	⋮	⋮

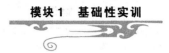

5. 整理分析、统计调查结果

(1)将调查结果进行整理归纳,完成园林树木应用调查统计表(表 2)。

(2)总结所调查绿地园林树木的应用现状,对调查结果进行初步的分析评价。

表 2　园林树木应用调查统计表

主要园林用途与应用形式	树种名录
孤植	
对植	
丛植	
列植	
群植	
垂直绿化	
地被	
绿篱	
观花树种	
观果树种	
色叶树种	
观形树种	

四、实训要求

(1)校园园林树木的识别;道路、居住区、单位附属绿地园林树木的识别;公园(植物园)园林树木的识别。实训期间进行识别考核,考核方式随机,数量不少于 50 种。

(2)结合实习地情况选择调查的绿地类型,对树种选择、生长状况、应用形式及配置方式、景观效果等进行实地综合调查,填写调查记录表。

(3)对所调查绿地园林树木的应用现状进行简单的分析评价。

五、作业

实训结束后,每人提交一份实训报告,主要包括实训小结、园林树木识别与应用调查记录表、园林树木应用调查统计表、园林树木配置图。

实训2 园林花卉识别与应用调查

一、实训目的

（1）识别当地常用露地与室内花卉。

（2）掌握常见花卉的基本形态特征、科属分类等，区别相似园林花卉，了解每一类花卉的生态与栽培习性。

（3）了解花卉观赏特性及园林用途，在园林绿化美化中的作用及应用的主要方式。

（4）了解园林花卉应用设计的基础理论和基本形式。

二、实训条件

1. 实训材料

所调查环境内的各类花卉，包括花卉市场内各类商品花卉和园林绿地中各种露地栽培花卉。露地花卉40～60种；温室一二年生花卉、宿根花卉、球根花卉、仙人掌类及多浆植物、蕨类植物等40～60种；水生花卉10～20种。

在综合实训中，应该熟悉的常见科有毛茛科（Ranunculaceae）、睡莲科（Nymphaeaceae）、罂粟科（Papaveraceae）、石竹科（Caryophyllaceae）、苋科（Amaranthaceae）、蓼科（Polygonaceae）、报春花科（Primulaceae）、十字花科（Cruciferae）、景天科（Crassulaceae）、茄科（Solanaceae）、玄参科（Scrophulariaceae）、禾本科（Gramineae）、姜科（Zingiberaceae）、百合科（Liliaceae）、石蒜科（Amaryllidaceae）、鸢尾科（Iridaceae）、兰科（Orchidaceae）、菊科（Asteraceae）等。

2. 实训工具与用品

园林植物识别实训指导书、工具书、简易标本夹、笔、记录本、照相机等。

3. 实训地点

花圃、园林绿地、街头花坛；校园或公园温室；花卉市场；当地植物园等。

三、方法步骤

1. 露地花卉识别

实地观察各种露地花卉，区别相似花卉，掌握主要露地花卉的识别要点、方法，了解其分布、习性及园林应用等。记录表见表1。

表1　常见露地花卉识别观察记录表

序号	中文名	科名	拉丁名	花期	主要识别要点（高度、花形、花色）	用途
1	三色堇	堇菜科	*Viola tricolor*	4～5月	高15～25 cm，蓝、黄、白三色，形似猫脸，或单色	花坛、花境、镶边、盆栽
2	金盏菊	菊科	*Calendula officinalis*	3～10月	高30～60 cm，头状花序，黄色或橙黄色	花坛、花境、花台、盆栽
⋮	⋮	⋮	⋮	⋮	⋮	⋮

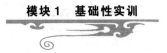

2.温室花卉识别

掌握主要温室花卉的识别要点、繁殖栽培方法,了解其分布、习性及园林应用等。记录表见表2。

表 2　常见温室花卉识别观察记录表

序号	中文名	科名	拉丁名	主要识别要点	观赏部位	用途
1	君子兰	石蒜科	*Clivia miniata*	叶基生,二列叠生,宽带形,伞形花序	花、叶、果	盆栽、切叶
2	肾蕨	骨碎补科	*Nephrolepis auriculata*	叶丛生,一回羽状全裂	叶	盆栽、切叶
⋮	⋮	⋮	⋮	⋮	⋮	⋮

3. 水生花卉识别

掌握主要水生花卉的识别要点、繁殖栽培方法,了解其分布、习性及园林应用等。记录表见表3。

表3 常见水生花卉识别观察记录表

序号	中文名	科名	拉丁名	主要识别要点	观赏部位	水生状态
1	荷花	睡莲科	*Nelumbo nucifera*	叶盾状圆形,幼叶常自两侧向内卷,蓝绿色,花大单生	花、叶	挺水
⋮	⋮	⋮	⋮	⋮	⋮	⋮

4. 花卉市场调查

调查了解花卉市场的功能、作用、分区、销售情况以及市场行情等,学习识别各类花卉产品,现场难以识别的种类,可采集标本,查阅资料后进一步完成识别工作。记录表见表 4。

表 4　花卉市场调查记录表

序号	中文名	科名	拉丁名	别名	单价/元
1	凤梨	凤梨科	*Anans comosus*	鸿运当头、避邪剑等	80～600
2	马拉巴栗	木棉科	*Pachira aquatica*	财源滚滚、发财树等	60～200
⋮	⋮	⋮	⋮	⋮	⋮

5.园林花卉应用调查

调查学校及实习城市主要街道广场、公园、植物园等环境的花卉应用方式,记录应用的主要花卉材料。记录表见表5。

表5 花卉应用调查记录表

序号	中文名	拉丁名	调查地点	应用方式	株高/cm	花色
1	雏菊	*Bellis perennis*	翠湖公园	花坛镶边	10	粉红
⋮	⋮	⋮	⋮	⋮	⋮	⋮

四、实训要求

1.露地花卉、温室花卉、水生花卉识别

在规定区域内观察、识别露地花卉,并按表格记录,每人最少 20 种。按指定序列观察、识别温室花卉,并按表格记录,每人最少 20 种。观察、识别水生花卉,并按表格记录,每人最少 10 种。

2.花卉市场调查

以小组为单位在规定区域内调查识别花卉产品,并按表格记录,每组最少 50 种。

3.园林花卉应用调查

分析花卉应用的特点,如花坛体量、形状、色彩与环境是否协调;花材选用是否得当、质量如何;株行距、花坛面积及用苗量是否合适。

选测 2～3 个花卉应用的优秀实例,绘制平面图、主立面图,并列出植物材料、色彩、株高、冠幅、用量等,分析、评价其优缺点。

五、作业

实训完成后,每人上交一份实训报告,主要包括调查内容、测绘图纸、收获与体会等。列表说明观察到的花卉形态特征、科属特点、应用形式等。

实训3　园林植物观赏特性的分析体验

一、实训目的

熟悉常见各类园林植物观赏特性的具体表现与一般特点,掌握主要园林植物株形、叶、花、果、枝、干等的观赏特性,为园林植物造景设计提供依据。

二、实训条件

所在地园林绿地中实际应用的各类园林植物、记录夹、速写簿、绘图用具、相机等。

三、方法与步骤

先由教师选定典型代表性园林植物进行分析、介绍、评价,然后每个学生选择5～7种园林植物进行仔细观察分析。

1.园林植物的形态及其观赏特性

园林植物的形态,因种类各异,且单株之不同结构者亦各具姿态。形态之于色彩犹如平面之于立体,表里相因,关系密切,于设计者至关重要。

2.园林植物的色彩及其观赏特性

色彩是对景观欣赏最直接、最敏感的接触。不同的色彩在不同国家和地区具有不同的象征意义,而欣赏者对色彩也极具偏好性,即色彩同形态一样也具有"感情"。不同的植物以及植物的各个部分都显现出多样的光色效果。

3.园林植物的芳香及其观赏特性

一般艺术的审美感知,多强调视觉和听觉的感赏,唯园林植物中的嗅觉感赏更具独特的审美效应。人们嗅觉感赏园林植物的芳香(包括实用功利),得以绵绵柔情,引发种种醇美回味,产生心旷神怡,情绪欢愉之感。

4.园林植物的质地及其观赏特性

质地,可通过视觉观赏,也可用触觉感赏。纸质、膜质叶片呈平透明状,给人以恬静之感;革质叶片,厚而浓暗,给人以光影闪烁之感;而粗糙多毛者,给人以粗野之感。植物的质地景观虽无色彩、姿态之引人注目,但其对于景观设计的协调性、多样性、视距感、空间感以及设计的情调、观赏情感和气氛有着极深的影响。根据园林植物的质地在景观中的特性及其潜在用途,可分为:粗质型、中质型及细质型。

四、实训要求

(1)认真观察分析园林植物色彩美和形态美的作用、表现及园林用途。

(2)速写记录常见不同类别园林植物代表各10～15种,各选择1～2个应用的优秀实例,绘制平面图、主立面图,分析、评价其优缺点。

五、作业

实训完成后,每人上交一份实训报告,主要包括调查内容、速写和测绘图纸、收获与体会等。

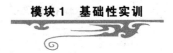

实训 4　园林植物种植形式实践调查

一、实训目的

启发学生在生活中观察植物配置的形式,学会梳理和总结园林植物的不同配置形式和表现手法。

二、实训条件

(1)实测地点:×××市级综合公园。

(2)用具:皮尺、速写本、铅笔、绘图工具。

三、方法与步骤

通过调查、观察×××综合公园中的植物配置形态,以拍照、文字和绘图等形式总结园林植物种植形式和花卉造景形式。

根据公园平面布局图,分区开展调查。

四、实训要求

(1)图文并茂形成 A3 实习报告。实习报告成果完成 10 页以上,封面注明:实习名称、姓名、学号、实习日期。

(2)对应实景照片,对种植形式进行评价与建议。实景照片注明拍摄地点,实景照片不少于30 张。

(3)不分组,实习报告每人完成一份。

五、实训作业

每人完成图文并茂的 A3 实训调查报告一份。

实训 5　园林植物造景的环境效益评价

一、实验目的

通过实习,加深学生对园林植物造景重要性的认识,通过亲身体念与定量分析测定,使学生明确园林植物造景在改善与保护生态环境、创造宜人生活空间等方面功能的具体表现,从而为充分发挥园林植物造景综合功能服务。

二、实训条件

数字式温湿度计、数字式声级计、多探头数字式照度计、皮尺、记录本、园林植物群落。

三、方法与步骤

(1)教师演示与学生分组实测相结合。

(2)实习地点与路线安排:所在地园林绿地。

(3)分别用数字式声级计、多探头数字式照度计、数字式温湿度计测定不同观测点园林植物造景形式对环境噪声的削弱、降温避暑、降低光强、增加湿度等影响。观测值列表记录,记录表如下:

观测时间:　　　　　　　　观测人:　　　　　　　　记录人:

项　　目	仪器名称与型号	观测点 1	观测点 2	观测点 3	…	备注
湿度观测	数字式温湿度计					
噪声观测	数字式声级计					
光照强度观测	多探头数字式照度计					

四、实训要求

(1)注意选点的代表性和不同生态环境的差异性。

(2)正确使用数字式温湿度计、数字式声级计、多探头数字式照度计的观测方法。

(3)数据记录须真实完整。

(4)分组选点实测不同类型园林绿地 2～3 处,

根据观测数据分析说明不同园林植物造景形式对环境影响效应。

五、作业

撰写实验调查报告一份。根据实验观测记录分析园林植物造景对环境噪声的削弱、降温避暑、降低光强、增加湿度等效应。

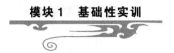

实训6 植物景观环境调查与分析

一、实训目的

了解基地情况，认识植物景观类型与功能特点同所在环境的关系，掌握植物景观与环境关系的分析方法。

二、实训条件

(1)材料与用具：皮尺、速写本、铅笔、望远镜、绘图工具、罗盘仪、海拔仪、测高仪、高枝剪等。

(2)场地：教师选定。

三、方法与步骤

以居住场地为例，调查分析有以下主要步骤和方法：

(1)在参观场地之前从设计委托方索取一张建筑场地的平面图。研究地役权、建筑缓冲带、停车场用地以及其他相关法律规定。

(2)明确设计边界，测量地块尺寸。

(3)测量并记录建筑物的特征。定位所有的窗、门等。对于绘制立面图所需的尺寸进行测量。屋檐的高度，从屋檐到山墙顶点的距离，窗户的高度，二层的特点，以及其他任何在先前测绘中没有记录的均应该包括在内。拍摄照片。

(4)确定场地和建筑的排水口，电表以及其他公共设施。形成一个关于建筑物侧立面、装饰、百叶窗等变化的备忘录。

(5)测绘并评估场地中现存植物的状况和价值。

(6)定位和评估场地其他自然特征。包括突出的岩石、生动有趣的地势起伏等。

(7)研究场地的地势。如果需要更精确研究，可以进行一个地形的测绘调查。

(8)记录所有值得保留的住宅建筑外部景观。测量这个景观的水平距离，记录下不利因素，以备将来予以屏障。

(9)从不同角度和距离观测场地，以备屏障投向场地的外来视线。

(10)记录需要屏蔽的噪声、灰尘、汽车灯光以及其他可能的干扰。

(11)记录现有的大气候和小气候状况，冬季和夏季盛行的风向。

(12)检测土壤深度、岩石组成等。调查土壤，如果必需的话可以进行土壤取样分析。

(13)用简明易读的绘图技巧绘制出基地现状分析图。

(14)综合分析出场地植物造景设计存在的优势、劣势。一个好的设计分析可以很大程度上决定以后设计的成功与否。确定所有园林建造中的问题是解决设计问题的关键一步。

四、实训要求

(1)基本图应简明易读。分析图需用简明易读的绘图技巧绘制，不宜太复杂、细致，保持图面的完整性及各部分图的图面连续性。

(2)调查内容应系统全面。调查范围包括：自然环境和人文环境、业主及使用者的需求、经费情况、造园目的、自然环境的限制、当地苗木情况以及其他造园材料的配合等诸多因素。

(3)基地环境条件分类分析。分析要以自然、人文条件之间的相互关系为基准，加上业主意见，综合研究后决定设计的形式以及设计原则和造型的组合等。

(4)设计分析包括场地和人群需求分析。设计分析能够确定在园林设计过程中需要解决的问题。园林景观问题可能源于场地、场地中的建筑或相关人群。

(5)在场地分析中，所有园址和建筑物都要进行测量并连同园址特征的优缺点一起记录到纸上。测量必须非常精确。

（6）人群需求分析差异很大。一个优秀的设计师能够启发顾客的思路，从而使他们能够提供尽可能多的相关信息。在可能的情况下，人群需求的综合分析应该包括他们现在和将来的所有计划。

五、实训作业

以小组为单位，分析调查场地环境特点，并做出植物景观功能分析，用 A2 图纸绘制一份场地植物种植现状平面图，撰写一份场地植物应用调查报告。

实训 7　树木种植构成设计

一、实训目的

掌握园林绿地种植设计平面与立面构成方法，熟悉园林树木的基本组景形式。

二、实训条件

（1）场地：教师选定。

（2）器具：皮尺、速写本、铅笔、绘图工具。

（3）实训内容：混交树丛与集丛聚栽观赏树丛设计。

三、方法与步骤

景观设计是根据基本设计方案，以种植基本规划所制定的景观构成规划图和景观印象草图为基础，对种类构成、配置形式与层次构成等基本事项进行分析，最后总括为景观构成设计图。

1. 种类构成

（1）常绿树与落叶树的比例　单一树种构成的林地，植被形态明显，空间单纯明快，能够表现树木形质的群体效果。但在公园等场所，单一树种构成的林地对鸟类、动物等的栖息环境不利，有时还会导致病虫害等毁灭性危害。

由常绿树、落叶树、针叶树等多树种构成的组合种植，通过统一处理可提高景观效果。在一般的

种植地中，常绿树、落叶树、针叶树的树种比例通常遵从所在地域的地带性植被组成规律和不同绿地性质。

常绿树主要作为基本的绿量和植栽骨架来使用。落叶树作为重点景观的花木，可以营造四季变化的景色。针叶树在构成林冠线变化上富有特色。

（2）树木与地被植物的比例　作为种植构成的基础单位，把握树木、地被等景观和功能特性至关重要。树木给人以垂直感，草坪等地被物则给人以水平的扩展感。常结合环境特点和用地功能确定适用比例。

（3）季节感的表现　在种植设计中，四季应时植物通过花的开放、叶和果实的色彩、香气等表现季节感和丰富的空间感。

在丛植树种选用方面，10～15 株以内时，外形相差较大的树种最好不要超过 5 种，但外形相近的树种可以增加，需做到多样统一。

2. 树木平面构成形式

树木配置分为整形种植和自然式种植。平面式构成形式包括：

（1）树木组合手法

①密度组合：组合形式有散植、密植、散开林、疏林、密生林、密植散生、密生到散生等。

②规则式组合：组合形式有直线、曲线、二行

植、环状植、围植、境栽、模样栽植等。整形种植以行道树为代表,注重功能、种植、管理的合理性。

③自然式组合:组合形式有丛植、群植、林植等。自然种植从景观的特性出发被广泛应用。

④带状组合:组合形式有交错、变化树种、波状、散状、宽窄、上下两层、林带栽植等。

(2)构图形式

①线状种植:有一列、二列、数列等的直线或曲线的整形种植,以表现优美的线条种植。

②面状种植:利用单棵树和群植树种植,具有面的扩展感。考虑内部种植、两边种植、全周种植、全面种植等整形或自然的图案。

③带状种植:在带状的种植地进行,配置方法有交错种植、交错花样种植、随意花样种植等形式。

3. 数量式构成种植

2株、3株、4株、5株及以上株数的丛植或群植构成。

常采用奇数1、3、5、7、9株进行栽植。平面布置除两株栽植外,平面构成形式忌成直线、正几何图形,应为不等边三角形或多边形。树木体量应有大小差异,树种可以变化,但应符合多样统一法则。

4. 插花式集丛聚栽构成种植

(1)主景树 作为树群的中心存在,称为主景树,要求树要高,树干、树形美丽,树冠开张,支配整体的丛植或群植树木。

(2)配景树 为了弥补主树树形不完美之处,或者为了与主树相配合而配置的树木,选用与主树相调和的树木。

(3)副景树 为了与主、配树相对比而栽植的树木,使用与主树、配树不同的树种。主树作为顶点构成不等边三角形,在协调平衡的基础上栽植。

(4)前置树 当主树、配树、副树构成的景观不完全的情况下,作为补充,在立面上使树冠线和地表相连接的植栽。

(5)背景树 种植单位配置的树木群背景不完备时,为了弥补该缺点而栽植的树木。一般选用枝叶密生、枝叶开展的常绿阔叶树较合适。

5. 立面式构成种植

立面种植包括种植的立面形态和立面图案。种植的立面形态有凸形(中间高)、凹形(中间低)、斜形(一侧高)、水平形等。种植的立面图案根据树木的组合能够表现出如音乐节奏的形态。

层次的构成根据植物划分有乔木、小乔木、灌木以及地被植物形成的种植立面构成。有疏密的程度、郁闭的程度、遮蔽的程度、视线的确保、林地的利用空间(散步、休憩等)等构成单位。

根据层次的空间构成分为四层种植、三层种植、二层种植、一层种植。对这些层次的灵活运用,基于种植的目的、功能和景观印象等进行分析。

四、实训要求

(1)注意主体景物的布置,突出主景,主次分明。

(2)植物布置不能平均而分散,要注意组团进行布置,体现疏密变化。

(3)植物布置不能过分线形化。

(4)集丛、集群布置时,不同植物种类宜成组布置,并相互渗透,林缘线布置要有曲折变化,林冠线要有起伏变化。

(5)符合立面构图的美学法则。

(6)图纸基本要求需包括平面图、立面图和景观效果图、设计说明。

五、作业

设计3、5、7株混交树丛以及集丛聚栽观赏树丛各一个,绘制出平面图、立面图和效果图。

实训8　园林植物群落配置设计

一、实训目的

认识园林植物树群种植构成与环境的关系;认识人工种植群体的组成、结构、功能与特征;掌握观赏树群组景方法,提高园林植物造景的实践能力。

二、实训条件

2♯图板,2♯绘图纸若干,2♯丁字尺,45°三角板,60°三角板,铅笔,0.3针管笔、0.6针管笔、0.9针管笔,彩色铅笔,马克笔,计算机辅助设计制图。

三、方法与步骤

1.认识自然植物群落基本特征,学习当地成功的栽培植物群落案例

在设计栽培植物群落景观时,必须师法自然,认识当地自然植物群落的结构特点。并通过人工园林植物群落调查,掌握成功案例园林植物群落的种类组成、年龄结构、垂直结构、季相以及密度等特征的处理方法。

2.构思立意

确定配置人工种植群落的类型,并分析其特点。目前常见的人工园林植物群落类型有观赏型、生产型、抗逆型、保健型、知识型、文化型等。

3.细化设计

以观赏型树群为例,细化设计应考虑以下内容:

(1)设计形式　自然集丛混交。

(2)树种组成　小于10种,选用1～2种作为基调树种。

(3)结构形式　乔木层、亚乔木层、大灌木层、小灌木层、多年生草本5个部分。

(4)栽植距离　不等边三角形,切忌成行、排、带。

(5)组合形式　复层混交及小块混交与点状混交相结合。

(6)树种搭配　乔木应是阳性树,亚乔木应是半阳性的以开花繁茂或具美丽叶色;灌木应以花木为主,适当点缀常绿灌木,草本植物以多年生野生花卉为主。

(7)树群外貌　应有高低起伏的变化、四季季相变化和美观。

四、实训要求

(1)坚持景观性原则、生态性原则、生物多样性原则、功能性原则的综合应用。

(2)由3～5人组成小组,完成植物景观设计图纸与文本编制。

(3)园林植物景观设计图纸与文本编制应体现设计区域的主要环境特征;满足该区域园林植物群落的主要功能,体现区域环境对植物的要求和限制;给出符合环境和功能的具体植物群落配置方案,说明配置理由;绘出体现群落的树种组成、结构和种植方式以及种植密度的平面图、正立面图和效果图。

五、作业

设计一观赏植物栽培群落,绘出平面配置图、侧立面和效果图。

实训 9 大型花坛设计

一、实训目的

通过该实验,使学生学习以草本花卉为重点的观赏植物在园林花坛中的应用方式,熟悉草花植物应用时的色彩搭配,明确大型组合式花坛植物造景与其他花坛的区别。认识花坛的类型与特点,掌握花坛植物配置方法,熟悉常用花坛植物的种类与特点。

二、实训条件

(1)地点:某城市广场前入口处空间。

(2)设计内容:独立花坛(花丛式花坛、模纹花坛)的植物配置与选择。

(3)用具:计算机、绘图笔、直尺、绘图纸及相关工具。

三、方法与步骤

1. 独立花坛的特点认识

(1)具有几何型轮廓,作为园林构图的一部分而独立存在。

(2)布置地点——广场中央、道路交叉口,或由花架或树墙组织起来的中央绿化空间。可以在平地,也可在坡地上。

(3)花坛平面呈对称的几何形,长短轴的差异不能大于3:1。

(4)表现主题有:

• 花丛式花坛:花朵盛开时的华丽色彩;

• 模纹花坛:华丽的图案纹样;

• 混合花坛:兼有华丽的色彩与精美的图案。

2. 花坛的构思立意

3. 花坛细化设计

四、实训要求

1. 花坛布置的形式要和环境求得统一

平面布置与周边环境在色彩、质地、轮廓外形、轴线方向等方面做到对比与调和。

2. 视觉与花坛的布置关系

一般平地的独立花坛,面积不宜太大,其短轴的长度最好在 8～10 m。

3. 花坛的植物选择

花丛式花坛,以色彩构图为主,故宜应用1～2年生草本花卉和一些球根花卉。开花繁茂、花期一致、花序高矮规格一致、花期较长等。

模纹花坛,以表现图案为主,最好是生长缓慢的多年生草本植物,少量生长缓慢的木本观叶植物。毛毡花坛还要求植物生长矮小,萌蘖性强、分枝密、叶子小。

4. 花坛床地的安排处理

花坛栽植床一般都高于地面 7～10 cm,5‰坡度,种植土厚:一年生为 20～30 cm;多年生及灌木为 40 cm,花坛边缘高度 10～15 cm,宽≤30 cm。

5. 花坛内部图案纹样

花丛式花坛简单明快;模纹式花坛丰富。

五、作业

设计花丛式或模纹式花坛一个,绘制出花坛平面图、立面图、效果图、施工图(比例自定)。

实训 10　花境设计

一、实训目的

认识花境的性质与结构特点,了解花境分类,掌握花境构图设计方法,熟悉常用花境植物的种类与特点。

二、实训条件

(1)地点:所在校园某公共绿地的带状空间。

(2)设计内容:单面观赏或对应式花境的植物配置与选择。

(3)用具:计算机、绘图笔、直尺、绘图纸及相关工具。

三、方法与步骤

(1)收集资料,认识花境的设计特点与发展趋势。

(2)分析花境周围环境,掌握花境的设计意图。

(3)绘制花境的平面图。

可选用1:(50~100)的比例绘制。平面组合可采用拟三角形、飘带形或无序形组合。以流畅曲线表示,避免出现死角,以求近似种植物后的自然状态。

在种植区内编号或直接注明植物,编号后需附植物材料表,包括植物名称、株高、花期、花色等。

花境在进行斑块设计时,依据美学要求,将大、中、小不同体量的斑块数按照黄金分割率进行合理设计,大、中、小斑块面积最佳比例为8:5:3。

(4)花境的竖向设计。单面观花境应体现近矮远高,立面应有低、中、高层次变化。

(5)花境的色彩设计。花境的色彩设计是花境设计的重要一点,在进行色彩设计时,要根据花境所处的环境以及花境的主题来确定花境的整体色调,再结合花境所在地植物材料的种类,确定各个季节花境的主打色调。

(6)花境的季相设计。

(7)花境的植物选择与配置。

四、实训要求

1. 作品主题

倡导传统与时尚相结合的创作理念;设计符合场地特征和周边环境特色。

2. 用材

花境以花卉为主,可适当根据立地条件设置硬质景观。花卉和观赏草选择适合当地的优良花卉品种。

3. 景观效果

考虑花境景观的延续性,应做到3~10月均有观赏效果,同时能充分展示花境的季相变化。

4. 图纸要求

图纸基本要求包括总平面图、立面图、剖面图和景观效果图、设计说明。

五、作业

设计单面观或对应式花境一个,制作设计文本一套。

实训11 草坪设计

一、实训目的

认识草坪植物的组景形式,掌握各形式的性质特点,熟悉其构图方法。

二、实训条件

(1)地点:所在校园某公共绿地空间。

(2)设计内容:观赏或游憩草坪的植物配置与选择。

(3)用具:计算机、绘图笔、直尺、绘图纸及相关工具。

三、方法与步骤

1. 草坪的立意

应综合考虑布局形式、功能、景观效果(开阔或舒展、封闭或宁静)等内容。地形起伏、植物与周围环境为自然式可采用自然式草坪。用于游憩,形式可为缀花草坪、疏林与林下草坪等。

2. 草坪景物布置

思考草坪的主景布置、林缘线处理、林冠线处理。

3. 草坪植物的选择

(1)根据草种对温度的适应性

①暖季性草坪草:春夏季生长,冬季休眠,28～30℃。狗牙根、细叶结缕草、野牛草、马尼拉草、假俭草。

②冷季性草坪草:夏季休眠,15～22℃。早熟禾、紫羊茅、高羊茅、黑麦草、翦股颖。

(2)根据草种对光照要求

①阴性草:紫羊茅、地毯草、早熟禾。

②阳性草:狗牙根、结缕草、假俭草。

(3)根据草种对水分的要求

①抗旱性强:野牛草、狗牙根、结缕草、早熟禾、羊茅草。

②抗旱性弱:地毯草、假俭草、黑麦草、翦股颖。

游憩活动和运动场草坪需耐践踏、耐修剪、适应性强;观赏草坪宜植株低矮、叶片细小、叶色翠绿、绿叶期长;护坡草坪则要求适应性强、耐干旱、耐瘠薄、根系发达。

4. 草坪坪床设计

草坪要求的最低土层厚度不低于15 cm。床面土层应细、匀、平,疏松透气,排水良好。根据不同功能,应有合理的排水坡度,一般体育场越平越好,自然排水坡度0.2%～1%;规则式游憩草坪为0.2%～5%;自然式游憩草坪可为5%～10%。平地观赏草坪排水坡度不小于0.2%;坡地观赏草坪应小于50%。

5. 草坪的装饰

注意草坪边缘处理以及色彩、季相处理。

四、实训要求

(1)草坪布置的形式和环境求得统一。平面布置与周边环境在色彩、质地、轮廓外形、轴线方向等方面做到对比与调和。

(2)植物选择适宜当地自然条件。

(3)坪床处理要考虑排水条件和植物生长要求。

(4)图纸要求:包括总平面图、立面图、剖面图和景观效果图、设计说明。

五、作业

设计观赏或游憩草坪一处,制作设计文本一套。

实训 12　地被植物景观设计

一、实训目的

认识地被植物的组景形式,掌握常用地被植物的性质特点,熟悉地被植物景观构图方法。

二、实训条件

(1)地点:所在校园某公共绿地空间。

(2)设计内容:某公共绿地空间地被的植物配置与选择。

(3)用具:计算机、绘图笔、直尺、绘图纸及相关工具。

三、方法与步骤

1. 立意

根据选择空间的用地性质与功能特点,明确地被植物的组景形式。综合应用缀花地被、假山岩石小景、林下花带、林缘地被、湿生地被、花海地被等形式。

2. 艺术处理

根据用地性质和功能,合理布置造景形式、高度搭配、色彩处理、季相安排。

3. 植物选择

地被植物为多年生低矮植物,适应性强,包括匍匐型的灌木和藤本植物,具有观叶、观花及绿化和美化等功能,其选择标准如下:

(1)植株低矮:按株高分优良。一般区分为

30 cm 以下,50 cm 左右,70 cm 左右几种,一般不超过 100 cm。易于分枝,能够形成密丛。

(2)绿叶期较长:植丛能覆盖地面,具有一定的防护作用。生长迅速,繁殖容易,管理粗放。

(3)适应性强:抗干旱、抗病虫害、抗瘠薄,有利于粗放管理。群体表现力好,观赏价值较高。

(4)有一定的观赏性:按观赏特点区分,常见地被植物有:常绿地被植物类、观叶地被植物类、观花地被植物类、矮竹地被植物类、矮灌木地被植物类等。另一些是极耐修剪的如六月雪、枸骨等,只要能控制其高度,也可作为地被应用。

四、实训要求

(1)体现园林绿地的性质和功能。

(2)高度搭配适当。地被植物配置能使群落层次分明,突出主体,起衬托作用,绝不能主次不分或喧宾夺主。

(3)色彩协调、四季有景。地被植物与上层乔木植物同样有各种不同的叶色、花色和果色,使之错落有致,有丰富的季相变化。

(4)适地适树、合理造景。

(5)图纸要求:包括总平面图、立面图和景观效果图、设计说明。

五、作业

设计观赏或游憩草坪一处,制作设计文本一套。

实训13 园林植物景观空间设计

一、实训目的

认识植物空间景观性质特点与常见类型，掌握植物空间景观设计方法。

二、实训条件

（1）地点：所在校园某公共绿地空间。

（2）设计内容：某公共绿地空间植物配置与选择。

（3）用具：计算机、绘图笔、直尺、绘图纸及相关工具。

三、方法与步骤

1.场地调查与分析

通过场地自然条件与需求调查，明确设计空间的用地性质与功能特点。

2.立意与构思

根据选择空间的用地性质与功能特点，明确空间所表达的意义，确定空间类型（开敞空间、半开敞空间、覆盖空间、封闭空间、纵深空间）与性质。可开阔舒展、封闭宁静、自由飘逸、草原风光、咫尺山林。

3.空间技术处理

首先考虑其生态功能，模拟自然植物群落空间构建，明确设计植物空间形式。注意乔木、灌木（藤本植物）与适量的空旷草坪结合，针叶与阔叶结合，季相景观与空间结构相协调，充分利用立体空间，大大增加绿地的绿量，是城市绿地的最佳结构。

（1）空间构成：合理运用植物建构要素，进行立意空间建构。主要建构要素有：

墙面——树墙、绿篱、木栅树篱、格子棚架。

地面——模纹花坛、草坪、牧场、花坛、小径、绿毯、台地。

顶面——棚架、小树林、藤架（天棚）。

洞口——藤架、拱门、大门、格子棚架。

过道走廊——林荫路、种植池、树篱、绿廊。

（2）设定空间主景。

（3）树木组合。

（4）色彩与季相。

（5）其他局部处理。

4.空间艺术处理

（1）单个空间的处理：植物作为园林中的一个重要组成元素，与环境"认知地图"中的路径、节点、区域、标志、边界等环境意象形成有密切关系，植物本身可以作为主景构成标志、节点或区域的一部分，也可以作为这几大要素的配景或辅助部分，帮助形成结构更为清晰、层次更为分明的环境意象。在细化设计时，应综合考虑空间的大小和尺度、封闭性、构成方式、构成要素与特征（形态、色彩、质感等）、空间所表达的意义或所具有的性格等因素，进行合理的配置。

（2）植物多空间的艺术化营造

①植物空间的对比与变化："柳暗花明又一村"的形象显示了园林空间通过活动来产生富有变化的艺术效果，如光与影产生的虚实对比，使空间有吸引力。

植物也可以形成明暗对比的空间，如树木密集的空间显得黑暗，而一块开放的草坪却显得明亮，都因为对比使它们的空间特征被加强了。

植物构成的虚实空间对比是通过艺术的手法搭配所有种类的植物营建出开敞或封闭的灵活的空间环境。

②植物空间的分隔与引导：在园林中，经常使用植物材料来分隔和指导空间。在现代自然式园林，使用植物分隔空间可以不受任何约束。几个不同大小的空间可以通过群植列植的乔木或者灌木来分离，使空间层次和意境得到加深。在规则式园林中通常利用植物做成几何图形来划分空间，使空间显得整洁明亮。绿篱是应用最广泛的分隔空间的形式，不同形态、不同高度的绿篱可以实现多个空间分隔效果。

不同的植物的空间组合和渗透，也需要不同的指

导方式,给人以心理暗示。强调节点和空间时可以使用更多的造型植物,可以实现功能的指导和提示。

③植物空间的渗透与流通:相邻空间之间的半开敞半闭合和空间的连续、循环等,使空间的整体富有层次感和深度。一般来说,植物布局应注意疏密有致,在可以借景的地方,应该稀疏地种植树木,树冠上方或下方要保持透视,使空间景观互相渗透。

园林植物以其柔和的线条和多变的造型,往往比其他的造园要素更加灵活,具有高度的可塑性,一丛竹,半树柳,夹径芳林,往往就能够造就空间之间含蓄、灵活、多变的互相掩映、穿插与流通。

④空间深度表现:在植物空间景观建构中,求曲折、布层次以及植物色彩与形体的合理搭配,增强空间景深。

四、实训要求

(1)满足功能使用要求,以更富创意的形式表达出深层的设计思想。

(2)满足一定的审美要求,使空间的元素、结构、符号符合审美创意的构成原则。

(3)通过对建成空间的围隔、再造和组合,创造出独特的现场感。

(4)色彩协调、四季有景。

地被植物与上层乔木植物同样有各种不同的叶色、花色和果色,使之错落有致,有丰富的季相变化。

(5)适地适树、合理造景。

(6)图纸要求:概念草图与分析草图;空间平面图;立面图;效果图。

五、作业

以 2～3 名同学为小组,每组完成一处植物景观空间设计,制作设计文本一套。

实训 14　建筑环境周边园林植物配置设计

一、实训目的

通过对建筑周边进行园林植物配置设计,了解建筑环境植物配置的特点,提高建筑环境园林植物配置的实践能力。

二、实训条件

(1)用具:2#图板,2#绘图纸若干,2#丁字尺,45°三角板,60°三角板,铅笔,0.3 针管笔、0.6 针管笔、0.9 针管笔,彩色铅笔,马克笔。

(2)场地:×××大学教学大楼、学生宿舍楼周边靠近建筑物墙面的地方植物配置设计。

三、方法与步骤

1. 现场调查与分析

首先对设计建筑物的特征与使用情况、周边环境的自然环境条件以及人工构筑物设施、管线布设等因素开展详细调查,并收集使用人群对基地植物使用与建设完善需求,做好记录,绘制基地现状图。

根据调查结果,认真进行场地分析,讨论出基地建筑周边环境的优势与问题。

2. 案例研究与学习

检索与设计对象相近的案例,研究其植物应用手法以供借鉴参考。同时学习相关行业规范,明确环境建设和植物应用的基本要求和标准。

3. 构思立意

结合场地分析成果,案例研究与学习,开展构思立意,确定植物造景设计的目标。

4. 初步设计

根据设计目标,研究功能分区与植物景观风格,考虑种植区域内部的初步布局及乔灌木的组合方式、空间层次及立面效果等内容。进一步明确所需选择的骨干树种、基调树种、主景树种。

5. 细化设计

着手各基本规划部分的植物景观配置及种植形式的应用。从平面、立面构图的角度分析植物种植方式的合理性,及时调整植物配置构成,确定出最终的植物搭配方式,选定植物种类,画出详细种植设计图。

四、实训要求

(1)设计内容完整。应对建筑不同方位、出入口、基础、墙面、角隅、屋顶等进行全面设计,给出教学大楼、学生宿舍楼环境和功能的具体植物群落配置方案。

(2)文本编制规范。提交植物景观设计图纸包

括概念阜图与分析草图、总平面图、正立面图、局部效果图。设计说明应叙述教学大楼、学生宿舍楼的主要环境特征,分析教学大楼、学生宿舍楼环境与方位对植物的要求和限制,说明植物景观配置理由。

(3)植物选择要以本地的乡土树种为主,要体现乔、灌、草、藤的复合结构。景观要体现四季有景,注重季相树种的使用。

(4)方案应切合实际,富有创意,不得抄袭。

五、作业

以2～3名同学为小组,每组提交设计文本一套。

实训 15　居住区绿地植物景观设计

一、实训目的

通过对城市居住区组团绿地与宅旁绿地进行园林植物配置设计,掌握城市组团绿地与宅旁绿地各功能区对植物配置的要求,提高园林植物造景的实践能力。

二、实训条件

(1)实训项目:某居住区组团绿地与宅旁绿地植物景观设计。

(2)用具:2♯图板,2♯绘图纸若干,2♯丁字尺,45°三角板,60°三角板,铅笔,0.3针管笔、0.6针管笔、0.9针管笔,彩色铅笔,马克笔,计算机辅助设计。

(3)实训内容:针对组团绿地与宅旁绿地各区域的功能特征,进行相应的植物景观规划设计。

三、方法与步骤

1.图纸识读与分析

首先识读场地平面图,明确绿化用地范围与周边环境特点。明确用地环境的优势与问题。

2.案例研究与学习

检索与设计对象相近的案例,研究其植物应用手法以供借鉴参考。同时学习相关行业规范,明确居住区环境建设和植物应用的基本要求和标准。

3.构思立意

结合场地分析成果,案例研究与学习,开展构思立意,确定植物造景设计的目标。

4.初步设计

根据设计目标,研究功能分区与植物景观风格,考虑种植区域内部的初步布局及乔灌木的组合方式、空间层次及立面效果等内容。进一步明确所需选择的骨干树种、基调树种、主景树种。

5.细化设计

着手各基本规划部分的植物景观配置及种植形式的应用。从平面、立面构图的角度分析植物种植方式的合理性,及时调整植物配置构成,确定出最终的植物搭配方式,选定植物种类,画出详细种植设计图。

四、实训要求

(1)每个人独立完成或 3 人左右的小组完成。提交符合环境和功能的具体植物群落配置方案,说明配置理由。

(2)植物选择要以本地的乡土树种为主,要体现乔、灌、草、藤的复合结构。

(3)景观要体现四季有景,注重季相树种的使用。

(4)要突出空间的变化,尤其是开敞空间、半开敞空间、私密空间的营造。

(5)要营造儿童及老年人活动场所的植物景观。

(6)要求植物的种植设计要满足相关规范要求。

(7)植物种类不小于 40 种。比例自拟。

五、作业

以 2～3 名同学为小组,每组提交设计文本一套。

实训 16 城市综合性公园植物景观规划设计

一、实训目的

通过对城市综合性公园植物景观规划,掌握城市公园植物景观规划设计要求,提高公园的植物造景实践能力。

二、实训条件

(1)项目:当地城市×××综合性公园植物景观规划设计。依据当地城市上位规划相关要求,对该城市的某综合性公园进行植物景观规划设计。

(2)用具:2♯图板,2♯绘图纸若干,2♯丁字尺,45°三角板,60°三角板,铅笔,0.3针管笔,0.6针管笔,0.9针管笔,彩色铅笔,马克笔,计算机。

三、方法与步骤

针对公园绿地功能特征,按公园规划设计技术导则和植物景观设计程序进行相应的植物景观规划设计。

(1)接受任务:通常由项目委托方提供地理位置图、现状图、总平面图、地下管线图等图纸。

(2)收集相关资料,包括自然概况,即纬度、温度、水文、降雨量、土壤、污染、植物(包括古树名木)、可保护的小动物;人文概况,即历史沿革、人物、典故、传说、名胜古迹、交通、人流集散情况、周边的社会结构形式等。

(3)熟读现状图,并对设计现场进行踏查,同时核对与补充现状图的内容,特别是在现场仔细标注现状植物情况,甚至现场能够明确现状植物的去留情况。

(4)根据设计要求以及绿地用地性质,进行设计构思,做出功能分区图、景观分区图、视线分析图;完成园林种植方案图(种植规划图)、园林种植设计图(中期设计图)以及园林种植施工图。

(5)编制设计说明书。

四、实训要求

(1)要求植物的种植设计要满足相关规范要求。

(2)植物选择要以本地的乡土树种为主,要体现乔、灌、草、藤的复合结构。景观要体现四季有景,注重季相树种的使用。

(3)突出空间的变化,尤其是开敞空间、半开敞空间、私密空间的营造。要营造儿童及老年人活动场所的植物景观。

(4)3~5人小组完成。

(5)植物种类不小于60种。比例自拟。

五、作业

提交符合环境功能和公园绿地特征的植物景观规划设计方案。

实训 17 城市道路园林植物配置设计

一、实训目的

通过对城市干道园林植物配置设计,熟悉城市道路植物配置的要求,提高园林植物配置的实践能力。

二、实训条件

(1)用具:2♯图板,2♯绘图纸若干,2♯丁字尺,45°三角板,60°三角板,铅笔,0.3 针管笔,0.6 针管笔,0.9 针管笔,彩色铅笔,马克笔。

(2)场地:选择当地某主干道长度不少于 200 m 道路绿地作为植物配置设计或景观改造提升对象,根据场地现状分析,结合当地自然条件和道路功能要求及道路规划设计技术导则进行植物景观规划设计。

三、方法与步骤

针对城市道路绿地功能特征,按建设部《城市道路绿化规划与设计规范》要求和植物景观设计程序进行相应的植物景观规划设计。

(1)现场调查。对规划设计路段进行现场勘查,了解道路性质及环境条件和当地自然、社会情况,确定道路绿地形式。

(2)收集资料。收集和测绘道路绿地平面图、管线分布图等基础资料。

(3)确定方案。经过分析和研讨,确定符合环境特征和道路功能植物景观设计方案。

(4)完成方案。按设计方案文本编制要求,用手绘或计算机辅助设计完成图纸和设计文本。

四、实训要求

(1)道路绿化应以乔木为主,乔木、灌木、地被植物相结合,不得裸露土壤。

(2)道路绿化应符合行车视线和行车净空要求。

(3)绿化树木与市政公用设施的相互位置应统筹安排,并应保证树木有需要的立地条件与生长空间。

(4)植物种植应适地适树,并符合植物间伴生的生态习性;道路绿化应选择适应道路环境条件、生长稳定、观赏价值高和环境效益好的植物种类。

(5)修建道路时,宜保留有价值的原有树木,对古树名木应予以保护。

(6)道路绿地应根据需要配备灌溉设施;道路绿地的坡向、坡度应符合排水要求。

(7)道路绿化景观规划应确定园林景观路与主干路的绿化景观特色。园林景观路应配置观赏价值高、有地方特色的植物,并与街景结合;主干路应体现城市道路绿化景观风貌;同一道路的绿化宜有统一的景观风格;同一路段上的各类绿带,在植物配置上应相互配合,并应协调空间层次、树形组合、色彩搭配和季相变化的关系;毗邻山、河、湖、海的道路,其绿化应结合自然环境,突出自然景观特色。

五、作业

每 3～5 人的小组完成。提交符合行业规范和道路功能要求的植物景观规划设计方案。

实训 18　城市广场植物景观规划设计案例调查与分析

一、实训目的

通过对城市广场植物景观规划设计案例调查分析，熟悉城市广场植物景观配置要求。

二、实训条件

(1)项目：所在城市人民广场或休闲活动广场。

(2)用具：速写本、测量工具、相机、记录本等。

三、方法与步骤

1. 广场整体环境踏勘

观察广场空间与边界布置，认识广场绿地的性质与特点，主要出入口分布以及与周边的交通联系。

2. 广场功能识别

观察广场人群分布、活动方式与场地利用现状，了解广场功能。

3. 测量

运用测量工具测量植物定位与空间分布，掌握广场绿地植物与设施、小品间关系。

4. 植物景观调查与统计

调查广场各功能区植物种类、应用形式、生长状况及功能作用与景观效果。植物调查记录表如下：

×××广场主要绿化植物调查统计表

名称	科属	类别	生物特性	观赏特性	配置形式

5. 总结分析

收集国内外类似广场的植物景观设计案例，对比分析已有调查结果，总结归纳出调查对象植物景观设计的优点与不足，并拟出改进意见。

6. 广场植物景观相关图绘制

根据调查和测量数据，绘制广场植物配置总平面图、局部空间植物造景平面、立面与效果图。

四、实训要求

1. 2～3 人一组,提交调查报告一份

(1)调查报告应图文结合，内容需反映广场绿地概况、广场的规模与尺度、广场的使用与活动等内容。

(2)广场设计构成　广场的限定与围合、广场标志物与主题表现、功能分区与平面布置、交通组织等内容。

(3)广场绿地植物种植基本形式　分析出广场植物配置的基本形式，功能作用与景观效果。

(4)广场绿地植物选择与基本特点。

(5)存在问题与改进建议。

2. 植物配置图

完成广场植物配置总平面图、局部空间植物造景平面、立面与效果图 2～3 处。

五、作业

提交符合实训要求的某广场植物景观规划设计调查报告(含植物配置图)一份。

实训 19 机关单位绿地植物景观规划设计

一、实训目的

本次实训的目的在于帮助学生将机关单位绿地植物造景的理论应用于植物景观设计中,加强学生对植物景观的功能、类型、造景形式等理论原理的认识,提高植物造景的业务水平。

二、实训条件

(1)用具:图纸准备国际通用的 A2(594 mm×420 mm)号图纸。工具准备 2 号图板、丁字尺、三角板、皮尺等工具。

(2)场地:选择某机关单位绿地,做植物景观设计,既可以是局部设计也可以是整体设计。

三、方法与步骤

1.现场勘查

到机关单位绿地了解情况。进行现场勘测,熟悉场地环境。了解场地的自然条件和人文环境。了解地形、地质、地貌、水文等与园林植物生长相关的环境因素,并调查原有植物的种类及生长情况;了解场地周边的环境特征对场地要求;了解机关单位对植物使用的风俗习惯、兴趣爱好,确定绿化设计的种植风格。

2.整理基础资料

尽量详细地收集与某机关单位相关的资料,包括场地的地形、地质、地貌、水文等现状资料;收集现状的图纸,或实际测量并绘制场地的现状图纸;

了解原有植物种类和生长状况。

3.构思立意

根据现场勘查和资料的整理,查阅相关设计案例,结合委托方的需求,完成构思设计,拟出概念方案。

4.细化设计

根据概念方案,进行细化设计,绘制图纸。成果包含:绿化种植设计图(含彩色平面图)、基地环境分析图、功能分析图;整体鸟瞰图、局部效果图;设计说明书;植物规格表。

四、实训要求

(1)了解机关单位绿地植物造景的特征,掌握机关单位植物造景的方法技巧。

(2)每 3~5 人的小组完成并提交符合环境功能要求的植物景观规划设计方案。要求总体规划意图明显,符合绿地性质、功能要求,布局合理;设计深度能满足施工的要求,线条流畅,构图合理,清洁美观,图例、文字标注、图纸规范。

(3)树种选择合理,造景形式丰富,空间多样,色彩丰富并能与周边环境相结合。

(4)设计说明语言流畅,言简意赅,能准确地对图纸补充说明,体现设计意图。

五、作业

提交符合实训要求的某机关单位绿地植物景观规划设计方案一套。

附 录

附录 1　植物造景常见园林乔木植物名录（西南地区）

附表 1-1　裸子植物/针叶树

序号	中文名	学名	科属	类型	生态习性	观赏特性	园林用途	备注
1	银杏	Ginkgo biloba	银杏科　银杏属	落叶乔木	喜光、耐寒	观叶	行道树、园景树	
2	苏铁	Cycas revoluta	苏铁科　苏铁属	常绿乔木	喜光、不耐积水	观树形	园景树	◎
3	篦齿苏铁	Cycas pectinata	苏铁科　苏铁属	常绿乔木	喜光、不耐积水、不耐寒	观树形	园景树	◎
4	攀枝花苏铁	Cycas panzhihuaensis	苏铁科　苏铁属	常绿乔木	喜光、不耐积水	观树形	园景树	◎
5	南洋杉	Araucaria cunninghamii	南洋杉科　南洋杉属	常绿乔木	喜光、畏寒、怕旱	观树形	园景树	◎
6	异叶南洋杉	Araucaria heterophylla	南洋杉科　南洋杉属	常绿乔木	喜光、畏寒、怕旱	观树形	园景树	◎
7	雪松	Cedrus deodara	松科　雪松属	常绿大乔木	浅根性、喜光、稍耐阴	观树形	行道树、园景树	
8	云南油杉	Keteleeria evelyniana	松科　油杉属	常绿乔木	耐旱、喜光	观树形	园景树、风景林	
9	华山松	Pinus armandi	松科　松属	常绿乔木	耐旱、喜光、耐寒	观树形	园景树、风景林	
10	白皮松	Pinus bungeana	松科　松属	常绿乔木	怕涝、喜凉、喜光亦耐半阴	观树形、树皮	园景树、风景林	
11	日本五针松	Pinus parviflora	松科　松属	常绿乔木	稍耐阴、怕湿热	观树形	园景树	
12	云南松	Pinus yunnanensis	松科　松属	常绿乔木	喜光、耐旱、怕涝	观树形	风景林	
13	马尾松	Pinus massoniana	松科　松属	常绿乔木	喜光、耐旱、怕涝	观树形	园景树、风景林	
14	黑松	Pinus thunbergii	松科　松属	常绿乔木	喜光、耐旱、怕涝	观树形	园景树、风景林	
15	湿地松	Pinus elliottii	松科　松属	常绿乔木	喜光、怕涝	观树形	园景树、风景林	

续附表 1-1

序号	中文名	学名	科属	类型	生态习性	观赏特性	园林用途	备注
16	金钱松	Pseudolarix kaempferi	松科 金钱松属	落叶乔木	不耐干旱、瘠薄、喜光	观叶、秋叶金黄	园景树	
17	黄杉	Pseudotsuga sinensis	松科 黄杉属	常绿乔木	喜光	观树形	园景树	
18	丽江云杉	Picea likiangensis	松科 云杉属	常绿乔木	耐阴、耐寒、喜深厚湿润酸性土壤	观叶、观树形	园景树、风景林	
19	苍山冷杉	Abies delavayi	松科 冷杉属	常绿乔木	耐阴、耐寒、喜深厚湿润酸性土壤	观叶、观树形	园景树、风景林	
20	柳杉	Cryptomeria fortunei	杉科 柳杉属	常绿乔木	喜光、稍耐阴	观树形	行道树、园景树	
21	水松	Glyptostrobus pensilis	杉科 水松属	常绿乔木	耐水湿、喜光	观叶、观树形	行道树、园景树	
22	水杉	Metasequoia glyptostroboides	杉科 水杉属	落叶乔木	稍耐水湿、喜光	观叶、观树形	园景树	
23	北美红杉	Sequoia sempervirens	杉科 北美红杉属	常绿乔木	喜光	观树形	风景林	
24	池杉	Taxodium ascendens	杉科 落羽杉属	落叶乔木	喜光、耐水湿	观叶、观树形	园景树、湿地植物	
25	墨西哥落羽杉	Taxodium mucronatum	杉科 落羽杉属	落叶乔木	喜光、耐水湿	观叶、观树形	园景树、湿地植物	
26	落羽杉	Taxodium distichum	杉科 落羽杉属	落叶乔木	喜光、耐水湿	观叶、观树形	园景树、湿地植物	
27	中山杉	Taxodium hybrid 'Zhongshanshan'	杉科 落羽杉属	落叶乔木	喜光、耐水湿	观叶、观树形	园景树、湿地植物	
28	秃杉	Taiwania flousiana	杉科 台湾杉属	常绿乔木	喜光、稍耐阴	观树形	园景树	◎
29	翠柏	Calocedrus macrolepis	柏科 翠柏属	常绿乔木	中性偏阳、稍耐旱	观树形	园景树、风景林	
30	干香柏	Cupressus duclouxiana Hickel	柏科 柏属	常绿乔木	喜光	观树形	园景树、风景林	
31	柏木	Cupressus funebris Endl.	柏科 柏木属	常绿乔木	喜光	观树形	园景树、风景林	
32	侧柏	Platycladus orientalis	柏科 侧柏属	常绿乔木	喜光	观树形	园景树、风景林	

续附表 1-1

序号	中文名	学名	科属	类型	生态习性	观赏特性	园林用途	备注
33	圆柏	*Sabina chinensis*	柏科 圆柏属	常绿乔木	中性、耐瘠薄	观树形	风景林	
34	龙柏	*Sabina chinensis* 'Kaizuca'	柏科 圆柏属	常绿乔木	喜光、稍耐阴	观树形	行道树、园景树	
35	塔柏	*Sabina chinensis* 'Pyramidalis'	柏科 圆柏属	常绿乔木	喜光	观树形	园景树、风景林	
36	昆明柏	*Sabina gausseni*	柏科 圆柏属	常绿乔木	喜光	观树形	园景树、风景林	
37	藏柏	*Cupressus torulosa*	柏科 柏木属	常绿乔木	喜光、耐瘠薄、生长快	观树形	风景林、防风林	
38	珍珠柏	*Sabina chinensis* 'Japonica'	柏科 圆柏属	常绿乔木	喜光	观树形	园景树	
39	垂枝柏	*Sabina chinensis* 'Pendula'	柏科 圆柏属	常绿乔木	喜光	观树形	园景树	
40	日本扁柏	*Chamaecyparis obtusa*	柏科 扁柏属	常绿乔木	中性偏阳、稍耐旱	观树形	园景树	
41	云片柏	*Chamaecyparis obtusa* 'Breviramea'	柏科 扁柏属	常绿乔木	中性偏阳、稍耐旱	观树形	园景树	
42	日本龙柏	*Chamaecyparis pisifera*	柏科 扁柏属	常绿乔木	中性偏阳、稍耐旱	观树形	园景树	
43	绒柏	*Chamaecyparis pisifera* 'Plumosa'	柏科 扁柏属	常绿乔木	中性偏阳、稍耐旱	观树形	园景树	
44	刺柏	*Juniperus formosana*	柏科 刺柏属	常绿乔木	中性偏阳、稍耐旱	观树形	园景树、风景林	
45	大理罗汉松	*Podocarpus forrestii*	罗汉松科 罗汉松属	常绿乔木	喜温凉、半阴环境	观树形、观果	园景树	◎
46	罗汉松	*Podocarpus macrophyllus*	罗汉松科 罗汉松属	常绿乔木	喜温暖湿润、半阴环境	观树形、观果	园景树	
47	南方红豆杉	*Taxus wallichiana* var. *mairei*	红豆杉科 红豆杉属	常绿乔木	喜温暖湿润、半阴环境	观果、树形	园景树	◎
48	云南红豆杉	*Taxus yunnanensis*	红豆杉科红豆杉属	常绿乔木	喜温暖湿润、半阴环境	观果、树形	园景树	◎
49	红豆杉	*Taxus chinensis*	红豆杉科红豆杉属	常绿乔木	喜温暖湿润、半阴环境	观果、树形	园景树	
50	香榧	*Torreya grandis*	红豆杉科 榧属	常绿乔木	喜温暖湿润、半阴环境	观果、树形	园景树	
51	三尖杉	*Cephalotaxus fortunei*	三尖杉科三尖杉属	常绿乔木	中性偏阳、喜温暖湿润、不耐寒	观果、树形	园景树	◎
52	粗榧	*Cephalotaxus sinensis*	三尖杉科三尖杉属	常绿乔木	中性偏阳、喜温暖湿润、不耐寒	观果、树形	园景树	◎

附表1-2　被子植物/阔叶树

序号	中文名	学名	科属	类型	生态习性	观赏特性	园林用途	备注
1	鹅掌楸	Liriodendron chinense	木兰科 鹅掌楸属	落叶乔木	喜光	观花、观叶	园景树	花期4~5月
2	杂交马褂木	Liriodendron tulipifera	木兰科 鹅掌楸属	落叶乔木	喜光	观花、观叶	园景树	花期4~5月
3	北美鹅掌楸	Liriodendron tulipifera	木兰科 鹅掌楸属	落叶乔木	喜光	观花、观叶	园景树	花期4~5月
4	滇藏木兰	Magnolia campbelliis	木兰科 木兰属	常绿乔木	喜光,稍耐阴	观花	园景树	花期3~5月
5	山玉兰	Magnolia delavayi	木兰科 木兰属	常绿乔木	喜光,稍耐阴、耐旱	观花	园景树	花期4~6月
6	广玉兰	Magnolia grandiflora	木兰科 木兰属	常绿乔木	喜光,耐寒,苗期耐阴	观花	园景树	花期6~7月
7	玉兰	Magnolia demudafa	木兰科 木兰属	落叶乔木	喜光,稍耐阴	观花	园景树	花期2~3月
8	紫玉兰	Magnolia liliflora	木兰科 木兰属	落叶乔木	喜光,不耐水湿	观花	园景树	花期4~6月
9	红花山玉兰	Magnolia delavayi 'Rubra'	木兰科 木兰属	常绿乔木	喜光,稍耐阴	观花	园景树	花期2~3月
10	二乔玉兰	Magnolia × soulangeana	木兰科 木兰属	落叶乔木	喜光,稍耐阴	观花	园景树	花期4~5月
11	馨香玉兰	Magnolia odoratissima	木兰科 木兰属	常绿乔木	喜光,稍耐阴	观花	园景树	花期4~5月
12	厚朴	Magnolia officinalis	木兰科 木兰属	落叶乔木	喜光	观花	园景树	花期4~5月
13	凹叶厚朴	Magnolia officinalis subsp. biloba	木兰科 木兰属	落叶乔木	喜光	观花	园景树	花期3~4月
14	木莲	Manglietia fordiana	木兰科 木莲属	落叶乔木	稍耐阴,喜温暖湿润,肥沃酸性土壤	观花	园景树	花期3~4月
15	红花木莲	Manglietia insignis	木兰科 木莲属	常绿乔木	稍耐阴,喜温暖湿润,肥沃酸性土壤	观花	园景树	◎花期4~5月
16	紫衣含笑	Michelia crassipes	木兰科 含笑属	常绿乔木	弱阳性,喜温暖气候,较耐阴	观花、香味	园景树	花期4~5月
17	白兰花	Michelia alba	木兰科 含笑属	常绿乔木	喜光	观花、香味	园景树	◎花期5~9月
18	乐昌含笑	Michelia chapensis	木兰科 含笑属	常绿乔木	喜光,稍耐阴	观花、香味	园景树、行道树	花期3~4月
19	麻栗坡含笑	Michelia chartacea	木兰科 含笑属	常绿乔木	喜光,稍耐阴	观花、香味	园景树、行道树	◎花期4~7月
20	多花含笑	Micheha floribunda	木兰科 含笑属	常绿乔木	喜光,稍耐阴	观树形、花、果	园景树	◎花期2~4月

续附表 1-2

序号	中文名	学名	科属	类型	生态习性	观赏特性	园林用途	备注
21	深山含笑	*Michelia maudiae*	木兰科 含笑属	常绿乔木	喜光	观花、香味	园景树	◎花期5～9月
22	火力楠	*Michelia macclurei*	木兰科 含笑属	常绿乔木	中性、偏阳	观花、观树形	园景树	◎花期2～4月
23	毛果含笑	*Michelia sphaerantha*	木兰科 含笑属	常绿乔木	中性、偏阳	观花、观树形	园景树	花期3～4月
24	云南拟单性木兰	*Parakmeria yunmanensis*	木兰科 木兰属	常绿乔木	喜光、稍耐阴	观花、观树形	园景树	花期5月
25	八角	*Illicium verum*	八角科 八角属	常绿乔木	耐阴	观花、观树形	园景树	
26	香樟	*Cinnamomum camphora*	樟科 樟属	常绿乔木	喜光	观树形	园景树、行道树	
27	云南樟	*Cinnamomum glanduliferum*	樟科 樟属	常绿乔木	喜光	观树形	园景树、行道树	
28	天竺桂	*Cinnamomum japonicum*	樟科 樟属	常绿乔木	中性、不耐寒冷	观树形	园景树、行道树	◎
29	肉桂	*Cinnamomum cassia*	樟科 樟属	常绿乔木	耐阴、喜暖热多雨及酸性土壤	观树形	园景树	◎
30	香叶树	*Lindera communis*	樟科 山胡椒属	常绿乔木	喜光、稍耐阴、稍耐水湿	观果、观树形	园景树	
31	网叶山胡椒	*Lindera metcalfiana var. dictyophylla*	樟科 山胡椒属	常绿乔木	喜光	观树形	园景树、行道树	
32	木姜子	*Litsea pungen*	樟科 木姜子属	落叶乔木	喜光	观树形	园景树	
33	滇木姜子	*Litsea rubescens var. yunmanensis*	樟科 木姜子属	落叶乔木	喜光	观树形	园景树	
34	长梗润楠	*Machilus longipedicellata*	樟科 润楠属	常绿乔木	耐阴	观树形	园景树	
35	滇润楠	*Machilus yunmanensis*	樟科 润楠属	常绿乔木	稍耐阴	观树形	园景树、行道树	
36	新樟	*Neocinnamomum delavayi*	樟科 新樟属	常绿乔木	稍耐阴	观树形	园景树	
37	桢楠	*Phoebe zhennan*	樟科 楠木属	常绿乔木	中性偏阴、喜温暖湿润、酸性土壤	观树形	园景树、行道树	
38	紫楠	*Phoebe zhennan*	樟科 楠木属	常绿乔木	中性偏阴、喜温暖湿润、酸性土壤	观树形	园景树	

续附表 1-2

序号	中文名	学名	科属	类型	生态习性	观赏特性	园林用途	备注
39	檫木	Sassafras tzumu	樟科 檫木属	落叶乔木	喜光	观叶	园景树、行道树	
40	紫薇	Lagerstroemia indica	千屈菜科 紫薇属	落叶乔木	喜光	观花、观树形	园景树	花期6~9月
41	大花紫薇	Lagerstroemia speciosa	千屈菜科 紫薇属	落叶乔木	喜光	观花、观树形	园景树、行道树	花期5~7月
42	海棠石榴	Punica granatum var. pleniflora	安石榴科 石榴属	落叶乔木	喜光	观花	园景树	花期5~6月
43	银桦	Grevillea robusta	山龙眼科 银桦属	常绿乔木	喜光	观树形	园景树、行道树	花期3~5月
44	短萼海桐	Pittosporum brevicalyx	海桐花科 海桐花属	常绿乔木	喜光、稍耐阴	观树形	园景树	花期3~5月
44	昆明海桐	Pittosporum kunmingense	海桐花科 海桐花属	常绿乔木	喜光、稍耐阴	观树形	园景树	◎花期3~5月
45	山桐子	Idesia polycarpa	大风子科 山桐子属	落叶乔木	喜光、耐干旱、耐瘠薄	观果	园景树	
46	毛叶山桐子	Idesia polycarpa var. vestita	大风子科 山桐子属	落叶乔木	喜光、耐干旱、耐瘠薄	观果	园景树	
47	山拐枣	Poliothyrsis sinensis	大风子科 山拐枣属	落叶乔木	耐干旱、稍耐阴	观树形	园景树	
48	柽柳	Tamarix chinensis	柽柳科 柽柳属	落叶乔木	喜光、耐干旱、适应性强	观树形、观花	园景树	
49	茶梨	Anneslea fragans	山茶科 茶梨属	常绿乔木	耐干旱、耐瘠薄	观花、观果、观树形	园景树	
50	山茶	Camellia japonica	山茶科 山茶属	常绿小乔木	稍耐阴	观花、观树形	园景树	花期2~3月
51	云南山茶	Camellia reticulata	山茶科 山茶属	常绿小乔木	稍耐阴	观花	园景树	◎花期2~3月
52	银木荷	Schima argentea Pretz	山茶科 木荷属	常绿乔木	稍耐阴	观树形	园景树	
53	肋果茶	Sladenia celastrifolia	肋果茶科 肋果茶属	常绿乔木	喜光、稍耐阴	观树形	园景树、行道树	◎
54	厚皮香	Ternstroemia gymnanthera	山茶科 厚皮香属	常绿乔木	喜光、稍耐阴	观花、观果、观树形	园景树	

续附表 1-2

序号	中文名	学名	科属	类型	生态习性	观赏特性	园林用途	备注
55	蓝桉	*Eucalyptus globulus*	桃金娘科 桉属	常绿乔木	喜光、耐旱、耐瘠薄	观树形	园景树、风景林	
56	柳桉	*Eucalyptus saligna*	桃金娘科 桉属	常绿乔木	喜光、耐旱、耐瘠薄	观树形	园景树、风景林	
57	杜英	*Elaeocarpus decipiens*	杜英科 杜英属	常绿乔木	稍耐阴	观树形、观叶	园景树、行道树	
58	山杜英	*Elaeocarpus sylvestris*	杜英科 杜英属	常绿乔木	稍耐阴	观树形、观叶	园景树、行道树	
59	云南梧桐	*Firmiana major*	梧桐科 梧桐属	落叶乔木	喜光	观树形	园景树	
60	梧桐	*Firmiana simplex*	梧桐科 梧桐属	落叶乔木		观树形	园景树	
61	梭罗树	*Reevesia pubescens*	梧桐科 梭罗树属	常绿乔木	稍耐阴	观树形	园景树	◎
62	苹婆	*Sterculia nobilis*	梧桐科 苹婆属	落叶乔木	喜光、不耐寒	行道树、观赏树	园景树	◎花期 4~5月
63	假苹婆	*Sterculia lanceolate*	梧桐科 苹婆属	落叶乔木	喜光、耐旱、不耐寒	行道树、观赏树	园景树	◎花期 4~5月
64	木棉	*Bombax malabaricum*	木棉科 木棉属	落叶乔木	喜光 耐旱 不耐寒	行道树、庭院树	园景树、行道树	花期 3~4月
65	重阳木	*Bischofia polycarpa*	大戟科 重阳木属	落叶乔木	喜光、不耐寒	防护林、行道树	园景树	
66	秋枫	*Bischofia javangca*	大戟科 重阳木属	常绿乔木	阳性、喜温暖、稍耐阴	行道树、观赏树	园景树、行道树	◎
67	乌桕	*Sapium sebiferum*	大戟科 乌桕属	落叶乔木	喜光、耐旱	观叶	园景树	
68	油桐	*Vernicia fordii*	大戟科 油桐属	落叶乔木	喜光	观叶、观花	园景树、行道树	
69	虎皮楠	*Daphmiphyllum glaucescens*	虎皮楠科 虎皮楠属	常绿乔木	耐阴、喜潮湿环境	观树形	园景树	
70	碧桃	*Amygdalus persica* f. *duplex*	蔷薇科 桃属	落叶小乔木	喜光、耐旱、忌积水	观花	园景树	花期 3~4月
71	梅	*Armeniaca mume* 'Alphandii'	蔷薇科 杏属	落叶小乔木	喜湿润气候、耐寒、耐瘠薄	观花	园景树	花期 2~4月

续附表 1-2

序号	中文名	学名	科属	类型	生态习性	观赏特性	园林用途	备注
72	冬樱花	*Cerasus cerasoides* var. *majestica*	蔷薇科 樱属	落叶乔木	喜光、耐旱、喜温暖	观花	园景树、行道树	◎花期11月至翌年1月
73	云南樱花	*Cerasus cerasoides* var. *rubea*	蔷薇科 樱属	落叶乔木	喜光、耐旱	观花	园景树、行道树	◎花期3～4月
74	樱桃	*Cerasus pseudocerasus*	蔷薇科 樱属	落叶乔木	喜光、不耐积水	观花	园景树	花期3～4月
75	山樱桃	*Cerasus conradinae*	蔷薇科 樱属	落叶乔木	喜光、喜肥沃土壤、空气湿润	观花	园景树	花期3～4月
76	日本晚樱	*Cerasus serrulata* var. *lannesiana*	蔷薇科 樱属	落叶乔木	喜光、稍耐阴、耐寒	观花	园景树、行道树	花期3～4月
77	云南移依	*Docynia delavayi*	蔷薇科 移依属	半常绿或落叶乔木	喜光、稍耐阴	观花、观果、观树形	园景树	
78	枇杷	*Eriobotrya japonica*	蔷薇科 枇杷属	常绿乔木	喜光、稍耐阴、耐寒	观花、观果	园景树、行道树	
79	栎叶枇杷	*Eriobotrya prinoides*	蔷薇科 枇杷属	常绿乔木	稍耐阴、喜温暖湿润、耐寒	观花、观果	园景树、行道树	
80	球花石楠	*Photinia glomerata*	蔷薇科 石楠属	常绿乔木	喜光、稍耐阴、耐旱、抗污染	观花、观果	行道树、园景树	花期5～7月
81	椤木石楠	*Photinia davidsoniae*	蔷薇科 石楠属	常绿小乔木	耐干旱、喜光	行道树、观赏树	园景树	花期5～7月
82	石楠	*Photinia serrulata*	蔷薇科 石楠属	常绿小乔木	耐阴、耐寒	观果、观花、观叶	园景树	花期5～7月
83	西府海棠	*Malus micromalus*	蔷薇科 苹果属	落叶乔木	喜光、稍耐阴、耐寒	观果、观花、观叶	园景树	花期4～5月
84	苹果	*Malus pumila*	蔷薇科 苹果属	落叶乔木	喜光、稍耐阴、耐寒	观果、观花	园景树	花期4～5月
85	花红	*Malus asiatica*	蔷薇科 苹果属	落叶乔木	喜光、稍耐阴、耐寒	观果、观花	园景树	花期4～5月
86	梨	*Pyrus* spp.	蔷薇科 梨属	落叶乔木	喜光、稍耐阴、耐寒	观果、观花、观叶	园景树	花期4～5月
87	红叶李	*Prunus cerasifera* 'Atropurpurea'	蔷薇科 李属	落叶乔木	喜光、稍耐阴、耐寒	观果、观叶	园景树、行道树	花期4～5月
88	西南花楸	*Sorbus rehderiana*	蔷薇科 花楸属	落叶小乔木	耐寒、耐阴、忌积水	观果、观叶、观树形	园景树	花期5～6月

续附表 1-2

序号	中文名	学名	科属	类型	生态习性	观赏特性	园林用途	备注
89	鼠李叶花楸	Sorbus rhamnoides	蔷薇科 花楸属	落叶小乔木	耐寒、耐阴、忌积水	观果、观叶、观树形	行道树、园景树	花期5~6月
90	川滇花楸	Sorbus vilmorinii	蔷薇科 花楸属	落叶小乔木	耐寒、耐阴、忌积水	观果、观叶、观树形	园景树	花期5~6月
89	红花羊蹄甲	Bauhinia blakeana	苏木科 羊蹄甲属	常绿乔木	喜光、喜温暖湿润	观花	行道树、园景树	◎花期11月至翌年4月
90	小叶羊蹄甲	Bauhinia faberi	苏木科 羊蹄甲属	落叶小乔木或灌木	喜光、喜温暖湿润	观花	园景树	◎
91	红紫荆	Bauhinia variegata	苏木科 羊蹄甲属	半常绿乔木	耐旱、喜暖热	观花	园景树	◎花期11月至翌年4月
92	云南羊蹄甲	Bauhinia yunnanensis	苏木科 羊蹄甲属	落叶小乔木	耐阴、喜温暖湿润	观花	园景树、行道树	◎
93	云南紫荆	Cercis glabra (= C. yunnanensis)	苏木科 紫荆属	落叶乔木	喜光、耐阴	观花	园景树	花期3~4月
94	野皂角	Gleditsia microphylla	苏木科 皂荚属	落叶乔木	喜光、耐阴、喜湿	观果、观叶、观树形	园景树、行道树	
95	滇皂荚	Gleditsia japonica	苏木科 皂荚属	落叶乔木	稍耐阴、耐寒、耐干旱、抗污染	观果、观叶	园景树	
96	凤凰木	Delonix regia	苏木科 凤凰木属	落叶乔木	阳性、喜暖热、不耐寒	观树形、观花、观叶	行道树、园景树	◎花期6~7月
97	腊肠豆	Cassia fistula	苏木科 决明属	落叶乔木	阳性、喜暖热、不耐寒	观树形、观花	行道树、观赏树	◎花期6~8月
98	铁刀木	Cassia siam	苏木科 决明属	落叶乔木	阳性、喜暖热、不耐寒	观树形、观花	行道树、观赏树	◎花期10~11月
99	合欢	Albizia julibrissin	含羞草科 合欢属	落叶乔木	喜光、耐寒、耐旱	观花	园景树、行道树	◎花期6~7月
100	山合欢	Albizia kalkora	含羞草科 合欢属	落叶乔木	喜光、耐寒、耐旱	观花	园景树、行道树	◎花期6~7月
101	毛叶合欢	Albizia mollis	含羞草科 合欢属	落叶乔木	喜光、耐旱、耐寒、耐水湿	观花、观树形	行道树、园景树	◎花期6~7月

续附表 1-2

序号	中文名	学名	科属	类型	生态习性	观赏特性	园林用途	备注
102	雨树	Samanea saman	含羞草科 雨树属	常绿乔木	喜光、耐旱、不耐寒	观花、观树形	行道树、园景树	◎
103	刺槐	Robinia pseudoacacia	蝶形花科 刺槐属	落叶乔木	喜光、喜干燥、耐旱、耐寒	观花	行道树、园景树	花期4~6月
104	香花槐	Cladrastis wilsonii Takeda	蝶形花科 刺槐属	落叶乔木	喜光、喜干燥、耐旱、耐寒	观花	行道树、园景树	花期4~6月
105	刺桐	Erythrina arborescens	蝶形花科 刺桐属	落叶乔木	喜温暖湿润、喜光	观花、观树形	园景树	◎花期3月
106	肥荚红豆	Ormosia fordiatan	蝶形花科 红豆属	常绿乔木	喜光	观花、观树形	园景树、行道树	◎
107	国槐	Sophora japonica	蝶形花科 槐属	落叶乔木	喜光、稍耐阴	观叶、观花	园景树	花期5~9月
108	龙爪槐	Sophora japonica 'Pendula'	蝶形花科 槐属	落叶乔木	喜光、稍耐阴	观花、观树形	园景树、行道树	
109	枫香	Liquidamba formosana	金缕梅科 枫香属	落叶乔木	喜光、耐旱、耐瘠薄	观叶、观树形	园景树、行道树	
110	北美枫香	Liquidambar styraciflua	金缕梅科 枫香属	落叶乔木	喜光、耐旱、耐瘠薄	观叶、观树形	园景树、行道树	
111	红花荷	Rhodoleia parvipetala	金缕梅科 红花荷属	常绿乔木	耐半阴、喜温暖湿润	观花、观树形	园景树、行道树	
112	马蹄荷	Symingtonia populnea	金缕梅科 马蹄荷属	常绿乔木	喜温暖湿润、耐阴、耐寒、喜光	观树形	行道树、园景树	◎
113	大果马蹄荷	Symingtonia tonkingensis	金缕梅科 马蹄荷属	常绿乔木	喜温暖湿润气候、耐阴、耐寒	观树形	行道树、园景树	◎
114	杜仲	Eucommia ulmoides	杜仲科 杜仲属	落叶乔木	喜光、耐寒	观树形	园景树、行道树	
115	悬铃木	Platanus × hispanica	悬铃木科 悬铃木属	落叶乔木	喜光、耐旱、耐瘠薄	观树形、观叶	行道树、园景树	
116	垂柳	Salix babylonica	杨柳科 柳属	落叶乔木	喜光、耐寒	观叶	园景树	
117	柳树	Salix matsudana Koidz	杨柳科 柳属	落叶乔木	喜光、耐寒	观树形	园景树	
118	龙爪柳	Salix matsudana f. tortuosa	杨柳科 柳属	落叶乔木	喜光、耐寒	观树形	园景树、行道树	

续附表 1-2

序号	中文名	学名	科属	类型	生态习性	观赏特性	园林用途	备注
119	云南柳	*Salix cavaleriei*	杨柳科 柳属	落叶乔木	喜光、耐寒	观树形	园景树、行道树	
120	滇杨	*Populus yunnanensis*	杨柳科 杨属	落叶乔木	喜光、耐寒	观树形	园景树、行道树	
121	毛白杨	*Populus tomentosa*	杨柳科 杨属	落叶乔木	喜光、耐寒	观树形	园景树、行道树	
122	加拿大杨	*Platanus* × *canadensis*	杨柳科 杨属	落叶乔木	喜光、耐寒	观树形	园景树、行道树	
123	川滇桤木	*Alnus ferdinandi-coburgii*	桦木科 桤木属	落叶乔木	喜光、耐旱、耐瘠薄	观树形	园景树、行道树	
124	云南鹅耳枥	*Carpinus monbeijiana*	桦木科 鹅耳枥属	落叶乔木	喜光、耐旱、耐瘠薄	观树形	园景树、行道树	
125	毛杨梅	*Myrica esculenta*	杨梅科 杨梅属	常绿乔木	喜光、耐半阴	观果、观树形	园景树	
126	板栗	*Castanea mollissima*	山毛榉科 栗属	落叶乔木	阳性、适应性强	观树形	园景树	
127	麻栎	*Quercus acutissima*	山毛榉科 栎属	落叶乔木	阳性、适应性	观树形	园景树	
128	栓皮栎	*Quercus variabilis*	山毛榉科 栎属	落叶乔木	阳性、适应性	观树形	园景树	
129	滇青冈	*Cyclobalanopsis glaucoides*	山毛榉科 青冈属	常绿乔木	阳性、稍耐阴	观树形	园景树	
130	青冈	*Cyclobalanopsis glauca*	山毛榉科 青冈属	常绿乔木	阳性、稍耐阴	观树形	园景树	
131	高山栲	*Castanopsis delavayi*	壳斗科 栲属	常绿乔木	喜光、稍耐阴、耐旱	观树形	园景树、行道树	
132	滇石栎	*Lithocarpus dealbatus*	壳斗科 柯属	常绿乔木	耐干旱和瘠薄、抗污染	观树形	园景树	◎
133	垂叶榕	*Ficus benjamina*	桑科 榕属	常绿乔木	喜光、耐阴、不耐严寒	观树形	园景树	◎
144	花叶垂榕	*Ficus benjamina* 'De Gantel'	桑科 榕属	常绿乔木	喜光、耐阴、不耐严寒	观叶、观树形	行道树、园景树	◎
145	长叶榕	*Ficus binnendijkii* 'Alii'	桑科 榕属	常绿乔木	不耐寒和干旱、耐半阴、喜光	观叶、观树形	绿篱、园景树	◎
146	黄葛树	*Ficus lacor*	桑科 榕属	常绿乔木	不耐寒和干旱、耐半阴、喜光	观叶、观树形	园景树	◎
147	无花果	*Ficus carica*	桑科 榕属	落叶小乔木	喜光、耐寒、耐旱	观树形、观果、观叶	园景树	◎

续附表 1-2

序号	中文名	学名	科属	类型	生态习性	观赏特性	园林用途	备注
148	印度榕	*Ficus elastica*	桑科 榕属	常绿乔木	喜光、耐旱、不耐寒	观树形、观果、观叶	园景树	◎
149	高榕	*Ficus altissima*	桑科 榕属	常绿乔木	喜光、耐旱、不耐寒	观树形、观果	行道树、园景树	◎
150	大叶榕	*Ficus virens*	桑科 榕属	常绿乔木	喜光、耐旱、不耐寒	观树形	行道树、园景树	◎
151	小叶榕	*Ficus microcarpa*	桑科 榕属	常绿乔木	喜光、耐旱、不耐寒	观树形	行道树、园景树	◎
152	菩提树	*Ficus religiosa*	桑科 榕属	常绿乔木	喜光、不耐寒	观树形、观果	行道树、园景树	◎
153	菠萝蜜	*Artocarpus heterophyllus*	桑科 菠萝蜜属	落叶乔木	喜光、不耐寒	观树形	行道树、园景树	◎
154	桑树	*Morus alba*	桑科 桑属	落叶乔木	阳性	观树形、观果	园景树	
155	构树	*Broussonetia papyrifera*	桑科 构属	中国黄河、长江、珠江流域、台湾	阳性、适应性强、抗污染	观树形	园景树	
156	珊瑚冬青	*Ilex corallina*	冬青科 冬青属	常绿乔木	喜光、耐旱	观果、观树形	行道树、园景树	
157	小果冬青	*Ilex micrococca*	冬青科 冬青属	落叶乔木	喜光、耐旱	观果、观树形	园景树、行道树	
158	野鸦椿	*Euscaphis japonica*	省沽油科 野鸦椿属	落叶小乔木	耐阴、忌积水	观果	园景树、行道树	
159	西南拐枣	*Hovenia acerba* var. *kiukiangensis*	鼠李科 拐枣属	落叶乔木	喜光、耐阴、耐旱	观树形	园景树、行道树	
160	毛叶拐枣	*Hovenia acerba* var. *kiukiangensis*	鼠李科 拐枣属	落叶乔木	喜光、耐阴、耐旱	观树形	园景树、行道树	
161	苦楝	*Melia azadarach*	楝科 楝属	落叶乔木	喜光、耐水湿	观花、观树形	园景树、行道树	
162	川楝	*Melia toosendan*	楝科 楝属	落叶乔木	阳性、喜温暖	观花、观树形	园景树、行道树	

续附表 1-2

序号	中文名	学名	科属	类型	生态习性	观赏特性	园林用途	备注
163	毛红椿	Toona ciliata var. pubescens	楝科 香椿属	落叶乔木	喜光、耐寒、耐旱	观树形	园景树、行道树	◎
154	香椿	Toona sinensis	楝科 香椿属	落叶乔木	喜光、耐寒、耐旱	观叶、观树形	园景树	
165	老虎楝	Trichilia connaroides	楝科 鹪鸪花属	落叶乔木	喜光、不耐寒	观花、观树形	园景树	◎
166	臭椿	Ailanthus altissima var. altissima	苦木科 臭椿属	落叶乔木	喜光、稍耐阴、抗性强	观树形	园景树、行道树	
167	复羽叶栾树	Koelreuteria bipinnata	无患子科 无患子属	落叶乔木	喜光、耐半阴、耐寒、耐旱	观树形、观果、观叶	园景树、行道树	花期 6~9 月
168	全缘栾树	Koelreuteria integrifoliola	无患子科 无患子属	落叶乔木	喜光、耐寒	观树形、观果、观叶	园景树	花期 6~9 月
169	栾树	Koelreuteria paniculata	无患子科 无患子属	落叶乔木	喜光、耐半阴、耐寒、耐旱	观树形、观果、观叶	园景树、行道树	花期 6~9 月
170	皮哨子	Sapindus delavayi	无患子科 无患子属	落叶乔木	喜光、稍耐阴、抗性较强	观树形	园景树	
171	毛瓣无患子	Sapindus rarak	无患子科 无患子属	落叶乔木	喜光、稍耐阴、抗性较强	观树形	园景树	
172	云南七叶树	Aesculus wangii	七叶树科 七叶树属	落叶乔木	喜光、耐瘠薄	观树形	园景树、行道树	
173	天师栗	Aesculus wilsonii Rehd.	七叶树科 七叶树属	落叶乔木	喜光	观叶、观树形	园景树、行道树	
174	七叶树	Aesculus chinensis	七叶树科 七叶树属	落叶乔木	弱阳性、喜温暖湿润、不耐严寒	观叶、观花、观树形	园景树	
175	青榨槭	Acer davidii	槭树科 槭树属	落叶乔木	耐阴、喜湿润	观叶、观树形	园景树	
176	小叶青皮槭	Acer cappadocicum	槭树科 槭树属	落叶乔木	耐半阴、喜湿润	观叶、观树形	园景树	
177	鸡爪槭	Acer palmatum	槭树科 槭树属	落叶乔木	喜光、较耐旱、耐寒、抗性较强	观叶、观树形	园景树、行道树	
178	红枫	Acer palmatum f. atropurpureum	槭树科 槭树属	落叶乔木	耐半阴、喜温暖湿润	观叶、观树形	园景树、行道树	
179	细叶鸡爪槭	Acer palmatum var. dissectum	槭树科 槭树属	落叶乔木	喜光、较耐旱、耐寒、抗性较强	观叶、观树形	园景树、行道树	

续附表 1-2

序号	中文名	学名	科属	类型	生态习性	观赏特性	园林用途	备注
180	金江槭	*Acer pazii*	槭树科 槭树属	常绿乔木	耐半阴、喜温暖湿润	观叶、观树形	园景树	
181	元宝枫	*Acer truncatum*	槭树科 槭树属	落叶乔木	中性、喜温凉气候	观叶、观树形	园景树、行道树	
182	三角枫	*Acer buergerianum*	槭树科 槭树属	落叶乔木	弱阳性、喜温暖气候、较耐水湿	长江流域各地	园景树、行道树	
183	黄连木	*Pistacia chinensis*	漆树科 黄连木属	落叶乔木	喜光、耐旱、耐瘠薄、抗性较强	观叶、观树形	行道树、园景树	
184	清香木	*Pistacia weinmannifolia*	漆树科 黄连木属	常绿小乔木	喜光、耐阴、耐旱	观叶、观果、观树形	行道树、园景树	◎
185	盐肤木	*Rhus chinensis*	漆树科 盐肤木属	落叶小乔木	喜光、喜温暖湿润	观叶、观果	园景树	
186	火炬树	*Rhus typhina*	漆树科 盐肤木属	落叶小乔木	阳性、适应性强、抗旱、耐盐碱	观叶、观果	园景树	
187	南酸枣	*Choerospondias axillaris*	漆树科 南酸枣属	落叶乔木	阳性、喜温暖、耐干瘠、生长快	观叶、观树形	行道树、园景树	
188	芒果	*Mangifera indica*	漆树科 芒果属	常绿乔木	弱阳性、喜温暖湿润、不耐寒	观果、树形	行道树、园景树	12月至翌年 1~2月
189	枫杨	*Pterocarya stenoptera*	胡桃科 枫杨属	落叶乔木	喜光、耐积水	观果、观树形	园景树	
190	云南枫杨	*Pterocarya delavayi*	胡桃科 枫杨属	落叶乔木	喜光、耐积水	观果、观树形	园景树	
191	灯台树	*Cornus controversa*	山茱萸科 梾木属	落叶乔木	喜光、稍耐阴、喜温暖	观花、观树形	行道树、园景树	
192	梾木	*Cornus macrophylla*	山茱萸科 梾木属	落叶乔木	喜光、稍耐阴、喜温暖	观花、观叶、观树形	行道树、园景树	
193	矩圆叶梾木	*Cornus oblonga*	山茱萸科 梾木属	常绿乔木至大灌木	喜光、稍耐阴、喜温暖	观叶、观树形	园景树、行道树	
194	鸡嗉子	*Dendrobenthamia capitata*	山茱萸科 四照花属	落叶小乔木	弱阳性、喜温暖湿润	观花、观叶、观果	园景树、行道树	
195	山茱萸	*Macrocarpium officinalis*	山茱萸科 山茱萸属	落叶乔木	喜光、稍耐阴、耐旱、耐寒	观花、观叶、观果	园景树	
196	喜树	*Camptotheca acuminata*	蓝果树科 喜树属	落叶乔木	喜光、稍耐阴、喜温暖湿润	观树形	园景树	

续附表 1-2

序号	中文名	学名	科属	类型	生态习性	观赏特性	园林用途	备注
197	蓝果树	Nyssa sinensis	蓝果树科 蓝果树属	落叶乔木	喜光、稍耐阴	观叶、观树形	园景树	
198	滇西紫树	Nyssa shweliensis	蓝果树科 蓝果树属	落叶乔木	喜光、稍耐阴	观叶、观树形	园景树	
199	珙桐	Davidia involucrata Baill.	珙桐科 珙桐属	落叶乔木	喜温暖湿润气候	观花、观树形	园景树	
200	光叶珙桐	Davidia involucrata var. vilmoriniana	珙桐科 珙桐属	落叶乔木	喜温暖湿润气候	观花、观树形	园景树	
201	鹅掌木	Schefflera heptaphylla	五加科 鹅掌柴属	常绿乔木	喜光、喜湿润，不耐瘠薄	观叶	园景树	◎
202	昆士兰伞木	Schefflera microphylla	五加科 鹅掌柴属	常绿乔木	喜光、喜湿润，不耐瘠薄	观叶	园景树	◎
203	柿树	Diospyros kaki	柿树科 柿树属	落叶乔木	喜光、耐寒、耐旱、耐瘠、忌积水	观叶、观果	园景树、行道树	
204	野柿花	Diospyros morrisiana	柿树科 柿树属	落叶乔木	喜光、耐寒、耐旱、耐瘠、忌积水	观叶、观果	园景树	
205	君迁子	Diospyros lotus	柿树科 柿树属	落叶乔木	喜光、耐寒、耐旱、耐瘠、忌积水	观叶、观果	园景树	
206	大花野茉莉	Styrax grandiflora	安息香科 安息香属	落叶乔木	喜光、耐瘠薄	观花、芳香	园景树	
207	海桐山矾	Symplocos pittosporifolia.	山矾科 山矾属	常绿小乔木	喜光	观树形	园景树	
208	柔毛山矾	Symplocos pilosa	山矾科 山矾属	落叶小乔木	耐阴	观树形	园景树	
209	流苏树	Chionanthus retusus	木犀科 流苏树属	落叶乔木	喜光、耐阴	观花	园景树	
210	女贞	Ligustrum lucidum	木犀科 女贞属	常绿小乔木	喜光、稍耐阴	观树形	园景树	花期5~7月
211	云南木犀榄	Olea yunnanensis	木犀科 木犀榄属	常绿乔木	喜光	观树形	园景树	◎
212	桂花	Osmanthus fragrans	木犀科 木犀属	常绿乔木	喜光、喜湿润	观花、芳香	园景树	花期9~10月上旬
213	金桂	Osmanthus fragrans 'Thunbergii'	木犀科 木犀属	常绿乔木	喜光、喜湿润	观花、芳香	园景树	花期9~10月上旬
214	银桂	Osmanthus fragran 'Latifoliu'	木犀科 木犀属	常绿乔木	喜光、喜湿润	观花、芳香	园景树	花期9~10月上旬
215	蒙自山桂花	Osmanthus henryi	木犀科 木犀属	常绿小乔木	喜光、喜湿润	观树形	行道树、园景树	
216	云南桂花	Osmanthus yunnanensis	木犀科 木犀属	常绿乔木	喜光、耐阴	观树形	园景树	

续附表 1-2

序号	中文名	学名	科属	类型	生态习性	观赏特性	园林用途	备注
217	白蜡树	*Fraxinus chinensis*	木犀科 白蜡树属	落叶乔木	弱阳性、耐寒、耐低湿、抗烟尘	观树形	行道树、园景树	
218	小叶白蜡	*Fraxinus bungeana*	木犀科 白蜡树属	落叶乔木	阳性、耐寒、耐低湿	观树形	行道树、园景树	
219	滇楸	*Catalpa fargesii f. duclouxii*	紫葳科 梓树属	落叶乔木	喜光	观树形、观花	园景树	花期3~5月
220	梓树	*Catalpa ovata*	紫葳科 梓树属	落叶乔木	喜光、稍耐阴	观树形	行道树、园景树	◎花期6~7月
221	黄金树	*Catalpa speciosa*	紫葳科 梓树属	落叶乔木	喜温暖湿润、喜光、喜肥	观花、观树形	园景树	花期5~6月
222	蓝花楹	*Jacaranda acutifolia*	紫葳科 蓝花楹属	落叶乔木	喜光、耐旱	观花	行道树、园景树	◎花期5月
223	泡桐	*Paulownia fortunei*	玄参科 泡桐属	落叶乔木	喜光、耐旱	长江流域以南	行道树、园景树	花期2~3月
224	假槟榔	*Archontophoenix alexandrae*	棕榈科 假槟榔属	常绿乔木	弱阳性、喜温暖湿润、不耐严寒	行道树、观赏树	园景树、行道树	◎
225	鱼尾葵	*Caryota ochlandra*	棕榈科 鱼尾葵属	中国东南、西南	弱阳性、喜温暖湿润、不耐严寒	行道树、观赏树	园景树	◎
226	董棕	*Caryota urens*	棕榈科 鱼尾葵属	常绿乔木	喜光、喜湿、较耐寒	观叶、观树形	园景树	◎
227	高山蒲葵	*Livistona altissima*	棕榈科 蒲葵属	云南	喜光、喜湿、较耐寒	行道树、观赏树	园景树	◎
228	蒲葵	*Livistona chinensis*	棕榈科 蒲葵属	常绿乔木	不耐旱、喜温暖湿润、喜温暖湿润	观叶	园景树、行道树	◎
229	圆叶蒲葵	*Livistona rotundifolia*	棕榈科 蒲葵属	常绿乔木	不耐旱、喜温暖湿润	观叶	园景树	◎
230	锯叶棕	*Serenoa repens*	棕榈科 锯叶棕属	常绿乔木	喜光、喜温暖湿润	观叶、观树形	园景树、行道树	◎
231	布迪椰子	*Butia capitata*	棕榈科 弓葵属	常绿乔木	喜光、喜温暖湿润	观树形、观叶	园景树	◎
232	王棕	*Roystonea regia*	棕榈科 王棕属	常绿乔木	弱阳性、喜温暖湿润、不耐寒	观树形、观叶	园景树	◎
233	椰子	*Cocos nucifera*	棕榈科 椰子属	常绿乔木	阳性、喜温暖湿润、不耐严寒	观树形、观叶	园景树、行道树	◎

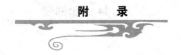

续附表 1-2

序号	中文名	学名	科属	类型	生态习性	观赏特性	园林用途	备注
234	槟榔	*Areca catechu*	棕榈科 槟榔属	常绿乔木	喜光、高温多湿	观树形、观叶	园景树	◎
235	油棕	*Elaeis guineensis*	棕榈科 油棕属	常绿乔木	喜光、喜温暖湿润	观树形、观叶	园景树、行道树	◎
236	三角椰子	*Neodypsis decaryi*	棕榈科 三角椰属	常绿乔木	喜光、喜温暖湿润	观树形、观叶	园景树、行道树	◎
237	酒瓶椰子	*Hyophorbe lagenicaulis*	棕榈科 酒瓶椰子属	常绿小乔木	喜光、喜温暖湿润	观树形、观叶	园景树	◎
238	加拿利海枣	*Phoenix canariensis*	棕榈科 刺葵属	常绿乔木	喜光、耐半阴、耐寒、耐热	观树形、观叶	园景树、行道树	◎
239	海枣	*Phoenix dactylifera*	棕榈科 刺葵属	常绿乔木	喜光、耐阴、耐旱、耐瘠	观树形、观叶	园景树	◎
240	林刺葵	*Phoenix sylvestri*	棕榈科 刺葵属	常绿乔木	喜光、喜温暖湿润	观树形、观叶	园景树	◎
241	银海枣	*Phoenix sylvestris*	棕榈科 刺葵属	常绿乔木	喜高温湿润、喜光照、耐旱、	观树形、观叶	园景树、行道树	◎
242	软叶刺葵	*Phoenix roebelenii*	棕榈科 刺葵属	常绿小乔木	喜阴、喜湿润、耐阴、较耐旱	观树形、观叶	园景树	◎
243	棕榈	*Trachycarpus fortunei*	棕榈科 棕榈属	常绿乔木	喜光、耐半阴、较耐寒	观树形、观叶	园景树	◎
244	龙棕	*Trachycarpus nana*	棕榈科 棕榈属	常绿小乔木	耐干旱、喜光	观树形、观叶	园景树	◎
245	老人葵	*Washingtonia filifera*	棕榈科 丝葵属	常绿乔木	耐干旱、喜湿润	观树形、观叶	园景树	◎

备注：◎ 热带、亚热带地区使用

附录 2　植物造景常用园林灌木（小乔木）植物名录（西南地区）

序号	中文名	学名	科属	类型	生态习性	观赏特性	园林用途	备注
1	苏铁	Cycas revoluta	苏铁科 苏铁属	常绿乔木	喜光，不耐积水	观树形	园景树	●
2	篦齿苏铁	Cycas pectinata	苏铁科 苏铁属	常绿乔木	喜光，不耐积水，不耐寒	观树形	园景树	●
3	攀枝花苏铁	Cycas panzhihuaensis	苏铁科 苏铁属	常绿乔木	喜光，不耐积水	观树形	园景树	●
4	日本扁柏	Chamaecyparis obtusa	柏科 扁柏属	常绿灌木	喜光	观树形	绿篱	●
5	云片柏	Chamaecyparis obtusa 'Breviramea'	柏科 扁柏属	常绿灌木	喜光	观树形	绿篱、园景树	●
6	花柏	Chamaecyparis pisifera	柏科 扁柏属	常绿灌木	喜光	观树形	绿篱、园景树	●
7	千头柏	Platycladus orientalis 'Sieboldii'	柏科 侧柏属	常绿灌木	喜光	观树形	绿篱	●
8	洒金千头柏	Platycladus orientalis 'Semperaurescens'	柏科 侧柏属	常绿灌木	喜光	观树形	绿篱	●
9	匍地龙柏	Sabina chinensis 'Kaizuca Procumbens'	柏科 圆柏属	常绿灌木	喜光	观树形	地被	●
10	铺地柏	Sabina procumbens	柏科 圆柏属	常绿灌木	喜光，耐瘠薄	观树形	地被	●
11	昆明柏	Sabina gaussenii	柏科 圆柏属	常绿灌木	喜光，耐瘠薄	观树形	绿篱、园景树	●
12	紫玉兰	Magnolia liliflora	木兰科 木兰属	落叶灌木	阳性，喜温暖，不耐严寒	观花	园景树	辛夷/花期 2～3月
13	含笑	Michelia figo	木兰科 含笑属	常绿灌木	稍耐阴	观花、观叶	园景树、绿篱	花期 3～4月
14	云南含笑	Michelia yunnanensis	木兰科 含笑属	常绿灌木	喜光，稍耐阴	花香、观花、观果	园景树、绿篱	花期 3～4月
15	野八角	Illicium simonsii	八角科 八角属	常绿灌木或乔木	稍耐阴，喜湿润，肥沃土壤	观花、观果、观树形	园景树	果有毒
16	黄牡丹	Paeonia delavayi var. lutea	毛茛科 芍药属	落叶灌木	喜光，耐旱	观花	园景树	花期 5 月
17	牡丹	Paeonia delavayi	毛茛科 芍药属	落叶灌木	喜光，耐旱	观花	园景树	花期 5 月

续附录2

序号	中文名	学名	科属	类型	生态习性	观赏特性	园林用途	备注
18	全缘锥花小檗	Berberis aggregata var. integrifolia	小檗科 小檗属	落叶灌木	耐旱、喜光	观花、观果	绿篱、园景树	
19	川滇小檗	Berberis jamesiana	小檗科 小檗属	落叶灌木	耐旱、喜光	观果	绿篱、园景树	
20	大黄连刺	Berberis pruinosa	小檗科 小檗属	落叶灌木	耐旱、喜光	观果	绿篱、地被	
21	华西小檗	Berberis silva-taroucana	小檗科 小檗属	落叶灌木	耐旱、喜光	观果	绿篱、地被	
22	云南小檗	Berberis stiebritziana	小檗科 小檗属	落叶灌木	耐旱、喜光	观果	绿篱、地被	
23	紫叶小檗	Berberis thunbergii var. atropurpurea	小檗科 小檗属	落叶灌木	耐旱、喜光	观花	绿篱、地被	
24	红叶小檗	Berberis thunbergii var. rubifolia	小檗科 小檗属	落叶灌木	耐旱、喜光	观果	绿篱、地被	
25	金花小檗	Berberis wilsonae	小檗科 小檗属	落叶灌木	耐旱、喜光	观果	绿篱、地被	
26	十大功劳	Mahonia bealei	小檗科 十大功劳属	常绿灌木	喜光、稍耐阴、耐旱	观花、观果	地被、绿篱	
27	昆明十大功劳	Mahonia duclouxiana	小檗科 十大功劳属	常绿灌木	喜光、稍耐阴、耐旱	观花、观果	园景树	
28	细叶十大功劳	Mahonia fortunei	小檗科 十大功劳属	常绿灌木	喜光、稍耐阴、耐旱	观花、观果	地被、绿篱	
29	大黄连	Mahonia mairei	小檗科 十大功劳属	常绿灌木	喜光、稍耐阴、耐旱	观花、观果	园景树	
30	南天竹	Nandina domestica	小檗科 南天竹属	常绿灌木	喜光、耐旱	观叶、观果	地被、园景树	
31	猫胡子花	Capparis bodiniere	白花菜科 山柑属	常绿灌木	稍耐阴	观花	园景树	
32	石海椒	Reinwardtia indica	亚麻科 石海椒属	常绿灌木	稍耐阴	观花	地被	
33	萼距花	Cuphea platycentra	千屈菜科 萼距花属	常绿灌木	喜光	观花	地被	花期全年
34	虾子花	Woodfordia fruticosa	千屈菜科 虾子花属	常绿灌木	喜光、耐旱	观花	地被	
35	结香	Edgeworthia chrysantha	瑞香科 结香属	落叶灌木	喜光	观树形、花香	园景树	
36	滇瑞香	Daphne feddei	瑞香科 瑞香属	常绿灌木	喜光	观树形	园景树	

续附录 2

序号	中文名	学名	科属	类型	生态习性	观赏特性	园林用途	备注
37	光叶子花	Bougainvillea glabra	紫茉莉科 叶子花属	常绿灌木	喜光	观花	垂直绿化 园景树	10月至翌年7月
38	叶子花	Bougainvillea spectabilis	紫茉莉科 叶子花属	常绿灌木	喜光	观花	垂直绿化 园景树	10月至翌年7月
39	金边叶子花	Bougainvillea spectabilis 'Lateritia'	紫茉莉科 叶子花属	常绿灌木	喜光	观花	垂直绿化 园景树	10月至翌年7月
40	粉白叶子花	Bougainvillea spectabilis 'White-Pink'	紫茉莉科 叶子花属	常绿灌木	喜光	观花	垂直绿化 园景树	10月至翌年7月
41	马桑	Coriaria nepalensis	马桑科 马桑属	落叶灌木	喜光、耐干旱、耐水湿	观树形	园景树	
42	海桐	Pittosporum tobira	海桐花科 海桐花属	常绿灌木	喜光	观树形	园景树、绿篱	花期3~5月
43	茶梅	Camellia sasanqua	山茶科 山茶属	常绿灌木	稍耐阴、喜湿润、肥沃土壤	观花	园景树、地被	花期11月至翌年1月
44	山茶	Camellia japonica	山茶科 山茶属	常绿灌木至小乔木	稍耐阴、喜湿润、肥沃土壤	观花	园景树	花期2~3月
45	红花油茶	Camellia chekiangoleosa	山茶科 山茶属	常绿灌木至小乔木	喜光、稍耐阴、不耐寒	观花	园景树	花期2~3月
46	大头茶	Gordonia axillaris	山茶科 大头茶属	常绿灌木至小乔木	稍耐阴、喜湿润、肥沃土壤	观花、观树形	园景树	花期2~3月
47	石笔木	Tutcheria championi	山茶科 石笔木属	常绿灌木至小乔木	稍耐阴、耐旱、耐瘠	观花、观树形	园景树	
48	厚皮香	Ternstroemia gymnanthera	山茶科 厚皮香属	常绿灌木至小乔木	稍耐阴、耐旱、耐瘠	观树形、观果	园景树	花期5~7月
49	垂枝红千层	Callistemon viminalis	桃金娘科 红千层属	常绿灌木至小乔木	喜光、不耐寒	观花	园景树	花期4~9月
50	红千层	Callistemon rigidus	桃金娘科 红千层属	常绿灌木至小乔木	喜光、不耐寒	观花	绿篱、园景树	花期4~9月
51	巴西野牡丹	Tibouchina seecandra	野牡丹科 金锦香属	常绿灌木	喜光、稍耐阴、不耐寒	观花	绿篱、地被	周年可开花
52	假朝天罐	Osbeckia crinita	野牡丹科 金锦香属	常绿灌木	喜光、耐水湿、耐旱	观花	绿篱、地被	

续附录 2

序号	中文名	学名	科属	类型	生态习性	观赏特性	园林用途	备注
53	金丝梅	*Hypericum beanii*	金丝桃科 金丝桃属	落叶灌木	喜光、耐旱	观花	绿篱、地被	花期6~7月
54	栽秧花	*Hypericum ocmocephalum*	金丝桃科 金丝桃属	落叶灌木	喜光、耐旱	观花	园景树	花期5~7月
55	芒种花	*Hypericum uralum*	金丝桃科 金丝桃属	落叶灌木	喜光、耐旱	观花	园景树、绿篱	花期5~7月
56	木芙蓉	*Hibiscus mutabilis*	锦葵科 木槿属	落叶灌木至小乔木	喜光、稍耐阴	观花	园景树	花期8~10月
57	木槿	*Hibiscus syriacus*	锦葵科 木槿属	落叶灌木	喜光、稍耐阴	观花	园景树、绿篱	花期6~10月
58	扶桑	*Hibiscus rosa-sinensis*	锦葵科 木槿属	常绿灌木	喜光、稍耐阴、不耐寒	观花	园景树、绿篱	◎周年可开花
59	垂花悬铃花	*Malvaviscus arboreus*	锦葵科 垂花悬铃花属	常绿灌木	喜光、稍耐阴、不耐寒	观花	园景树	◎热带全年开花
60	溲疏	*Deutzia scabra*	绣球花科 溲疏属	落叶灌木	喜温暖湿润、稍耐阴、耐修剪	观花	园景树	花期5~6月
61	紫花溲疏	*Duetzia purpurescens*	绣球花科 溲疏属	落叶灌木	喜温暖湿润、稍耐阴、耐修剪	观花	园景树	花期5~6月
62	山梅花	*Philadelphus henryi*	绣球花科 山梅花属	落叶灌木	耐寒、喜排水良好	观花、花香	园景树	花期8月
63	云南山梅花	*Philadelphus delavayi*	绣球花科 山梅花属	落叶灌木	耐寒	观花、花香	园景树、绿篱	花期8月
64	榆叶梅	*Amygdalus triloba*	蔷薇科 桃属	落叶灌木	喜光、耐寒、耐旱	观花、观树形	园景树	花期4月
65	郁李	*Cerasus japonica*	蔷薇科 樱属	落叶灌木	喜光、耐寒、耐旱、耐水湿	观花	园景树	花期4月
66	日本贴梗海棠	*Chaenomeles japonica*	蔷薇科 木瓜属	落叶灌木	喜光、耐半阴、耐寒	观花、观果	园景树、绿篱	花期4~5月
67	木瓜	*Chaenomeles sinensis*	蔷薇科 木瓜属	落叶灌木至小乔木	喜光、耐半阴、耐寒	观花、观果	园景树	花期4~5月
68	贴梗海棠	*Chaenomeles speciosa*	蔷薇科 木瓜属	落叶灌木	喜光、耐瘠薄	观花、观果	园景树	花期4~5月
69	西南栒子	*Cotoneaster franchetii*	蔷薇科 栒子属	常绿灌木	喜光、稍耐阴、耐瘠薄、耐旱	观花、观果、观树形	园景树、地被	花期6~7月
70	平枝栒子	*Cotoneaster horizontalis*	蔷薇科 栒子属	落叶灌或半常绿灌木	喜光、稍耐阴、耐旱、耐瘠薄	观叶、观果	园景树	花期6~7月

园林植物造景

续附录 2

序号	中文名	学名	科属	类型	生态习性	观赏特性	园林用途	备注
71	小叶栒子	*Cotoneaster microphyllus*	蔷薇科 栒子属	常绿灌木	喜光、不耐阴、耐旱	观叶、观果	绿篱、园景树	花期6~7月
72	白牛筋	*Dichotomanthes tristaniaecarpus*	蔷薇科 牛筋条属	常绿灌木至小乔木	喜光、耐阴、耐瘠、耐旱	观树形、观果	绿篱、园景树	花期6~7月
73	棣棠花	*Kerria japonica*	蔷薇科 棣棠花属	落叶灌木	喜光、耐阴、耐寒	观花	园景树、绿篱	花期4~5月
74	重瓣棣棠花	*Kerria japonica* f. *pleniflora*	蔷薇科 棣棠花属	落叶灌木	喜光、耐阴、耐寒	观花	绿篱、园景树	花期4~5月
75	红叶李	*Prunus cerasifera* 'Atropurpurea'	蔷薇科 李属	落叶灌木至小乔木	喜光、耐寒	观花、观叶	绿篱、园景树	花期4~5月
76	狭叶火棘	*Pyracantha angustifolia*	蔷薇科 火棘属	常绿灌木	喜光、喜温暖气候、稍耐阴	观花、观果	园景树、绿篱	花期6~7月
77	火棘	*Pyracantha fortuneana*	蔷薇科 火棘属	常绿灌木	喜光、稍耐阴	观花、观果	园景树、绿篱	花期6~7月
78	峨眉蔷薇	*Rosa omeiensis*	蔷薇科 蔷薇属	落叶灌木	喜冷凉湿润、喜肥沃	观树形、观果、观花	绿篱、园景树	
80	峨眉扁刺蔷薇	*Rosa omeiensis* f. *pteracantha*	蔷薇科 蔷薇属	常绿灌木	喜冷凉湿润、喜肥沃	观树形、观果、观花	绿篱、园景树	
81	月季	*Rosa chinensis*	蔷薇科 蔷薇属	落叶或半常绿灌木	阳性、喜温暖气候、较耐寒	观花	绿篱、园景树	花期4~10月
82	玫瑰	*Rosa rugosa*	蔷薇科 蔷薇属	落叶或半常绿灌木	阳性、喜温暖气候、较耐寒	观花	绿篱、园景树	花期5~10月
83	蔷薇	*Rosa multiflora*	蔷薇科 蔷薇属	落叶或半常绿灌木	阳性、喜温暖气候、较耐寒	观花	绿篱、园景树	花期5~10月
84	华西小石积	*Osteomeles schwerinae*	蔷薇科 小石积属	半常绿灌木	喜温暖湿润、稍耐阴	观叶、观树形	园景树	
85	麻叶绣线菊	*Spiraea cantoniensis*	蔷薇科 绣线菊属	落叶灌木	喜光、耐阴、耐旱、耐瘠薄	观花	绿篱、园景树	花期4月
86	川滇绣线菊	*Spiraea schneideriana*	蔷薇科 绣线菊属	落叶灌木	耐阴、喜湿润土壤	观花	绿篱、园景树	花期4月
87	麻叶绣线菊	*Spiraea cantoniensis*	蔷薇科 绣线菊属	落叶灌木	中性、喜温暖、耐寒	观花	绿篱、园景树	花期4月
88	菱叶绣线菊	*Spiraea vanhouttei*	蔷薇科 绣线菊属	落叶灌木	中性、喜温暖、耐寒	观花	绿篱、园景树	花期4~5月
89	粉花绣线菊	*Spiraea japonica*	蔷薇科 绣线菊属	落叶灌木	中性、喜温暖、耐寒	观花	园景树、地被	花期6~7月

续附录 2

序号	中文名	学名	科属	类型	生态习性	观赏特性	园林用途	备注
90	垂丝海棠	*Malus halliana*	蔷薇科 苹果属	落叶小乔木	喜光、耐阴、耐旱、耐寒	观花、观果	园景树	花期3~5月
91	夏腊梅	*Calycanthus chinensis*	腊梅科 腊梅属	落叶灌木	耐旱、耐瘠薄、耐阴	观树形	园景树	
92	山腊梅	*Chimonanthus nitens*	腊梅科 腊梅属	常绿灌木	喜光、耐阴	观树形	园景树	
93	腊梅	*Chimonanthus praecox*	腊梅科 腊梅属	落叶灌木	喜光、稍耐阴、耐旱、耐寒	观花、花香	绿篱、园景树	花期12月至翌年3月
94	黄槐	*Cassia surattensi*	苏木科 决明属	常绿灌木至小乔木	喜光、耐半阴、喜温湿、耐旱	观花	园景树	热带花期全年
95	双荚决明	*Senna bicapsularis*	苏木科 决明属	常绿灌木	喜光、耐半阴、喜温湿、耐旱	观花	绿篱、园景树	热带花期全年
96	紫荆	*Cercis chinensis*	苏木科 紫荆属	常绿灌木至小乔木	喜光、耐半阴、耐旱	观花	园景树	花期3~4月
97	杭子梢	*Campylotropis macrocarpa*	蝶形花科 杭子梢属	落叶灌木	耐旱、耐瘠薄	观花	园景树、地被	
98	金雀花	*Caragana sinica*	蝶形花科 锦鸡儿属	落叶灌木	喜光、耐阴、耐旱、耐瘠薄	观花	园景树	花果期4~11月
99	垂序木蓝	*Indigofera pendula*	蝶形花科 木蓝属	常绿灌木	耐旱、耐瘠薄	观花	园景树、地被	
100	黄花槐	*Sophora xanthantha*	蝶形花科 槐属	常绿灌木	喜光、耐旱、耐瘠薄	观花	园景树	花期7~9月
101	毛刺槐	*Robinia hispida*	蝶形花科 刺槐属	落叶灌木	阳性、喜温暖、耐干旱、忌水湿	观花	园景树	
102	紫穗槐	*Amorpha fruticosa*	蝶形花科 紫穗槐属	落叶灌木	阳性、耐干旱瘠薄、不耐涝	观花	园景树、地被	花果期5~10月
103	胡枝子	*Lespedeza bicolor*	蝶形花科 胡枝子属	落叶灌木	阳性、耐水湿、干瘠和轻盐碱土	观花	园景树、地被	花期7~9月
104	金合欢	*Acacia farnesiana*	含羞草科 金合欢属	常绿灌木或小乔木	喜光、耐旱、耐瘠、不耐寒	观花	园景树、绿篱	花期3~6月
105	蜡瓣花	*Corylopsis sinensis*	金缕梅科 蜡瓣花属	落叶灌木	喜光、耐半阴、耐寒	观花、观叶、观树形	行道树、园景树	花期3~5月
106	蚊母	*Distylium chinense*	金缕梅科 蚊母树属	常绿灌木或小乔木	喜光、耐半阴、耐寒	观树形	园景树	
107	红花檵木	*Loropetalum chinense var. rubrum*	金缕梅科 檵木属	常绿灌木	喜光、耐半阴、耐寒、耐旱	观叶、观树形	园景、绿篱、地被	
109	雀舌黄杨	*Buxus bodinieri*	黄杨科 黄杨属	常绿灌木	喜光、耐半阴	观树形	绿篱、地被	

续附录 2

序号	中文名	学名	科属	类型	生态习性	观赏特性	园林用途	备注
110	小叶黄杨	Buxus microphylla	黄杨科 黄杨属	常绿灌木	喜光、耐半阴、耐寒、耐旱	观树形	绿篱、园景树	
111	瓜子黄杨	Buxus sinica	黄杨科 黄杨属	常绿灌木	喜光、耐半阴、耐寒、耐旱	观树形	绿篱、地被	
112	清香桂	Sarcococca ruscifolia	黄杨科 清香桂属	灌木	稍耐阴、喜温暖、湿润气候、肥沃土壤	观树形、观树形	园景树、地被	
113	滇杨梅	Myrica nana	杨梅科 杨梅属	常绿灌木	喜温暖、湿润气候、耐寒	观树形	园景树	
114	地石榴	Ficus tikoua	桑科 榕属	常绿灌木	喜光、耐阴、耐旱、耐瘠薄	观叶	地被	
115	中华枸骨	Ilex centrochinensis	冬青科 冬青属	常绿灌木	喜光、耐阴	观果、观树形	绿篱、园景树	
116	枸骨	Ilex cornuta	冬青科 冬青属	常绿灌木	喜光、耐阴、耐寒	观叶、观果	绿篱、绿篱	
117	冬青卫矛	Euonymus japonicus	卫矛科 卫矛属	常绿灌木至小乔木	喜光、耐阴、耐旱、耐瘠薄	观树形和观果	绿篱、园景树	
118	银边黄杨	Euonymus japonicus var. albomarginata	卫矛科 卫矛属	常绿灌木	喜光、耐阴、耐旱	观树形、观叶	绿篱、园景树	
119	金心黄杨	Euonymus japonicus var. aureo-variegatus	卫矛科 卫矛属	常绿灌木	喜光、耐阴、耐旱	观树形	绿篱、园景树	
120	沙针	Osyris wightiana	檀香科 沙针属	常绿灌木	喜光、耐阴、耐旱、耐瘠薄	观树形、观果	园景树	
121	米仔兰	Aglaia odorata	楝科 米仔兰属	常绿灌木	喜光、耐半阴	观花	园景树	◎
122	绿花桃叶珊瑚	Aucuba chlorascens	山茱萸科 桃叶珊瑚属	常绿灌木	耐阴、喜湿润、不耐瘠薄干燥	观叶	园景树	◎
123	枇杷叶珊瑚	Aucuba eriobotryaefolia	山茱萸科 桃叶珊瑚属	常绿灌木	耐阴、喜湿润、不耐瘠薄干燥	观叶	园景树	◎
124	八角金盘	Fatsia japonica	五加科 八角金盘属	常绿灌木	耐阴、忌阳光直晒	观叶	园景树、地被	◎
125	台湾八角金盘	Fatsia polycarpa	五加科 八角金盘属	常绿灌木	耐阴、忌阳光直晒	观叶	园景树、地被	◎
126	花叶常春藤	Hedera helix 'Variegata'	五加科 常春藤属	常绿灌木	耐阴、耐旱	观叶	垂直绿化、地被	
127	梁王茶	Nothopanax delavayi	五加科 梁王茶属	常绿灌木	喜光、耐旱、耐瘠薄	观树形	园景树	
128	鹅掌柴	Schefflera octophylla	五加科 鹅掌柴属	常绿乔木	喜光、喜湿润、不耐瘠薄	观叶	园景树	
129	球序鹅掌柴	Schefflera glomerulata	五加科 鹅掌柴属	常绿灌木	喜光、喜湿润、不耐瘠薄	观叶	园景树	◎
130	小叶鹅掌柴	Schefflera parvifoliolata	五加科 鹅掌柴属	常绿灌木	喜光、喜湿润、不耐瘠薄	观叶	园景树	◎

续附录 2

序号	中文名	学名	科属	类型	生态习性	观赏特性	园林用途	备注
131	密脉鹅掌柴	Schefflera venulosa	五加科 鹅掌柴属	常绿灌木	喜光、喜湿润、不耐瘠薄	观叶	园景树	◎
132	穗序鹅掌柴	Schefflera delavayi	五加科 鹅掌柴属	常绿灌木	喜光、耐阴	观树形	园景树	◎
133	吊钟花	Enkianthus chinensis	杜鹃花科 吊钟花属	落叶灌木	喜温暖湿润、避风向阳	观花、观叶	园景树	◎
134	毛吊钟花	Enkianthus deflexus	杜鹃花科 吊钟花属	落叶灌木	喜温暖湿润、避风向阳	观花、观叶	园景树	
135	滇白珠	Gaultheria yunmanensis	杜鹃花科 白珠树属	常绿灌木	耐寒、耐旱	观花、观果	地被	花期5~6月
136	毛叶米饭花	Lyonia villosa	杜鹃花科 杜鹃花属	常绿灌木	耐阴、喜肥沃疏松土壤	观花、观树形	绿篱、园景、地被	花期5~6月
137	美丽马醉木	Pieris formosa	杜鹃花科 马醉木属	常绿灌木	耐旱、耐寒、耐瘠薄、耐阴	观花、观叶、观树形	园景树	花期5~6月
138	马缨花	Rhododendron delavayi	杜鹃花科 杜鹃花属	常绿灌木	喜光、喜温暖湿润气候	观花	园景树	花期4~5月
139	昆明杜鹃	Rhododendron duclouxii	杜鹃花科 杜鹃花属	常绿灌木	喜光、喜温暖湿润气候	观花	园景树	花期4~5月
140	西鹃	Rhododendron cv.	杜鹃花科 杜鹃花属	常绿灌木	喜光、喜温暖湿润气候	观花	绿篱、园景、地被	花期4~5月
141	夏鹃	Rhododendron indicum 'Natusatugi'	杜鹃花科 杜鹃花属	常绿灌木	喜光、喜温暖湿润气候	观花	绿篱、园景、地被	花期3~5月
142	亮毛杜鹃	Rhododendron microphyton	杜鹃花科 杜鹃花属	常绿灌木	喜光、喜温暖湿润气候	观花	园景树	花期3~5月
143	羊踯躅	Rhododendron molle	杜鹃花科 杜鹃花属	常绿灌木	喜光、喜温暖湿润气候	观花	园景树	花期3~4月
144	白花杜鹃	Rhododendron mucronatum	杜鹃花科 杜鹃花属	常绿灌木	喜光、喜温暖湿润气候	观花	园景树	花期4~5月
145	锦绣杜鹃	Rhododendron pulchrum	杜鹃花科 杜鹃花属	常绿灌木	喜温暖湿润、耐半阴、抗污染	观花	园景树	花期4~5月
146	锈叶杜鹃	Rhododendron siderophyllum	杜鹃花科 杜鹃花属	常绿灌木	喜光、喜温暖湿润气候	观花	园景树	花期4~5月

续附录 2

序号	中文名	学名	科属	类型	生态习性	观赏特性	园林用途	备注
147	映山红	Rhododendron simsii	杜鹃花科 杜鹃花属	常绿灌木	喜光、喜温暖湿润气候	观花	园景树	花期4~5月
148	碎米花杜鹃	Rhododendron spiciferum	杜鹃花科 杜鹃花属	常绿灌木	喜光、喜温暖湿润气候	观花	园景树	花期4~5月
149	爆仗花杜鹃	Rhododendron spinuliferum	杜鹃花科 杜鹃花属	常绿灌木	喜光、喜温暖湿润气候	观花	园景树	花期4~5月
150	紫金牛	Ardisia japonica	紫金牛科 紫金牛属	常绿灌木	喜光、耐阴、耐旱、耐瘠薄	观叶、观果	园景树	
151	小铁仔	Myrsine africana	紫金牛科 铁仔属	常绿灌木	喜光、耐旱、耐瘠薄	观树形、观果	园景树、绿篱	
152	醉鱼草	Buddleja lindleyana	马钱科 醉鱼草属	常绿灌木	喜光、耐旱	观花、芳香	园景树	
153	花叶连翘	Forsythia suspensa	木犀科 连翘属	常绿灌木	喜光、不耐寒	观叶、观花	园景、绿篱、地被	◎花期4~5月
154	密花素馨	Jasminum coarctatum	木犀科 素馨属	攀援灌木	喜光、稍耐阴、不耐寒	观花、芳香	垂直绿化	◎
155	茉莉	Jasminum sambac	木犀科 素馨属	常绿灌木	喜光、稍耐阴、不耐寒	观花、芳香	园景树、绿篱	◎花期6~9月
156	迎春柳	Jasminum mesnyi	木犀科 素馨属	常绿灌木	喜光、耐水湿、耐旱	观花、观树形	园景树	花期3~4月
157	管花木犀	Osmanthus delavayi	木犀科 木犀属	常绿灌木	喜光、耐阴	观花、观树形	园景树	
158	四季桂	Osmanthus fragrans var. semperflorens	木犀科 木犀属	常绿大灌木	喜光、喜湿润	观花、芳香	园景树	花期全年
159	丁香	Syringa oblata	木犀科 丁香属	落叶大灌木	喜光、稍耐阴、耐寒	观花、芳香	园景树	花期5~7月
160	云南丁香	Syringa yunnanensis	木犀科 丁香属	落叶灌木	喜光、耐阴	观花、芳香	园景树	花期5~7月
161	卵叶女贞	Ligustrum ovalifolium	木犀科 女贞属	半常绿灌木到常绿小乔木	喜光、稍耐阴	观花、芳香	绿篱、地被	花期5~7月
162	金叶女贞	Ligustrum × vicaryi	木犀科 女贞属	常绿灌木	喜光、稍耐阴	观叶、观花	绿篱、园景树	花期5~7月
163	小叶女贞	Ligustrum quihoui	木犀科 女贞属	半常绿灌木	喜光、稍耐阴、耐旱	观树形	园景树、绿篱	花期5~7月
164	尖叶木犀榄	Olea ferruginea	木犀科 木犀榄属	常绿乔木	喜光、稍耐阴、耐旱	观树形	绿篱	
165	鸡骨常山	Alstonia yunnanensis	夹竹桃科 鸡骨常山属	落叶灌木	喜光、耐阴	观花	园景树、绿篱	

续附录 2

序号	中文名	学名	科属	类型	生态习性	观赏特性	园林用途	备注
166	夹竹桃	Nerium indicum	夹竹桃科 夹竹桃属	常绿灌木	喜光、耐半阴、不耐寒	观花	绿篱	花期5~10月
167	白花夹竹桃	Nerium indicum 'Albaflora'	夹竹桃科 夹竹桃属	常绿灌木	喜光	观花	地被	花期5~10月
168	鸡蛋花	Plumeria rubra 'Acutifolia'	夹竹桃科 鸡蛋花属	常绿大灌木	喜光、不耐积水、不耐寒	观花	园景树	◎花期5~10月
169	黄蝉	Allemanda neriifolia	夹竹桃科 黄蝉属	常绿灌木	喜温暖湿润、耐半阴、不耐寒	观花、观叶	花篱、地被	◎花期5~8月
170	软枝黄蝉	Allemanda cathartica	夹竹桃科 黄蝉属	常绿灌木	喜温暖湿润、耐半阴、不耐寒	观花、观叶	花篱、地被	◎花期5~8月
171	狗牙花	Ervatamia divaricata	夹竹桃科 狗牙花属	常绿灌木	喜温暖湿润、耐半阴、不耐寒	观花	园景树	◎
172	野丁香	Leptodermis tomentella	茜草科 野丁香属	常绿灌木	喜光、耐半阴、耐旱	观叶	地被、绿篱	花期5~8月
173	六月雪	Serissa japonica	茜草科 六月雪属	落叶灌木	喜光、耐半阴、耐旱	观花	绿篱、园景、地被	花期5~8月
174	金边六月雪	Serissa japonica 'Aureomarginata'	茜草科 六月雪属	落叶灌木	喜光、耐半阴、耐旱	观花、观叶	绿篱、园景、地被	花期5~8月
175	银边六月雪	Serissa japonica 'Variegata'	茜草科 六月雪属	落叶灌木	喜光、耐半阴、耐旱	观花、观叶	绿篱、园景树	花期6~8月
176	栀子花	Gardenia jasminoides	茜草科 栀子属	常绿灌木	喜光、稍耐阴	观花	绿篱、园景树	花期6~8月
177	滇丁香	Luculia intermedia	茜草科 滇丁香属	常绿灌木	喜光、耐半阴	观花	垂直绿化	花果期3~11月
178	馥郁滇丁香	Luculia gratissima	茜草科 滇丁香属	常绿灌木	喜光、耐半阴	观花	垂直绿化	花果期3~11月
179	希茉莉	Hamelia patens	茜草科 长隔木属	常绿灌木	喜光、不耐寒	观花、观叶	园景、绿篱、地被	◎花期5~10月
180	小叶六道木	Abelia parviifolia Hemsl.	忍冬科 六道木属	落叶灌木	喜光、耐阴	观叶	园景树	花期5月
181	糯米条	Abelia chinensis	忍冬科 六道木属	落叶灌木	喜光、耐半阴、耐旱	观花、观果	园景树	花期5月
182	云南双盾木	Dipelta yunnanensis	忍冬科 双盾木属	落叶灌木	喜光、耐阴	观花	园景树	
183	须蕊忍冬	Lonicera koehneana	忍冬科 忍冬属	落叶灌木	喜光、耐阴	观花、观果	园景树	

续附录 2

序号	中文名	学名	科属	类型	生态习性	观赏特性	园林用途	备注
184	金银忍冬	Lonicera maackii	忍冬科 忍冬属	落叶灌木	喜光、耐半阴	观花、果、芳香	园景树	花期4~5月
185	密花荚蒾	Viburnum congestum	忍冬科 荚蒾属	常绿灌木	喜光、耐阴	观果、形	园景树	
186	珍珠荚蒾	Viburnum foetidum var. ceanothoides	忍冬科 荚蒾属	常绿灌木	耐阴	观花、观果	园景树	
187	西南荚蒾	Viburnum wilsonii	忍冬科 荚蒾属	落叶灌木	喜光、耐阴	观果	地被	
188	锦带花	Weigela coreaensis	忍冬科 锦带花属	落叶灌木	耐寒、喜光	观花	地被	花期8~9月
189	水红木	Viburnum cylindricum	忍冬科 荚蒾属	常绿灌木或小乔木	耐阴、耐旱	观树形	绿篱、湿地植物	花期8~9月
190	大花曼陀罗	Brugmansia arborea	茄科 曼陀罗属	落叶灌木	喜光、耐阴	观花	园景树	◎花期6~10月
191	红花曼陀罗	Brugmansia sanguinea	茄科 曼陀罗属	落叶灌木	喜光、耐阴	观花	地被	◎花期6~10月
192	瓶儿花	Cestrum purpureum	紫葳科 叶子花树属	常绿灌木	喜光	观花	园景树	花期5~6月
193	两头毛	Incarvillea arguta	紫葳科 角蒿属	常绿灌木	喜光、耐旱	观花	绿篱、园景树	
194	鸭嘴花	Adhatoda vasica	爵床科 鸭嘴花属	常绿灌木	耐阴、喜湿	观花	园景树	
195	金脉爵床	Sanchezia speciosa	爵床科 黄脉爵床属	常绿灌木	喜温暖湿润、耐半阴、不耐寒	观叶	地被、绿篱	
196	假杜鹃	Barleria cristata	爵床科 假杜鹃属	常绿灌木	喜光、喜湿润	观花	园景树	
197	虾衣花	Calliaspidia guttata	爵床科 麒麟吐珠属	常绿灌木	喜光、喜湿润、耐阴	观花	园景树	
198	胡椒木	Zanthoxylum piperitum	芸香科 花椒属	常绿灌木	喜光、耐半阴、不耐寒	观叶	园景树、地被	◎
199	龙吐珠	Clerodendrum thomsonae	马鞭草科 赪桐属	落叶灌木	喜光、不耐寒	观花	地被、绿篱	◎
200	假连翘	Duranta repens	马鞭草科 假连翘属	常绿灌木	喜光、耐旱、耐瘠薄	观叶	地被、绿篱	花期3~5月
201	五色梅	Lantana camara	马鞭草科 马缨丹属	落叶灌木	喜光、耐旱、耐瘠薄	观花	地被、绿篱	花期6~10月
202	一品红	Euphorbia pulcherrima	大戟科 大戟属	常绿灌木	喜光、稍阴、不耐寒	观花、观叶	园景树	◎
203	红桑	Acalypha wilkesiana	大戟科 铁苋菜属	常绿灌木	喜光、不耐寒	观叶	绿篱、园景树	◎

续附录 2

序号	中文名	学名	科属	类型	生态习性	观赏特性	园林用途	备注
204	红背桂	Excoecaria cochinchinensis	大戟科 海漆属	常绿灌木	喜光、稍耐阴、不耐寒	观叶	绿篱、园景、地被	◎
205	变叶木	Codiaeum variegatum	大戟科 变叶木属	常绿灌木	喜光、不耐寒	观叶	绿篱、园景、地被	○
206	凤尾丝兰	Yucca gloriosa	龙舌兰科 丝兰属	常绿灌木	喜光、不耐阴、耐水湿	观叶、观花	园景树	◎花期6~7月
207	朱蕉	Cordyline fruticosa	龙舌兰科 朱蕉属	常绿灌木	喜光、耐半阴、不耐寒	观叶	园景树、地被	◎
208	江边刺葵	Phoenix roebelenii	棕榈科 刺葵属	常绿灌木	喜光、耐阴、较耐旱、耐涝	观树形、观叶	园景树	◎
209	棕竹	Rhapis excelsa	棕榈科 棕竹属	常绿灌木	喜阴湿温暖、较耐阴、不耐寒	观树形、观叶	园景树	◎
210	细叶棕竹	Rhapis gracilis Burr.	棕榈科 棕竹属	常绿灌木	喜阴湿温暖、较耐阴、不耐寒	观树形、观叶	园景树	◎
211	金山棕	Rhapis multifida	棕榈科 棕竹属	常绿灌木	耐阴、较耐阴、稍耐寒	观树形、观叶	园景树	◎
212	三药槟榔	Areca triandra	棕榈科 槟榔属	常绿大灌木	喜温暖湿润、耐半阴、不耐寒	观树形、观叶	园景树	◎

备注：● 裸子植物　◎ 热带、亚热带地区使用

附录 3 植物造景常见园林藤本植物名录（西南地区）

序号	中文名	学名	科属	类型	生态习性	观赏特性	园林用途	备注
1	木香	*Rosa banksiae*	蔷薇科 蔷薇属	半常绿藤本	喜光、较耐寒	观花、花香	藤架、垂直绿化	
2	黄木香	*Rosa banksiae* var. *lutea*	蔷薇科 蔷薇属	半常绿藤本	喜光、较耐寒	观花、花香	藤架、垂直绿化	
3	重瓣白木香	*Rosa banksiae* 'Alboplena'	蔷薇科 蔷薇属	半常绿藤本	喜光、较耐寒、忌积水	垂直绿化植物	藤架、垂直绿化	
4	重瓣黄木香	*Rosa banksiae* var. *luteaplena*	蔷薇科 蔷薇属	半常绿藤本	喜光、较耐寒、忌积水	垂直绿化植物	藤架、垂直绿化	
5	常绿蔷薇	*Rosa longicuspis*	蔷薇科 蔷薇属	常绿藤本	喜光、耐寒	观花	园景树、垂直绿化	
6	野蔷薇	*Rosa multiflora*	蔷薇科 蔷薇属	常绿藤本	喜光、耐寒	观花	园景树、垂直绿化	
7	七姊妹	*Rosa multiflora* var. *carnea*	蔷薇科 蔷薇属	常绿藤本	喜光、耐寒	观花	园景树、垂直绿化	
8	荷花蔷薇	*Rosa multiflora* 'Aarnea'	蔷薇科 蔷薇属	常绿藤本	喜光、耐寒	垂直绿化植物	园景树、垂直绿化	
9	粉团花	*Rosa odorata*	蔷薇科 蔷薇属	常绿藤本	喜光、耐寒	垂直绿化植物	园景树、垂直绿化	
10	卡卡果	*Rosa odorata* var. *gigantea*	蔷薇科 蔷薇属	常绿藤本	喜光、耐寒	观花、观果	园景树、垂直绿化	
11	香水月季	*Rosa odorata* var. *pseudoindica*	蔷薇科 蔷薇属	常绿藤本	喜光、耐寒	观花、花香	园景树、垂直绿化	
12	昆明鸡血藤	*Millettia reticylatta*	蝶形花科 鸡血藤属	常绿藤本	喜光、稍耐阴	观叶、观花	垂直绿化、地被	
13	紫藤	*Wisteria sinensis*	蝶形花科 紫藤属	落叶藤本	喜光、耐阴、耐寒	观花、观叶、观果	藤架、垂直绿化	

续附录 3

序号	中文名	学名	科属	类型	生态习性	观赏特性	园林用途	备注
14	多花紫藤	Wisteria floribunda	蝶形花科 紫藤属	落叶藤本	喜光、耐阴、耐寒	观花、观叶、观果	藤架、垂直绿化	
15	常春油麻藤	Mucuna sempervirens	蝶形花科 油麻藤属	常绿藤本	喜光、耐阴	观花、观叶	藤架、垂直绿化	◎
16	鸡血藤	Millettia reticulata	蝶形花科 鸡血藤属	常绿藤本	喜光、耐阴	观叶、观花	藤架、垂直绿化	◎
17	绒毛崖豆藤	Millettia velutina	蝶形花科 鸡血藤属	常绿藤本	喜光、耐阴	观叶、观花	藤架、垂直绿化	◎
18	葛藤	Pueraria lobata	蝶形花科 葛藤属	落叶藤本	喜光、较耐阴、耐旱	观叶、观花	地被、垂直绿化	
19	南蛇藤	Celastrus angulatus	卫矛科 南蛇藤属	落叶藤本	喜光、耐寒、耐旱	观果、观叶	藤架、垂直绿化	
20	昆明山海棠	Tripterygium hypoglaucum	卫矛科 雷公藤属	落叶藤本	偏阳、忌积水	观果	园景树、垂直绿化	
21	雷公藤	Tripteryrgium forrestii	卫矛科 雷公藤属	落叶藤本	喜偏阴、忌积水	观叶	园景树、垂直绿化	
22	三叶爬山虎	Parthenocissus semicordata	葡萄科 爬山虎属	常绿藤本	喜光、耐阴、耐旱、耐瘠	观叶	垂直绿化、地被	
23	爬山虎	Parthenocissus tricuspidata	葡萄科 爬山虎属	落叶藤本	喜光、耐阴、耐寒、耐旱	观叶	墙面、垂直绿化	
24	扁担藤	Tetrastigma planicaule	葡萄科 崖爬藤属	落叶藤本	喜光、耐阴、耐旱	观叶	藤架、垂直绿化	◎
25	菱叶崖爬藤	Tetrastigma triphyllum	葡萄科 崖爬藤属	落叶藤本	喜光、耐阴、耐旱	观叶	地被、垂直绿化	
26	密花素馨	Jasminum coarctatum	木犀科 素馨属	常绿藤本	喜光、较耐寒	观花、芳香	藤架、垂直绿化	
27	素馨	Jasminum grandiflorum	木犀科 素馨属	半常绿藤本	喜光、较耐寒	观花、芳香	藤架、垂直绿化	
28	多花素馨	Jasminum polyanthum	木犀科 素馨属	半常绿藤本	喜光、较耐寒	观花、芳香	藤架、垂直绿化	

续附录 3

序号	中文名	学名	科属	类型	生态习性	观赏特性	园林用途	备注
29	贵州络石	Trachelospermum bodinieri	夹竹桃科 络石属	常绿藤本	喜半阴、耐水湿	观叶	地被、垂直绿化	
30	络石	Trachelospermum jasminoide	夹竹桃科 络石属	常绿藤本	喜半阴、耐水湿	观叶	地被、垂直绿化	
31	大纽子花	Vallaris indecora	夹竹桃科 纽子花属	常绿藤本	喜光、耐阴、耐旱	观花、花香	藤架、垂直绿化	◎
32	蔓长春花	Vinca major	夹竹桃科 蔓长春花属	常绿藤本	喜光、耐阴	观叶、观花	地被、垂直绿化	◎
33	花叶蔓长春	Vinca minor var. variegata	夹竹桃科 蔓长春花属	常绿藤本	喜光、耐阴	观花观叶	地被、垂直绿化	◎
34	金银花	Lonicera japonica	忍冬科 忍冬属	常绿藤本	喜光、较耐寒	观花、果、芳香	藤架、垂直绿化	
35	凌霄	Campsis grandiflora	紫葳科 紫葳属	落叶藤本	喜光、耐阴	观花、观叶	藤架、垂直绿化	
36	美国凌霄	Campsis radicans	紫葳科 凌霄属	落叶藤本	喜光、耐阴	观花、观叶	藤架、垂直绿化	
37	粉花凌霄	Pandoria jasminoides	紫葳科 凌霄属	落叶藤本	喜光、不耐寒	观花、观叶	藤架、垂直绿化	
38	炮仗花	Pyrostegia venusta	紫葳科 炮仗藤属	落叶藤本	喜光、喜温暖	观花	藤架、垂直绿化	
39	硬骨凌霄	Tecomaria capensi	紫葳科 硬骨凌霄属	落叶藤本	喜光、稍耐阴	观花	藤架、垂直绿化	
40	西南菝葜	Smilax bockii	菝葜科 菝葜属	多年生藤本	喜光、耐阴	观叶、观果	园景树、垂直绿化	
41	长托菝葜	Smilax ferox	菝葜科 菝葜属	多年生藤本	喜光、耐阴	观叶、观果	园景树、垂直绿化	
42	滇五味子	Schisandra henryi var. yunmanesis	五味子科 五味子属	落叶藤本	喜光、稍耐阴	观叶、观果	藤架、垂直绿化	
43	三叶木通	Akebia trifoliata	木通科 木通属	落叶藤本	喜半阴、耐水湿	观果、观叶	藤架、垂直绿化	

续附录 3

序号	中文名	学名	科属	类型	生态习性	观赏特性	园林用途	备注
44	木通	*Akebia quinata*	木通科 木通属	常绿藤本	喜半阴、耐水湿	观果、观叶	藤架、垂直绿化	
45	中华猕猴桃	*Actinidia chinensis*	猕猴桃科 猕猴桃属	落叶藤本	喜光、较耐寒、忌积水	观果	藤架、垂直绿化	
46	猕猴桃	*Actinidia chinensis* cv.	猕猴桃科 猕猴桃属	落叶藤本	喜光、较耐寒、忌积水	观果	藤架、垂直绿化	
47	铁线莲	*Clematis* ssp.	毛茛科 铁线莲属	落叶藤本	喜光、较耐寒、忌积水	观花	藤架、垂直绿化	
48	叶子花	*Bougainvillea spectabilis*	紫茉莉科 叶子花属	落叶藤本	喜光、稍耐阴、不耐寒	观花	园景树、藤架	◎
49	光叶叶子花	*Bougainvillea glabra*	紫茉莉科 叶子花属	半常绿藤本	喜光、稍耐阴、不耐寒	观花	园景树、藤架	◎
50	加拿利常春藤	*Hedera canariensis*	五加科 常春藤属	常绿藤本	喜半阴、耐水湿	观叶	地被、垂直绿化	
51	常春藤	*Hedera helix*	五加科 常春藤属	常绿藤本	喜半阴、耐水湿	观叶	地被、垂直绿化	
52	何首乌	*Polygonum multiflorum*	蓼科 何首乌属	常绿藤本	喜半阴、耐旱、较耐水湿	观叶、观花	垂直绿化	
53	落葵薯	*Anredera cordifolia*	落葵科 落葵薯属	常绿藤本	性喜温润、耐旱、耐湿	观叶	垂直绿化	
54	红花西番莲	*Passiflora coccinea*	西番莲科 西番莲属	常绿藤本	喜光、向阳及温暖气候环境	观花、观果	藤架、垂直绿化	◎
55	西番莲	*Passiflora coerulea*	西番莲科 西番莲属	常绿藤本	喜光、向阳及温暖气候环境	观花、观果	藤架、垂直绿化	◎
56	地石榴	*Ficus tikoua*	桑科 榕属	常绿藤本	性喜温润、耐旱、耐湿	观叶	地被	
57	薜荔	*Ficus pumila*	桑科 榕属	常绿藤本	性喜温润、耐旱、耐湿	观叶	地被、垂直绿化	◎
58	龙吐珠	*Clerodendrum thomsonae*	马鞭草科 大青属	常绿藤本	喜光、稍耐阴	观花	地被、垂直绿化	◎

续附录 3

序号	中文名	学名	科属	类型	生态习性	观赏特性	园林用途	备注
59	大花老鸦嘴	*Thunbergia grandiflora*	爵床科 老鸦嘴属	常绿藤本	喜光、稍耐阴	观花	藤架、垂直绿化	◎
60	扶芳藤	*Euonymus fortunei*	卫矛科 卫矛属	常绿藤本	喜温暖、湿润、喜光、亦耐阴	观叶	地被、垂直绿化	
61	钩藤	*Uncaria rhynchophylla*	茜草科 钩藤属	常绿藤本	喜温暖、稍耐阴、不耐寒	观叶	垂直绿化	◎
62	绿萝	*Epipremnum aureum*	天南星科 藤芋属	常绿藤本	喜温暖、湿润、耐阴、不耐寒	观叶	地被、垂直绿化	◎
63	麒麟叶	*Epipremnum pinnatium*	天南星科 麒麟叶属	常绿藤本	喜温暖、湿润、耐阴、不耐寒	观叶	垂直绿化	◎
64	珊瑚藤	*Antigonon leptopus*	蓼科 珊瑚藤属	常绿藤本	喜向阳、湿润、较耐旱	观花	藤架、垂直绿化	◎
65	使君子	*Quisqualis indica*	使君子科 使君子属	常绿藤本	喜光、耐半阴、喜温暖湿润、不耐寒	观花	藤架、垂直绿化	◎
66	山蒟	*Piper hancei*	胡椒科 胡椒属	常绿藤本	喜温暖、湿润、不耐寒	观叶	地被	◎
67	首冠藤	*Bauhinia corymbosa*	苏木科 羊蹄甲属	常绿藤本	喜光、稍耐阴、不耐寒	观花、观叶	藤架、垂直绿化	◎
68	五爪金龙	*Ipomoea cairica*	旋花科 番薯属	常绿藤本	喜光、稍耐阴	观花	垂直绿化	◎

备注：◎ 热带、亚热带地区使用

附录 4 植物造景常见园林多年生草本（地被、草坪）植物名录（西南地区）

序号	中文名	学名	科属	类型	生态习性	观赏特性	园林用途	备注
1	密枝木贼	*Equisetum diffusum*	木贼科 木贼属	常绿草本	耐水湿	观树形	湿地	●
2	三色凤尾蕨	*Pteris aspericaulis* var. *tricolor*	凤尾蕨科 凤尾蕨属	常绿草本	耐阴	观叶	地被、室内、岩石园	●
3	溪边凤尾蕨	*Pteris exelsa*	凤尾蕨科 凤尾蕨属	常绿草本	耐阴	观叶	地被、室内、岩石园	●
4	银心凤尾蕨	*Pteris vretis* 'Albolineata'	凤尾蕨科 凤尾蕨属	常绿草本	耐阴	观叶	地被、室内、岩石园	●
5	西南凤尾蕨	*Pteris wallichiana*	凤尾蕨科 凤尾蕨属	常绿草本	耐阴	观叶	地被、岩石园	●
6	普通铁线蕨	*Adiantum edgeworthii*	铁线蕨科 铁线蕨属	常绿草本	耐阴	观叶	室内、岩石园	●
7	铁角蕨	*Asplenium trichomanes*	铁线蕨科 铁线蕨属	常绿草本	耐阴	观叶	地被、室内	●
8	肾蕨	*Nephrolepis auriculata*	肾蕨科 肾蕨属	常绿草本	耐阴	观叶	地被、室内、观赏	●
9	波斯顿蕨	*Nephrolepis exaltata* var. *bostoniensis*	肾蕨科 肾蕨属	常绿草本	耐阴	观叶	室内、岩石园	●
10	莲	*Nelumbo nucifera*	睡莲科 莲属	水生草本	水生	观花	水生植物	
11	萍蓬草	*Nuphar pumilum*	睡莲科 萍蓬草属	水生草本	水生	观花	水生植物	
12	白睡莲	*Nymphaea alba*	睡莲科 睡莲属	水生草本	水生	观花	水生植物	
13	红睡莲	*Nymphaea lotus* var. *pubescens*	睡莲科 睡莲属	水生草本	水生	观花	水生植物	
14	黄睡莲	*Nymphaea mexicana*	睡莲科 睡莲属	水生草本	水生	观花	水生植物	

续附录 4

序号	中文名	学名	科属	类型	生态习性	观赏特性	园林用途	备注
15	睡莲	Nymphaea tetragona	睡莲科 睡莲属	水生草本	水生	观花	水生植物	
16	板凳果	Pachysandra axillaris	黄杨科 板凳果属	常绿草本	喜阴湿环境,但耐旱	观树形	地被	
17	蓍草	Achillea sibirica	菊科 蓍草属	常绿草本		观花	地被	
18	西南蓍草	Achillea wilsoniana	菊科 蓍草属	常绿草本	耐寒	观花	地被	
19	苔菜	Nymphoides peltatum	睡莲科 苔菜属	水生草本	喜湿	观花	湿地植物	
20	金叶过路黄	Lysimachia nummularia 'Aurea'	报春花科 珍珠菜属	常绿草本	喜光、耐旱	观花、观叶	地被	
21	橙红灯台报春	Primula aurantiaca	报春花科 报春花属	常绿草本	喜湿	观花	地被	
22	桔红灯台报春	Primula bulleyana	报春花科 报春花属	宿根草本	喜湿	观花	地被	
23	球花报春	Primula denticulata	报春花科 报春花属	宿根草本		观花	地被	
24	福禄考	Phlox drummondii	花葱科 福禄考属	宿根草本	喜光、耐寒	观花	地被	
25	芝樱	Phlox subulata	花葱科 福禄考属	常绿草本	喜光、耐旱、耐薄	观花	地被	
26	肾叶山蓼	Oxyria digyna	蓼科 山蓼属	常绿草本	喜光、耐旱	观叶、观花	地被	
28	美女樱	Verbena × hybrida	马鞭草科 马鞭草属	常绿草本	喜光、耐湿	观花	地被	
30	五色草	Coleus blumei	唇形科 鞘蕊花属	常绿草本	喜湿润	观叶	地被	
31	东紫苏	Elsholtzia bodinieri	唇形科 香薷属	宿根草本	喜光、耐旱	观花	地被	
34	花叶野芝麻	Lamium maculatum 'Silver'	唇形科 野芝麻属	宿根草本	喜阴、耐旱、耐瘠薄	观叶	地被	
35	狭叶薰衣草	Lavandula angustifolia	唇形科 薰衣草属	宿根草本	耐寒、耐旱、耐瘠薄	观花、芳香	地被	
36	薰衣草	Lavandula officinalis	唇形科 薰衣草属	宿根草本	耐寒、耐旱、耐瘠薄	观花、芳香	地被	
37	海菜花	Ottelia acuminata	水鳖科 水车前属	水生草本	水生	观花、观叶	水生植物	
38	泽泻	Alisma plantago-aquatica	泽泻科 泽泻属	球根草本	耐寒	观花、观叶	湿地植物	

续附录 4

序号	中文名	学名	科属	类型	生态习性	观赏特性	园林用途	备注
39	慈姑	Sagittaria sagittifolia	泽泻科 慈姑属	球根草本	喜光	观叶	湿地植物	
40	紫露草	Setereasea purpurea	鸭跖草科 鸭跖草属	常绿草本	喜光、半阴，不耐寒	观花、观叶	地被	◎
41	紫霞草	Tradescantia × andesoniana	鸭跖草科 紫露草属	宿根草本	喜温暖	观叶	地被	◎
42	红背鸭跖草	Zebrina pendula	鸭跖草科 吊竹梅属	常绿草本	喜温暖湿润	观叶	地被	◎
43	芭蕉	Musa basjoo	芭蕉科 芭蕉属	宿根草本	喜温暖湿润	观叶	园景树	◎
44	野芭蕉	Musa wilsonii	芭蕉科 芭蕉属	宿根草本	喜温暖湿润	观叶	园景树	◎
45	地涌金莲	Musella lasiocarpa	芭蕉科 地涌金莲属	宿根草本	喜光，不耐寒、耐旱	观花	地被	◎
46	鹤望兰	Strelitzia reginae	旅人蕉科 鹤望兰属	宿根草本	喜温暖湿润	观花	园景树	◎
47	红姜花	Hedychium coccineum	姜科 姜花属	球根草本	喜温暖、湿润、忌霜冻	观花	园景树、地被	◎
48	姜花	Hedychium coronarium	姜科 姜花属	球根草本	喜温暖、湿润、忌霜冻	观花	园景、地被	◎
49	黄姜花	Hedychium flavum	姜科 姜花属	球根草本	喜温暖、湿润、忌霜冻	观花	园景、地被	◎
50	大花美人蕉	Canna × generalis 'Striatus'	美人蕉科 美人蕉属	球根草本	喜高温、不耐寒、忌潮湿	观花	园景、地被	
51	美人蕉	Canna indica	美人蕉科 美人蕉属	球根草本	喜高温、不耐寒、忌潮湿	观花	园景、湿地	
52	紫叶美人蕉	Canna warszewiczii	美人蕉科 美人蕉属	球根草本	喜高温、不耐寒、忌潮湿	观花	园景、地被	
53	虎眼万年青	Ornithogalum caudatum	百合科 虎眼万年青属	球根草本	畏寒、耐半阴、喜湿	观叶	地被	
54	沿阶草	Ophiopogon bodinieri	百合科 沿阶草属	常绿草本	喜阴湿、耐旱、耐寒	观叶、观花	地被	
55	长茎沿阶草	Ophiopogon chingii	百合科 沿阶草属	常绿草本	喜阴湿、耐旱、耐寒	观叶	地被	
56	间型沿阶草	Ophiopogon intermedius	百合科 沿阶草属	常绿草本	喜阴湿、不耐寒、耐旱、耐寒	观叶	地被	
57	麦冬	Ophiopogon japonicus	百合科 沿阶草属	常绿草本	耐寒	观叶、观花	地被	
58	岩菖蒲	Tofieldia thibetica	百合科 岩菖蒲属	多年生草本	耐阴、耐旱	观叶	地被	

续附录 4

序号	中文名	学名	科属	类型	生态习性	观赏特性	园林用途	备注
59	天门冬	*Asparagus cochin-chinensis*	假叶树科天门冬属	常绿草本	喜光、耐阴、耐旱	观叶	地被	
60	玉簪	*Hosta plantaginea*	百合科 玉簪属	球根草本	喜光、耐阴、耐寒	观叶、观花	园景、地被	
61	紫玉簪	*Hosta albo-marginata*	百合科 玉簪属	球根草本	喜光、耐阴、耐寒	观叶、观花	园景、地被	
62	萱草	*Hemerocallis fulva*	百合科 萱草属	球根草本	喜光、耐阴、耐寒	观花	园景、地被	
63	水菖蒲	*Acorus calamus*	天南星科 菖蒲属	水生草本	喜潮湿	观叶	湿地、地被	
64	菖蒲	*Acorus gramineus*	天南星科 菖蒲属	水生草本	喜潮湿	观叶	湿地、地被	
65	花叶金钱蒲	*Acorus gramineus* 'Variegatus'	天南星科 菖蒲属	水生草本	喜潮湿	观叶	湿地、地被	
66	石菖蒲	*Acorus tatarinowii*	天南星科 菖蒲属	水生草本	喜阴湿、稍耐寒	观叶	地被、湿地	
67	野芋	*Colocasia anticorum* Schott	天南星科 芋属	球根草本	喜阴、喜湿润	观叶	湿地、地被	
68	马蹄莲	*Zantedeschia aethiopica*	天南星科 马蹄莲属	球根草本	喜温暖、耐阴、喜湿	观叶、观花	园景、湿地	◎
69	银星马蹄莲	*Zantedeschia albomaculata*	天南星科 马蹄莲属	球根草本	喜温暖、耐阴、喜湿	观叶、观花	园景、湿地	◎
70	黄马蹄莲	*Zantedeschia elliottiana*	天南星科 马蹄莲属	球根草本	喜温暖、耐阴、喜湿	观叶、观花	园景、湿地	◎
71	黑心黄马蹄莲	*Zantedeschia melanoleuca*	天南星科 马蹄莲属	球根草本	喜温暖、耐阴、喜湿	观叶、观花	园景、湿地	◎
72	红马蹄莲	*Zantedeschia rehmanii*	天南星科 马蹄莲属	球根草本	喜温暖、耐阴、喜湿	观叶、观花	园景、湿地	◎
73	蒲黄	*Typha angustifolia*	香蒲科 香蒲属	水生草本	喜阴、耐水湿	观叶	地被、湿地	
75	香蒲	*Typha orientalis*	香蒲科 香蒲属	水生草本	喜阴、耐水湿	观叶	地被、湿地	
76	百子莲	*Agapanthus africanus* (=A. umbellatus)	石蒜科 百子莲属	球根草本	喜光、喜半阴、喜湿	观花	地被、园景	
77	蜘蛛兰	*Hymenocallis littoralis*	石蒜科 水鬼蕉属	球根草本	喜温暖	观花	地被、园景	
78	美丽蜘蛛兰	*Hymenocallis speciosa* cv.	石蒜科 水鬼蕉属	球根草本	耐阴、喜湿、不耐寒、不耐旱	观花	园景、湿地、地被	

续附录 4

序号	中文名	学名	科属		类型	生态习性	观赏特性	园林用途	备注
79	怨地笑	*Lycoris aurea*	石蒜科	石蒜属	球根草本	耐阴,喜湿,不耐寒,不耐旱	观花	园景,湿地,地被	
80	石蒜	*Lycoris radiata*	石蒜科	石蒜属	球根草本	耐干旱,瘠薄	观花	地被,园景	
81	红石蒜	*Lycoris sanguinea*	石蒜科	石蒜属	球根草本	耐干旱,瘠薄	观花	地被,园景	
82	葱兰	*Zephyranthus candida*	石蒜科	葱兰属	球根草本	喜光,喜湿,耐半阴	观花	地被	
83	韭莲	*Zephyranthus grandiflora*	石蒜科	葱兰属	球根草本	喜光	观花	地被	
84	射干	*Belamcanda chinensis*	鸢尾科	射干属	宿根草本	喜光	观花	地被,园景	
85	西南鸢尾	*Iris bulleyana*	鸢尾科	鸢尾属	宿根草本	喜阴湿	观花	湿地植物,地被	
86	金脉鸢尾	*Iris chrysographes*	鸢尾科	鸢尾属	多年生草本	耐水湿	观花	地被	
87	高原鸢尾	*Iris collettii*	鸢尾科	鸢尾属	宿根草本	耐阴	观花	地被	
88	扁竹兰	*Iris confusa*	鸢尾科	鸢尾属	宿根草本	耐阴,耐旱	观花	地被	
89	花菖蒲	*Iris ensata*	鸢尾科	鸢尾属	宿根草本	耐寒,不耐阴	观花	湿地,地被	
90	红籽鸢尾	*Iris foetidissima*	鸢尾科	鸢尾属	宿根草本	耐寒,不耐阴	观花	地被	
91	云南鸢尾	*Iris forrestii*	鸢尾科	鸢尾属	宿根草本	耐寒,不耐阴	观花	地被	
92	德国鸢尾	*Iris germanica*	鸢尾科	鸢尾属	宿根草本	喜光,稍耐阴,耐干燥	观花	地被	
93	德国鸢尾	*Iris grijsi*	鸢尾科	鸢尾属	宿根草本	喜光,稍耐阴,耐干燥	观花	地被	
94	蝴蝶花	*Iris japonica*	鸢尾科	鸢尾属	宿根草本	喜温暖,半阴,忌阳光暴晒	观花,观叶	地被	
95	花叶鸢尾	*Iris japonica* cv.	鸢尾科	鸢尾属	宿根草本	喜温暖,半阴,忌阳光暴晒	观花	地被,园景	
96	黄菖蒲	*Iris pseudoacorus*	鸢尾科	鸢尾属	湿生草本	耐热,耐旱,极耐寒	观花	湿地,地被	
97	矮紫苞鸢尾	*Iris ruthenica* var. *nana*	鸢尾科	鸢尾属	湿生草本	喜光,稍耐阴,耐干燥	观花	地被	
98	溪荪	*Iris sanguinea*	鸢尾科	鸢尾属	湿生草本	喜温暖湿润,稍耐阴,耐寒	观花	湿地,地被	
99	中甸鸢尾	*Iris subdichotoma*	鸢尾科	鸢尾属	多年生草本	喜光,喜水湿	观花	湿地,地被	

续附录4

序号	中文名	学名	科属	类型	生态习性	观赏特性	园林用途	备注
100	鸢尾	Iris tectorum	鸢尾科 鸢尾属	多年生草本	耐半阴、耐干旱、耐寒	观花	地被	◎
101	龙舌兰	Agave americana	龙舌兰科 龙舌兰属	大型常绿草本	喜温暖、稍耐寒、喜光、耐旱	观叶	地被	◎
102	金边龙舌兰	Agave americana var. marginata	龙舌兰科 龙舌兰属	大型常绿草本	喜温暖、稍耐寒、喜光、耐旱	观叶	绿篱、园景树	◎
103	金边丝兰	Yucca aloifolia f. marginata	龙舌兰科 丝兰属	大型常绿草本	喜温暖、稍耐寒、喜光、耐旱	观花、观叶	绿篱、园景树	◎
104	橡脚丝兰	Yucca elephantipe	龙舌兰科 丝兰属	大型常绿草本	喜温暖、稍耐寒、喜光、耐旱	观叶	绿篱、园景树	◎
105	丝兰	Yucca smalliana	龙舌兰科 丝兰属	大型常绿草本	喜温暖、稍耐寒、喜光、耐旱	观叶	绿篱、园景树	◎
106	西藏虎头兰	Cymbidium tracyanum	兰科 兰属	常绿草本	耐阴、耐旱	观花、观叶	地被	
107	滇南虎头兰	Cymbidium wilsonii	兰科 兰属	常绿草本	耐阴、耐旱	观花、观叶	地被	
108	灯心草	Juncus setchuensis Buchenau	灯心草科 灯心草属	湿生草本	喜潮湿	观叶	湿地植物	
109	莎草	Cyperus alternifolius	莎草科 莎草属	湿生草本	喜温暖、耐阴	观叶	湿地植物、地被	
110	伞草	Cyperus alternifolius subsp. flabelliformis	莎草科 莎草属	湿生草本	喜温暖湿润、耐阴、稍耐寒	观叶	湿地植物、地被	
111	埃及纸草	Cyperus papyrus	莎草科 莎草属	湿生草本	喜光、耐旱	观叶	湿地植物、地被	
112	荸荠	Eleocharis dulcisl	莎草科 荸荠属	球根草本	喜温暖	观叶、观花	湿地植物	
113	水蜈蚣	Kyllinga brevifolia	莎草科 水蜈蚣属	多年生草本	喜阴湿	观叶	湿地植物、地被	
114	水葱	Schoenoplectus tabermaemontani	莎草科 藨草属	水生草本	耐寒、喜光	观叶	湿地植物、地被	
115	芍药	Paeonia lactiflora	芍药科 芍药属	宿根草本	耐寒、喜光	观花	园景、花坛	
116	红花酢浆草	Oxalis corymbosa	酢浆草科 酢浆草属	宿根草本	喜温暖、稍耐寒、喜光、耐旱	观花、观叶	地被	

续附录 4

序号	中文名	学名	科属	类型	生态习性	观赏特性	园林用途	备注
117	天竺葵	Pelargonium hortorum	牻牛儿苗科 天竺葵属	常绿草本	喜温暖	观花、观叶	花坛、地被	
118	锦绣苋	Alternanthera bettzickiana	苋科 莲子草属	常绿草本	喜温暖、湿润、忌霜冻	观叶	花坛、地被	◎
119	白花三叶草	Trifolium repens	蝶形花科 三叶草属	常绿草本	喜温暖、稍耐阴	观花、观叶	草坪、地被	
121	红花三叶草	Trifolium pratense	蝶形花科 三叶草属	常绿草本	喜温暖、稍耐阴	观花、观叶	地被	
120	大丽菊	Dahlia pinnata	菊科 大丽菊属	球根草本	喜温暖、稍耐寒、喜光	观花	园景、花坛、地被	
121	鱼腥草	Houttuynia cordata	三白草科 蕺菜属	常绿草本	喜生于阴湿处或近水边	观叶	地被	
122	花叶鱼腥草	Houttuynia cordata var. variegata	三白草科 蕺菜属	常绿草本	较耐寒、喜半阴和潮湿土壤	观叶	地被	
123	虎耳草	Saxifraga stolonifera	虎耳草科 虎耳草属	常绿草本	喜阴湿、温暖的气候、耐阴	观叶	地被	
124	垂盆草	Sedum sarmentosum	景天科 景天属	常绿草本	较耐寒、喜稍阴湿	观花、观叶	地被	
125	佛甲草	Sedum lineare	景天科 景天属	常绿草本	较耐寒、喜稍阴湿	观花、观叶	地被	
126	天胡荽	Hydrocotyle sibhorpioides	伞形科 天胡荽属	常绿草本	阴性、性喜温暖	观叶	地被	
127	马蹄金	Dichondra repens	旋花科 马蹄金属	常绿草本	中性、耐阴力较强	观叶	草坪、地被	
128	活血丹	Glechoma longituba	唇形科 活血丹属	常绿草本	耐半阴、喜湿润	观叶、观花	地被	
129	狗牙根	Cynodon dactylon	禾本科 狗牙根属	多年生草本	耐寒力弱、耐炎、喜温暖、不耐阴	观叶	草坪、地被	
130	结缕草	Zoysia japonica	禾本科 结缕草属	多年生草本	耐寒、抗旱性强、耐践踏、耐修剪	观叶	草坪、地被	
131	马尼拉	Zoysia matrella	禾本科 结缕草属	多年生草本	耐寒、喜温暖、喜光、抗旱性强	观叶	草坪、地被	
132	草地早熟禾	Poa pratensis	禾本科 早熟禾属	多年生草本	耐寒、喜凉爽	观叶	草坪、地被	
133	高羊茅	Festuca arundinacea	禾本科 高羊茅属	多年生草本	耐寒、喜凉爽	观叶	草坪、地被	
134	匍匐翦股颖	Agrostis stolonifera	禾本科 翦股颖属	多年生草本	耐寒性强、喜冷凉、潮湿、较耐阴	观叶	草坪、地被	
135	多花黑麦草	Lolium multiflorum	禾本科 黑麦草属	多年生草本	喜冬季温暖、夏季凉爽、不耐寒	观叶	草坪、地被	

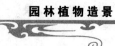

续附录 4

序号	中文名	学名	科属	类型	生态习性	观赏特性	园林用途	备注
136	假俭草	*Eremochloa ophiuroides*	禾本科 假俭草属	多年生草本	喜冬季温暖、夏季凉爽,不耐寒	观叶	草坪、地被	
137	野牛草	*Buckloe dactyloides*	禾本科 野牛草属	多年生草本	耐寒,耐贫瘠土壤	观叶	草坪、地被	
138	地毯草	*Axonopus affinis*	禾本科 地毯草属	多年生草本	耐旱性强,耐荫性强	观叶	草坪、地被	◎

备注：● 蕨类植物　◎ 热带、亚热带地区使用

附录 5 植物造景常见一二年生园林草花植物名录（西南地区）

序号	中文名	学名	科属	花期	生态习性	观赏特性	园林用途
1	三色苋	Amaranthus tricolor	苋科 苋属	6~10 月	喜阳光，湿润，不耐寒、旱	观叶	丛植、花境、花坛、盆栽
2	红绿草	Alternanthera bettzickiana	苋科 莲子草属	5~11 月	喜温暖，不耐寒；喜光，略耐阴；不耐旱及水涝	观叶	花坛、模纹花坛
3	可爱虾钳菜	Alternanthera amoena	苋科 莲子草属	5~11 月	喜温暖，不耐寒；喜光，略耐阴；不耐旱及水涝	观叶	花坛、模纹花坛
4	鸡冠花	Celosia cristata	苋科 青葙属	夏季	喜炎热和空气干燥，不耐寒	观花	栽培品种多，花境，花坛，切花
5	凤尾鸡冠	Celosia cristata f. pyramidalis	苋科 青葙属	夏季	喜炎热和空气干燥，不耐寒	观花	栽培品种多，花境，花坛，切花
6	千日红	Gomphrena globosa	苋科 千日红属	8~10 月	喜温暖干燥，不耐寒	观花	花坛、花境、盆栽
7	大花马齿苋	Portulaca grandiflora	马齿苋科 马齿苋属	7~8 月	喜温暖，光照充足	观花	花色丰富，花坛，岩石园，丛植
8	麦仙翁	Agrostemma githago	石竹科 麦仙翁属	夏秋季	耐寒，耐干旱瘠薄	观花	花大而美，花坛，花境，岩石园
9	须苞石竹	Dianthus barbatus	石竹科 石竹属	5~6 月	喜冷爽，光照充足，耐寒	观花	花色丰富，花坛，花境，切花
10	石竹	Dianthus chinensis	石竹科 石竹属	5~9 月	喜凉爽，阳光充足，耐寒	观花	花坛，花境，路边及草坪边缘
11	高雪轮	Silene armeria	石竹科 蝇子草属	4~6 月	喜阳光充足，温暖，耐寒	观花	花境，花坛，岩石园，地被
12	矮雪轮	Silene pendula	石竹科 蝇子草属	5 月	喜阳光充足，温暖，耐寒	观花	花坛，岩石园，地被
13	红甜菜	Beta vulgaris var. cicla	藜科 甜菜属	冬春	喜光，宜温暖，凉爽，耐寒	观叶	叶色红色，花坛，花境
14	飞燕草	Consolida ajacis	毛茛科 飞燕草属	5~6 月	喜冷凉，阳光充足，较耐寒	观花	花坛，花境
15	花菱草	Eschscholtzia californica	罂粟科 花菱草属	5~6 月	喜凉爽，较耐寒	观花	花坛，花境

续附录 5

序号	中文名	学名	科属		花期	生态习性	观赏特性	园林用途
16	虞美人	Papaver rhoeas	罂粟科	罂粟属	5~6月	喜凉爽,阳光充足,高燥通风	观花	花大艳丽,花境,花坛
17	大花亚麻	Linum grandiflora	亚麻科	亚麻属	5~6月	喜半阴,不耐肥,较耐寒	观花	花境,花丛
18	亚麻	Linum usitatissimum	亚麻科	亚麻属	秋季	喜阳光充足,排水好的土壤	观花	道路,庭院栽植
19	福禄考	Phlox drummondii	花荵科	草夹竹桃属	5~7月	喜凉爽,阳光充足,不耐寒	观花	花坛,花境,岩石园
20	屈曲花	Iberis amara	十字花科	屈曲花属	5~6月	喜冷凉,阳光充足,较耐寒	观花	花坛,花境,岩石园
21	羽衣甘蓝	Brassica oleracea var. acephalea	十字花科	甘蓝属	冬春	喜光照,凉爽,排水良好土壤	观叶	冬季花坛
22	香雪球	Lobularia maritime	十字花科	香雪球属	3~6月或9~10月	喜冷凉,稍耐寒,忌炎热	观花	岩石园,地被,花坛,花境
23	诸葛菜	Orychophragmus violaceus	十字花科	诸葛菜属	2~6月	耐寒性较强,适应性强	观花	花蓝色;花草,草地缘花或岩石园
24	七里黄	Cheiranthus allionii	十字花科	桂竹香属	5月	耐寒,不耐炎热;喜阳光充足	观花	花境,花坛,切花
25	桂竹香	Cheiranthus cheiri	十字花科	桂竹香属	4~5月	喜冷凉干燥,阳光充足	观花	花坛,花境
26	紫罗兰	Mathiola incana	十字花科	紫罗兰属	4~5月	喜凉爽,通风,稍耐寒	观花	花坛,花境,切花
27	彩叶草	Coleus blumei	唇形科	鞘蕊花属	8~9月	温暖,耐寒力弱	观叶	花坛,花境
28	一串红	Salvia splendens	唇形科	鼠尾草属	5~7月或7~10月	喜光,喜温暖湿润的	观花	花坛,花境,路边及草坪边缘
29	粉萼鼠尾草	Salvia farinacea	唇形科	鼠尾草属	7~9月	喜光,喜温暖湿润	观花	花坛,花径,花丛
30	角堇	Viola cornuta	堇菜科	堇菜属	春季	喜凉爽,忌高温,耐寒	观花	花色,品种多,花坛,花境
31	三色堇	Viola tricolor var. hortensis	堇菜科	堇菜属	4~5月	喜冷凉气候,较耐寒,耐半阴	观花	花色,品种多,花坛,花境
32	金鱼草	Antirrhinum majus	玄参科	金鱼草属	5~6,9~10月	喜凉爽,较耐寒	观花	花色,品种多,花坛,花境
33	夏堇	Torenia fournieri	玄参科	夏堇属	夏秋	喜温暖气候,半阴及温润环境	观花	花色,品种多,花坛,花境

附　录

续附录5

序号	中文名	学名	科属	花期	生态习性	观赏特性	园林用途
34	猴面花	Mimulus luteus	玄参科 沟酸浆属	冬春	喜凉爽，不耐寒	观花	花坛、草坪、花境、路边栽植
35	荷包花	Calceolaria herbeohybrida	玄参科 蒲包花属	12月至翌年5月	喜光及通风良好，喜湿润	观花	花坛、盆栽
36	毛蕊花	Verbascum thapsus	玄参科 毛蕊花属	5~6月	耐寒，喜凉爽，喜光，耐干旱	观花	花坛、花境、岩石园及隙地丛植
37	龙面花	Nemesia strumosa	玄参科 龙面花属	6~9月	喜温和而凉爽气候，不耐寒	观花	花坛、花境、盆栽
38	送春花	Godetia amoena	柳叶菜科 古代稀属	5~6月	喜冷凉、半阴及温润环境	观花	穗状花序，小花紫色；花坛、花境
39	月见草	Oenothera biennis	柳叶菜科 月见草属	6~9月	喜阳光，高燥，不耐热	观花	花坛、花境
40	虾衣花	Drejerella guttata	爵床科 虾衣花属	冬春季节	不耐寒，喜温暖	观花	花坛、花境
41	金苞花	Pachystachys lutea	爵床科 单药花属	春至秋	喜温暖、潮湿、不耐寒	观花	花坛、花境、隙地丛植
42	醉蝶花	Cleome spinosa	白花菜科 白花菜属	6~9月	喜温暖通风，不耐寒	观花	花坛；花境
43	心叶藿香蓟	Ageratum houstonianum	菊科 藿香蓟属	夏秋季节	喜阳光、温暖湿润、稍耐阴	华东等地	品种丰富，花坛、花境
44	雏菊	Bellis perennis	菊科 雏菊属	4~5月	较耐寒，喜冷凉	观花	头状花序，花色丰富，花坛、花境
45	金盏菊	Calendula officinalis	菊科 金盏花属	3~5月	喜阳光，耐低温	观花	花坛、花境
46	万寿菊	Tagetes erecta	菊科 万寿菊属	6~10月	稍耐寒，喜阳光充足，温暖	观花	花色艳丽，花期长；花坛、花境，花丛
47	孔雀草	Tagetes patula	菊科 万寿菊属	6~10月	喜阳光、温暖、耐半阴	观花	花坛、花境、花丛、切花
48	百日草	Zinnia elegans	菊科 百日菊属	6~9月	喜光、耐半阴，不耐寒	观花	花坛、花境、花丛、切花
49	黄晶菊	Chrysanthemum multicaule	菊科 茼蒿菊属	早春至春末	喜阳光充足而凉爽的环境	观花	花坛、花境
50	白晶菊	Chrysanthemum paludosum	菊科 茼蒿菊属	3~5月	喜阳光充足而凉爽的环境	观花	花坛、花境
51	矢车菊	Centaurea cyanus	菊科 矢车菊属	6~8月	喜冷凉，忌炎热，喜光	观花	花坛、地被、切花
52	硫华菊	Cosmos sulphureus	菊科 秋英属	8~10月	喜温暖，凉爽，适应性强	观花	花丛、花群

续附录 5

序号	中文名	学名	科属	花期	生态习性	观赏特性	园林用途
53	波斯菊	Cosmos bipinnatus	菊科 秋英属	6~10月	喜温暖,凉爽,适应性强	观花	花丛、花群、花境、地被
54	红花烟草	Nicotiana × sanderae	茄科 烟草属	8~10月	喜温暖,耐寒;喜光	观花	花坛、花境
55	矮牵牛	Petunia hybrida	茄科 矮牵牛属	4~10月	喜温暖,不耐寒	观花	花坛、花境、盆栽
56	大牵牛花	Pharbitis indica	旋花科 牵牛属	6~10月	喜光温,适应性强,忌积水	观花	花朵喇叭形,色艳丽,垂直绿化
57	牵牛花	Pharbitis nil	旋花科 牵牛属	6~10月	喜光温,适应性强,忌积水	观花	花朵喇叭形,藤本,垂直绿化
58	羽叶茑萝	Quamoclit pennata	旋花科 茑萝属	8~10月	喜温暖,阳光充足,不耐寒	观花	花朵星形,色彩艳丽,垂直绿化
59	槭叶茑萝	Quamoclit sloteri	旋花科 茑萝属	8~10月	喜温暖,阳光充足,不耐寒	观花	花朵星形,色彩艳丽,垂直绿化
60	六倍利	Lobelia erinus	桔梗科 六倍利属	春夏季	性喜凉爽,忌霜冻	观花	花色艳丽,花坛、花镜
61	旱金莲	Torpaeolum majus	旱金莲科 旱金莲	7~9月或2~3月	喜温暖湿润,不耐寒;喜阳光充足,稍耐阴	观花	花大黄色,垂直绿化、花坛
62	紫堇	Corydalis edulis	紫堇科 紫堇属	7~9月或2~3月	不耐寒,忌酷热;喜半阴	观花	花小紫色,林下地被、岩石园

附录 6　植物造景常见园林竹类植物名录（西南地区）

序号	中文名	学名	科属	类型	生态习性	观赏特性	园林用途	备注
1	芦竹	*Arundo donax*	禾本科 芦竹属	常绿	喜光照、喜温暖、喜水湿	观叶	地被、水景园	秆散生类
2	苦竹	*Pleioblastus amarus*	竹亚科 大明竹属	常绿	喜光照、耐旱、耐贫瘠	观叶、树形	园景树	秆混生类
3	斑苦竹	*Pleioblastus maculatus*	竹亚科 大明竹属	常绿	喜光照、耐旱、耐贫瘠	观叶、树形	园景树	秆混生类
4	慈竹	*Neosinocalamus affinis*	竹亚科 慈竹属	常绿	耐寒、耐干旱、耐瘠薄	观叶、树形	园景树	秆丛生类
5	孝顺竹	*Bambusa multiplex*	竹亚科 簕竹属	常绿	耐寒、耐干旱、耐瘠薄	观叶、树形	园景树、绿篱	秆丛生类
6	小琴丝竹	*Bambusa multiplex* 'Alphonse-Karri'	竹亚科 簕竹属	常绿	耐寒、耐干旱、耐瘠薄	观叶、秆、树形	园景树、绿篱	秆丛生类
7	凤尾竹	*Bambusa multiplex* 'Fernleaf'	竹亚科 簕竹属	常绿	耐寒、耐干旱、耐瘠薄	观叶、树形	园景树、绿篱	秆丛生类
8	矮凤尾竹	*Bambusa multiplex* 'Nana'	竹亚科 簕竹属	常绿	耐寒、耐干旱、耐瘠薄	观叶、树形	园景树、绿篱	秆丛生类
9	青皮竹	*Bambusa textilis*	竹亚科 簕竹属	常绿	耐寒、耐干旱、耐瘠薄	观叶、树形	园景树、绿篱	秆丛生类
10	黄金间碧玉竹	*Bambusa vulgaris* 'Vittata'	竹亚科 簕竹属	常绿	耐寒、耐干旱、耐瘠薄	观叶、秆、树形	园景树	秆丛生类
11	大佛肚竹	*Bambusa vulgaris* 'Wamin'	竹亚科 簕竹属	常绿	耐寒、耐干旱、耐瘠薄	观叶、秆、树形	园景树	秆丛生类
12	小佛肚竹	*Bambusa ventricosa*	竹亚科 簕竹属	常绿	耐寒、耐干旱、耐瘠薄	观叶、秆、树形	园景树	秆丛生类
13	楠竹	*Bambusa intermedia*	禾本科 簕竹属	常绿	耐寒、耐干旱、耐瘠薄	观叶、树形	园景树	秆丛生类
14	金佛山方竹	*Chimomobambusa utilis*	竹亚科 方竹属	常绿	耐寒、耐干旱、耐瘠薄	观叶、秆、树形	园景树	秆散生类
15	方竹	*Chimomobambusa quadrangulari*	竹亚科 方竹属	常绿	耐寒、耐干旱、耐瘠薄	观叶、秆、树形	园景树	秆散生类

续附录6

序号	中文名	学名	科属	类型	生态习性	观赏特性	园林用途	备注
16	人面竹	Phyllostachys aurea	竹亚科 刚竹属	常绿	耐寒、耐干旱、耐瘠薄	观叶、树形	园景树	秆散生类
17	紫竹	Phyllostachys nigra	竹亚科 刚竹属	常绿	阳性、耐阴、喜温暖湿润	观叶、秆、树形	园景树、绿篱	秆散生类
18	金竹	Phyllostachys sulphurea	竹亚科 刚竹属	常绿	阳性、耐阴、喜温暖湿润	观叶、秆、树形	园景树、绿篱	秆散生类
19	灰金竹	Phyllostachys nigra var. henonis	竹亚科 刚竹属	常绿	阳性、耐阴、喜温暖湿润	观叶、树形	园景树、绿篱	秆散生类
20	毛竹	Phyllostachys pubescens	禾本科 刚竹属	常绿	阳性、喜温暖湿润、不耐寒	观叶、树形	园景树	秆散生类
21	桂竹	Phyllostachys bambusoides	禾本科 刚竹属	常绿	阳性、喜温暖湿润、稍耐寒	观叶、树形	园景树	秆散生类
22	斑竹	Phyllostachys bambusoides f. tanakae	禾本科 刚竹属	常绿	阳性、喜温暖湿润、稍耐寒	观叶、秆、树形	园景树	秆散生类
23	红壳竹	Phyllostachys iridenscen	禾本科 刚竹属	常绿	适应性强、耐水湿、耐干旱	华东地区	园景树	秆散生类
24	淡竹	phyllostachys nigra var. henonis	禾本科 刚竹属	常绿	阳性、喜温暖湿润、稍耐寒	观叶、秆、树形	园景树	秆散生类
25	早园竹	Phyllostachys propinqua	禾本科 刚竹属	常绿	阳性、喜温暖湿润、较耐寒	观叶、树形	园景树	秆散生类
26	黄槽竹	Phyllostachys aureosulcata	禾本科 刚竹属	常绿	阳性、喜温暖湿润、较耐寒	观叶、秆、树形	园景树	秆散生类
27	金镶玉竹	Phyllostachys spectabilis	禾本科 刚竹属	常绿	适应性强、能耐-20℃低温	观叶、秆、树形	园景树	秆散生类
28	唐竹	Sinobambusa tootsik	禾本科 唐竹属	常绿	耐寒、耐热、喜光、喜温暖湿润	观叶、树形	园景树、绿篱	秆混生类
29	阔叶箬竹	Indocalamus latifoliu	禾本科 箬竹属	常绿	阳性、喜温暖湿润、耐寒性较差	观叶	地被、绿篱	秆混生类
30	鹅毛竹	Shibataea chinensis	禾本科 倭竹属	常绿	喜温暖、湿润环境、稍耐阴	观叶	地被、绿篱	秆混生类
31	筇竹	Qiongzhuea tumidinoda	竹亚科 筇竹属	常绿	耐低温、耐荫、喜湿润	观叶、秆、树形	园景树、绿篱	秆混生类
32	菲白竹	Sasa fortunei	禾本科 赤竹属	常绿	中性、喜温暖湿润、不耐寒	观叶	地被、绿篱	秆混生类
33	龙竹	Dendrccalamus giganteus	禾本科 牡竹属	常绿	阳性、喜温暖湿润、不耐寒	观叶、秆、树形	园景树	秆丛生类

续附录 6

序号	中文名	学名	科属	类型	生态习性	观赏特性	园林用途	备注
34	麻竹	Dendrocalamus latiflorus	禾本科 牡竹属	常绿	阳性,喜温暖湿润,耐寒性较差	观叶、树形	园景树	秆丛生类
35	箭竹	Fargesia spathacea	竹亚科 箭竹属	常绿	耐寒、耐干旱、耐瘠薄	观叶、树形	园景树、绿篱	秆混生类
36	云龙箭竹	Fargesia papyrifera	竹亚科 箭竹属	常绿	耐寒、耐干旱、耐瘠薄	观叶、树形	园景树、绿篱	秆混生类
37	实心竹	Fargesia yunnanensis	竹亚科 箭竹属	常绿	耐寒、耐干旱、耐瘠薄	观叶、树形	园景树、绿篱	秆混生类

附录 7　植物造景常见湿地植物名录（西南地区）

序号	中文名	学名	科属	类型	生态习性	观赏特性	园林用途	备注
1	水杉	*Metasequoia glyptostroboides*	杉科 水杉属	落叶乔木	稍耐水湿、喜光	观叶、观树形	水岸景观树	●秋色叶
2	池杉	*Taxodium ascendens*	杉科 落羽杉属	落叶乔木	速生、阳性、耐寒、耐水淹	观叶、观树形	沼泽、水岸景观树	●秋色叶
3	落羽杉	*Taxodium distichum*	杉科 落羽杉属	落叶乔木	速生、阳性、耐水淹	观叶、观树形	沼泽、水岸景观树	●秋色叶
4	墨西哥落羽杉	*Taxodium mucronatum*	杉科 落羽杉属	落叶乔木	速生、阳性、耐水淹	观叶、观树形	沼泽、水岸景观树	●秋色叶
5	中山杉	*Taxodium hybrid* 'Zhongshanshan'	杉科 落羽杉属	落叶乔木	速生、阳性、耐水淹	观叶、观树形	沼泽、水岸景观树	●秋色叶
6	水松	*Glyptostrcbus pensilis*	杉科 水松属	落叶乔木	耐水湿、喜光、不耐寒	观叶、观树形	沼泽、水岸景观树	●秋色叶
7	野皂角	*Gledichia microphylla*	苏木科 皂荚属	落叶乔木	喜光、耐阴、喜湿、耐旱	观果、观叶	堤、岸景观树	●秋色叶
8	滇皂荚	*Gleditsia japonica* var. *delavayi*	苏木科 皂荚属	落叶乔木	喜光、耐阴、喜湿、耐旱	观果、观叶	堤、岸景观树	●秋色叶
9	山合欢	*Albizia kalkora*	含羞草科 合欢属	落叶小乔木	喜光、耐旱、耐旱、耐水湿	观花、观叶	堤、岸景观树	●秋色叶
10	毛叶合欢	*Albizia mollis*	含羞草科 合欢属	落叶乔木	喜光、耐旱、耐寒、耐水湿	观花、观树形	堤、岸景观树	●秋色叶
11	滇杨	*Populus yunnanensis*	杨柳科 柳属	落叶乔木	喜光、耐寒、耐水湿	观叶、观树形	堤、岸景观树	●秋色叶
12	毛白杨	*Populus tomentosa*	杨柳科 杨属	落叶乔木	喜光、耐寒、耐水湿	观树形	堤、岸景观树	●
13	加拿大杨	*Platanus × canadensis*	杨柳科 杨属	落叶乔木	喜光、耐寒、耐水湿	观树形	堤、岸景观树	●秋色叶
14	垂柳	*Salix babylonica*	杨柳科 柳属	落叶乔木	喜光、耐寒、耐水湿	观树形	堤、岸景观树	●
15	柳树	*Salix matsudana* f. *tortuosa*	杨柳科 柳属	落叶乔木	喜光、耐寒、耐水湿	观树形	堤、岸景观树	●

续附录 7

序号	中文名	学名	科属	类型	生态习性	观赏特性	园林用途	备注
16	龙爪柳	Salix matsudana f. tortuosa	杨柳科 柳属	落叶乔木	喜光、耐寒、耐水湿	观树形	堤、岸景观树	●
17	云南柳	Salix cavaleriei	杨柳科 柳属	落叶乔木	喜光、耐寒、耐水湿	观树形	堤、岸景观树	●
18	川滇桤木	Alnus ferdinandi-coburgii	桦木科 桤木属	落叶乔木	喜光、耐旱、耐瘠薄、耐水湿	观树形	堤、岸景观树	●
19	垂叶榕	Ficus benjamina	桑科 榕属	常绿乔木	喜光、耐阴、不耐严寒、耐水湿	观树形	堤、岸景观树	●
20	长叶榕	Ficus binnendijkii 'Alii'	桑科 榕属	常绿乔木	不耐寒和干旱、耐水湿	观叶、观树形	堤、岸景观树	●
21	黄葛树	Ficus lacor	桑科 榕属	常绿乔木	不耐寒和干旱、耐水湿、喜光	观叶、观树形	堤、岸景观树	●
22	印度榕	Ficus elastica	桑科 榕属	常绿乔木	喜光、耐水湿、不耐寒	观树形、观果、观叶	堤、岸景观树	●
23	高榕	Ficus altissima	桑科 榕属	常绿乔木	喜光、耐旱、耐水湿、不耐寒	观树形、观果	堤、岸景观树	●
24	大叶榕	Ficus virens	桑科 榕属	常绿乔木	喜光、耐旱、耐水湿、不耐寒	观树形	堤、岸景观树	●
25	小叶榕	Ficus microcarpa	桑科 榕属	常绿乔木	喜光、耐旱、耐水湿、不耐寒	观树形	堤、岸景观树	●
26	清香木	Pistacia weinmannifolia	漆树科 黄连木属	常绿乔木	喜光、耐阴、耐旱、耐水湿	观叶、观果、观树形	堤、岸景观树	●
27	枫杨	Pterocarya stenoptera	胡桃科 枫杨属	落叶乔木	喜光、耐积水	观果、观树形	堤、岸景观树	●
28	云南枫杨	Pterocarya delavayi	胡桃科 枫杨属	落叶乔木	喜光、耐积水	观果、观树形	堤、岸景观树	●
29	水麻	Debregeasia orientalis	荨麻科 水麻属	常绿灌木	喜光、耐水湿	观树形	堤、岸景观树	●
30	马桑	Coriaria nepalensis	马桑科 马桑属	常绿灌木	喜光、耐干旱、耐水湿	观树形	堤、岸景观树	●
31	迎春柳	Jasminum mesnyi	木犀科 素馨属	常绿灌木	喜光、耐水湿、耐旱	观花、观树形	园景树、绿篱	●
32	鸭嘴花	Adhatoda vasica	爵床科 鸭嘴花属	常绿灌木	耐阴、喜湿	观花	绿篱、湿地植物	●蕨类植物
33	密枝木贼	Equisetum diffusum	木贼科 木贼属	喜湿草本	耐水湿	观形	湿地景观	●蕨类植物
34	三色凤尾蕨	Pteris aspericaulis var. tricolor	凤尾蕨科 凤尾蕨属	喜湿草本	耐阴、喜湿	观叶	湿地配景、地被	●蕨类植物
35	溪边凤尾蕨	Pteris exelsa	凤尾蕨科 凤尾蕨属	喜湿草本	耐阴、喜湿、较耐旱	观叶	湿地配景、地被	●蕨类植物

续附录 7

序号	中文名	学名	科属	类型	生态习性	观赏特性	园林用途	备注
36	银心凤尾蕨	Pteris vretis 'Albolineata'	凤尾蕨科 凤尾蕨属	喜湿草本	耐阴、喜湿	观叶	湿地配景、地被	●蕨类植物
37	西南凤尾蕨	Pteris wallichiana	凤尾蕨科 凤尾蕨属	喜湿草本	耐阴、喜湿、较耐旱	观叶	湿地配景、地被	●蕨类植物
38	普通铁线蕨	Adiantum edgeworthii	铁线蕨科 铁线蕨属	喜湿草本	耐阴、喜湿	观叶	湿地配景	●蕨类植物
39	铁角蕨	Asplenium trichomanes	铁线蕨科 铁线蕨属	喜湿草本	耐阴、喜湿	观叶	湿地配景	●蕨类植物
40	肾蕨	Nephrolepis auriculata	肾蕨科 肾蕨属	喜湿草本	耐阴、喜湿、较耐旱	观叶	湿地配景、地被	●蕨类植物
41	波斯顿蕨	Nephrolepis exaltata var. bostoniensis	肾蕨科 肾蕨属	喜湿草本	耐阴、喜湿	观叶	湿地配景	●蕨类植物
42	莲	Nelumbo nucifera	睡莲科 莲属	水生草本	喜阳光充足、温暖	观叶、观花	夏秋湿地景观	◎花期夏季
43	萍蓬草	Nuphar pumilum	睡莲科 萍蓬草属	水生草本	喜阳光充足、温暖	观叶、观花	夏秋湿地景观	◎花期夏季
44	白睡莲	Nymphaea alba	睡莲科 睡莲属	水生草本	喜阳光充足、温暖	观叶、观花	夏秋湿地景观	◎花期夏季
45	红睡莲	Nymphaea lotus var. pubescens	睡莲科 睡莲属	水生草本	喜阳光充足、温暖	观叶、观花	夏秋湿地景观	◎花期夏季
46	黄睡莲	Nymphaea mexicana	睡莲科 睡莲属	水生草本	喜阳光充足、温暖	观叶、观花	夏秋湿地景观	◎花期夏季
47	睡莲	Nymphaea tetragona	睡莲科 睡莲属	水生草本	喜阳光充足、温暖	观叶、观花	夏秋湿地景观	◎花期夏季
48	香睡莲	Nymphaea odorata	睡莲科 睡莲属	水生草本	喜阳光充足、温暖	观叶、观花	夏秋湿地景观	◎花期夏季
49	蓝冠睡莲	Nymphaea capensis	睡莲科 睡莲属	水生草本	喜阳光充足、温暖、不耐寒	观叶、观花	夏秋湿地景观	◎花期夏季
50	王莲	Victoria amazornica	睡莲科 王莲属	水生草本	喜高温及阳光充足、不耐寒	观叶、观花	夏秋湿地景观	◎花期夏季

续附录 7

序号	中文名	学名	科属	类型	生态习性	观赏特性	园林用途	备注
51	莼菜	*Brasemia schreberi*	睡莲科 莼菜属	水生草本	性喜温暖、向阳	观叶、观花	夏秋湿地景观	◎花期夏季
52	芡实	*Euryale ferox*	睡莲科 芡实属	水生草本	喜阳光充足，宜肥沃土壤	观叶	夏秋湿地景观	◎花期夏季
53	橙红灯台报春	*Primula aurantiaca*	报春花科 报春花属	喜湿草本	喜湿、耐寒	观花	地被	●花期春夏
54	橘红灯台报春	*Primula bulleyana*	报春花科 报春花属	喜湿草本	喜湿、耐寒	观花	地被	●花期春夏
55	滇北球花报春	*Primula denticulata* ssp. *sinodenticulata*	报春花科 报春花属	喜湿草本	喜湿、耐寒	观花	地被	●花期春夏
56	赪桐	*Clerodendrum japonicum*	马鞭草科 赪桐属	喜湿灌木	喜温暖、耐阴湿、不耐寒	观花	湿地配景	●
57	泽泻	*Alisma orientale*	泽泻科 泽泻属	沼生草本	耐寒、喜温暖、阳光充足	观花、观叶	湖岸配景、地被	●
58	慈姑	*Sagittaria sagittifolia*	泽泻科 慈姑属	沼生草本	性喜阳光，适应性较强	观叶	湖岸配景、地被	●
59	凤眼莲	*Eichhornia crassipes*	雨久花科 凤眼莲属	水生草本	喜温暖、向阳，富含有机质静水	观花、观叶	点缀池塘水面	○花期7~9月
60	雨久花	*Monochoria korsakovii*	雨久花科 雨久花属	沼生草本	喜温暖、阳光充足、不耐寒	观花、观叶	湿地配景、地被	●花期7~9月
61	梭鱼草	*Pontederia cordata*	雨久花科 梭鱼草属	沼生草本	性喜温暖、耐高温、喜光照	观花、观叶	湖岸配景、地被	●花期7~9月
62	白花梭鱼草	*Pontederia cordata* 'White Flower'	雨久花科 梭鱼草属	沼生草本	性喜温暖、耐高温、喜光照	观花、观叶	湖岸配景、地被	●花期7~9月
63	芭蕉	*Musa basjoo*	芭蕉科 芭蕉属	多年生草本	喜温暖湿润	观叶	湖岸配景	●
64	野芭蕉	*Musa wilsonii*	芭蕉科 芭蕉属	喜湿草本	喜温暖湿润	观叶	湖岸配景	●
65	红姜花	*Hedychium coccineum*	姜科 姜花属	喜湿草本	喜温暖、湿润、忌霜冻	观花、观叶	湖岸配景	●
66	姜花	*Hedychium coronarium*	姜科 姜花属	喜湿草本	喜温暖、湿润、忌霜冻	观花、观叶	湖岸配景	●
67	黄姜花	*Hedychium flavum*	姜科 姜花属	喜湿草本	喜温暖、湿润、忌霜冻	观花、观叶	湖岸配景	●

续附录7

序号	中文名	学名	科属	类型	生态习性	观赏特性	园林用途	备注
68	水生美人蕉	Canna × longwood	美人蕉科美人蕉属	喜湿草本	喜温润、湿润、忌霜冻	观花、观叶	湖岸配景、地被	●花期夏季
69	菖蒲	Acorus calamus	天南星科菖蒲属	湿生草本	喜温暖、阴湿、忌干旱	观叶	湖岸配景	●
70	金钱蒲	Acorus gramineus	天南星科菖蒲属	湿生草本	喜温暖、阴湿、忌干旱	观叶	湖岸配景、地被	●
71	花叶金钱蒲	Acorus gramineus 'Variegatus'	天南星科菖蒲属	湿生草本	喜温暖、阴湿、忌干旱	观叶	湖岸配景、地被	●
72	石菖蒲	Acorus tatarinowii	天南星科菖蒲属	湿生草本	喜阴湿、稍耐寒	观叶	湖岸、湿地配景	●
73	野芋	Colocasia anticorum	天南星科芋属	沼生草本	喜阴、喜湿润	观叶	湖岸、湿地配景	●
74	马蹄莲	Zantedeschia aethiopica	天南星科马蹄莲属	喜湿草本	喜温暖、耐阴、喜湿	观叶、观花	湖岸、湿地配景	●花期夏季
75	银星马蹄莲	Zantedeschia albomaculata	天南星科马蹄莲属	喜湿草本	喜温暖、耐阴、喜湿	观叶、观花	湖岸、湿地配景	●花期夏季
76	黄马蹄莲	Zantedeschia elliottiana	天南星科马蹄莲属	喜湿草本	喜温暖、耐阴、喜湿	观叶、观花	湖岸、湿地配景	●花期夏季
77	黑心黄马蹄莲	Zantedeschia melanoleuca	天南星科马蹄莲属	喜湿草本	喜温暖、耐阴、喜湿	观叶、观花	湖岸、湿地配景	●花期夏季
78	红马蹄莲	Zantedeschia rehmanii	天南星科马蹄莲属	喜湿草本	喜温暖、耐阴、喜湿	观叶、观花	湖岸、湿地配景	●花期夏季
79	海芋	Alocasia macrorrhiza	天南星科海芋属	喜湿草本	喜温暖、耐阴、喜湿	观叶	湖岸、湿地配景	●花期夏季
80	大薸	Pistia stratiotes	天南星科大薸属	水生草本	喜高温湿、不耐寒	观叶	点缀池塘水面植物	○
81	春羽	Philodendron selloum	天南星科喜林芋属	喜湿草本	喜高温湿、耐阴、不耐寒	观叶	湖岸、湿地配景	●
82	龟背竹	Monstera deliciosa	天南星科龟背竹属	喜湿草本	喜高温湿、耐阴、不耐寒	观叶	湖岸、湿地配景	●
83	水蜡烛	Typha angustifolia	香蒲科香蒲属	沼生草本	喜阴、耐水湿	观叶、观花	湿地配景、地被	●花期5~7月

续附录 7

序号	中文名	学名	科属	类型	生态习性	观赏特性	园林用途	备注
84	香蒲	Typha orientalis	香蒲科 香蒲属	沼生草本	喜阴、耐水湿	观叶、观花	湿地配景、地被	●花期5～7月
85	宽叶香蒲	Typha latifolia	香蒲科 香蒲属	沼生草本	喜阴、耐水湿	观叶、观花	湿地配景、地被	●花期5～7月
86	百子莲	Agapanthus africanus	石蒜科 百子莲属	耐湿草本	喜光、喜半阴、喜湿	观花、观叶	湖岸、湿地配景	●花期夏秋
87	蜘蛛兰	Hymenocallis littoralis	石蒜科 水鬼蕉属	耐湿草本		观花、观叶	湖岸、湿地配景	●花期夏秋
88	灯心草	Juncus effusus	灯心草科 灯心草属	沼生草本	喜潮湿	观叶	湿地配景、地被	●
89	风车草	Cyperus alternifolius subsp. flabelliformis	莎草科 莎草属	湿生草本	喜温暖、耐阴	观叶	湿地配景、地被	●
90	伞草	Cyperus alternifolius	莎草科 莎草属	湿生草本	喜温暖湿润、耐阴、稍耐寒	观叶	湖岸、湿地配景	●
91	纸莎草	Cyperus papyrus	莎草科 莎草属	湿生草本	喜光、耐旱	观叶	湖岸、湿地配景	●
92	荸荠	Eleocharis dulcis	莎草科 荸荠属	沼生草本	喜温暖	观叶	湖岸、湿地配景	●
93	针蔺	Eleocharis congesta	莎草科 荸荠属	沼生草本	云南各地	观花、观叶	湿地、地被	●
94	水蜈蚣	Kyllinga brevifolia	莎草科 水蜈蚣属	沼生草本	喜阴湿	观叶	地被、湿地配景	●
95	水葱	Scirpus tabernaemontani	莎草科 藨草属	湿生草本	性喜温暖湿润	观叶	地被、湿地配景	●
96	花叶水葱	Scirpus tabernaemontani var. zebrinnus	莎草科 藨草属	湿生草本	性喜温暖湿润	观叶	地被、湿地配景	●花期5～7月
97	藨草	Scirpus triqueter	莎草科 藨草属	湿生草本	抗寒耐湿	观叶	地被、湿地配景	●花期5～7月
98	孔雀蔺	Scirpus cernuus	莎草科 藨草属	湿生草本	耐寒力弱、喜温暖、湿润	观叶	地被、湿地配景	●花期5～7月
99	菰	Zizania latifolia	禾本科 菰属	沼生草本	喜温暖、湿润	观叶	地被、湿地配景	●

续附录 7

序号	中文名	学名	科属	类型	生态习性	观赏特性	园林用途	备注
100	芦竹	*Arundo donax*	禾本科 芦竹属	湿生灌木	喜温暖、阳光充足、水湿	观赏	湖岸、湿地配景	●
101	花叶芦竹	*Arundo donax var. versicolor*	禾本科 芦竹属	湿生灌木	喜温暖、阳光充足、水湿	观叶	湖岸、湿地配景	●
102	类芦	*Neyraudia reynaudiana*	禾本科 类芦属	湿生灌木	喜光照、耐旱、耐贫瘠	观叶	地被	●
103	筇竹	*Qiongzhuea tumidinoda*	竹亚科 筇竹属	湿生灌木	耐低温、耐阴、喜湿润	观叶、观树形	园景树、绿篱	●
104	芦苇	*Phragmites communis*	禾本科 芦苇属	湿生灌木	喜温暖、湿润及阳光充足、耐盐碱	观叶、观花	地被、湿地配景	●花期7~9月
106	芒	*Miscanthus sinensis*	禾本科 芒属	耐湿草本	喜温暖、阳光充足、耐水湿	观叶、观花	湖岸、湿地配景	●花期7~9月
107	斑叶芒	*Miscanthus sinensis var. variegates*	禾本科 芒属	耐湿草本	喜温暖、阳光充足、耐水湿	观叶、观花	湖岸、湿地配景	●花期7~9月
108	细叶芒	*Miscanthus sinensis*	禾本科 芒属	耐湿草本	喜阴、耐半阴、耐旱、耐水湿	观叶、观花	湖岸、湿地配景	●
109	荻	*Miscanthus sacchariflorus*	禾本科 芒属	耐湿草本	耐旱、耐寒、耐阴、耐水湿	观叶、观花	湖岸、湿地配景	●夏秋季
110	大油芒	*Spodiopogon sibiricus*	禾本科 大油芒属	耐湿草本	喜生干向阳、对土壤要求不严	观叶、观花	湖岸、湿地配景	●花期7~9月
111	蒲苇	*Cortaderia selloana*	禾本科 蒲苇属	耐湿草本	耐寒、喜温暖、阳光充足及湿润	观叶、观花	湖岸、湿地配景	●
112	薏苡	*Coix lacrym*	禾本科 薏苡属	耐湿草本	喜温暖、阳光充足、耐水湿	观叶、观果	湖岸、湿地配景	●
113	香菇草	*Hydrocotyle vulgaris*	伞形科 天胡荽属	湿生草本	喜光照温暖、怕寒冷	观叶	湖岸配景	●
114	荇菜	*Nymphoides peltatum*	龙胆科 荇菜属	水生草本	性强健、耐寒、喜静水	观叶、观花	湖岸、湿地配景	◎花期6~10月
115	水鳖	*Hydrocharis dubia*	水鳖科 水鳖属	水生草本	稍耐寒、喜阳光、温暖、耐半阴	观叶、观花	点缀池、湖水体	▲花期7~9月
116	水车前	*Ottelia alismoides*	水鳖科 水车前属	水生草本	耐寒力弱、喜光、稍耐阴	观叶、观花	静水池沼	▲花期7~9月

续附录 7

序号	中文名	学名	科属	类型	生态习性	观赏特性	园林用途	备注
117	海菜花	Ottelia acuminata var. acuminata	水鳖科 水车前属	水生草本	耐寒力弱、喜光、稍耐阴	观叶、观花	点缀池、湖水体	▲
118	黑藻	Hydrilla verticillata	水鳖科 黑藻属	水生草本	喜光、喜温暖、耐寒	观叶	点缀池、湖水体	▲
119	再力花	Thalia dealbata	竹芋科 再力花属	湿生草本	喜高温高湿、不耐寒、喜半阴	观叶、观花	湖岸、湿地配景	●
120	花菖蒲	Iris ensata var. hortensis	鸢尾科 鸢尾属	湿生草本	阳性、耐寒力强、喜水湿	观叶、观花	湖岸、湿地配景	●
121	黄菖蒲	Iris pseudacorus	鸢尾科 鸢尾属	湿生草本	阳性、耐寒力强、喜水湿	观叶、观花	湖岸、湿地配景	●
122	千屈菜	Lythrum salicaria	千屈菜科 千屈菜属	湿生草本	喜强光、水湿、耐寒性强	观叶	湖岸配景	●
123	金鱼藻	Ceratophyllum demersum	金鱼藻科 金鱼藻属	水生草本	耐寒、喜温暖、阳光、适应性强	观叶、观花	点缀池、湖水体	▲
124	黄花蔺	Limnocharis flava	花蔺科 黄花蔺属	水生草本	喜温暖、阴湿、不耐寒	观花、观叶	池塘边浅水配景	● 花期 6～9月
125	水罂粟	Hydrocleis nymphoides	花蔺科 水罂粟属	水生草本	喜温暖、阴湿、不耐寒	观叶、观花	池、湖浅水配景	◎ 花期 5～6月
126	水蓼	Polygomum hydropiper	蓼科 蓼属	湿生草本	喜光、水湿	观花	湿地、水边配景	● 花期 7～8月
127	华凤仙	Impatiens chinensis	凤仙花科 凤仙花属	耐湿草本	耐湿、喜温暖、不耐寒	观花	水边配景	●
128	水金凤	Impatiens noli-tangere	凤仙花科 凤仙花属	耐湿草本	耐湿、喜温暖、不耐寒	观花	湿地、水边配景	●
129	滇水金凤	Impetiens uliginosa	凤仙花科 凤仙花属	湿生草本	耐湿、喜温暖、不耐寒	观花	湿地、水边配景	● 花期 7～10月
130	川滇凤仙花	Impatiens ernstii	凤仙花科 凤仙花属	湿生草本	耐湿、喜温暖、不耐寒	观花	水边配景	● 花期夏季
131	凤仙花	Impatiens balsamina	凤仙花科 凤仙花属	耐湿草本	喜阳光、耐热不耐寒	观花	水边配景	● 花期夏季
132	狐尾藻	Myriophyllum verticillatum	小二仙草科 狐尾藻属	水生草本	喜温暖、阳光充足、不耐寒	观叶	点缀池、湖水体	▲

续附录7

序号	中文名	学名	科属	类型	生态习性	观赏特性	园林用途	备注
133	苹（田字草）	*Marsilea quadrifolia*	苹科 苹属	水生草本	喜温暖、较耐寒、适应性强	观叶	点缀池、湖水面	◎
134	槐叶苹	*Salvinia natans*	槐叶苹科 槐叶苹属	水生草本	喜温暖、较耐寒、适应性强	观叶	点缀池、湖水面	○
135	满江红	*Azolla imbricata*	满江红科 满江红属	水生草本	喜温暖、较耐寒、适应性强	观叶	点缀池、湖水面	○

备注：● 挺水植物 ◎ 浮叶植物 ○ 飘浮植物 ▲ 沉水植物

参 考 文 献

包满珠. 花卉学. 2 版. 北京:中国农业出版社,
　2003.

北京林业大学园林学院花卉教研室. 花卉学. 北京:
　中国林业出版社,1990.

蔡建国. 杭州湿地植物生态习性及景观设计研究.
　北京林业大学,2004.

陈俊愉,程绪珂. 中国花径. 上海:上海文化出版社,
　1990.

陈其兵. 风景园林植物造景. 重庆:重庆大学出版社,
　2012.

陈祺,周永学. 植物景观工程图解与施工. 北京:化
　工出版社,2008.

陈晓娟. 论园林植物造景艺术. 北林学院学报,1995.
　10.

陈有民. 园林树木学. 2 版. 北京:中国林业出版
　社,2011.

成玉宁,等. 湿地公园设计. 南京:东南大学出版社,
　2012.

程相占. 美国生态美学的思想基础与理论进展. 文
　学评论,2009,1.

程绪珂,胡运骅. 生态园林的理论与实践. 北京:中
　国林业出版社,2006.

刁俊明. 园林绿地规划设计. 北京:中国林业出版
　社,2007.

丁绍刚. 风景园林概论. 北京:中国建筑工业出版

社,2008.

董丽,胡洁,吴宜夏. 北京奥林匹克森林公园植物规
　划设计的生态思想. 中国园林,2006,8.

凤凰空间·上海. 校园景观设计. 南京:江苏人民出版
　社,2011.

傅伯杰,陈利顶,等. 景观生态学原理及应用. 2 版.
　北京:科学出版社,2011.

高颖,彭军. 园林植物造景设计. 天津:天津大学出
　版社,2011.

关文灵. 园林植物造景. 北京:中国水利水电出版社,
　2013.

国家林业局. 国家湿地公园建设规范(LY/T 1755—
　2008),2008.

韩景,赵善保. 植物造景. 建筑创作,2002,2.

何士敏,毕晓梅,等. 大庆石化空气污染区树木叶片
　内 SOD 的变化. 黑龙江环境通报,2003,27(2).

何湘. 传统文化对植物造景的影响. 四川建筑,
　1995,2.

胡洁,吴宜夏,张艳. 北京奥林匹克森林公园种植规
　划设计. 中国园林,2006,6.

胡长龙. 园林规划设计. 北京:中国林业出版社,
　2006.

江奇卿. 基于环境心理学原理的大学校园植物景观
　研究. 南昌:江西农业大学,2013.

金学智. 中国园林美学. 北京:中国建筑出版社,

2000.

李俊英,负剑,付宝春.园林植物造景及其表现.北京:中国农业科学技术出版社,2010.

李丽凤.园林植物配置与造景课程教学改革研究与实践.安徽农学通报,2013,4.

李乃昕.园林种植文化的继承与扩展研究.无锡:江南大学,2008.

李树华.园林种植设计学·理论篇.北京:中国农业出版社,2009.

李宇宏.景观设计基础(植物设计篇).北京:电子工业出版社,2010.

李作文,刘家祯.园林彩叶植物的选择与应用.沈阳:辽宁科学技术出版社,2010.

刘惠民.植物景观设计.北京:化学工业出版社,2016.

刘师汉,胡中华.园林植物种植设计及施工.北京:中国林业出版社,1988.

刘天华.园林美学.昆明:云南人民出版社,2007.

刘雪梅.园林植物景观设计.武汉:华中科技大学出版社,2015.

刘燕.园林花卉学.北京:中国林业出版社,2008.

刘英琴.矿山废弃地植被恢复技术研究.湖南有色金属,2010,26(4).

刘勇.城市废弃地景观更新设计——以上海世博后滩公园为例.湖南有色金属,2012,26(5).

卢圣.图解园林植物造景与实例.北京:化学工业出版社,2011.

鲁敏,赵学明,李东和,等.居住区绿地生态规划设计.北京:化学工业出版社,2016.

鲁平.园林植物修剪与造型造景.北京:中国林业出版社,2006.

马海英.现代化工业厂区环境景观设计与研究.西安:西安建筑科技大学,2008.

梅瑶炯.一米阳光——辰山植物园盲人植物园设计.上海建设科技,2011,3.

孟春梅.略谈植物造景.北煤师院学报,1996,2.

孟国忠,蒋理.南京雨花台烈士陵园植物景观的场所精神浅析.广东园林,2008,1.

邱前英.浅谈城市动物园的植物配置——以广州市动物园为例.考试周刊,2014,52.

屈海燕.园林植物景观种植设计.北京:化学工业出版社,2012.

瞿辉.论园林中的植物造景.中国园林,1997,4.

任海,工俊,陆宏芳.恢复生态学的理论与研究进展.生态学报,2014,34(15).

苏雪痕.植物景观规划设计.北京:中国林业出版社,2012.

苏雪痕.植物造景.北京:中国林业出版社,1994.

孙翠玲,顾万春.矿区及废弃矿造林绿化工程.世界林业研究,1995,2.

孙筱祥.园林艺术及园林设计.北京:中国建筑工业出版社,2011.

唐学山,李雄.园林设计.北京:中国林业出版社,1997.

陶琳,王嘉.从矿山废弃地到绿色公园——矿山废弃地景观改造研究.辽宁林业科技,2016,4.

同济大学建筑学院园林教研室.公园规划与建筑图集.北京:中国建筑工业出版社,1986.

万玮芸.生态美及其价值研究.南京:南京林业大学,2012.

王蓓,李新海,刘娜.景观设计课程教学方法探讨.高等建筑教育,2008,2.

王凌晖,欧阳勇锋.园林植物景观设计手册.北京:化学工业出版社,2012.

王明荣.生态园林设计中植物的配置.中国园林,2011,8.

王向荣,林箐.西方现代景观设计的理论与实践.北京:中国建筑工业出版社,2002.

王向荣,任京燕.从工业废弃地到绿色公园——景观设计与工业废弃地的更新.中国园林,2003,3.

温国胜,杨京平,陈秋夏.园林生态学.北京:化学工业出版社,2007.

吴琳琳.义马市矿山废弃地生态恢复探究.郑州:河南农业大学,2009.

武小慧.南京雨花台烈士陵园纪念区植物 景观配置赏析.中国园林,1999,5.

肖娟.最新居住区景观设计.武汉:华中科技大学出版社,2014,6.

熊济华.观赏树木学.北京:中国农业出版社,1998.

徐琛,雍振华.视觉色彩.行为心理.植物景观设计.苏州科技学院学报(工程技术版),2008,21.

徐德嘉.古典园林植物景观配置.北京:中国环境科学出版社,1997.

薛芸,王树栋.中西方古典园林植物造景之比较.北京农学院学报,2009,10.

严贤春.园林植物栽培养护.北京:中国农业出版社,2013.

杨赉丽.城市园林绿地规划.3版.北京:中国林业出版社,2015.

杨芊芊.风景园林设计中有关生态学原理的初步思考.北京:北京林业大学,2011.

杨鹥.上海公园植物配置的相关探讨.现代园艺,2015,12.

姚晴春.南京石化区绿化质量及绿化设计研究.南京:南京林业大学,2006.

叶峰.现代庭院设计中色彩应用研究.济南:山东农业大学,2014.

叶乐.美丽校园植物景观设计.北京:化学工业出版社,2011.

叶绵源,张颖.基于产学研合作教育的园林植物造景课程教学改革与实践.安徽农业科学,2013,25.

衣晓霞.色彩景观在园林设计中的应用研究.哈尔滨:东北农业大学,2007.

易小林,秦华,等.当前植物造景中的几个问题分析及对策研究.中国园林,2002,1.

余树勋.园林美与园林艺术.北京:科学出版社,2006.

俞孔坚,庞伟.理解设计:中山岐江公园工业旧址再利用.建筑学报,2002(8):47-52.

袁哲路.矿山废弃地的景观重塑与生态恢复.南京:南京林业大学,2013.

臧德奎.园林植物造景.2版.北京:中国林业出版社,2014.

詹宇恒.生态学原理在景观植物设计中的应用.现代园艺,2015,7.

张丹,张潇潇.工业废弃滩涂的景观重建——上海炮台湾湿地森林公园规划设计.风景园林,2006,2.

张丽.株洲市清水塘工业废弃地环境友好型植物景观设计研究.武汉:中南林业科技大学,2014.

张丽芳,濮励杰,涂小松.废弃地的内涵、分类及成因探析.长江流域资源与环境,2010,19(2).

张玲,李广贺.滇池人工湿地的植物群落学特征研究.长江流域资源与环境,2005,9.

章俊华,刘玮.园艺疗法.中国园林,2009,7.

赵世伟,张佐双.园林植物景观设计与营造.北京:中国城市出版社,2001.

中华人民共和国建设部.城市绿地分类标准(CJJ/T 85—2002),2002.

中华人民共和国建设部.城市湿地公园规划设计导则(建城2005 97号),2005.

钟律,刁洪艳,张振威.生态改造与文化重建——上海炮台湾湿地森林公园景观策略.园林,2004,10.

周道瑛.园林种植设计.北京:中国林业出版社,2008.

周武忠,瞿辉.园林植物配置.北京:中国农业出版社,1999.

周武忠.园林美学.北京:中国农业出版社,2011.

祝遵陵.园林植物景观设计.北京:中国林业出版社,2012.

http://www.qinxue.com(园林景观设计学院).

http://www.yuanlin.com(中国园林网).